应用技术型大学数学课程系列教材

微积分与数学模型(下册)

主　编　张秋燕　彭年斌
副主编　陈骑兵　李建军　李宝平

科学出版社
北　京

内 容 简 介

本书是由电子科技大学成都学院“数学建模与工程教育研究项目组”的教师，依据教育部颁发的《关于高等工业院校微积分课程的教学基本要求》，以培养应用型科技人才为目标而编写的. 与本书配套的系列教材还有《微积分与数学模型(上册)》、《线性代数与数学模型》、《概率统计与数学模型》.

本书分5章，主要介绍多元函数微分学及其应用、重积分及其应用、曲线曲面积分及其应用、微分方程及其应用、无穷级数及其应用等多元函数微积分学的基本内容和应用模型. 每节后面配有适当的习题，每章配备有复习题，最后附有参考解答与提示. 本书的主要特色是注重应用，在介绍多元微积分基本内容的基础上，融入了很多模型及应用实例.

本书可作为普通高校、独立学院及成人教育、自考等各类本科微积分课程的教材或相关研究人员的参考书.

图书在版编目(CIP)数据

微积分与数学模型. 下册/张秋燕，彭年斌主编. —北京：科学出版社，2015.1

应用技术型大学数学课程系列教材

ISBN 978-7-03-043015-1

Ⅰ.①微… Ⅱ.①张… ②彭… Ⅲ.①微积分-高等学校-教材 ②数学模型-高等学校-教材 Ⅳ.①O172 ②O141.4

中国版本图书馆CIP数据核字(2015)第009049号

责任编辑：王胡权 / 责任校对：钟 洋
责任印制：白 洋 / 封面设计：陈 敬

科学出版社 出版
北京东黄城根北街16号
邮政编码：100717
http://www.sciencep.com
三河市书文印刷有限公司 印刷
科学出版社发行 各地新华书店经销
*
2015年2月第 一 版 开本：720×1000 1/16
2017年7月第六次印刷 印张：17 1/4
字数：347 000

定价：35.00元

前　言

为了培养应用型科技人才，我们在大学数学的教学中以工程教育为背景，坚持将数学建模、数学实验的思想与方法融入数学主干课程教学，收到了好的效果. 通过教学实践我们认为将原来的高等数学、线性代数、概率论与数理统计课程分别改设为微积分与数学模型、线性代数与数学模型、概率统计与数学模型课程，对转变师生的教育理念，引领学生热爱数学学习、重视数学应用很有帮助，对理工类应用型本科学生工程数学素养的培养很有必要.

“将数学建模思想全面融入理工类数学系列教材的研究”是电子科技大学成都学院“以 CDIO 工程教育为导向的人才培养体系建设”项目中的课题，也是四川省 2013～2016 年高等教育人才培养质量和教改建设项目.

本套系列教材主要以应用型科技人才培养为导向，以理工类专业需要为宗旨，在系统阐述微积分、线性代数、概率统计课程的基本概念、基本定理、基本方法的同时融入了很多经典的数学模型，重点强调数学思想与数学方法的学习，强调怎样将数学应用于工程实际.

本书主要介绍多元函数微分学及其应用、重积分数学模型及其应用、曲线、曲面积分及其应用、微分方程及其应用、无穷级数及其应用等多元函数微积分学的基本内容和应用模型.

本书的编写具有如下特点：

(1) 在保证基础知识体系完整的前提下，力求通俗易懂，删除了繁杂的理论性证明过程；教材体系和章节的安排上，严格遵循循序渐进、由浅入深的教学规律；在对内容深度的把握上，考虑应用型科技人才的培养目标和学生的接受能力，做到深浅适中、难易适度.

(2) 在重要概念和公式的引入上尽量根据数学发展的脉络还原最质朴的案例，教材中引入的很多案例都是数学建模活动中或讨论课上学生最感兴趣的问题，其内容丰富、生动有趣，视野开阔、宏微兼具. 这对于提高学生分析问题和解决问题的能力都很有帮助.

(3) 按节配备了难度适中的习题，按章配备了复习题，并附有答案或提示.

全书讲授与模型讨论需要 80 学时. 根据不同层次的需要，课时和内容可酌情取舍.

本书由张秋燕、彭年斌主编，第 6 章由李宝平编写，第 7 章由李建军编写，第 8 章由张秋燕编写，第 9 章由陈骑兵编写，第 10 章由彭年斌编写. 全书由张秋燕负责统稿.

在本书的编写过程中,我们参阅了大量的教材与文献资料,在此向这些作者表示感谢.

由于编者水平有限,书中难免有缺点和不妥之处,恳请同行专家和读者批评指正.

电子科技大学成都学院
数学建模与工程教育研究项目组
2014年11月于成都

目　　录

前言
第 6 章　多元函数微分学及其应用……………………………………… 1
6.1　多元函数的基本概念 ………………………………………………… 1
6.1.1　区域 …………………………………………………………… 1
6.1.2　多元函数的概念 …………………………………………… 2
6.1.3　多元函数的极限 …………………………………………… 3
6.1.4　多元函数的连续性………………………………………… 5
习题 6.1 ……………………………………………………………… 6
6.2　偏导数 ……………………………………………………………… 6
6.2.1　偏导数的概念 ……………………………………………… 6
6.2.2　求偏导数举例 ……………………………………………… 7
6.2.3　偏导数的几何意义………………………………………… 8
6.2.4　函数的偏导数与函数连续的关系 ………………………… 8
6.2.5　高阶偏导数 ………………………………………………… 9
习题 6.2 ……………………………………………………………… 11
6.3　全微分………………………………………………………………… 11
6.3.1　全微分的定义 ……………………………………………… 11
6.3.2　可微的必要条件 …………………………………………… 12
6.3.3　可微的充分条件 …………………………………………… 13
6.3.4　利用全微分作近似计算 …………………………………… 14
习题 6.3 ……………………………………………………………… 15
6.4　多元复合函数的求导法则…………………………………………… 15
6.4.1　多元复合函数求导的链式法则…………………………… 15
6.4.2　一阶全微分形式不变性 …………………………………… 17
习题 6.4 ……………………………………………………………… 19
6.5　隐函数的偏导数……………………………………………………… 19
6.5.1　由一个方程所确定的隐函数的偏导数 …………………… 19
6.5.2　由方程组所确定的隐函数的偏导数 ……………………… 21
习题 6.5 ……………………………………………………………… 23

6.6 方向导数与梯度 …… 23
6.6.1 方向导数的定义 …… 23
6.6.2 方向导数的计算 …… 25
6.6.3 梯度 …… 26
习题 6.6 …… 28
6.7 多元函数的极值 …… 28
6.7.1 无条件极值 …… 28
6.7.2 最值 …… 30
6.7.3 条件极值 拉格朗日乘数法 …… 32
习题 6.7 …… 34
6.8 多元函数微分学应用模型举例 …… 34
6.8.1 交叉弹性 …… 34
6.8.2 最优价格模型 …… 37
习题 6.8 …… 38
复习题 6 …… 39
第 7 章 重积分数学模型及其应用 …… 42
7.1 二重积分 …… 42
7.1.1 二重积分模型 …… 42
7.1.2 二重积分的性质 …… 45
习题 7.1 …… 46
7.2 二重积分的计算 …… 46
7.2.1 在直角坐标系下计算二重积分 …… 46
7.2.2 在极坐标系下计算二重积分 …… 52
习题 7.2 …… 56
7.3 三重积分 …… 58
7.3.1 三重积分的定义 …… 58
7.3.2 三重积分的计算 …… 58
习题 7.3 …… 66
7.4 重积分模型应用举例 …… 67
7.4.1 几何应用 …… 68
7.4.2 物理应用 …… 71
7.4.3 重积分在生活中的应用 …… 76
习题 7.4 …… 76
复习题 7 …… 77

第 8 章　曲线积分、曲面积分及其应用 …… 80
8.1　第一型曲线积分 …… 80
8.1.1　金属曲线的质量 …… 80
8.1.2　第一型曲线积分的定义 …… 80
8.1.3　第一型曲线积分的计算 …… 82
习题 8.1 …… 84
8.2　第二型曲线积分 …… 84
8.2.1　变力沿曲线所做的功 …… 84
8.2.2　第二型曲线积分的定义 …… 85
8.2.3　第二型曲线积分的计算 …… 86
8.2.4　两类曲线积分之间的关系 …… 87
习题 8.2 …… 89
8.3　格林公式　平面曲线积分与路径无关的条件 …… 89
8.3.1　单连通区域与复连通区域 …… 89
8.3.2　格林公式 …… 90
8.3.3　平面曲线积分与路径无关的充要条件 …… 93
8.3.4　全微分方程 …… 96
习题 8.3 …… 98
8.4　第一型曲面积分 …… 98
8.4.1　空间曲面的质量 …… 98
8.4.2　第一型曲面积分的定义 …… 99
8.4.3　第一型曲面积分的计算 …… 99
习题 8.4 …… 102
8.5　第二型曲面积分 …… 102
8.5.1　流量问题 …… 102
8.5.2　第二型曲面积分的定义 …… 104
8.5.3　第二型曲面积分的计算 …… 105
8.5.4　两类曲面积分之间的联系 …… 107
习题 8.5 …… 108
8.6　高斯公式、斯托克斯公式 …… 109
8.6.1　高斯公式 …… 109
8.6.2　斯托克斯公式 …… 111
习题 8.6 …… 115
8.7　线面积分应用模型实例 …… 115

8.7.1 通量与散度 …… 115
8.7.2 环量与旋度 …… 117
习题 8.7 …… 119
复习题 8 …… 119
第 9 章 常微分方程及其应用 …… 122
9.1 微分方程的基本概念 …… 122
9.1.1 案例引入 …… 122
9.1.2 微分方程的概念 …… 124
9.1.3 微分方程的解 …… 124
习题 9.1 …… 126
9.2 一阶微分方程 …… 127
9.2.1 可分离变量的微分方程 齐次方程 …… 127
9.2.2 一阶线性微分方程 伯努利方程 …… 132
9.2.3 利用变量代换求解一阶微分方程 …… 136
习题 9.2 …… 137
9.3 可降阶的高阶微分方程 …… 139
9.3.1 $y^{(n)}=f(x)$型 …… 139
9.3.2 $y''=f(x,y')$型 …… 140
9.3.3 $y''=f(y,y')$型 …… 142
习题 9.3 …… 144
9.4 二阶常系数齐次线性微分方程 …… 145
9.4.1 二阶齐次线性微分方程解的性质和结构 …… 145
9.4.2 二阶常系数齐次线性微分方程的解法 …… 147
习题 9.4 …… 152
9.5 二阶常系数非齐次线性微分方程 …… 153
9.5.1 二阶非齐次线性微分方程解的性质和结构 …… 153
9.5.2 二阶常系数非齐次线性微分方程的解法 …… 154
习题 9.5 …… 159
9.6 常微分方程模型应用举例 …… 160
9.6.1 死亡时间判定模型 …… 160
9.6.2 人口增长模型 …… 161
9.6.3 放射性废料的处理模型 …… 163
9.6.4 鱼雷击舰问题 …… 164
习题 9.6 …… 165

复习题 9 …… 166
第 10 章　无穷级数及其应用 …… 168
10.1　常数项级数的概念与性质…… 168
10.1.1　常数项级数的概念 …… 168
10.1.2　常数项级数的性质 …… 172
10.1.3　级数收敛的必要条件 …… 175
习题 10.1 …… 175
10.2　正项级数判敛…… 177
10.2.1　正项级数收敛的充要条件…… 177
10.2.2　比较判别法 …… 178
10.2.3　比值判别法 …… 181
10.2.4　根值判别法 …… 185
习题 10.2 …… 186
10.3　变号级数判敛…… 187
10.3.1　交错级数 …… 187
10.3.2　绝对收敛与条件收敛 …… 189
10.3.3　绝对收敛级数的两个性质…… 192
习题 10.3 …… 193
10.4　幂级数…… 194
10.4.1　函数项级数的一般概念 …… 194
10.4.2　幂级数及其收敛区间 …… 195
10.4.3　幂级数的运算性质和函数…… 199
习题 10.4 …… 205
10.5　函数展开成幂级数…… 206
10.5.1　泰勒级数 …… 207
10.5.2　函数展开成幂级数 …… 208
习题 10.5 …… 215
10.6　傅里叶级数…… 216
10.6.1　三角级数和三角函数系的正交性 …… 216
10.6.2　傅里叶级数 …… 218
10.6.3　函数展开成傅里叶级数 …… 219
10.6.4　正弦级数和余弦级数 …… 222
10.6.5　周期延拓 …… 224
10.6.6　奇延拓与偶延拓 …… 226

10.6.7　以 $2l$ 为周期的函数的傅里叶级数 …… 228
习题 10.6 …… 229
10.7　无穷级数模型应用举例 …… 230
习题 10.7 …… 236
复习题 10 …… 236
部分习题参考答案 …… 240
参考文献 …… 264

第 6 章　多元函数微分学及其应用

一元函数研究的是两个变量之间的关系. 在自然科学和工程技术中，一个变量的变化往往涉及多方面的因素，反映到数学上，就是多元的问题. 本章将在一元函数微分学的基础上，讨论多元函数的微分学及其应用.

6.1　多元函数的基本概念

6.1.1　区域

由于讨论多元函数的需要，我们首先将一元函数中的邻域和区间的概念加以推广.

1. 邻域

设 $P_0(x_0,y_0)\in\mathbf{R}^2$，$\delta$ 为某一正数，与点 $P_0(x_0,y_0)$ 的距离小于 δ 的点 $P(x,y)$ 的全体，称为点 $P_0(x_0,y_0)$ 的 δ **邻域**，记作 $U(P_0,\delta)$，即

$$
\begin{aligned}
U(P_0,\delta)&=\{P\in\mathbf{R}^2 \mid |P_0P|<\delta\}\\
&=\{(x,y) \mid \sqrt{(x-x_0)^2+(y-y_0)^2}<\delta\}.
\end{aligned}
$$

在几何上，$U(P_0,\delta)$ 就是在 xOy 平面上，以 $P_0(x_0,y_0)$ 为中心，δ 为半径的圆内部的点的全体. $U(P_0,\delta)$ 中除去点 $P_0(x_0,y_0)$ 后剩下的部分，称为点 $P_0(x_0,y_0)$ 的**去心 $\boldsymbol{\delta}$ 邻域**，记作 $\mathring{U}(P_0,\delta)$. 显然，它是一元函数中邻域概念的推广.

如果不需要强调邻域的半径 δ，则用 $U(P_0)$ 表示点 P_0 的某个邻域，点 P_0 的去心邻域记作 $\mathring{U}(P_0)$.

2. 区域

对于任意一点 $P\in\mathbf{R}^2$ 与任意一个点集 $E\subset\mathbf{R}^2$.

若存在点 P 的某邻域 $U(P)\subset E$，则称 P 为 E 的**内点**；

若存在点 P 的某邻域 $U(P)\cap E=\varnothing$，则称 P 为 E 的**外点**；

若点 P 的任一邻域 $U(P)$ 内既含有属于 E 的点，又含有不属于 E 的点，则称 P 为 E 的**边界点**. E 的边界点的全体称为 E 的**边界**，记作 ∂E.

如图 6.1 所示，P_1 是 E 的内点，P_2 是 E 的外点，P_3 是 E 的边界点.

根据定义可知，E 的内点必属于 E；E 的外点必不属于 E；而 E 的边界点可能

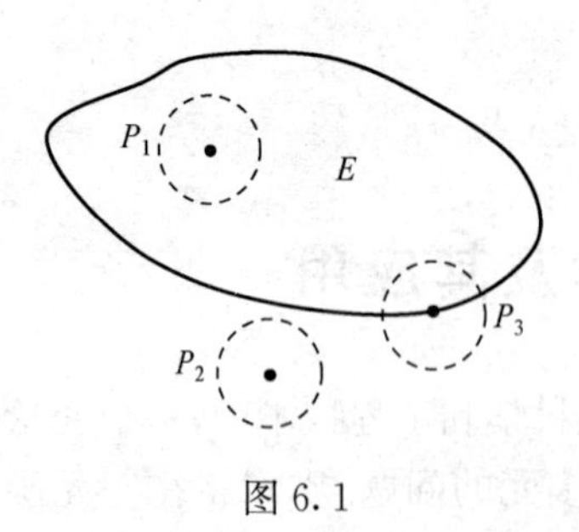

图 6.1

属于 E,也可能不属于 E.

如果对于任意给定的 $\delta>0$,点 P 的去心邻域 $\mathring{U}(P,\delta)$内总有 E 中的点,则称 P 是 E 的**聚点**. 由定义可知,点集 E 的聚点 P 本身,可以属于 E,也可以不属于 E.

如果点集 E 的点都是 E 的内点,则称 E 为**开集**. 如果点集 E 的余集 E^C 为开集,则称 E 为**闭集**.

例如,集合$\{(x,y)\mid 0<x^2+y^2<1\}$是开集;集合$\{(x,y)\mid 0\leqslant x^2+y^2\leqslant 1\}$是闭集;而集合$\{(x,y)\mid 0<x^2+y^2\leqslant 1\}$既非开集,也非闭集.

如果点集 E 内任何两点,都可用折线连接起来,且该折线上的点都属于 E,则称 E 为**连通集**.

对于平面点集 E,如果存在某一正数 r,使得 $E\subset U(O,r)$,其中 O 是坐标原点,则称 E 为**有界集**,否则称为**无界集**.

连通的开集称为**开区域**. 开区域连同它的边界一起所构成的点集称为**闭区域**.

例如,集合$\{(x,y)\mid 0<x^2+y^2<1\}$是开区域;而集合$\{(x,y)\mid 0\leqslant x^2+y^2\leqslant 1\}$是闭区域.

上述概念可逐一推广到 n 维空间 $\mathbf{R}^n$ 中去. 例如,设 $P_0(x_0,y_0)\in\mathbf{R}^n$,$\delta$ 为一正数,则 $P_0(x_0,y_0)$的 δ 邻域为$U(P_0,\delta)=\{P\in\mathbf{R}^n \mid |P_0P|<\delta\}$.

6.1.2　多元函数的概念

定义 6.1　设 D 是 $\mathbf{R}^n$ 的一个非空子集,从 D 到实数集 $\mathbf{R}$ 的一个映射 f 称为定义在 D 上的一个 n **元实值函数**,记作 $f:D\subset\mathbf{R}^n\to\mathbf{R}$,或 $y=f(x)=f(x_1,x_2,\cdots,x_n)$,$x\in D$,其中 $x_1,x_2,\cdots,x_n$ 称为**自变量**,y 称为**因变量**,D 称为函数 f 的**定义域**,$f(D)=\{f(x)\mid x\in D\}$称为函数 f 的**值域**,并且称 $\mathbf{R}^{n+1}$中的子集$\{(x_1,x_2,\cdots,x_n,y)\mid y=f(x_1,x_2,\cdots,x_n),(x_1,x_2,\cdots,x_n)\in D\}$为函数 $y=f(x_1,x_2,\cdots,x_n)$在 D 上的图像.

特别地,设 D 为 $\mathbf{R}^2$ 的非空子集,$\mathbf{R}$ 为实数集,若 f 为从 D 到 $\mathbf{R}$ 的一个映射,即对于 D 中的每一点(x,y),通过 f 在 $\mathbf{R}$ 中存在唯一的实数 z 与之对应,则称 f 为定义在 D 上的**二元函数**,记为 $f:D\subset\mathbf{R}^2\to\mathbf{R}$ 或 $z=f(x,y)$,$(x,y\in D)$,其中 x,y 称为自变量,z 称为因变量,D 称为函数 f 的定义域,记为 D_f,$z_f=\{z\mid z=f(x,y),(x,y)\in D_f\}$称为函数 f 的值域.

一个二元函数 $z=f(x,y)(x,y\in D)$的图像$\{(x,y,f(x,y))\mid(x,y)\in D\}$在几何上通常表示空间的一张曲面. 在空间直角坐标系下,这张曲面在 xOy 坐标面上

的投影就是函数 $f(x,y)$ 的定义域 D_f，如图 6.2 所示. 例如，二元函数 $z=\sqrt{1-x^2-y^2}$ $(x^2+y^2\leqslant 1)$ 的图像是上半球面，它的定义域是闭单位圆域

$$\{(x,y)\mid x^2+y^2\leqslant 1\}.$$

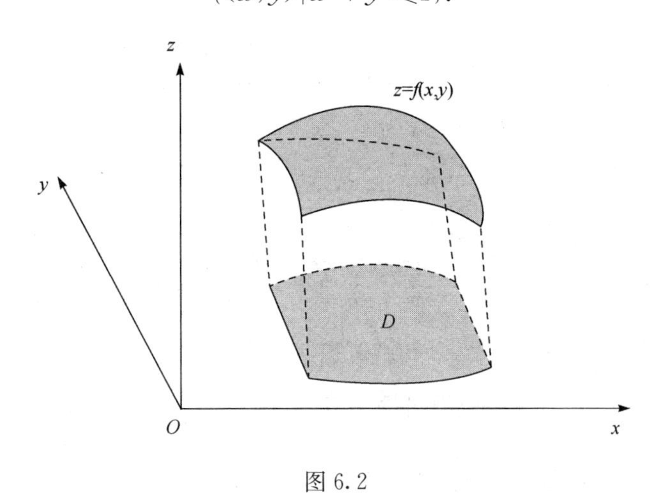

图 6.2

一元函数的单调性、奇偶性、周期性等性质的定义在多元函数中不再适用，但有界性的定义仍然适用.

设有 n 元函数 $y=f(x)$，其定义域 $D_f\in\mathbf{R}^n$，集合 $X\subseteq D_f$. 如果存在正数 M，对任一元素 $x\in X$，有 $|f(x)|\leqslant M$，则称 $f(x)$ 在 X 上**有界**，M 称为 $f(x)$ 在 X 上的一个界.

6.1.3　多元函数的极限

我们先讨论二元函数的极限.

定义 6.2　设二元函数 $z=f(x,y)$ 的定义域为 D，$P_0(x_0,y_0)$ 是 D 的聚点，如果存在常数 A，使得对于任意给定的正数 ε，总存在正数 δ，当 $0<\sqrt{(x-x_0)^2+(y-y_0)^2}<\delta$ 时，有 $|f(x,y)-A|<\varepsilon$，则称 A 为函数 $f(x,y)$ 当 $P(x,y)$ 趋于 $P_0(x_0,y_0)$ 时的**极限**，记作 $\lim\limits_{P\to P_0}f(P)=A$，$\lim\limits_{\substack{x\to x_0\\ y\to y_0}}f(x,y)=A$ 或

$$\lim_{(x,y)\to(x_0,y_0)}f(x,y)=A.$$

为了区别一元函数的极限，我们把二元函数的极限称为二重极限 . 类似可以定义 n 元函数的极限 .

必须注意，所谓 $\lim\limits_{P\to P_0}f(P)=A$，是指在 D 上动点 $P(x,y)$ 以任何方式、任意路径趋于 $P_0(x_0,y_0)$ 时，函数 $f(x,y)$ 的极限都存在并且等于 A；反之，若动点 $P(x,y)$ 沿着某个路径无限趋近于 $P_0(x_0,y_0)$ 时，函数 $f(x,y)$ 不存在极限或者沿着某两个

不同的路径无限趋近于 $P_0(x_0,y_0)$时,$f(x,y)$趋于不同的值,则函数 $f(x,y)$在点 $P_0(x_0,y_0)$就不存在极限.

例 6.1.1　求$\lim\limits_{\substack{x\to 0\\ y\to 2}}\dfrac{\sin xy}{x}$.

解　$\lim\limits_{\substack{x\to 0\\ y\to 2}}\dfrac{\sin xy}{x}=\lim\limits_{\substack{x\to 0\\ y\to 2}}\dfrac{\sin xy}{xy}\cdot y=1\cdot 2=2.$

例 6.1.2　求$\lim\limits_{\substack{x\to 0\\ y\to 1}}xy\sin\dfrac{1}{x^2+y^2}$.

解　由于

$$\lim_{\substack{x\to 0\\ y\to 1}}xy=0\cdot 1=0,$$

$$\left|\sin\frac{1}{x^2+y^2}\right|\leqslant 1,$$

根据有界函数与无穷小的乘积仍然是无穷小,得

$$\lim_{\substack{x\to 0\\ y\to 1}}xy\sin\frac{1}{x^2+y^2}=0.$$

例 6.1.3　设 $f(x,y)=\dfrac{xy}{x^2+y^2}$,证明:当$(x,y)\to(0,0)$时,$f(x,y)$的极限不存在.

证　当动点 $P(x,y)$沿直线 $y=kx$(k 为任意实常数)趋于$(0,0)$时,有

$$\lim_{\substack{x\to 0\\ y=kx}}f(x,y)=\lim_{x\to 0}\frac{kx^2}{x^2+k^2x^2}=\frac{k}{1+k^2},$$

显然,等式右边的值随斜率 k 的不同而不同. 因此,极限不存在.

例 6.1.4　设函数

$$f(x,y)=\begin{cases}\dfrac{xy^2}{x^2+y^4}, & (x,y)\neq(0,0),\\ 0, & (x,y)=(0,0),\end{cases}$$

试讨论$\lim\limits_{\substack{x\to 0\\ y\to 0}}f(x,y)$是否存在.

解　当点 $P(x,y)$沿直线 $x=ky$(k 为任意实常数)趋于$(0,0)$时,有

$$\lim_{\substack{x\to 0\\ x=ky}}f(x,y)=\lim_{y\to 0}\frac{ky^3}{k^2y^2+y^4}=0;$$

当点 $P(x,y)$沿抛物线 $x=y^2$ 趋于$(0,0)$时,有

$$\lim_{\substack{y\to 0\\ x=y^2}}f(x,y)=\lim_{y\to 0}\frac{y^4}{y^4+y^4}=\frac{1}{2}.$$

所以$\lim\limits_{\substack{x\to 0\\ y\to 0}}f(x,y)$不存在.

例 6.1.5　$\lim\limits_{\substack{x\to 0\\ y\to 2}}(1+xy)^{\frac{1}{x}}$.

解　$\lim\limits_{\substack{x\to 0\\ y\to 2}}(1+xy)^{\frac{1}{x}}=\lim\limits_{\substack{x\to 0\\ y\to 2}}\left[(1+xy)^{\frac{1}{xy}}\right]^{y}=e^{2}$.

6.1.4　多元函数的连续性

定义 6.3　设二元函数 $z=f(x,y)$ 的定义域为 D，$P_0(x_0,y_0)$ 是 D 的聚点，且 $P_0(x_0,y_0)\in D$，若 $\lim\limits_{\substack{x\to x_0\\ y\to y_0}}f(x,y)=f(x_0,y_0)$，则称函数 $f(x,y)$ 在点 $P_0(x_0,y_0)$ 处**连续**，若 $f(x,y)$ 在 D 的每一点处都连续，则称函数 $f(x,y)$ 是 D 上的**连续函数**.

如果函数 $f(x,y)$ 在点 $P_0(x_0,y_0)$ 不连续，则称 P_0 为函数 $f(x,y)$ 的**间断点**，二元函数的间断点可以是孤立点，有时可以是一条或几条曲线，甚至是一个区域. 例如，函数 $f(x,y)=\dfrac{1}{x^2+y^2-1}$ 的间断点是曲线 $x^2+y^2=1$，函数 $f(x,y)=\ln(1+x+y)$ 的间断点是平面区域 $x+y\leqslant 1$.

类似可定义 n 元函数的连续性和间断点.

与一元函数一样，利用多元函数的极限运算法则可以证明，多元连续函数的和、差、积、商(分母不为零)仍是连续函数，多元连续函数的复合函数也是连续函数.

和一元初等函数类似，多元初等函数是指能用一个解析表达式表示的多元函数，这个解析表达式由常量及具有不同自变量的一元基本初等函数经过有限次的四则运算或复合运算而得到. 例如，$z=\dfrac{3x+2y}{1+x^2}$，$u=\sin(x+2y^2+3z)$ 等都是多元初等函数. 一切多元初等函数在定义区域内是连续的.

在求多元初等函数 $f(P)$ 在点 P_0 处的极限时，若点 P_0 在函数的定义域内，根据函数的连续性，该极限值就等于函数在点 P_0 处的函数值，即

$$\lim_{P\to P_0}f(P)=f(P_0).$$

例如，求 $\lim\limits_{\substack{x\to 0\\ y\to 0}}=\dfrac{\sqrt{xy+1}-1}{xy}$，因为 $f(x,y)=\dfrac{\sqrt{xy+1}-1}{xy}$ 是初等函数，所以

$$\lim_{\substack{x\to 0\\ y\to 0}}\frac{\sqrt{xy+1}-1}{xy}=\lim_{\substack{x\to 0\\ y\to 0}}\frac{xy+1-1}{xy(\sqrt{xy+1}+1)}=\lim_{\substack{x\to 0\\ y\to 0}}\frac{1}{\sqrt{xy+1}+1}=\frac{1}{2}.$$

与闭区间上一元连续函数的性质相类似，在有界闭区域上连续的多元函数具有如下性质.

性质 6.1　有界闭区域 D 上的多元连续函数是 D 上的有界函数.

性质 6.2　有界闭区域 D 上的多元连续函数在 D 上存在最大值和最小值.

性质 6.3　有界闭区域 D 上的多元连续函数必取得介于最大值和最小值之间

的任何值.

习 题 6.1

1. 什么是二维空间？什么是点 $P_0(x_0,y_0)$ 的 δ 邻域及开区域、闭区域？

2. 求下列函数的定义域.

(1) $f(x,y)=\dfrac{1}{\sqrt{4-2x-y}}$;　　(2) $f(x,y)=\ln xy$.

3. 计算函数

$$f(x,y)=\begin{cases}\dfrac{2xy}{x^2+y^2}, & x^2+y^2\neq 0,\\ 0, & x^2+y^2=0\end{cases}$$

在点 $A(3,2)$, $B(0,4)$, $C(0,0)$ 的函数值 $f(A)$, $f(B)$, $f(C)$.

4. 求下列极限.

(1) $\lim\limits_{\substack{x\to 0\\ y\to 1}}\dfrac{1-xy}{x^2+y^2}$;　　(2) $\lim\limits_{\substack{x\to 0\\ y\to 0}}\dfrac{2-\sqrt{xy+4}}{xy}$;　　(3) $\lim\limits_{\substack{x\to 0\\ y\to 0}}\dfrac{1-\cos(x^2+y^2)}{(x^2+y^2)e^{x^2y^2}}$.

5. 证明：极限 $\lim\limits_{\substack{x\to 0\\ y\to 0}}\dfrac{x^2y}{x^3-y^3}$ 不存在.

6.2 偏 导 数

在研究一元函数时，从研究函数的变化率引入了导数的概念. 对于多元函数，同样需要讨论它的变化率. 本节在其中一个自变量发生变化，而其余自变量都保持不变的情形下，考虑函数对于该自变量的变化率.

6.2.1 偏导数的概念

定义 6.4 设函数 $z=f(x,y)$ 在点 (x_0,y_0) 及其某个邻域内有定义，当 y 固定为 y_0，而 x 在 x_0 处取得增量 Δx 时，函数相应地取得增量 $\Delta z=f(x_0+\Delta x,y_0)-f(x_0,y_0)$，如果 $\lim\limits_{\Delta x\to 0}\dfrac{f(x_0+\Delta x,y_0)-f(x_0,y_0)}{\Delta x}$ 存在，则称此极限值为函数 $z=f(x,y)$ 在点 (x_0,y_0) **对 x 的一阶偏导数**，记作 $\left.\dfrac{\partial z}{\partial x}\right|_{(x_0,y_0)}$, $z_x(x_0,y_0)$, $\left.\dfrac{\partial f}{\partial x}\right|_{(x_0,y_0)}$ 或 $f_x(x_0,y_0)$.

类似地，如果

$$\lim_{\Delta y\to 0}\frac{f(x_0,y_0+\Delta y)-f(x_0,y_0)}{\Delta y}$$

存在，则称此极限值为函数 $z=f(x,y)$ 在点 (x_0,y_0) **对 y 的一阶偏导数**，记作 $\left.\frac{\partial z}{\partial y}\right|_{(x_0,y_0)}$，$z_y(x_0,y_0)$，$\left.\frac{\partial f}{\partial y}\right|_{(x_0,y_0)}$ 或 $f_y(x_0,y_0)$.

如果函数 $z=f(x,y)$ 在某平面区域 D 内的每一点 (x,y) 处都存在对 x 及对 y 的偏导数，那么这些偏导数仍然是 x,y 的函数，称它们为 $f(x,y)$ 的偏导函数，记作 $\frac{\partial z}{\partial x}$，$\frac{\partial z}{\partial y}$，$f_x(x,y)$，$f_y(x,y)$，$z_x$，$z_y$ 等. 与一元函数的导函数一样，在不至于混淆时偏导函数也称为偏导数.

6.2.2　求偏导数举例

计算 $z=f(x,y)$ 的偏导数，并不需要新的方法，因为这里只有一个自变量的变动，另一个自变量是看成固定的，所以仍旧是一元函数的导数问题. 求 $\frac{\partial f}{\partial x}$ 时，只要把 y 暂时看成常量而对 x 求导数；求 $\frac{\partial f}{\partial y}$ 时，只要把 x 暂时看成常量而对 y 求导数.

例 6.2.1　求 $z=x^2+3xy+y^2$ 在点 $(1,2)$ 处的偏导数.

解　把 y 看成常量，得

$$\frac{\partial z}{\partial x}=2x+3y,$$

把 x 看成常量，得

$$\frac{\partial z}{\partial y}=3x+2y,$$

将 $(1,2)$ 代入上面的结果，则有

$$\left.\frac{\partial z}{\partial x}\right|_{\substack{x=1\\y=1}}=2\cdot1+3\cdot2=8,\quad \left.\frac{\partial z}{\partial y}\right|_{\substack{x=1\\y=1}}=3\cdot1+2\cdot2=7.$$

例 6.2.2　求 $z=x^3\sin4y$ 的偏导数.

解　$\frac{\partial z}{\partial x}=3x^2\sin4y$，　$\frac{\partial z}{\partial y}=4x^3\cos4y$.

例 6.2.3　已知 $z=x^y(x>0,x\neq1)$，证明：$\frac{x}{y}\frac{\partial z}{\partial x}+\frac{1}{\ln x}\frac{\partial z}{\partial y}=2z$.

证　因为

$$\frac{\partial z}{\partial x}=yx^{y-1},\quad \frac{\partial z}{\partial y}=x^y\ln x,$$

所以

$$\frac{x}{y}\frac{\partial z}{\partial x}+\frac{1}{\ln x}\frac{\partial z}{\partial y}=\frac{x}{y}yx^{y-1}+\frac{1}{\ln x}x^y\ln x=x^y+x^y=2z.$$

例 6.2.4 设 $f(x,y)=\begin{cases} x\sin\dfrac{1}{x^2+y^2}, & x^2+y^2\neq 0, \\ 0, & x^2+y^2=0, \end{cases}$ 求 $f_x(0,0)$, $f_y(0,0)$.

解 由偏导数的定义

$$f_x(0,0)=\lim_{\Delta x\to 0}\frac{f(0+\Delta x,0)-f(0,0)}{\Delta x}$$

$$=\lim_{\Delta x\to 0}\frac{\Delta x\sin\dfrac{1}{(\Delta x)^2}-0}{\Delta x}=\lim_{\Delta x\to 0}\sin\frac{1}{(\Delta x)^2},$$

所以 $f_x(0,0)$ 不存在.

$$f_y(0,0)=\lim_{\Delta y\to 0}\frac{f(0,0+\Delta y)-f(0,0)}{\Delta y}$$

$$=\lim_{\Delta y\to 0}\frac{0-0}{\Delta y}=0.$$

6.2.3 偏导数的几何意义

设二元函数 $z=f(x,y)$ 在点 (x_0,y_0) 有偏导数,如图 6.3 所示,设 $M_0(x_0,y_0,f(x_0,y_0))$ 为曲面 $z=f(x,y)$ 上的一点,过点 M_0 作平面 $y=y_0$,此平面与曲面相交得一曲线,曲线的方程为 $\begin{cases} z=f(x,y), \\ y=y_0, \end{cases}$ 由于偏导数 $f_x(x_0,y_0)$ 等于一元函数 $f(x,y_0)$ 的导数 $f'(x,y_0)|_{x=x_0}$,故由导数的几何意义可知:$f_x(x_0,y_0)$ 表示曲线 $\begin{cases} z=f(x,y), \\ y=y_0 \end{cases}$ 在点 M_0 处的切线对 x 轴的斜率;同样 $f_y(x_0,y_0)$ 表示曲线 $\begin{cases} z=f(x,y), \\ y=y_0 \end{cases}$ 在点 M_0 处的切线对 y 轴的斜率.

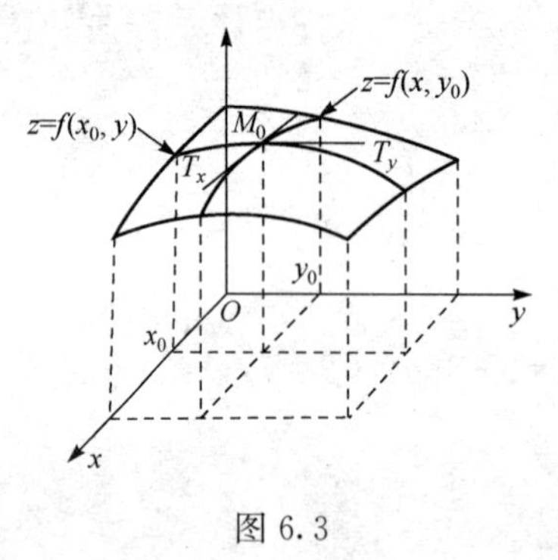

图 6.3

6.2.4 函数的偏导数与函数连续的关系

一元函数如果在某一点可导,那么函数在该点一定连续,但对多元函数来说,它在某一点偏导数存在,并不能保证它在该点连续. 这是因为,偏导数的存在只能保证点 $P(x,y)$ 沿着平行于相应坐标轴的方向趋于点 $P_0(x_0,y_0)$ 时,函数 $f(x,y)$ 趋于 $f(x_0,y_0)$,但不能保证点 P 以任意方式趋于点 $P_0(x_0,y_0)$ 时,函数 $f(x,y)$ 趋于 $f(x_0,y_0)$.

例 6.2.5　设 $f(x,y)=\begin{cases}\dfrac{xy}{x^2+y^2}, & x^2+y^2\neq 0,\\ 0, & x^2+y^2=0,\end{cases}$ 求 $f(x,y)$ 的偏导数并讨论 $f(x,y)$ 在点 $(0,0)$ 处的连续性.

解　当 $x^2+y^2\neq 0$ 时,

$$f_x(x,y)=\frac{y(x^2+y^2)-xy\cdot 2x}{(x^2+y^2)^2}=\frac{y(y^2-x^2)}{(x^2+y^2)^2},$$

类似地

$$f_y(x,y)=\frac{x(x^2-y^2)}{(x^2+y^2)^2}.$$

当 $x^2+y^2=0$ 时,

$$f_x(0,0)=\lim_{\Delta x\to 0}\frac{f(\Delta x,0)-f(0,0)}{\Delta x}=\lim_{\Delta x\to 0}\frac{0-0}{\Delta x}=0,$$

类似地

$$f_y(0,0)=0.$$

所以

$$f_x(x,y)=\begin{cases}\dfrac{y(y^2-x^2)}{(x^2+y^2)^2}, & x^2+y^2\neq 0,\\ 0, & x^2+y^2=0,\end{cases}$$

$$f_y(x,y)=\begin{cases}\dfrac{x(x^2-y^2)}{(x^2+y^2)^2}, & x^2+y^2\neq 0,\\ 0, & x^2+y^2=0.\end{cases}$$

又由例 6.1.3 可知 $\lim\limits_{\substack{x\to 0\\ y\to 0}}\dfrac{xy}{x^2+y^2}$ 不存在,故 $f(x,y)$ 在点 $(0,0)$ 处不连续.

此例说明,函数在一点的偏导数存在时,函数在该点不一定连续.

6.2.5　高阶偏导数

设函数 $z=f(x,y)$ 在区域 D 内具有偏导数

$$\frac{\partial z}{\partial x}=f_x(x,y),\quad \frac{\partial z}{\partial y}=f_y(x,y),$$

那么在 D 内 $f_x(x,y)$,$f_y(x,y)$ 都是 x,y 的函数. 如果这两个函数的偏导数也存在,则称它们是函数 $z=f(x,y)$ 的**二阶偏导数**. 按照对变量求导次序的不同有下列四个二阶偏导数:

$$\frac{\partial}{\partial x}\left(\frac{\partial z}{\partial x}\right)=\frac{\partial^2 z}{\partial x^2}=f_{xx}(x,y),\quad \frac{\partial}{\partial y}\left(\frac{\partial z}{\partial x}\right)=\frac{\partial^2 z}{\partial x\partial y}=f_{xy}(x,y),$$

$$\frac{\partial}{\partial x}\left(\frac{\partial z}{\partial y}\right)=\frac{\partial^2 z}{\partial y\partial x}=f_{yx}(x,y),\quad \frac{\partial}{\partial y}\left(\frac{\partial z}{\partial y}\right)=\frac{\partial^2 z}{\partial y^2}=f_{yy}(x,y).$$

其中第二、三两个偏导数称为混合偏导数. 同样可得三阶、四阶直至 n 阶偏导数. 一个二元函数的 n 阶偏导数一共有 2^n 个,二阶及二阶以上的偏导数统称为高阶偏导数.

例 6.2.6 设 $z=x^3y^2-3xy^3+xy+7$,求$\frac{\partial^2 z}{\partial x^2},\frac{\partial^2 z}{\partial y\partial x},\frac{\partial^2 z}{\partial x\partial y},\frac{\partial^2 z}{\partial y^2}$及$\frac{\partial^3 z}{\partial x^3}$.

解 $\frac{\partial z}{\partial x}=3x^2y^2-3y^3+y,\quad \frac{\partial z}{\partial y}=2x^3y-9xy^2+x,$

$\frac{\partial^2 z}{\partial x^2}=6xy^2,\quad \frac{\partial^2 z}{\partial y\partial x}=6x^2y-9y^2+1,\quad \frac{\partial^2 z}{\partial x\partial y}=6x^2y-9y^2+1,$

$\frac{\partial^2 z}{\partial y^2}=2x^3-18xy,\quad \frac{\partial^3 z}{\partial x^3}=6y^2.$

此例中有$\frac{\partial^2 z}{\partial x\partial y}=\frac{\partial^2 z}{\partial y\partial x}$,说明这两个混合偏导数与求偏导的次序无关. 那么,这样的结论是否有普遍意义呢? 我们来看下面的定理.

定理 6.1 如果函数 $z=f(x,y)$的两个二阶混合偏导数 $f_{xy}(x,y)$与 $f_{yx}(x,y)$在区域 D 内连续,那么在该区域内 $f_{xy}(x,y)=f_{yx}(x,y)$.

换句话说,二阶混合偏导数在连续的条件下与求偏导的次序无关. 类似地,高阶混合偏导数在连续的条件下也与求偏导的次序无关,如 $f_{xyx}(x,y)=f_{xxy}(x,y)$.

例 6.2.7 验证函数 $z=\ln\sqrt{x^2+y^2}$满足拉普拉斯(Laplace)方程

$$\frac{\partial^2 z}{\partial x^2}+\frac{\partial^2 z}{\partial y^2}=0.$$

证 由于

$$z=\ln\sqrt{x^2+y^2}=\frac{1}{2}\ln(x^2+y^2),$$

因此

$$\frac{\partial z}{\partial x}=\frac{x}{x^2+y^2},\quad \frac{\partial z}{\partial y}=\frac{y}{x^2+y^2},$$

$$\frac{\partial^2 z}{\partial x^2}=\frac{(x^2+y^2)-x\cdot 2x}{(x^2+y^2)^2}=\frac{y^2-x^2}{(x^2+y^2)^2},$$

$$\frac{\partial^2 z}{\partial y^2}=\frac{(x^2+y^2)-y\cdot 2y}{(x^2+y^2)^2}=\frac{x^2-y^2}{(x^2+y^2)^2}.$$

所以

$$\frac{\partial^2 z}{\partial x^2}+\frac{\partial^2 z}{\partial y^2}=\frac{y^2-x^2}{(x^2+y^2)^2}+\frac{x^2-y^2}{(x^2+y^2)^2}=0.$$

拉普拉斯方程是数学物理方程中一种很重要的方程．

习题 6.2

1. 二元函数 $z=f(x,y)$ 关于 x（或 y）的偏导数的几何意义是什么？二元函数的偏导数与一元函数的导数有什么区别？

2. 计算函数 $f(x,y)=x^2y-4x\sin y+y^2$ 的偏导数 $f_x(2,0)$，$f_y(3,\pi)$.

3. 求下列函数的偏导数.

(1) $z=x^3y-y^3x$；　(2) $s=\dfrac{u^2+v^2}{uv}$；

(3) $z=\sqrt{\ln xy}$；　(4) $z=\ln\left(\tan\dfrac{x}{y}\right)$；

(5) $u=x^{\frac{y}{z}}$；　(6) $z=(1+xy)^y$.

4. 求曲线 $\begin{cases} z=\dfrac{1}{4}(x^2+y^2), \\ y=4 \end{cases}$ 在点(2,4,5)处的切线相对 x 轴的倾角.

5. 已知函数 $z=\sin xy$，求 $\dfrac{\partial^2 z}{\partial x\partial y}$，$\dfrac{\partial^2 z}{\partial y\partial x}$，$\dfrac{\partial^3 z}{\partial x\partial y\partial x}$，$\dfrac{\partial^3 z}{\partial y\partial x\partial y}$.

6. 设 $z=2\cos^2\left(x-\dfrac{t}{2}\right)$，证明：$2\dfrac{\partial^2 z}{\partial t^2}+\dfrac{\partial^2 z}{\partial x\partial t}=0$.

6.3 全 微 分

与一元函数的情形类似，我们希望用自变量的增量 Δx，Δy 的线性函数来近似代替函数的全增量 $f(x+\Delta x,y+\Delta y)-f(x,y)$，从而引进二元函数的全微分.

6.3.1 全微分的定义

定义 6.5 设函数 $z=f(x,y)$ 在点 (x,y) 的某邻域内有定义，如果函数 $z=f(x,y)$ 在点 (x,y) 的全增量 $\Delta z=f(x+\Delta x,y+\Delta y)-f(x,y)$ 可以表示为 $\Delta z=A\Delta x+B\Delta y+o(\rho)$，其中 A，B 不依赖于 Δx，Δy，仅与 x，y 有关，$\rho=\sqrt{(\Delta x)^2+(\Delta y)^2}$，则称函数 $z=f(x,y)$ 在点 (x,y) **可微**，$A\Delta x+B\Delta y$ 称为函数 $z=f(x,y)$ 在点 (x,y) 的**全微分**，记作 $\mathrm{d}z$，即

$$\mathrm{d}z=A\Delta x+B\Delta y.$$

习惯上，自变量的增量 Δx 与 Δy 常写成 $\mathrm{d}x$ 与 $\mathrm{d}y$，并分别称为自变量 x，y 的微分，这样函数 $z=f(x,y)$ 的全微分可以写为

$$dz=Adx+Bdy.$$

当函数 $z=f(x,y)$ 在区域 D 内各点处都可微时，称 $z=f(x,y)$ **在 D 内可微**.

6.3.2 可微的必要条件

由全微分的定义，容易得到函数 $z=f(x,y)$ 在点 (x,y) 可微的必要条件.

定理 6.2 若函数 $z=f(x,y)$ 在点 (x,y) 可微，则

(1) $f(x,y)$ 在点 (x,y) 连续；

(2) $f(x,y)$ 在点 (x,y) 偏导数存在，且有 $A=\frac{\partial z}{\partial x}, B=\frac{\partial z}{\partial y}$，即 $z=f(x,y)$ 在点 (x,y) 的全微分为

$$dz=\frac{\partial z}{\partial x}dx+\frac{\partial z}{\partial y}dy.$$

证 (1) 由已知，$z=f(x,y)$ 在点 (x,y) 可微，则

$$\Delta z=A\Delta x+B\Delta y+o(\rho), \quad \lim_{\substack{\Delta x\to 0\\ \Delta y\to 0}}\Delta z=0,$$

即 $\lim\limits_{\substack{\Delta x\to 0\\ \Delta y\to 0}}f(x+\Delta x,y+\Delta y)=f(x,y)$. 可得 $f(x,y)$ 在点 (x,y) 连续.

(2) 在 $\Delta z=A\Delta x+B\Delta y+o(\rho)$ 中，令 $\Delta y=0$，有 $\rho=|\Delta x|$，则

$$f(x+\Delta x,y)-f(x,y)=A\Delta x+o(|\Delta x|).$$

等式两边同时除以 Δx，并令 $\Delta x\to 0$，得

$$\lim_{\Delta x\to 0}\frac{f(x+\Delta x,y)-f(x,y)}{\Delta x}=A,$$

从而偏导数 $\frac{\partial z}{\partial x}$ 存在，且等于 A. 同样可证 $\frac{\partial z}{\partial y}=B$. 即

$$dz=\frac{\partial z}{\partial x}dx+\frac{\partial z}{\partial y}dy.$$

一元函数在某点的导数存在是微分存在的充要条件. 但对于多元函数，情形就不同了. 若函数的偏导数存在，虽然能形式地写出 $\frac{\partial z}{\partial x}\Delta x+\frac{\partial z}{\partial y}\Delta y$，但它与 Δz 之差并不一定是 ρ 的高阶无穷小，因此它不一定是函数的全微分. 也就是说，各偏导数的存在只是全微分存在的必要条件而不是充分条件. 例如，函数

$$f(x,y)=\begin{cases}\dfrac{xy}{\sqrt{x^2+y^2}}, & x^2+y^2\neq 0,\\ 0, & x^2+y^2=0,\end{cases}$$

在点 $(0,0)$ 处有 $f_x(0,0)=0$ 及 $f_y(0,0)=0$，所以

$$\Delta z-[f_x(0,0)\cdot\Delta x+f_y(0,0)\cdot\Delta y]=\frac{\Delta x\cdot\Delta y}{\sqrt{(\Delta x)^2+(\Delta y)^2}}.$$

考虑点 $M(\Delta x,\Delta y)$沿着直线 $y=x$ 趋于$(0,0)$，则

$$\frac{\frac{\Delta x\cdot\Delta y}{\sqrt{(\Delta x)^2+(\Delta y)^2}}}{\rho}=\frac{\Delta x\cdot\Delta y}{(\Delta x)^2+(\Delta y)^2}=\frac{\Delta x\cdot\Delta x}{2(\Delta x)^2}=\frac{1}{2},$$

它不能随 $\rho\to 0$ 而趋于 0，这表示 $\rho\to 0$ 时，$\Delta z-[f_x(0,0)\cdot\Delta x+f_y(0,0)\cdot\Delta y]$并不是 ρ 的高阶无穷小，因此函数在点$(0,0)$处的全微分不存在，即函数在点$(0,0)$处是不可微的.

6.3.3　可微的充分条件

定理 6.3　若函数 $z=f(x,y)$的偏导数$\frac{\partial z}{\partial x},\frac{\partial z}{\partial y}$在点$(x,y)$连续，则函数在该点可微.

证　因为只限于讨论在某一区域内有定义的函数(对于偏导数也如此)，所以当二元函数 $z=f(x,y)$的两个一阶偏导数$\frac{\partial z}{\partial x},\frac{\partial z}{\partial y}$在点$(x,y)$连续时，偏导数$\frac{\partial z}{\partial x},\frac{\partial z}{\partial y}$在该点的某一邻域内必然存在，设点$(x+\Delta x,y+\Delta y)$为此邻域内任意一点，考虑函数的全增量

$$\begin{aligned}\Delta z&=f(x+\Delta x,y+\Delta y)-f(x,y)\\&=[f(x+\Delta x,y+\Delta y)-f(x,y+\Delta y)]+[f(x,y+\Delta y)-f(x,y)],\end{aligned}$$

第一个方括号的表达式，因 $y+\Delta y$ 不变，故可以看成是 x 的一元函数 $f(x,y+\Delta y)$的增量. 于是应用拉格朗日中值定理，得

$$f(x+\Delta x,y+\Delta y)-f(x,y+\Delta y)=f_x(x+\theta\Delta x,y+\Delta y)\Delta x\quad(0<\theta<1),$$

由已知，$f_x(x,y)$在点(x,y)连续，所以上式可写成

$$f(x+\Delta x,y+\Delta y)-f(x,y+\Delta y)=f_x(x,y)\Delta x+\varepsilon_1\Delta x,\tag{6.1}$$

其中 ε_1 为 $\Delta x,\Delta y$ 的函数，且当 $\Delta x\to 0,\Delta y\to 0$ 时，$\varepsilon_1\to 0$.

同理可证第二个方括号内的表达式可写成

$$f(x,y+\Delta y)-f(x,y)=f_y(x,y)\Delta y+\varepsilon_2\Delta y,\tag{6.2}$$

其中 ε_2 为 Δy 的函数，且当 $\Delta y\to 0$ 时，$\varepsilon_2\to 0$.

由(6.1)、(6.2)两式可见，在偏导数连续的条件下，全增量可以表示为

$$\Delta z=f_x(x,y)\Delta x+f_y(x,y)\Delta y+\varepsilon_1\Delta x+\varepsilon_2\Delta y.$$

容易看出

$$\left|\frac{\varepsilon_1\Delta x+\varepsilon_2\Delta y}{\rho}\right|\leqslant|\varepsilon_1|+|\varepsilon_2|,$$

它是随着 $\Delta x\to 0,\Delta y\to 0$，即 $\rho\to 0$ 而趋于 0 的.

这就证明了 $z=f(x,y)$在点(x,y)是可微的.

以上关于二元函数全微分的定义及可微的必要条件和充分条件,可以完全类似地推广到三元和三元以上的多元函数.

由于二元函数的全微分等于它的两个偏微分之和,所以有时我们也称二元函数的全微分符合叠加原理.

叠加原理也适用于二元以上函数的情形,例如,若三元函数 $u=f(x,y,z)$ 可微,则它的全微分就等于它的三个偏微分之和,即 $du=\frac{\partial u}{\partial x}dx+\frac{\partial u}{\partial y}dy+\frac{\partial u}{\partial z}dz$.

例 6.3.1 求函数 $z=2x^2y+3y^2$ 的全微分.

解 因为

$$\frac{\partial z}{\partial x}=4xy,\frac{\partial z}{\partial y}=2x^2+6y,$$

所以

$$dz=4xydx+(2x^2+6y)dy.$$

例 6.3.2 求函数 $z=e^{xy}$ 在点(2,1)处的全微分.

解 因为

$$\frac{\partial z}{\partial x}=ye^{xy},\quad \frac{\partial z}{\partial y}=xe^{xy},$$

$$\left.\frac{\partial z}{\partial x}\right|_{\substack{x=2\\y=1}}=e^2,\quad \left.\frac{\partial z}{\partial y}\right|_{\substack{x=2\\y=1}}=2e^2,$$

所以

$$dz=e^2dx+2e^2dy.$$

例 6.3.3 求函数 $u=\left(\frac{y}{x}\right)^{\frac{1}{z}}$ 的全微分.

解 因为

$$\frac{\partial u}{\partial x}=\frac{1}{z}\left(\frac{y}{x}\right)^{\frac{1}{z}-1}\cdot\left(-\frac{y}{x^2}\right)=-\frac{y}{x^2z}\left(\frac{y}{x}\right)^{\frac{1}{z}-1},$$

$$\frac{\partial u}{\partial y}=\frac{1}{z}\left(\frac{y}{x}\right)^{\frac{1}{z}-1}\cdot\frac{1}{x}=\frac{1}{xz}\left(\frac{y}{x}\right)^{\frac{1}{z}-1},$$

$$\frac{\partial u}{\partial z}=\left(\frac{y}{x}\right)^{\frac{1}{z}}\cdot\ln\frac{y}{x}\left(-\frac{1}{z^2}\right)=-\frac{1}{z^2}\ln\frac{y}{x}\left(\frac{y}{x}\right)^{\frac{1}{z}},$$

所以

$$du=\left(\frac{y}{x}\right)^{\frac{1}{z}}\left(-\frac{dx}{xz}+\frac{dy}{yz}-\frac{1}{z^2}\ln\frac{y}{x}dz\right).$$

6.3.4 利用全微分作近似计算

与一元函数的情形类似,我们也可利用全微分对二元函数作近似计算. 由全微

分定义及全微分存在的充分条件可知，当函数 $z=f(x,y)$ 在点 $P(x,y)$ 的偏导数 $f_x(x,y),f_y(x,y)$ 连续，并且 $|\Delta x|,|\Delta y|$ 都较小时，就有近似等式

$$\Delta z\approx dz=f_x(x,y)\Delta x+f_y(x,y)\Delta y,$$

即

$$f(x+\Delta x,y+\Delta y)\approx f(x,y)+f_x(x,y)\Delta x+f_y(x,y)\Delta y.$$

例 6.3.4　计算 $1.04^{2.02}$ 的近似值.

解　设函数 $f(x,y)=x^y$，显然要计算的值就是函数在 $x=1.04,y=2.02$ 的函数值 $f(1.04,2.02)$.

取 $x=1,y=2,\Delta x=0.04,\Delta y=0.02$，由于 $f(1,2)=1$，

$$f_x(1,2)=yx^{y-1}|_{(1,2)}=2,\quad f_y(1,2)=x^y\ln x|_{(1,2)}=0,$$

代入上面的近似计算公式，得

$$1.04^{2.02}=f(1.04,2.02)\approx 1+2\times 0.04+0\times 0.02=1.08.$$

习 题 6.3

1. 什么是二元函数 $z=f(x,y)$ 在一点 $P(x_0,y_0)$ 的全微分?

2. 求函数 $z=x\sin(x+y)+e^{x-y}$ 在点 $\left(\frac{\pi}{4},\frac{\pi}{4}\right)$ 的全微分.

3. 求下列函数的全微分.

(1) $z=3xe^{-y}-2\sqrt{x}+\ln 5$；　(2) $z=e^{\frac{y}{x}}$；　(3) $z=\dfrac{x+y}{1+y}$；

(4) $z=e^{xy}+\ln(x+y)$；　(5) $u=y^{xz}$.

4. 计算 $0.97^{1.05}$ 的近似值.

5. 求函数 $z=e^{xy}$ 当 $x=1,y=1,\Delta x=0.1,\Delta y=-0.2$ 时的全微分.

6.4　多元复合函数的求导法则

一元函数微分学中，复合函数的求导法则起着重要作用. 现在我们把它推广到多元复合函数的情形.

6.4.1　多元复合函数求导的链式法则

定理 6.4　设 $z=f(u,v)$ 在点 (u,v) 处具有连续偏导数，函数 $u=u(x,y),v=v(x,y)$ 在点 (x,y) 的偏导数都存在，则复合函数 $z=f(u(x,y),v(x,y))$ 在点 (x,y) 的两个偏导数都存在，且有如下链式法则：

$$\frac{\partial z}{\partial x}=\frac{\partial z}{\partial u}\frac{\partial u}{\partial x}+\frac{\partial z}{\partial v}\frac{\partial v}{\partial x},\quad \frac{\partial z}{\partial y}=\frac{\partial z}{\partial u}\frac{\partial u}{\partial y}+\frac{\partial z}{\partial v}\frac{\partial v}{\partial y}.$$

证明 略.

此定理可以推广到中间变量或自变量多于两个的情形.例如,当中间变量是三个、自变量是两个时,即 $z=f(u,v,w)$,$u=u(x,y)$,$v=v(x,y)$,$w=w(x,y)$时,有如下链式法则:

$$\frac{\partial z}{\partial x}=\frac{\partial z}{\partial u}\frac{\partial u}{\partial x}+\frac{\partial z}{\partial v}\frac{\partial v}{\partial x}+\frac{\partial z}{\partial w}\frac{\partial w}{\partial x},\quad \frac{\partial z}{\partial y}=\frac{\partial z}{\partial u}\frac{\partial u}{\partial y}+\frac{\partial z}{\partial v}\frac{\partial v}{\partial y}+\frac{\partial z}{\partial w}\frac{\partial w}{\partial y}.$$

又如中间变量是两个、自变量是三个时,即 $w=f(u,v)$,$u=u(x,y,z)$,$v=v(x,y,z)$时,有如下链式法则:

$$\frac{\partial w}{\partial x}=\frac{\partial w}{\partial u}\frac{\partial u}{\partial x}+\frac{\partial w}{\partial v}\frac{\partial v}{\partial x},$$

$$\frac{\partial w}{\partial y}=\frac{\partial w}{\partial u}\frac{\partial u}{\partial y}+\frac{\partial w}{\partial v}\frac{\partial v}{\partial y},$$

$$\frac{\partial w}{\partial z}=\frac{\partial w}{\partial u}\frac{\partial u}{\partial z}+\frac{\partial w}{\partial v}\frac{\partial v}{\partial z}.$$

对于多元复合函数求偏导,常常还有下面一些特殊情形:

(1) 当 $z=f(u)$,$u=\phi(x,y)$时,有链式法则:

$$\frac{\partial z}{\partial x}=f'(u)\frac{\partial u}{\partial x},\quad \frac{\partial z}{\partial y}=f'(u)\frac{\partial u}{\partial y};$$

(2) 当 $z=f(u,x,y)$,$u=\phi(x,y)$时,有链式法则:

$$\frac{\partial z}{\partial x}=\frac{\partial f}{\partial u}\frac{\partial u}{\partial x}+\frac{\partial f}{\partial x},\quad \frac{\partial z}{\partial y}=\frac{\partial f}{\partial u}\frac{\partial u}{\partial y}+\frac{\partial f}{\partial y};$$

(3) 当 $z=f(u,v)$,$u=u(t)$,$v=v(t)$时,有链式法则

$$\frac{\mathrm{d}z}{\mathrm{d}t}=\frac{\partial f}{\partial u}\frac{\mathrm{d}u}{\mathrm{d}t}+\frac{\partial f}{\partial v}\frac{\mathrm{d}v}{\mathrm{d}t},$$

其中$\frac{\mathrm{d}z}{\mathrm{d}t}$称为全导数.

例 6.4.1 设 $z=u^2\ln v$,$u=\frac{x}{y}$,$v=3x-2y$,求$\frac{\partial z}{\partial x}$及$\frac{\partial z}{\partial y}$.

解
$$\frac{\partial z}{\partial x}=\frac{\partial z}{\partial u}\frac{\partial u}{\partial x}+\frac{\partial z}{\partial v}\frac{\partial v}{\partial x}=2u\ln v\cdot\frac{1}{y}+\frac{u^2}{v}\cdot 3$$
$$=\frac{2x}{y^2}\ln(3x-2y)+\frac{3x^2}{(3x-2y)y^2},$$

$$\frac{\partial z}{\partial y}=\frac{\partial z}{\partial u}\frac{\partial u}{\partial y}+\frac{\partial z}{\partial v}\frac{\partial v}{\partial y}=2u\ln v\cdot\left(-\frac{x}{y^2}\right)+\frac{u^2}{v}\cdot(-2)$$
$$=-\frac{2x^2}{y^3}\ln(3x-2y)-\frac{2x^2}{(3x-2y)y^2}.$$

例 6.4.2　设 $w=f(x+y+z,xyz)$，f 具有二阶连续偏导数，求 $\frac{\partial w}{\partial x}$ 及 $\frac{\partial^2 w}{\partial x\partial z}$.

解　令 $u=x+y+z$，$v=xyz$，则 $w=f(u,v)$. 为简便起见，引入记号：$f_1=\frac{\partial f(u,v)}{\partial u}$，$f_{12}=\frac{\partial^2 f(u,v)}{\partial u\partial v}$. 这里下标 1 表示对第一个变量 u 求偏导数，下标 2 表示对第二个变量 v 求偏导数，同理有 f_2，f_{11}，f_{21}，f_{22} 等，所以

$$\frac{\partial w}{\partial x}=\frac{\partial f}{\partial u}\frac{\partial u}{\partial x}+\frac{\partial f}{\partial v}\frac{\partial v}{\partial x}=f_1+yzf_2,$$

$$\frac{\partial^2 w}{\partial x\partial z}=\frac{\partial}{\partial z}(f_1+yzf_2)=\frac{\partial f_1}{\partial z}+yf_2+yz\frac{\partial f_2}{\partial z}.$$

求 $\frac{\partial f_1}{\partial z}$ 及 $\frac{\partial f_2}{\partial z}$ 时，注意 f_1 及 f_2 仍是以 u,v 为中间变量，x,y,z 为自变量的复合函数，根据复合函数求导法则，有

$$\frac{\partial f_1}{\partial z}=\frac{\partial f_1}{\partial u}\frac{\partial u}{\partial z}+\frac{\partial f_1}{\partial v}\frac{\partial v}{\partial z}=f_{11}+xyf_{12},$$

$$\frac{\partial f_2}{\partial z}=\frac{\partial f_2}{\partial u}\frac{\partial u}{\partial z}+\frac{\partial f_2}{\partial v}\frac{\partial v}{\partial z}=f_{21}+xyf_{22},$$

于是

$$\begin{aligned}\frac{\partial^2 w}{\partial x\partial z}&=f_{11}+xyf_{12}+yf_2+yzf_{21}+xy^2zf_{22}\\&=f_{11}+y(x+z)f_{12}+xy^2zf_{22}+yf_2.\end{aligned}$$

例 6.4.3　设 $z=\mathrm{e}^{2u-3v}$，其中 $u=x^2$，$v=\cos x$，求全导数 $\frac{\mathrm{d}z}{\mathrm{d}x}$.

解　因为 $\frac{\partial z}{\partial u}=2\mathrm{e}^{2u-3v}$，$\frac{\partial z}{\partial v}=-3\mathrm{e}^{2u-3v}$，$\frac{\mathrm{d}u}{\mathrm{d}x}=2x$，$\frac{\mathrm{d}v}{\mathrm{d}x}=-\sin x$，

$$\begin{aligned}\frac{\mathrm{d}z}{\mathrm{d}x}&=\frac{\partial z}{\partial u}\frac{\mathrm{d}u}{\mathrm{d}x}+\frac{\partial z}{\partial v}\frac{\mathrm{d}v}{\mathrm{d}x}\\&=\mathrm{e}^{2u-3v}(4x+3\sin x)=\mathrm{e}^{2x^2-3\cos x}(4x+3\sin x).\end{aligned}$$

例 6.4.4　设 $z=u^2v^3\cos t$，$u=\sin t$，$v=\mathrm{e}^t$，求全导数 $\frac{\mathrm{d}z}{\mathrm{d}t}$.

解　
$$\begin{aligned}\frac{\mathrm{d}z}{\mathrm{d}t}&=\frac{\partial z}{\partial u}\frac{\mathrm{d}u}{\mathrm{d}t}+\frac{\partial z}{\partial v}\frac{\mathrm{d}v}{\mathrm{d}t}+\frac{\partial z}{\partial t}\\&=2uv^3\cos t\cdot\cos t+3u^2v^2\cos t\cdot\mathrm{e}^t+u^2v^3\cdot(-\sin t)\\&=\mathrm{e}^{3t}\sin t(2\cos^2 t+3\sin t\cos t-\sin^2 t).\end{aligned}$$

6.4.2　一阶全微分形式不变性

设函数 $z=f(u,v)$ 具有连续偏导数，则有全微分

$$\mathrm{d}z=\frac{\partial z}{\partial u}\mathrm{d}u+\frac{\partial z}{\partial v}\mathrm{d}v,$$

如果 u,v 又是 x,y 的函数 $u=u(x,y),v=v(x,y)$,且这两个函数也具有连续偏导数,则复合函数 $z=f(u(x,y),v(x,y))$ 的全微分为

$$\mathrm{d}z=\frac{\partial z}{\partial x}\mathrm{d}x+\frac{\partial z}{\partial y}\mathrm{d}y,$$

其中 $\frac{\partial z}{\partial x}=\frac{\partial z}{\partial u}\frac{\partial u}{\partial x}+\frac{\partial z}{\partial v}\frac{\partial v}{\partial x},\frac{\partial z}{\partial y}=\frac{\partial z}{\partial u}\frac{\partial u}{\partial y}+\frac{\partial z}{\partial v}\frac{\partial v}{\partial y}$,代入上式,有

$$\begin{aligned}\mathrm{d}z&=\left(\frac{\partial z}{\partial u}\frac{\partial u}{\partial x}+\frac{\partial z}{\partial v}\frac{\partial v}{\partial x}\right)\mathrm{d}x+\left(\frac{\partial z}{\partial u}\frac{\partial u}{\partial y}+\frac{\partial z}{\partial v}\frac{\partial v}{\partial y}\right)\mathrm{d}y\\&=\frac{\partial z}{\partial u}\left(\frac{\partial u}{\partial x}\mathrm{d}x+\frac{\partial u}{\partial y}\mathrm{d}y\right)+\frac{\partial z}{\partial v}\left(\frac{\partial v}{\partial x}\mathrm{d}x+\frac{\partial v}{\partial y}\mathrm{d}y\right)\\&=\frac{\partial z}{\partial u}\mathrm{d}u+\frac{\partial z}{\partial v}\mathrm{d}v.\end{aligned}$$

由此可见,无论 z 是自变量 u,v 的函数或中间变量 u,v 的函数,它的全微分形式是一样的,这个性质称为一阶全微分形式不变性.

例 6.4.5 设 $z=u^2\ln v,u=\frac{x}{y},v=3x-2y$,利用全微分形式不变性求 $\frac{\partial z}{\partial x}$ 及 $\frac{\partial z}{\partial y}$.

解 由

$$\mathrm{d}z=\mathrm{d}(u^2\ln v)=2u\ln v\mathrm{d}u+\frac{u^2}{v}\mathrm{d}v,$$

$$\mathrm{d}u=\mathrm{d}\left(\frac{x}{y}\right)=\frac{y\mathrm{d}x-x\mathrm{d}y}{y^2},\quad \mathrm{d}v=\mathrm{d}(3x-2y)=3\mathrm{d}x-2\mathrm{d}y$$

得

$$\begin{aligned}\mathrm{d}z&=\left[\frac{2x}{y^2}\ln(3x-2y)+\frac{3x^2}{(3x-2y)y^2}\right]\mathrm{d}x+\left[-\frac{2x^2}{y^3}\ln(3x-2y)-\frac{2x^2}{(3x-2y)y^2}\right]\mathrm{d}y\\&=\frac{\partial z}{\partial x}\mathrm{d}x+\frac{\partial z}{\partial y}\mathrm{d}y,\end{aligned}$$

所以

$$\frac{\partial z}{\partial x}=\frac{2x}{y^2}\ln(3x-2y)+\frac{3x^2}{(3x-2y)y^2},$$

$$\frac{\partial z}{\partial y}=-\frac{2x^2}{y^3}\ln(3x-2y)-\frac{2x^2}{(3x-2y)y^2}.$$

习 题 6.4

1. 设 $z=u^2+v^2$，而 $u=x+y$，$v=x-y$，求$\frac{\partial z}{\partial x}$，$\frac{\partial z}{\partial y}$.

2. 设 $z=ue^{\frac{u}{v}}$，而 $u=x^2+y^2$，$v=xy$，求$\frac{\partial z}{\partial x}$，$\frac{\partial z}{\partial y}$.

3. 设 $z=\arctan(x-y)$，而 $x=3t$，$y=4t^2$，求$\frac{dz}{dt}$.

4. 设 $z=xy+yt$，而 $y=2^x$，$t=\sin x$，求$\frac{dz}{dt}$.

5. 求下列函数的一阶偏导数.

(1) $2u=f(x^2-y^2, e^{xy})$；　(2) $u=f\left(\frac{x}{y}, \frac{y}{z}\right)$；　(3) $u=f(x, xy, xyz)$.

6. 设 $z=f(x^2+y^2)$，其中 f 具有二阶导数，求$\frac{\partial^2 z}{\partial x^2}$，$\frac{\partial^2 z}{\partial x\partial y}$，$\frac{\partial^2 z}{\partial y^2}$.

7. 求$\frac{\partial^2 z}{\partial x^2}$，$\frac{\partial^2 z}{\partial x\partial y}$，$\frac{\partial^2 z}{\partial y^2}$，其中 f 具有二阶连续偏导数.

(1) $z=f(xy, y)$；　(2) $z=f\left(x, \frac{x}{y}\right)$；　(3) $z=f(xy^2, x^2y)$.

8. 设 $z=\frac{y}{f(x^2-y^2)}$，其中 f 为可导函数，验证：

$$\frac{1}{x}\frac{\partial z}{\partial x}+\frac{1}{y}\frac{\partial z}{\partial y}=\frac{z}{y^2}.$$

9. 设 $u=F(x,y)$ 可微，而 $x=r\cos\theta$，$y=r\sin\theta$，证明：

$$\left(\frac{\partial u}{\partial r}\right)^2+\left(\frac{1}{r}\frac{\partial u}{\partial \theta}\right)^2=\left(\frac{\partial u}{\partial x}\right)^2+\left(\frac{\partial u}{\partial y}\right)^2.$$

6.5　隐函数的偏导数

一元函数微分学介绍了求由方程 $F(x,y)=0$ 所确定的隐函数的导数的方法，现在我们给出隐函数存在定理，并根据多元复合函数的求导法则来导出隐函数的求导公式.

6.5.1　由一个方程所确定的隐函数的偏导数

定理 6.5　设函数 $F(x,y)$ 在点 (x_0,y_0) 的某一邻域内具有连续偏导数，且 $F(x_0,y_0)=0$，$F_y(x_0,y_0)\neq 0$，则方程 $F(x,y)=0$ 在点 (x_0,y_0) 的某一邻域内唯一

确定一个具有连续导数的函数 $y=f(x)$,使得 $F(x,f(x))\equiv 0$,且 $y_0=f(x_0)$,并有

$$\frac{\mathrm{d}y}{\mathrm{d}x}=-\frac{F_x}{F_y}. \tag{6.3}$$

式(6.3)就是隐函数的求导公式,定理证明从略,现仅就公式(6.3)作如下推导.

设由方程 $F(x,y)=0$ 确定了函数 $y=f(x)$,由定理 6.5 可知,$F(x,f(x))\equiv 0$,其左端可以看成是 x 的一个复合函数,求这个函数的全导数,由恒等式两端求导后仍然相等,得

$$\frac{\partial F}{\partial x}+\frac{\partial F}{\partial y}\frac{\mathrm{d}y}{\mathrm{d}x}=0.$$

由已知 F_y 连续,$F_y(x_0,y_0)\neq 0$,所以存在(x_0,y_0)的一个邻域,在这个邻域内 $F_y\neq 0$,于是

$$\frac{\mathrm{d}y}{\mathrm{d}x}=-\frac{F_x}{F_y}.$$

例 6.5.1 设 $\sin xy+\mathrm{e}^x=y^2$,求$\frac{\mathrm{d}y}{\mathrm{d}x}$.

解 设 $F(x,y)=\sin xy+\mathrm{e}^x-y^2$,因为

$$F_x=y\cos xy+\mathrm{e}^x,\quad F_y=x\cos xy-2y,$$

所以

$$\frac{\mathrm{d}y}{\mathrm{d}x}=-\frac{F_x}{F_y}=-\frac{y\cos xy+\mathrm{e}^x}{x\cos xy-2y}.$$

隐函数存在定理可以推广到三元函数的情形.

定理 6.6 设方程 $F(x,y,z)=0$ 的左端函数 $F(x,y,z)$在点(x_0,y_0,z_0)的某邻域内具有连续偏导数,且 $F(x_0,y_0,z_0)=0$,$F_z(x_0,y_0,z_0)\neq 0$,则方程 $F(x,y,z)=0$ 在点(x_0,y_0,z_0)的某一邻域内唯一确定一个具有连续偏导数的函数 $z=f(x,y)$,使得 $F(x,y,f(x,y))\equiv 0$,且 $z_0=f(x_0,y_0)$,并有

$$\frac{\partial z}{\partial x}=-\frac{F_x}{F_z},\quad \frac{\partial z}{\partial y}=-\frac{F_y}{F_z}. \tag{6.4}$$

定理证明从略,与定理 6.5 类似,仅就公式(6.4)作如下推导:由于 $F(x,y,f(x,y))\equiv 0$,将其两端分别对 x 和 y 求导,应用复合函数求导法则,得

$$F_x+F_z\frac{\partial z}{\partial x}=0,\quad F_y+F_z\frac{\partial z}{\partial y}=0.$$

因为 F_z 连续,$F_z(x_0,y_0,z_0)\neq 0$,所以存在(x_0,y_0,z_0)的一个邻域,在这个邻域内 $F_z\neq 0$,于是

$$\frac{\partial z}{\partial x}=-\frac{F_x}{F_z},\quad \frac{\partial z}{\partial y}=-\frac{F_y}{F_z}.$$

例 6.5.2　设 $x^2+y^2+z^2-4z=0$，求 $\frac{\partial^2 z}{\partial x^2}$.

解　设 $F(x,y,z)=x^2+y^2+z^2-4z$，则 $F_x=2x, F_z=2z-4$，得

$$\frac{\partial z}{\partial x}=-\frac{F_x}{F_z}=\frac{x}{2-z}.$$

再次对 x 求偏导数，有

$$\frac{\partial^2 z}{\partial x^2}=\frac{2-z+x\frac{\partial z}{\partial x}}{(2-z)^2}=\frac{2-z+x\frac{x}{2-z}}{(2-z)^2}=\frac{(2-z)^2+x^2}{(2-z)^3}.$$

6.5.2　由方程组所确定的隐函数的偏导数

下面将隐函数存在定理作进一步的推广. 我们不仅增加方程中变量的个数，而且增加方程的个数. 例如，考虑方程组

$$\begin{cases} F(x,y,u,v)=0, \\ G(x,y,u,v)=0. \end{cases}$$

这时，在四个变量中，一般只能有两个变量独立变化，因此上述方程组就有可能确定两个二元函数. 在这种情况下，可以由函数 F,G 的性质来断定由方程组所确定的两个二元函数的存在以及它们的性质.

定理 6.7　设函数 $F(x,y,u,v)$，$G(x,y,u,v)$ 在点 $P(x_0,y_0,u_0,v_0)$ 的某一邻域内具有对各个变量的连续偏导数，又 $F(x_0,y_0,u_0,v_0)=0$，$G(x_0,y_0,u_0,v_0)=0$，且偏导数所组成的函数行列式(或称雅可比(Jacobi)行列式)在点 P 处：

$$J=\frac{\partial(F,G)}{\partial(u,v)}=\begin{vmatrix} \frac{\partial F}{\partial u} & \frac{\partial F}{\partial v} \\ \frac{\partial G}{\partial u} & \frac{\partial G}{\partial v} \end{vmatrix}\neq 0,$$

则方程组 $F(x,y,u,v)=0$，$G(x,y,u,v)=0$ 在点 $P(x_0,y_0,u_0,v_0)$ 的某一邻域内恒能唯一确定一组连续且具有连续偏导数的函数 $u=u(x,y)$，$v=v(x,y)$，它们满足条件 $u_0=u(x_0,y_0)$，$v_0=v(x_0,y_0)$，并有

$$\frac{\partial u}{\partial x}=-\frac{1}{J}\frac{\partial(F,G)}{\partial(x,v)}=-\frac{\begin{vmatrix} F_x & F_v \\ G_x & G_v \end{vmatrix}}{\begin{vmatrix} F_u & F_v \\ G_u & G_v \end{vmatrix}},\quad \frac{\partial v}{\partial x}=-\frac{1}{J}\frac{\partial(F,G)}{\partial(u,x)}=-\frac{\begin{vmatrix} F_u & F_x \\ G_u & G_x \end{vmatrix}}{\begin{vmatrix} F_u & F_v \\ G_u & G_v \end{vmatrix}},$$

$$\frac{\partial u}{\partial y}=-\frac{1}{J}\frac{\partial(F,G)}{\partial(y,v)}=-\frac{\begin{vmatrix} F_y & F_v \\ G_y & G_v \end{vmatrix}}{\begin{vmatrix} F_u & F_v \\ G_u & G_v \end{vmatrix}},\quad \frac{\partial v}{\partial y}=-\frac{1}{J}\frac{\partial(F,G)}{\partial(u,y)}=-\frac{\begin{vmatrix} F_u & F_y \\ G_u & G_y \end{vmatrix}}{\begin{vmatrix} F_u & F_v \\ G_u & G_v \end{vmatrix}}. \tag{6.5}$$

与前两个定理类似,我们仅就公式(6.5)作如下推导.

由于

$$F[x,y,u(x,y),v(x,y)]\equiv 0,$$
$$G[x,y,u(x,y),v(x,y)]\equiv 0,$$

将恒等式两边分别对 x 求导,应用复合函数求导法则得

$$\begin{cases} F_x+F_u\dfrac{\partial u}{\partial x}+F_v\dfrac{\partial v}{\partial x}=0, \\ G_x+G_u\dfrac{\partial u}{\partial x}+G_v\dfrac{\partial v}{\partial x}=0. \end{cases}$$

这是关于$\dfrac{\partial u}{\partial x},\dfrac{\partial v}{\partial x}$的线性方程组,由假设可知在点 $P(x_0,y_0,u_0,v_0)$的一个邻域内,系数行列式

$$J=\begin{vmatrix} F_u & F_v \\ G_u & G_v \end{vmatrix}\neq 0,$$

从而可解出$\dfrac{\partial u}{\partial x},\dfrac{\partial v}{\partial x}$,得

$$\frac{\partial u}{\partial x}=-\frac{1}{J}\frac{\partial(F,G)}{\partial(x,v)},\quad \frac{\partial v}{\partial x}=-\frac{1}{J}\frac{\partial(F,G)}{\partial(u,x)}.$$

同理,可得

$$\frac{\partial u}{\partial y}=-\frac{1}{J}\frac{\partial(F,G)}{\partial(y,v)},\quad \frac{\partial v}{\partial y}=-\frac{1}{J}\frac{\partial(F,G)}{\partial(u,y)}.$$

例 6.5.3　设 $xu-yv=0,yu+xv=1$,求$\dfrac{\partial u}{\partial x},\dfrac{\partial u}{\partial y},\dfrac{\partial v}{\partial x}$和$\dfrac{\partial v}{\partial y}$.

解　此题可直接用公式(6.5),也可按照推导公式(6.5)的方法来求解.下面用推导公式法来求.

将所给方程的两边对 x 求导并移项,得

$$\begin{cases} x\dfrac{\partial u}{\partial x}-y\dfrac{\partial v}{\partial y}=-u, \\ y\dfrac{\partial u}{\partial x}+x\dfrac{\partial v}{\partial x}=-v. \end{cases}$$

在 $J=\begin{vmatrix} x & -y \\ y & x \end{vmatrix}=x^2+y^2\neq 0$ 的条件下,

$$\frac{\partial u}{\partial x}=-\frac{\begin{vmatrix} -u & -y \\ -v & x \end{vmatrix}}{\begin{vmatrix} x & -y \\ y & x \end{vmatrix}}=-\frac{xu+yv}{x^2+y^2},$$

$$\frac{\partial v}{\partial x}=-\frac{\begin{vmatrix} x & -u \\ y & -v \end{vmatrix}}{\begin{vmatrix} x & -y \\ y & x \end{vmatrix}}=\frac{yu+xv}{x^2+y^2}.$$

将所给方程的两边对 y 求导，用同样的方法在 $J=x^2+y^2\neq 0$ 的条件下可得

$$\frac{\partial u}{\partial y}=\frac{xv-yu}{x^2+y^2},\quad \frac{\partial v}{\partial y}=-\frac{xu+yv}{x^2+y^2}.$$

习 题 6.5

1. 设 $\sin y+e^x-xy^2=0$，求$\frac{dy}{dx}$.

2. $\arctan\frac{y}{x}-\ln\sqrt{x^2+y^2}=0$，求$\frac{dy}{dx}$.

3. 设 $\cos xz+\tan yz=-\sin xy$，求$\frac{\partial z}{\partial x},\frac{\partial z}{\partial y}$.

4. 设 $x-yf(x^2-z^2)+z=0$，其中 f 具有连续导数，求 $z\frac{\partial z}{\partial x}+y\frac{\partial z}{\partial y}$.

5. 设 $e^z-xyz=0$，求$\frac{\partial^2 z}{\partial x^2}$.

6. 求由下列方程组所确定的函数的导数或偏导数.

(1) 设$\begin{cases} z=x^2+y^2, \\ x^2+2y^2+3z^2=20, \end{cases}$求$\frac{dy}{dx},\frac{dz}{dx}$；

(2) 设$\begin{cases} x=e^u+u\sin v, \\ y=e^u-u\cos v, \end{cases}$求$\frac{\partial u}{\partial x},\frac{\partial u}{\partial y},\frac{\partial v}{\partial x}$和$\frac{\partial v}{\partial y}$.

7. 设 $x=x(y,z)$，$y=y(x,z)$，$z=z(x,y)$都是由方程 $F(x,y,z)=0$ 所确定的具有连续偏导数的函数，证明：

$$\frac{\partial x}{\partial y}\cdot\frac{\partial y}{\partial z}\cdot\frac{\partial z}{\partial x}=-1.$$

6.6　方向导数与梯度

6.6.1　方向导数的定义

从平面上任意一点出发，可以有无限多个方向，我们研究过的偏导数实际上仅反映二元函数沿平行于 x 轴方向与平行于 y 轴方向的变化率. 如果要进一步研究二元函数沿任意一个方向的变化率，就需要引进方向导数的概念.

定义 6.6　设函数 $z=f(x,y)$在点 $P(x,y)$的某一邻域 $U(P)$内有定义，由点

P 引一条射线 $\boldsymbol{l}$,其方向余弦为$(\cos\alpha,\cos\beta)$,设 $Q(x+\Delta x,y+\Delta y)$为 $\boldsymbol{l}$ 上的另一点且$Q\in U(P)$,如图 6.4 所示. P 和 Q 之间的距离记为 $\rho=\sqrt{(\Delta x)^2+(\Delta y)^2}$,$\Delta x=\rho\cos\alpha$,$\Delta y=\rho\cos\beta$,当 Q 沿 $\boldsymbol{l}$ 趋于 P 时,如果

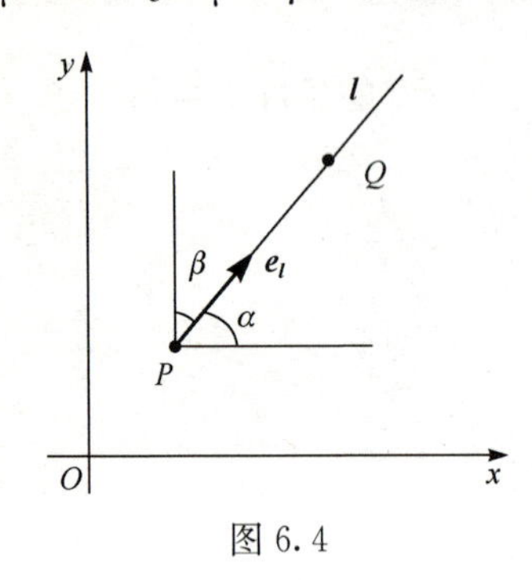

图 6.4

$$\frac{f(x+\Delta x,y+\Delta y)-f(x,y)}{\rho}$$

的极限存在,则称该极限值为函数 $z=f(x,y)$在点 $P(x,y)$沿 $\boldsymbol{l}$ 方向的**方向导数**,记为

$$\left.\frac{\partial f}{\partial \boldsymbol{l}}\right|_P=\lim_{\rho\to 0}\frac{f(x+\Delta x,y+\Delta y)-f(x,y)}{\rho}.$$

因此,可以说方向导数

$$\frac{\partial f}{\partial \boldsymbol{l}}=\lim_{\rho\to 0}\frac{f(x+\Delta x,y+\Delta y)-f(x,y)}{\rho}$$

是 $z=f(x,y)$在点(x,y)沿射线 $\boldsymbol{l}$ 方向对距离的变化率,其中 $\rho>0$. 偏导数

$$\frac{\partial f}{\partial x}=\lim_{\Delta x\to 0}\frac{f(x+\Delta x,y)-f(x,y)}{\Delta x},\quad \frac{\partial f}{\partial y}=\lim_{\Delta y\to 0}\frac{f(x,y+\Delta y)-f(x,y)}{\Delta y}$$

分别是函数在某点沿平行于坐标轴的直线的变化率,其中 Δx,Δy 可正可负.

例 6.6.1 研究 $z=f(x,y)=\sqrt{x^2+y^2}$ 在点$(0,0)$沿任一方向的方向导数 $\left.\frac{\partial f}{\partial \boldsymbol{l}}\right|_{(0,0)}$ 以及 $\left.\frac{\partial f}{\partial x}\right|_{(0,0)}$.

解 在$(0,0)$沿任一方向 $\boldsymbol{l}$ 的方向导数为

$$\begin{aligned}\left.\frac{\partial f}{\partial \boldsymbol{l}}\right|_{(0,0)}&=\lim_{\rho\to 0}\frac{f(\Delta x,\Delta y)-f(0,0)}{\rho}\\&=\lim_{\substack{\Delta x\to 0\\ \Delta y\to 0}}\frac{\sqrt{(\Delta x)^2+(\Delta y)^2}-0}{\sqrt{(\Delta x)^2+(\Delta y)^2}}=1.\end{aligned}$$

再求 $\left.\frac{\partial f}{\partial x}\right|_{(0,0)}$,因为

$$\lim_{\Delta x\to 0^+}\frac{f(\Delta x,0)-f(0,0)}{\Delta x}=\lim_{\Delta x\to 0^+}\frac{\sqrt{(\Delta x)^2}}{\Delta x}=1,$$

$$\lim_{\Delta x\to 0^-}\frac{f(\Delta x,0)-f(0,0)}{\Delta x}=\lim_{\Delta x\to 0^-}\frac{\sqrt{(\Delta x)^2}}{\Delta x}=\lim_{\Delta x\to 0^-}\frac{-\Delta x}{\Delta x}=-1.$$

所以 $\left.\frac{\partial f}{\partial x}\right|_{(0,0)}$ 不存在.

由此可见,方向导数的存在性与函数在该点的偏导数存在性无关,但如果函数在某一点可微,我们就可得到在该点的方向导数的一个计算公式.

6.6.2　方向导数的计算

定理 6.8　设函数 $z=f(x,y)$在点 $P(x,y)$处可微,则函数在该点处存在沿任一方向 $\boldsymbol{l}$ 的方向导数,且有公式

$$\frac{\partial f}{\partial \boldsymbol{l}}=\frac{\partial f}{\partial x}\cos\alpha+\frac{\partial f}{\partial y}\cos\beta,$$

其中$(\cos\alpha,\cos\beta)$为 $\boldsymbol{l}$ 的方向余弦.

证　由 $f(x,y)$在点 $P(x,y)$处可微,得

$$\Delta f=f(x+\Delta x,y+\Delta y)-f(x,y)=\frac{\partial f}{\partial x}\Delta x+\frac{\partial f}{\partial y}\Delta y+o(\rho),$$

$$\frac{\Delta f}{\rho}=\frac{\partial f}{\partial x}\frac{\Delta x}{\rho}+\frac{\partial f}{\partial y}\frac{\Delta y}{\rho}+\frac{o(\rho)}{\rho},$$

令 $\rho\to 0$,得

$$\frac{\partial f}{\partial \boldsymbol{l}}=\frac{\partial f}{\partial x}\cos\alpha+\frac{\partial f}{\partial y}\cos\beta.$$

类似地,对于在点 $M(x,y,z)$处可微的三元函数 $u=f(x,y,z)$,可得在点 M 处沿任一方向 $\boldsymbol{l}$ 的方向导数

$$\frac{\partial u}{\partial \boldsymbol{l}}=\frac{\partial f}{\partial x}\cos\alpha+\frac{\partial f}{\partial y}\cos\beta+\frac{\partial f}{\partial z}\cos\gamma,$$

其中$(\cos\alpha,\cos\beta,\cos\gamma)$为 $\boldsymbol{l}$ 的方向余弦.

例 6.6.2　求函数 $z=xe^{2y}$在点 $P(1,0)$沿从点 $P(1,0)$到点 $Q(2,-1)$的方向导数.

解　因为

$$\left.\frac{\partial z}{\partial x}\right|_{(1,0)}=e^{2y}\big|_{(1,0)}=1,\quad \left.\frac{\partial z}{\partial y}\right|_{(1,0)}=2x\,e^{2y}\big|_{(1,0)}=2,$$

方向为 $\boldsymbol{l}$ 即向量$\overrightarrow{PQ}=(1,-1)$,所以

$$\cos\alpha=\frac{1}{\sqrt{2}},\quad \cos\beta=\frac{-1}{\sqrt{2}},$$

故

$$\left.\frac{\partial z}{\partial \boldsymbol{l}}\right|_{(1,0)}=\left.\left(\frac{\partial z}{\partial x}\cos\alpha+\frac{\partial z}{\partial y}\cos\beta\right)\right|_{(1,0)}=-\frac{\sqrt{2}}{2}.$$

例 6.6.3　求函数 $u=xy+e^{z}$ 在点 $M_0(1,1,0)$沿 $\boldsymbol{s}=(1,-1,1)$的方向导数.

解　沿 $\boldsymbol{s}$ 方向的方向余弦为

$$\cos\alpha=\frac{1}{\sqrt{3}},\quad \cos\beta=\frac{-1}{\sqrt{3}},\quad \cos\gamma=\frac{1}{\sqrt{3}}.$$

由

$$\frac{\partial u}{\partial x}=y,\quad \frac{\partial u}{\partial y}=x,\quad \frac{\partial u}{\partial z}=e^{z},$$

所以

$$\left.\frac{\partial u}{\partial \boldsymbol{s}}\right|_{M_0}=\left(\frac{\partial u}{\partial x}\cos\alpha+\frac{\partial u}{\partial y}\cos\beta+\frac{\partial u}{\partial z}\cos\gamma\right)_{M_0}=\frac{1}{\sqrt{3}}+\frac{-1}{\sqrt{3}}+\frac{1}{\sqrt{3}}=\frac{1}{\sqrt{3}}.$$

6.6.3 梯度

函数 $f(x,y)$在给定点沿不同方向的方向导数一般是不同的,那么沿哪个方向其方向导数最大?最大值是多少?为了解决这一问题,我们引入梯度的概念.

定义 6.7　设函数 $f(x,y)$定义域为 D,点 $P(x,y)\in D$,f 在点 P 处可微,则称向量$\frac{\partial f}{\partial x}\boldsymbol{i}+\frac{\partial f}{\partial y}\boldsymbol{j}$ 为 f 在点 $P(x,y)$的**梯度**,记为 $\mathbf{grad}f$,即

$$\mathbf{grad}f=\frac{\partial f}{\partial x}\boldsymbol{i}+\frac{\partial f}{\partial y}\boldsymbol{j},$$

它是一个向量.

有了梯度概念,就可将二元函数 $f(x,y)$沿任一方向 $\boldsymbol{l}$ 的方向导数写成向量内积的形式

$$\begin{aligned}\frac{\partial f}{\partial \boldsymbol{l}}&=\frac{\partial f}{\partial x}\cos\alpha+\frac{\partial f}{\partial y}\cos\beta\\&=\left(\frac{\partial f}{\partial x}\boldsymbol{i}+\frac{\partial f}{\partial y}\boldsymbol{j}\right)\cdot(\cos\alpha\,\boldsymbol{i}+\cos\beta\,\boldsymbol{j})=\mathbf{grad}f\cdot\boldsymbol{l}^0.\end{aligned}$$

其中 $\boldsymbol{l}^0$ 是 $\boldsymbol{l}$ 方向的单位向量. 于是有

$$\frac{\partial f}{\partial \boldsymbol{l}}=\mathbf{grad}f\cdot\boldsymbol{l}^0=|\mathbf{grad}f|\cos\theta,$$

θ 是 $\boldsymbol{l}^0$ 和 $\mathbf{grad}f$ 之间的夹角.

由此,可以得到以下结果:

(1) 函数 $f(x,y)$在点(x,y)的所有方向导数均不会超过梯度 $\mathbf{grad}f$ 的模$|\mathbf{grad}\,f|$;

(2) $f(x,y)$在点(x,y)沿 l 方向的方向导数等于梯度 $\mathbf{grad}f$ 在 $\boldsymbol{l}$ 方向上的投影,即$\frac{\partial f}{\partial \boldsymbol{l}}=|\mathbf{grad}f|\cos\theta$;

(3) 当 $\theta=0$ 时,$\frac{\partial f}{\partial \boldsymbol{l}}$达到最大,即当 $\boldsymbol{l}$ 的方向就是 $\mathbf{grad}f$ 的方向时,$\frac{\partial f}{\partial \boldsymbol{l}}$最大. 换句话说,沿着梯度方向,函数的变化率最大,函数的增长最快;

(4) 方向导数$\frac{\partial f}{\partial \boldsymbol{l}}$的最大值为

$$|\mathbf{grad} f|=\sqrt{\left(\frac{\partial f}{\partial x}\right)^2+\left(\frac{\partial f}{\partial y}\right)^2};$$

(5) 当 $\theta=\pi$ 时,即当 $\boldsymbol{l}$ 取负梯度方向 $-\mathbf{grad} f$ 时,方向导数达到最小值

$$\frac{\partial f}{\partial \boldsymbol{l}}=-|\mathbf{grad}\, f|=-\sqrt{\left(\frac{\partial f}{\partial x}\right)^2+\left(\frac{\partial f}{\partial y}\right)^2},$$

也就是沿负梯度方向函数值减少最快.

对于三元函数 $f(x,y,z)$,与上面类似讨论,可得出 f 在点 (x,y,z) 的梯度 $\mathbf{grad} f$ 为

$$\mathbf{grad} f=\frac{\partial f}{\partial x}\boldsymbol{i}+\frac{\partial f}{\partial y}\boldsymbol{j}+\frac{\partial f}{\partial z}\boldsymbol{k}.$$

梯度 $\mathbf{grad} f$ 又可简记为 ∇f,即

$$\nabla f=\frac{\partial f}{\partial x}\boldsymbol{i}+\frac{\partial f}{\partial y}\boldsymbol{j}+\frac{\partial f}{\partial z}\boldsymbol{k}.$$

这里 $\nabla=\frac{\partial}{\partial x}\boldsymbol{i}+\frac{\partial}{\partial y}\boldsymbol{j}+\frac{\partial}{\partial z}\boldsymbol{k}$ 称为**哈密顿**(Hamilton)**算子**.

为了进一步说明梯度的意义,我们从几何上来看 $\mathbf{grad} f$ 的方向.

若 f_x,f_y 不同时为零,则等值线 $f(x,y)=C$ 上任一点 $P_0(x_0,y_0)$ 处的一个单位法向量为

$$\boldsymbol{n}=\frac{1}{\sqrt{f_x(x_0,y_0)^2+f_y(x_0,y_0)^2}}(f_x(x_0,y_0),f_y(x_0,y_0)).$$

于是,$\mathbf{grad} f=\frac{\partial f}{\partial \boldsymbol{n}}\boldsymbol{n}=f_x\boldsymbol{i}+f_y\boldsymbol{j}$. 因此,在点 P 的梯度方向与过点 P 的等值线在该点的法线的一个方向相同,且从数值较低的等值线指向数值较高的等值线.

例 6.6.4　求 $\mathbf{grad}\,\frac{1}{x^2+y^2}$.

解

$$f(x,y)-\frac{1}{x^2+y^2},$$

由于

$$\frac{\partial f}{\partial x}=-\frac{2x}{(x^2+y^2)^2},\quad \frac{\partial f}{\partial y}=-\frac{2y}{(x^2+y^2)^2},$$

所以

$$\mathbf{grad}\,\frac{1}{x^2+y^2}=-\frac{2x}{(x^2+y^2)^2}\boldsymbol{i}-\frac{2y}{(x^2+y^2)^2}\boldsymbol{j}.$$

习 题 6.6

1. 求函数 $z=x^3y^2$ 在点(3,1)处沿从点(3,1) 到点(2,3)方向的方向导数.

2. 求函数 $f(x,y,z)=z\sqrt{x^2-y^2}$ 在点(4,2−1)处沿方向 $\boldsymbol{l}=(2,1,-1)$ 的方向导数 $\dfrac{\partial f}{\partial \boldsymbol{l}}$.

3. 求下列函数在给定点的梯度.

(1) $z=\ln(x^2+y^2)$,求 $\mathbf{grad}z|_{(3,4)}$;

(2) $u=xy+\mathrm{e}^z$,求 $\mathbf{grad}u|_{(1,1,0)}$.

4. 函数 $u=xy^2z$ 在点 $P(1,-1,2)$ 处沿什么方向的方向导数最大?并求此方向导数的最大值.

6.7 多元函数的极值

在工程技术、经济学等问题中,常常需要求一个多元函数的最大值或最小值,统称最值.本节讨论与多元函数的最值有关的最简单的优化问题.与一元函数类似,多元函数的最值也与其极值有密切关系,所以首先研究二元函数的极值问题,所得的结论大部分可以推广到三元及三元以上的多元函数.

6.7.1 无条件极值

定义 6.8 设函数 $z=f(x,y)$ 的定义域为 D,$P_0(x_0,y_0)$ 为 D 的内点,若存在 P_0 的某个邻域 $U(P_0)\subset D$,使得对于该邻域内异于 P_0 的任何点 (x,y),都有

$$f(x,y)<f(x_0,y_0),$$

则称函数 $f(x,y)$ 在点 (x_0,y_0) 有**极大值** $f(x_0,y_0)$,点 (x_0,y_0) 称为函数 $f(x,y)$ 的**极大值点**;若对于该邻域内异于 P_0 的任何点 (x,y),都有

$$f(x,y)>f(x_0,y_0),$$

则称函数 $f(x,y)$ 在点 (x_0,y_0) 有**极小值** $f(x_0,y_0)$.点 (x_0,y_0) 称为函数 $f(x,y)$ 的**极小值点**.极大值、极小值统称为**极值**,使函数取得极值的点统称为**极值点**.

例 6.7.1 函数 $z=2x^2+3y^2$ 在点(0,0)处有极小值,因为对于点(0,0)的任一邻域内异于(0,0)的点,函数值都为正,而在点(0,0)的函数值为零,从几何上看这是显然的,因为点(0,0,0)是开口朝上的椭圆抛物面 $z=2x^2+3y^2$ 的顶点.

可导的一元函数 $y=f(x)$ 在点 x_0 处有极值的必要条件是 $f'(x_0)=0$,对于多元函数也有类似的结论.

定理 6.9(极值存在的必要条件) 设函数 $z=f(x,y)$ 在点 (x_0,y_0) 具有偏导数,且在点 (x_0,y_0) 处有极值,则有

$$f_x(x_0,y_0)=0,\quad f_y(x_0,y_0)=0.$$

证　不妨设 $z=f(x,y)$ 在点 (x_0,y_0) 处有极大值，根据极大值的定义，在点 (x_0,y_0) 的某邻域内异于 (x_0,y_0) 的点 (x,y)，都有 $f(x,y)<f(x_0,y_0)$，特别地，在该邻域内取 $y=y_0$ 而 $x\neq x_0$ 的点，也满足不等式 $f(x,y_0)<f(x_0,y_0)$，这表明一元函数 $f(x,y_0)$ 在 $x=x_0$ 处取得极大值，因而必有

$$f_x(x_0,y_0)=0.$$

类似可证 $f_y(x_0,y_0)=0$.

若三元函数 $u=f(x,y,z)$ 在点 (x_0,y_0,z_0) 有偏导数，则类似可得它在点 (x_0,y_0,z_0) 具有极值的必要条件为

$$f_x(x_0,y_0,z_0)=0,\quad f_y(x_0,y_0,z_0)=0,\quad f_z(x_0,y_0,z_0)=0.$$

与一元函数类似，凡是使 $f_x(x,y)=0,f_y(x,y)=0$ 同时成立的点 (x_0,y_0) 称为函数 $z=f(x,y)$ 的**驻点**，由定理 6.9 知，具有偏导数的函数其极值点必定是驻点，但函数的驻点不一定是极值点，例如，点 $(0,0)$ 是函数 $z=xy$ 的驻点，但函数在该点并不取得极值.

定理 6.10（极值存在的充分条件）　设函数 $z=f(x,y)$ 在点 (x_0,y_0) 的某邻域内连续且有一阶及二阶连续偏导数，又 $f_x(x_0,y_0)=0,f_y(x_0,y_0)=0$，令

$$f_{xx}(x_0,y_0)=A,\quad f_{xy}(x_0,y_0)=B,\quad f_{yy}(x_0,y_0)=C,$$

则

(1) 当 $AC-B^2>0$ 时，$f(x,y)$ 在点 (x_0,y_0) 处具有极值，且当 $A<0$ 时有极大值，当 $A>0$ 时有极小值；

(2) 当 $AC-B^2<0$ 时，$f(x,y)$ 在点 (x_0,y_0) 处没有极值；

(3) 当 $AC-B^2=0$ 时，$f(x,y)$ 在点 (x_0,y_0) 处可能有极值，也可能没有极值，还需另作讨论.

定理证明从略.

利用上面两个定理，对于具有二阶连续偏导数的函数 $z=f(x,y)$，有如下求极值的步骤.

第一步　解方程组 $\begin{cases}f_x(x,y)=0,\\ f_y(x,y)=0,\end{cases}$ 求得一切实数解，即求得一切驻点.

第二步　求 f_{xx},f_{xy},f_{yy}，对于每一个驻点 (x_0,y_0)，求出二阶偏导数的值 A，B，C.

第三步　定出 $AC-B^2$ 的符号，按定理 6.10 的结论判定 $f(x_0,y_0)$ 是否是极值，是极大值还是极小值.

例 6.7.2　求函数 $f(x,y)=x^3-y^3+3x^2+3y^2-9x$ 的极值.

解　先解方程组

$$\begin{cases} f_x(x,y)=3x^2+6x-9=0, \\ f_y(x,y)=-3y^2+6y=0, \end{cases}$$

求得驻点为(1,0),(1,2),(−3,0),(−3,2). 再求出二阶偏导数

$$f_{xx}(x,y)=6x+6,\quad f_{xy}(x,y)=0,\quad f_{yy}(x,y)=-6y+6.$$

在点(1,0)处,$AC-B^2=12\times 6>0$,又 $A>0$,所以函数在(1,0)处有极小值 $f(1,0)=-5$;

在点(1,2)处,$AC-B^2=12\times(-6)<0$,所以 $f(1,2)$不是极值;

在点(−3,0)处,$AC-B^2=-12\times 6<0$,所以 $f(-3,0)$不是极值;

在点(−3,2)处,$AC-B^2=-12\times(-6)>0$,又 $A<0$,所以函数在(−3,2)处有极大值 $f(-3,2)=31$.

由定理 6.9 可知,若函数在所考虑的区域内具有偏导数,极值只可能在驻点处取得;然而,若函数在个别点的偏导数不存在,这些点当然不是驻点,但也可能是极值点. 例如,函数 $z=2-\sqrt{x^2+y^2}$ 在点(0,0)处的偏导数不存在,但该函数在点(0,0)处却具有极大值. 因为对于(0,0)的任一邻域内异于(0,0)的点,函数值都小于2,点(0,0,2)是位于平面 $z=2$ 下方的圆锥面 $z=2-\sqrt{x^2+y^2}$ 的顶点. 所以在研究函数的极值问题时,除了考虑函数的驻点外,还要考虑偏导数不存在的点.

6.7.2　最值

与一元函数类似,我们可以利用函数的极值来求函数的最大值和最小值,若函数 $f(x,y)$在有界闭区域 D 上连续,则 $f(x,y)$在 D 上必能取得最大值和最小值. 这种使函数取得最大值或最小值的点既可能在 D 的内部,也可能在 D 的边界上,求函数的最大值和最小值的一般方法是:将函数 $f(x,y)$在 D 内所有驻点处的函数值及在 D 的边界上的最大值和最小值相互比较,其中最大的就是最大值,最小的就是最小值. 在实际问题中,若根据问题的性质,知道函数 $f(x,y)$的最大值(最小值)一定在 D 的内部取得,而函数在 D 内只有一个驻点,那么肯定该驻点的函数值就是函数 $f(x,y)$在 D 上的最大值(最小值).

例 6.7.3　某工厂生产 A,B 两种型号产品,A 型产品的售价为 1000 元/件,B 型产品的售价为 900 元/件,生产 x 件 A 型产品和 y 件 B 型产品的总成本(单位:元)为

$$40000+200x+300y+3x^2+xy+3y^2.$$

计算 A,B 两种型号产品各生产多少时利润最大.

解　目标函数为

$$\begin{aligned} z&=z(x,y)=1000x+900y-(40000+200x+300y+3x^2+xy+3y^2) \\ &=-3x^2-xy-3y^2+800x+600y-40000. \end{aligned}$$

解方程组

$$\begin{cases} z_x(x,y)=-6x-y+800=0, \\ z_y(x,y)=-x-6y+600=0, \end{cases}$$

得 $x=120, y=80$. 又

$$z_{xx}(x,y)=-6<0, \quad z_{xy}(x,y)=-1, \quad z_{yy}(x,y)=-6,$$

而

$$AC-B^2=(-6)\times(-6)-(-1)^2=35>0.$$

所以 $z=f(x,y)$ 在驻点(120,80)处取得极大值，又驻点唯一，从而可以断定，当 A，B 两种产品分别生产 120 件和 80 件时，利润最大，且最大利润为

$$z(120,80)=32000(\text{元}).$$

例 6.7.4　平面直角坐标系内已知三点 $O(0,0)$，$A(1,0)$，$B(0,1)$，试在 $\triangle OAB$ 所围成的闭区域 D 上求点 $P(x,y)$，使它到三个顶点的距离的平方和最大或最小.

解　已知

$$\begin{aligned} f(x,y) &= |OP|^2+|AP|^2+|BP|^2 \\ &= x^2+y^2+(x-1)^2+y^2+x^2+(y-1)^2 \\ &= 3x^2+3y^2-2x=2y+2, \end{aligned}$$

$$(x,y)\in D, \quad D=\{(x,y)\,|\,x\geqslant 0, y\geqslant 0, x+y\leqslant 1\},$$

函数 $f(x,y)$ 在有界闭区域 D 上连续，所以存在最大值和最小值.

(1) 先求 f 在有界闭区域 D 内的驻点及其函数值. 由

$$\begin{cases} f_x=6x-2=0, \\ f_y=6y-2=0 \end{cases}$$

得闭区域 D 内的驻点 $\left(\frac{1}{3},\frac{1}{3}\right)$，且 $f\left(\frac{1}{3},\frac{1}{3}\right)=\frac{4}{3}$.

(2) 再求边界 OA，OB，AB 上的驻点及其函数值.

在边界 OA 上，$y=0, 0\leqslant x\leqslant 1$. 代入得 $f(x,0)=3x^2-2x+2, x\in[0,1]$，

$$f'(x,0)=6x-2=0,$$

得 $x=\frac{1}{3}$，且 $f\left(\frac{1}{3},0\right)=\frac{5}{3}$.

同理在边界 OB 上，驻点为 $\left(0,\frac{1}{3}\right)$，且 $f\left(0,\frac{1}{3}\right)=\frac{5}{3}$.

在边界 AB 上，$x+y=1$，即 $y=1-x$，$f(x,y(x))=6x^2-6x+3, x\in[0,1]$.

$$f'(x,y(x))=12x-6=0,$$

得 $x=\frac{1}{2}, y=\frac{1}{2}$，且 $f\left(\frac{1}{2},\frac{1}{2}\right)=\frac{3}{2}$.

(3) $f(0,0)=2, f(1,0)=3, f(0,1)=3$.

(4) 比较上述各个点的函数值，可知

$$f_{\max}=f(1,0)=f(0,1)=3,\quad f_{\min}=f\left(\frac{1}{3},\frac{1}{3}\right)=\frac{4}{3}.$$

6.7.3　条件极值　拉格朗日乘数法

上面研究的极值问题,函数的自变量仅受函数定义域的限制,没有其他附加条件,称为**无条件极值问题**.在实际问题中,经常会遇到对函数的自变量还有附加条件的极值问题,这种对自变量有附加条件的极值称为**条件极值**.对于有些实际问题,可以把条件极值化为无条件极值,但在很多情形下,将条件极值化为无条件极值并不简单.我们另有一种直接寻求条件极值的方法,可以不必先将问题转化为无条件极值问题,这就是下面要介绍的拉格朗日乘数法.

现在来寻找目标函数 $z=f(x,y)$ 在附加条件 $\varphi(x,y)=0$ 下取得极值的必要条件.

若函数 $z=f(x,y)$ 在 (x_0,y_0) 取得极值,那么首先有

$$\varphi(x_0,y_0)=0.$$

假定在 (x_0,y_0) 的某一邻域内 $f(x,y)$ 与 $\varphi(x,y)$ 均有连续的一阶偏导数,且 $\varphi_y(x_0,y_0)\neq 0$.由隐函数存在定理可知,方程 $\varphi(x,y)=0$ 确定一个具有连续导数的函数 $y=y(x)$,将其代入目标函数,得到一个变量为 x 的函数

$$z=f(x,y(x)),$$

于是函数 $z=f(x,y)$ 在 (x_0,y_0) 取得极值,也就相当于函数 $z=f(x,y(x))$ 在 $x=x_0$ 取得极值,由一元可导函数取得极值的必要条件知

$$\left.\frac{\mathrm{d}z}{\mathrm{d}x}\right|_{x=x_0}=f_x(x_0,y_0)+f_y(x_0,y_0)\left.\frac{\mathrm{d}y}{\mathrm{d}x}\right|_{x=x_0}=0,$$

对方程 $\varphi(x,y)=0$ 用隐函数求导公式,有

$$\left.\frac{\mathrm{d}y}{\mathrm{d}x}\right|_{x=x_0}=-\frac{\varphi_x(x_0,y_0)}{\varphi_y(x_0,y_0)},$$

于是得

$$f_x(x_0,y_0)-f_y(x_0,y_0)\frac{\varphi_x(x_0,y_0)}{\varphi_y(x_0,y_0)}=0.$$

令 $\dfrac{f_y(x_0,y_0)}{\varphi_y(x_0,y_0)}=-\lambda$,则函数 $z=f(x,y)$ 在条件 $\varphi(x,y)=0$ 下取得极值的必要条件就变为

$$\begin{cases}f_x(x_0,y_0)+\lambda\varphi_x(x_0,y_0)=0,\\ f_y(x_0,y_0)+\lambda\varphi_y(x_0,y_0)=0,\\ \varphi(x_0,y_0)=0.\end{cases}$$

如果引进辅助函数

$$L(x,y,\lambda)=f(x,y)+\lambda\varphi(x,y),$$

其中 λ 为某一常数，求出 L 对 x,y,λ 的偏导数，并令

$$\begin{cases} L_x = f_x(x,y) + \lambda\varphi_x(x,y) = 0, \\ L_y = f_y(x,y) + \lambda\varphi_y(x,y) = 0, \\ L_\lambda = \varphi(x,y) = 0, \end{cases} \tag{6.6}$$

从中解出 (x_0,y_0)，则 (x_0,y_0) 就是可能的极值点. 函数 $L(x,y,\lambda)$ 称为**拉格朗日函数**，参数 λ 称为**拉格朗日乘数**. 这种求极值的方法称为**拉格朗日乘数法**.

由方程组(6.6)解出的点不一定是极值点. 通常情况下要借助问题的实际意义或几何条件来判定 (x_0,y_0) 是否是极值点.

上述方法可以推广到自变量多于两个而条件多于一个的情形. 例如，要求目标函数

$$u = f(x,y,z)$$

在附加条件

$$\phi(x,y,z) = 0, \quad \varphi(x,y,z) = 0$$

下的极值，可以先作拉格朗日函数

$$L(x,y,z,\lambda,\mu) = f(x,y,z) + \lambda\phi(x,y,z) + \mu\varphi(x,y,z),$$

再对 L 分别求关于 x,y,z,λ,μ 的偏导数，令

$$\begin{cases} L_x = f_x(x,y,z) + \lambda\phi_x(x,y,z) + \mu\varphi_x(x,y,z) = 0, \\ L_y = f_y(x,y,z) + \lambda\phi_y(x,y,z) + \mu\varphi_y(x,y,z) = 0, \\ L_z = f_z(x,y,z) + \lambda\phi_z(x,y,z) + \mu\varphi_z(x,y,z) = 0, \\ L_\lambda = \phi(x,y,z) = 0, \\ L_\mu = \varphi(x,y,z) = 0, \end{cases}$$

其中 λ,μ 均为参数. 解以上方程组得出的 (x,y,z) 就是函数 $u=f(x,y,z)$ 在上述两个条件下的可能极值点.

例 6.7.5　求表面积为 a^2 而体积最大的长方体的体积.

解　设长方体的三棱长分别为 x,y,z，则长方体的体积为

$$xyz \quad (x>0, y>0, z>0),$$

那么问题的附加条件是

$$2xy + 2yz + 2xz = a^2.$$

构造拉格朗日函数

$$L(x,y,z,\lambda) = xyz + \lambda(2xy + 2yz + 2xz - a^2),$$

由

$$\begin{cases} L_x = yz + 2\lambda(y+z) = 0, \\ L_y = xz + 2\lambda(x+z) = 0, \\ L_z = xy + 2\lambda(y+x) = 0, \\ L_\lambda = 2xy + 2yz + 2xz - a^2 = 0 \end{cases}$$

解得

$$x=y=z,$$

代入附加条件得

$$x=y=z=\frac{\sqrt{6}}{6}a.$$

这是唯一可能的极值点，由问题本身可知最大值一定存在，所以最大值就在这个可能的极值点处取得，也就是说，表面积为 a^2 的长方体中，棱长为$\frac{\sqrt{6}}{6}a$ 的正方体的体积最大，最大体积 $V=\frac{\sqrt{6}}{36}a^3$.

习 题 6.7

1. 求函数 $f(x,y)=4(x-y)-x^2-y^2$ 的极值.

2. 求函数 $f(x,y)=e^{2x}(x+y^2+2y)$的极值.

3. 求函数 $z=xy$ 在适合附加条件 $x+y=1$ 下的极大值.

4. 求函数 $f(x,y)=x^2-y^2$ 在有界闭区域 $x^2+4y^2\leqslant 4$ 上的最大值和最小值.

5. 若一个企业在相互分割的市场上出售同一种产品，两个市场的需求函数分别是 $P_1=18-2Q_1$，$P_2=12-Q_2$，其中 P_1，P_2 分别表示该产品在两个市场的价格(单位:万元/台)，Q_1，Q_2分别表示该产品在两个市场的销售量(即需求量，单位:台)并且该企业生产这种产品的总成本函数是 $C=2Q+5$，其中 Q 表示该产品在两个市场的销售总量，即 $Q=Q_1+Q_2$.

(1) 若该企业实行价格差别策略，试确定两个市场上该产品的销售量和价格，使该企业获得最大利润；

(2) 若该企业实行价格无差别策略，试确定两个市场上该产品的销售量及其统一的价格，使该企业的总利润最大，并比较两种价格策略下的总利润大小.

6.8　多元函数微分学应用模型举例

6.8.1　交叉弹性

定义6.9　设函数 $z=f(x,y)$在点(x,y)处偏导数存在，函数对 x 的相对改变量

$$\frac{\Delta_x z}{z}=\frac{f(x+\Delta x,y)-f(x,y)}{f(x,y)}$$

与自变量 x 的相对改变量$\frac{\Delta x}{x}$之比

$$\frac{\frac{\Delta_x z}{z}}{\frac{\Delta x}{x}}$$

称为函数 $f(x,y)$对 x 从 x 到 $x+\Delta x$ 两点间的弹性. 当 $\Delta x\to 0$ 时,

$$\frac{\frac{\Delta_x z}{z}}{\frac{\Delta x}{x}}$$

的极限称为 $f(x,y)$在点(x,y)处对 x 的弹性,记为 η_x 或$\frac{Ez}{Ex}$,即

$$\eta_x=\frac{Ez}{Ex}=\lim_{\Delta x\to 0}\frac{\frac{\Delta_x z}{z}}{\frac{\Delta x}{x}}=\frac{\partial z}{\partial x}\cdot\frac{x}{z}.$$

类似可定义 $f(x,y)$在点(x,y)处对 y 的弹性

$$\xi_y=\frac{Ez}{Ey}=\lim_{\Delta y\to 0}\frac{\frac{\Delta_y z}{z}}{y}=\frac{\partial z}{\partial y}\cdot\frac{y}{z}.$$

特别地,如果 $z=f(x,y)$中 z 表示需求量,x 表示价格,y 表示消费者收入,则 η_x 表示需求对价格的弹性,ξ_y 表示需求对收入的弹性.

弹性表示经济函数在一点的相对变化率,边际表示经济函数在一点的变化率.

一种品牌电视机的营销人员在开拓市场时,除了关心本品牌电视机的价格取向外,更关心其他品牌同类电视机的价格情况,以决定自己的营销策略. 即该品牌电视机的销售量 Q_A 是它的价格 P_A 及其他品牌电视机价格 P_B 的函数:

$$Q_A=f(P_A,P_B).$$

通过分析其边际$\frac{\partial Q_A}{\partial P_A}$及$\frac{\partial Q_A}{\partial P_B}$可知 Q_A 随着 P_A 及 P_B 变化而变化的规律,进一步分析其弹性

$$\frac{\frac{\partial Q_A}{\partial P_A}}{\frac{Q_A}{P_A}}\text{及}\frac{\frac{\partial Q_A}{\partial P_B}}{\frac{Q_A}{P_B}}$$

可知这种变化的灵敏度. 前者称为 Q_A 对 P_A 的弹性;后者称为 Q_A 对 P_B 的弹性,

也称为交叉弹性. 这里,我们主要研究交叉弹性$\frac{\partial Q_A}{\partial P_B}\cdot\frac{P_B}{Q_A}$及其经济意义.

例 6.8.1 随着养鸡工业化的提高,肉鸡价格 P_B 会不断下降. 现估计明年肉鸡价格将下降 5%,且猪肉需求量 Q_A 对肉鸡价格的交叉弹性为 0.85,问明年猪肉的需求量如何变化?

解 由于鸡肉与猪肉互为替代品,故肉鸡价格的下降将导致猪肉需求量的下降. 猪肉需求量对肉鸡价格的交叉弹性为

$$\eta_{P_B}=\frac{\partial Q_A}{\partial P_B}\cdot\frac{P_B}{Q_A}=0.85,$$

而肉鸡价格下降$\frac{\partial P_B}{P_B}=5\%$,于是猪肉的需求量将下降

$$\frac{\partial Q_A}{Q_A}=\eta_{P_B}\cdot\frac{\partial P_B}{P_B}=4.25\%.$$

例 6.8.2 某种数码相机的销售量 Q_A 除与它自身的价格 P_A 有关外,还与彩色喷墨打印机的价格 P_B 有关,Q_A 与 P_A,P_B 的函数关系为

$$Q_A=120+\frac{250}{P_A}-10P_B-P_B^2.$$

当 $P_A=50$,$P_B=5$ 时,求(1) Q_A 对 P_A 的弹性;(2) Q_A 对 P_B 的交叉弹性.

解 (1) Q_A 对 P_A 的弹性为

$$\frac{EQ_A}{EP_A}=\frac{\partial Q_A}{\partial P_A}\cdot\frac{P_A}{Q_A}=-\frac{250}{P_A^2}\cdot\frac{P_A}{120+\frac{250}{P_A}-10P_B-P_B^2}$$

$$=-\frac{250}{120P_A+250-P_A(10P_B+P_B^2)},$$

当 $P_A=50$,$P_B=5$ 时,

$$\frac{EQ_A}{EP_A}=-\frac{1}{10}\cdot\frac{50}{120+5-50-25}=-\frac{1}{10}.$$

(2) Q_A 对 P_B 的交叉弹性为

$$\frac{EQ_A}{EP_B}=\frac{\partial Q_A}{\partial P_B}\cdot\frac{P_B}{Q_A}=-(10+2P_B)\cdot\frac{P_B}{120+\frac{250}{P_A}-10P_B-P_B^2},$$

当 $P_A=50$,$P_B=5$ 时,

$$\frac{EQ_A}{EP_B}=-20\cdot\frac{5}{120+5-50-25}=-2.$$

从以上例题可以看出,不同交叉弹性的职能反映两种商品间的相关性,具体就是:当交叉弹性大于零时,两商品互为替代品;当交叉弹性小于零时,两商品互为补

品;当交叉弹性等于零时,两商品相互独立.

6.8.2　最优价格模型

在生产和销售商品的过程中,显然,销售价格上涨将使厂家在单位商品上获得的利润增加,但同时也使消费者的购买欲望下降,造成销售量下降,导致厂家消减产量.但在规模生产中,单位商品的生产成本随产量的增加而降低,因此销售量、成本与销售价格是相互影响的.厂家要选择合理的销售价格才能获得最大的利润,称此价格为最优价格.

例 6.8.3　一家电视机厂在进行某种型号电视机的销售价格决策时,有如下数据:

(1) 根据市场调查,当地对该种电视机的年需求量为 100 万台;

(2) 去年该厂工售出 10 万台,每台售价为 4000 元;

(3) 仅生产一台电视机的成本为 4000 元,但在批量生产后,生产 1 万台时成本降低为每台 3000 元.

问:在生产方式不变的情况下,今年的最优销售价格是多少?

解　**建立数学模型**　设这种电视机的总销售量为 x,每台生产成本为 c,销售价格为 p,那么厂家的利润为

$$u(c,p,x)=(p-c)x.$$

根据市场预测,销售量与销售价格之间有下面的关系:

$$x=Me^{-\alpha p},\quad M>0,\quad \alpha>0,$$

这里 M 为市场的最大需求量,α 是价格系数(该公式也反映出销售价格越高,销售量越少).同时,生产部门对每台电视机的成本有如下测算:

$$c=c_0-k\ln x, c_0,\quad k,x>0,$$

这里 c_0 是只生产 1 台电视机时的成本,k 是规模系数(这也反映出产量越大即销售量越大,成本越低).

于是,问题转化为求利润函数

$$u(c,p,x)=(p-c)x$$

在约束条件

$$\begin{cases}x=Me^{-\alpha p},\\ c=c_0-k\ln x\end{cases}$$

下的极值问题.

模型求解　作拉格朗日函数

$$L(c,p,x,\lambda,\mu)=(p-c)x-\lambda(x-Me^{-\alpha p})-\mu(c-c_0+k\ln x),$$

令 $\nabla L=0$,即

$$\begin{cases} L_c=-x-\mu=0, \\ L_p=x-\lambda M\mathrm{e}^{-\alpha p}=0, \\ L_x=p-c-\lambda-\mu\dfrac{k}{x}=0, \\ L_\lambda=x-M\mathrm{e}^{-\alpha p}=0, \\ L_\mu=c-c_0+k\ln x=0. \end{cases}$$

由第 2 个方程和第 4 个方程得 $\lambda\alpha=1$,即 $\lambda=\dfrac{1}{\alpha}$. 将第 4 个方程代入第 5 个方程得 $c=c_0-k(\ln M-\alpha p)$,再由第 1 个方程知 $\mu=-x$. 将所得的这三个式子代入 $L_x=0$,得 $p-(c_0-k(\ln M-\alpha p))-\dfrac{1}{\alpha}+k=0$,由此解得最优价格为

$$p^*=\frac{c_0-k\ln M+\dfrac{1}{\alpha}-k}{1-\alpha k}.$$

只要确定了规模系数 k 与价格系数 α,问题就解决了.

现在利用这个模型解决开始的问题. 此时 $M=1000000$,$c_0=4000$. 去年该厂共售出 10 万台,每台销售价格为 4000 元,因此得

$$\alpha=\frac{\ln M-\ln x}{p}=\frac{\ln 1000000-\ln 100000}{4000}=0.00058;$$

又生产 1 万台时成本就降低为每台 3000 元,因此得

$$k=\frac{c_0-c}{\ln x}=\frac{4000-3000}{\ln 10000}=108.57.$$

将这些数据代入 p^*,得到今年的最优价格应为

$$p^*\approx 4392(\text{元/台}).$$

习 题 6.8

1. 设 Q_1,Q_2 分别为商品 A,B 的需求量,它们的需求函数为 $Q_1=8-P_1+2P_2$,$Q_2=10+2P_1-5P_2$,成本函数为 $C=3Q_1+2Q_2$,其中 P_1,P_2(单位:万元)为商品 A,B 的价格,试求价格 P_1,P_2 取何值时可使利润最大?

2. 一个公司可通过电台和报纸两种方式作销售某商品的广告. 根据统计资料,销售收入 R(万元)与电台广告费用 x_1(万元)及报纸广告费用 x_2(万元)之间的关系有如下的经验公式

$$R=15+14+32x_2-8x_1x_2-2x_1^2-10x_2^2.$$

(1) 在广告费用不限的情况下,求最优广告策略;

(2) 若提供的广告费用为 1.5 万元,求相应的最优广告策略.

复习题 6

A

1. 思考题.

(1) 二元函数 $z=f(x,y)$ 在一点处的极限存在、连续、偏导数存在之间有什么关系？试举例加以说明.

(2) 二元函数极值存在和驻点存在有什么关系？试举例说明.

2. 选择题.

(1) 设 $f(x,y)=\mathrm{e}^{\sqrt{x^2+y^4}}$，则函数在点 $(0,0)$ 处（　　）.

(A) $f_x(0,0)$，$f_y(0,0)$ 都存在　　(B) $f_x(0,0)$ 不存在，$f_y(0,0)$ 存在

(C) $f_x(0,0)$ 存在，$f_y(0,0)$ 不存在　　(D) $f_x(0,0)$ 及 $f_y(0,0)$ 都不存在

(2) 函数 $z=f(x,y)=\begin{cases}\dfrac{3xy}{x^2+y^2}, & (x,y)\neq(0,0),\\ 0, & (x,y)=(0,0),\end{cases}$ 则在点 $(0,0)$ 处 $f(x,y)$（　　）.

(A) 偏导数存在　　(B) 连续

(C) 极限存在　　(D) 偏导数不存在

(3) 设函数 $z=f(x,y)$ 可微，且在点 (x_0,y_0) 取得极小值，则下列结论正确的是（　　）.

(A) $f(x_0,y)$ 在 $y=y_0$ 处的导数等于零

(B) $f(x_0,y)$ 在 $y=y_0$ 处的导数小于零

(C) $f(x_0,y)$ 在 $y=y_0$ 处的导数大于零

(D) $f(x_0,y)$ 在 $y=y_0$ 处的导数不存在

(4) 设 $u=\mathrm{e}^{-x}\sin\dfrac{x}{y}$，则 $\dfrac{\partial u}{\partial x}$ 在点 $\left(2,\dfrac{1}{\pi}\right)$ 处的值为（　　）.

(A) $\pi\mathrm{e}^2$　　(B) $\pi\mathrm{e}^{-2}$　　(C) $\dfrac{\mathrm{e}^2}{\pi}$　　(D) $\dfrac{2}{\mathrm{e}}$

(5) 设 $u=f(x+y,xz)$ 有二阶连续偏导，则 $\dfrac{\partial^2 u}{\partial x\partial z}=$（　　）.

(A) $f_2+xf_{11}+(x+z)f_{12}+xzf_{22}$　　(B) $xf_{12}+xzf_{22}$

(C) $f_2+xf_{12}+xzf_{22}$　　(D) xzf_{22}

3. 填空题.

(1) 设 $z=(x+\mathrm{e}^y)^x$，则 $\left.\dfrac{\partial z}{\partial x}\right|_{(1,0)}=$ ________.

(2) 设 $f(u,v)$ 为二元可微函数,$z=f(x^y,y^x)$,则 $\dfrac{\partial z}{\partial x}=$________.

(3) 设 $f(u,v)$ 为二元可微函数,$z=f\left(\dfrac{y}{x},\dfrac{x}{y}\right)$,则 $x\dfrac{\partial z}{\partial x}-y\dfrac{\partial z}{\partial y}=$________.

(4) 设函数 $f(u)$ 可微,且 $f'(0)=\dfrac{1}{2}$,则 $z=f(4x^2-y^2)$ 在点(1,2)处的全微分 $\mathrm{d}z\big|_{(1,2)}=$________.

(5) 设二元函数 $z=xe^{x+y}+(x+1)\ln(1+y)$,$\mathrm{d}z\big|_{(1,0)}=$________.

4. 求下列函数的偏导数和全微分.

(1) $z=\ln(x+y^2)$; (2) $z=\dfrac{x+y}{x-y}$;

(3) $f(x,y)=x^2y^3$ 在点(1,2)处; (4) $z=\arcsin\dfrac{x}{\sqrt{x^2+y^2}}$.

5. 设 $z=f(u,x,y)$,$u=xe^y$,其中 f 具有连续的二阶偏导数,求 $\dfrac{\partial^2 z}{\partial x\partial y}$.

6. 设 $z=f(x,u)=x^2+u$,$u=\cos xy$,求 $\dfrac{\partial z}{\partial y}$,$\dfrac{\partial z}{\partial x}$.

7. 求二元函数 $f(x,y)=x^2(2+y^2)+y\ln y$ 的极值.

8. 求函数 $f(x,y)=x^2-y^2+2$ 在椭圆域 $D=\left\{(x,y)\,\middle|\,x^2+\dfrac{y^2}{4}\leqslant 1\right\}$ 上的最大值和最小值.

9. 求函数 $u=x^2+y^2+z^2$ 在约束条件 $z=x^2+y^2$ 和 $x+y+z=4$ 下的最大值和最小值.

10. 设 $f(x,y)=\dfrac{y}{1+xy}-\dfrac{1-y\sin\dfrac{\pi x}{y}}{\arctan x}$,$x>0$,$y>0$,求

(1) $g(x)=\lim\limits_{y\to+\infty}f(x,y)$;

(2) $\lim\limits_{x\to0^+}g(x)$.

11. 设 $f(u)$ 具有二阶连续偏导,且 $g(x,y)=f\left(\dfrac{y}{x}\right)+yf\left(\dfrac{x}{y}\right)$,求 $x^2\dfrac{\partial^2 g}{\partial x^2}-y^2\dfrac{\partial^2 g}{\partial y^2}$.

12. 设方程 $\dfrac{x}{z}=\ln\dfrac{z}{y}$ 确定了函数 $z=f(x,y)$,求 $\dfrac{\partial z}{\partial x}$,$\dfrac{\partial z}{\partial y}$,$\dfrac{\partial^2 z}{\partial x\partial y}$.

13. 设 $u=f(x,y,z)$ 有连续的一阶偏导数,又函数 $y=y(x)$ 及 $z=z(x)$ 分别由下列两式确定:

$$e^{xy}-xy=2 \text{ 和 } e^{x}=\int_0^{x-z}\frac{\sin t}{t}dt,$$

求$\dfrac{du}{dx}$.

14. 设 $f(u,v)$具有二阶连续偏导数,且满足$\dfrac{\partial^2 f}{\partial u^2}+\dfrac{\partial^2 f}{\partial v^2}=1$,又 $g(x,y)=f\left(xy,\dfrac{1}{2}(x^2-y^2)\right)$,求$\dfrac{\partial^2 g}{\partial x^2}+\dfrac{\partial^2 g}{\partial y^2}$.

15. 证明:当$(x,y)\to(0,0)$时,$f(x,y)=\dfrac{x^2y}{x^4+y^2}$的极限不存在.

16. 设二元函数 $f(x,y)=\begin{cases}0, & x=0 \text{ 或 } y=0,\\ 1, & xy\neq 0,\end{cases}$证明:函数 $f(x,y)$在原点的两个一阶偏导数存在,但 $f(x,y)$在原点不连续.

B

1. 在医院的外科手术室,往往需要将患者安置在活动病床上,沿走廊推到手术室或退回病房. 然而,有的医院走廊较窄,病床必须沿过道推过直角拐角. 设病床的长和宽分别为 p,q,请设计病床使其可顺利通过的走廊且宽度最小.

第 7 章　重积分数学模型及其应用

通过一元函数积分学的学习可知，定积分是一种特定和式的极限，它解决了对于某区间具有可加性的一类量的计算问题，将定积分的思想方法推广到定义在平面或空间区域上的多元函数情形，便得到二重积分和三重积分的概念.

本章将介绍重积分的概念、性质、计算方法以及它们的一些应用.

7.1　二重积分

7.1.1　二重积分模型

在一元函数中，我们曾以“求曲边梯形的面积”为实例引入了定积分的概念，完全类似地，我们以“求曲顶柱体体积”为引例来引入二重积分的概念.

引例 1(曲顶柱体体积)　若有一立体，在直角坐标系下其底是 xOy 面上的有界闭区域 D，其侧面是以 D 的边界曲线为准线，母线平行于 z 轴的柱面，其顶是曲面 $z=f(x,y)$，$(x,y)\in D$，其中二元函数 $f(x,y)\geqslant 0$ 且在 D 上连续，则称此柱体为**曲顶柱体**(图 7.1).

下面讨论如何计算曲顶柱体的体积 V.

若柱体的高不变，其体积＝底面积×高. 而对于曲顶柱体，当点 (x,y) 在 D 上变动时，其相应的高度 $f(x,y)$ 是个变量，因此它的体积不能直接用上面的公式计算. 在 5.1 节中，我们曾采用“分割、近似、求和、取极限”的思想方法求平面曲边梯形的面积. 这里再次应用这个思想方法来求曲顶柱体的体积.

用任意曲线网将区域 D 分成 n 个小闭区域 $\Delta\sigma_1,\Delta\sigma_2,\cdots,\Delta\sigma_n$，并且用 $\Delta\sigma_i$ 记各小闭区域 $\Delta\sigma_i$ 的面积 $(i=1,2,\cdots,n)$，分别以这些小区域的边界曲线为母线，作母线平行于 z 轴的柱面. 这些柱面将原曲顶柱体分割为 n 个小的曲顶柱体(图 7.2). 设以 $\Delta\sigma_i$ 为底的小曲顶柱体的体积为 $\Delta V_i(i=1,2,\cdots,n)$，则

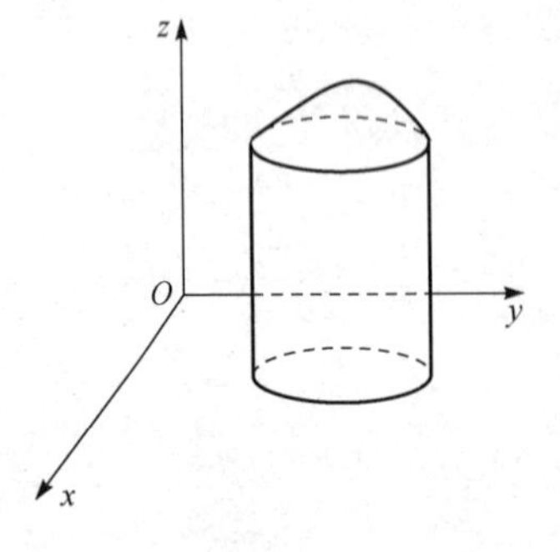

图 7.1

$$V=\sum_{i=1}^{n}\Delta V_i.$$

当小闭区域 $\Delta\sigma_i(i=1,2,\cdots,n)$ 的直径很小时，由于 $f(x,y)$ 连续，所以在同一个 $\Delta\sigma_i$ 上 $f(x,y)$ 的变化很小，这时曲顶柱体可近似看成平顶柱体. 在每个 $\Delta\sigma_i$ 上任取一点 (ξ_i,η_i)，以 $f(\xi_i,\eta_i)$ 为高的小平顶

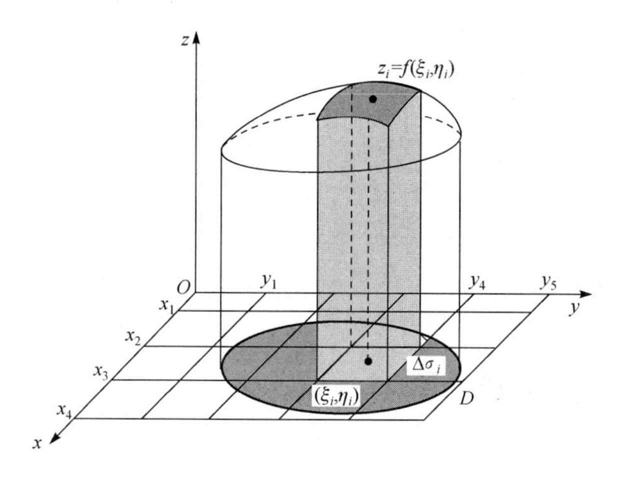

图 7.2

柱体的体积 $f(\xi_i,\eta_i)\Delta\sigma_i$ 近似替代小曲顶柱体的体积 ΔV_i，即

$$\Delta V_i\approx f(\xi_i,\eta_i)\Delta\sigma_i\quad(i=1,2,\cdots,n).$$

于是所求曲顶柱体体积近似地等于这 n 个小平顶柱体体积之和，即

$$V=\sum_{i=1}^{n}\Delta V_i\approx\sum_{i=1}^{n}f(\xi_i,\eta_i)\Delta\sigma_i.$$

将区域 D 无限细分，并使每个小区域的直径都趋于零. 记 $\lambda=\max\{\Delta\sigma_i \text{ 的直径}\mid i=1,2,\cdots,n\}$，则 λ 趋于零的过程就是将 D 无限细分的过程. 如果当 $\lambda\to0$ 时上式右端和式的极限存在，则定义此极限为曲顶柱体的体积 V，即

$$V=\lim_{\lambda\to0}\sum_{i=1}^{n}f(\xi_i,\eta_i)\Delta\sigma_i.$$

引例 2（平面薄片的质量）　设有一平面薄片占有 xOy 面上的区域 D，它在 (x,y) 处的面密度为 $\rho(x,y)(\rho(x,y)>0)$，现计算该平面薄片的质量 M.

(1) 分割. 如图 7.3 所示，将 D 任意分成 n 个小区域 $\Delta\sigma_1,\Delta\sigma_2,\cdots,\Delta\sigma_n$，其中 $\Delta\sigma_i$ 既表示第 i 个小区域又表示它的面积.

(2) 近似. 在每个 $\Delta\sigma_i$ 上任取一点 (ξ_i,η_i)，$\rho(\xi_i,\eta_i)$ 近似代替 $\Delta\sigma_i$ 上各点的密度，则第 i 个小平面薄片的质量可近似为

$$\Delta M_i\approx\rho(\xi_i,\eta_i)\Delta\sigma_i,\quad(\xi_i,\eta_i)\in\Delta\sigma_i.$$

(3) 求和. 整个平面薄片的质量的近似值为

$$M\approx\sum_{i=1}^{n}\rho(\xi_i,\eta_i)\Delta\sigma_i.$$

(4) 取极限. 记 $\lambda=\max\{\Delta\sigma_i \text{ 的直径}\mid i=1,2,\cdots,n\}$，当 $\lambda\to0$ 时，如果上述和式的极限存在，

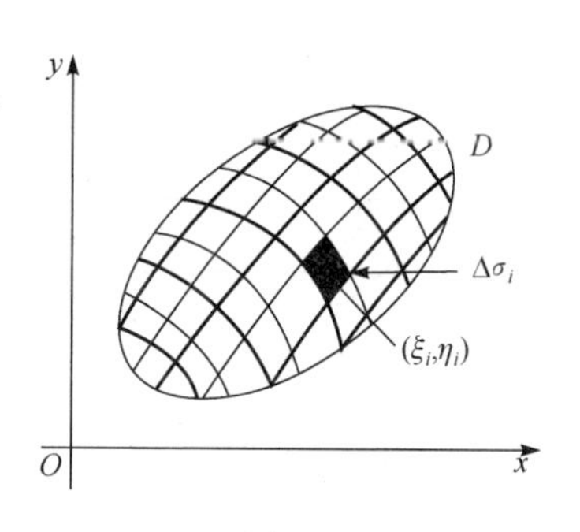

图 7.3

就将此极限值定义为整个平面薄片的质量定义为

$$M=\lim_{\lambda\to 0}\sum_{i=1}^{n}\rho(\xi_i,\eta_i)\Delta\sigma_i.$$

综上,两种实际意义完全不同的问题,都归结为同一形式的极限.其实还有许多物理、几何、经济学上的量都可归结为这种形式和的极限,因此,有必要撇开这类极限问题的实际背景,给出一个更广泛、更抽象的数学概念,即二重积分.

定义7.1 设$f(x,y)$是有界闭区域D上的有界函数,将闭区域D任意划分成n个小闭区域$\Delta\sigma_1,\Delta\sigma_2,\cdots,\Delta\sigma_n$,记小闭区域$\Delta\sigma_i$的面积为$\Delta\sigma_i(i=1,2,\cdots,n)$.在每个$\Delta\sigma_i$上任取一点$(\xi_i,\eta_i)$,作乘积$f(\xi_i,\eta_i)\Delta\sigma_i(i=1,2,\cdots,n)$,再作和$\sum\limits_{i=1}^{n}f(\xi_i,\eta_i)\Delta\sigma_i$.记$\lambda=\max\{\Delta\sigma_i\text{的直径}\mid i=1,2,\cdots,n\}$.如果不论对区域$D$怎样分,也不论在每个小区域$\Delta\sigma_i$上怎样取点$(\xi_i,\eta_i)$,当$\lambda\to 0$时,$\lim\limits_{\lambda\to 0}\sum\limits_{i=1}^{n}f(\xi_i,\eta_i)\Delta\sigma_i$总存在并且相等,则称此极限值为函数$f(x,y)$在闭区域$D$上的**二重积分**,记作$\iint\limits_D f(x,y)\mathrm{d}\sigma$,即

$$\iint\limits_D f(x,y)\mathrm{d}\sigma=\lim_{\lambda\to 0}\sum_{i=1}^{n}f(\xi_i,\eta_i)\Delta\sigma_i. \tag{7.1}$$

其中$f(x,y)$称为**被积函数**,$f(x,y)\mathrm{d}\sigma$称为**积分表达式**,$\mathrm{d}\sigma$称为**面积元素**,x,y称为**积分变量**,D称为**积分区域**,$\sum\limits_{i=1}^{n}f(\xi_i,\eta_i)\Delta\sigma_i$称为**积分和**.

注1 二重积分的存在性:若式(7.1)右端的极限存在,则称函数$f(x,y)$在闭区域D上的二重积分存在,或称$f(x,y)$**在D上可积**.对一般的函数$f(x,y)$和区域D,式(7.1)右端的极限未必存在.

可以证明,若$f(x,y)$在有界闭区域D上连续,则二重积分$\iint\limits_D f(x,y)\mathrm{d}\sigma$就必存在.

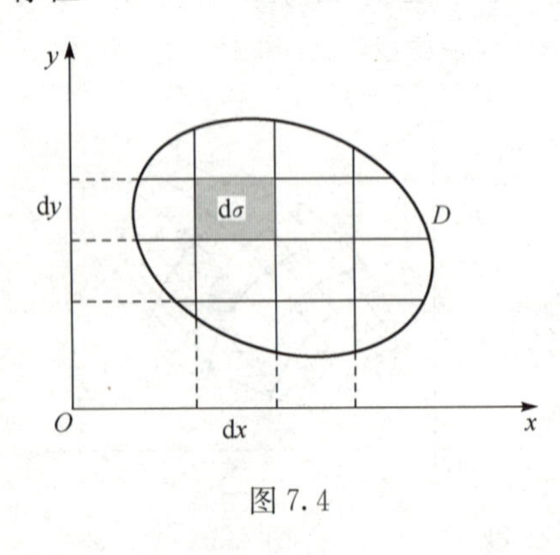

图7.4

注2 面积元素$\mathrm{d}\sigma$象征和式中的$\Delta\sigma_i$.因为二重积分定义中对区域的划分是任意的,如果在直角坐标系中用平行于坐标轴的直线网来划分区域D时,除含有D的边界点的一些小区域外,绝大多数小区域都是矩形,如图7.4所示,设矩形小区域$\Delta\sigma_i$的边长为Δx_i和Δy_i,则$\Delta\sigma_i=\Delta x_i\Delta y_i$,因此也把在直角坐标系中的面积元素$\mathrm{d}\sigma$记作$\mathrm{d}x\mathrm{d}y$,即直标系中二重积分可记作$\iint\limits_D f(x,y)\mathrm{d}x\mathrm{d}y$.

注 3　几何意义:由二重积分定义可知,当 $f(x,y)\geqslant 0$ 时,二重积分 $\iint\limits_D f(x,y)\mathrm{d}\sigma$ 以 D 为底,$f(x,y)$ 为曲顶的曲顶柱体的体积;当 $f(x,y)<0$ 时,柱体在 xOy 面的下方,二重积分等于柱体体积的负值.

7.1.2　二重积分的性质

设 D 是 xOy 平面上的有界闭区域,σ 为 D 的面积.

性质 7.1　如果函数 $f(x,y)$,$g(x,y)$ 都在 D 上可积,则对任意的常数 α,β,函数 $\alpha f(x,y)+\beta g(x,y)$ 也在 D 上可积,且

$$\iint\limits_D[\alpha f(x,y)+\beta g(x,y)]\mathrm{d}\sigma=\alpha\iint\limits_D f(x,y)\mathrm{d}\sigma+\beta\iint\limits_D g(x,y)\mathrm{d}\sigma.$$

性质 7.2　如果函数 $f(x,y)$ 在 D 上可积,用曲线将 D 分割成两个闭区域 D_1 与 D_2,则在 D_1 和 D_2 上 $f(x,y)$ 也都可积,且

$$\iint\limits_D f(x,y)\mathrm{d}\sigma=\iint\limits_{D_1} f(x,y)\mathrm{d}\sigma+\iint\limits_{D_2} f(x,y)\mathrm{d}\sigma.$$

性质 7.3　如果在 D 上,$f(x,y)\equiv 1$,则

$$\iint\limits_D 1\mathrm{d}\sigma=\iint\limits_D \mathrm{d}\sigma=\sigma.$$

性质 7.4　如果函数 $f(x,y)$ 在 D 上可积,且在 D 上 $f(x,y)\geqslant 0$,则

$$\iint\limits_D f(x,y)\mathrm{d}\sigma\geqslant 0.$$

推论 7.1　函数 $f(x,y)$,$g(x,y)$ 都在 D 上可积,且在 D 上 $f(x,y)\leqslant g(x,y)$,则

$$\iint\limits_D f(x,y)\mathrm{d}\sigma\leqslant\iint\limits_D g(x,y)\mathrm{d}\sigma.$$

推论 7.2　如果函数 $f(x,y)$ 在 D 上可积,则函数 $|f(x,y)|$ 也在 D 上可积,且

$$\left|\iint\limits_D f(x,y)\mathrm{d}\sigma\right|\leqslant\iint\limits_D |f(x,y)|\mathrm{d}\sigma.$$

性质 7.5(估值定理)　如果函数 $f(x,y)$ 在 D 上可积,且在 D 上取得最大值 M 和最小值 m,则

$$m\sigma\leqslant\iint\limits_D f(x,y)\mathrm{d}\sigma\leqslant M\sigma.$$

性质 7.6(积分中值定理)　如果函数 $f(x,y)$ 在 D 上连续,则在 D 上至少存在一点 (ξ,η),使得

$$\iint_D f(x,y)\mathrm{d}x\mathrm{d}y = f(\xi,\eta)\sigma.$$

积分中值定理的几何意义:当 $f(x,y)>0$ 时,任一曲顶柱体的体积必等于一个与其同底,高为 $f(\xi,\eta)$的平顶柱体的体积.

例 7.1.1 比较积分$\iint\limits_D (x+y)^2\mathrm{d}\sigma$与$\iint\limits_D (x+y)^3\mathrm{d}\sigma$的大小,其中积分区域 D 是由圆周$(x-2)^2+(y-1)^2=2$所围成的闭区域.

解 由$(x-2)^2+(y-1)^2\leqslant 2$可得

$$x+y\geqslant\frac{1}{2}(x^2+y^2-2x+3)=\frac{1}{2}[(x-1)^2+y^2]+1\geqslant 1,$$

于是,当$(x,y)\in D$时,$(x+y)^3\geqslant(x+y)^2$. 所以,根据推论 7.1 可得

$$\iint_D (x+y)^2\mathrm{d}\sigma\leqslant\iint_D (x+y)^3\mathrm{d}\sigma.$$

习 题 7.1

1. 填空题.

(1) 设$D=\{(x,y)\mid 0\leqslant x\leqslant 1,0\leqslant y\leqslant 1\}$,则利用二重积分的性质可得 $I=\iint\limits_D xy(x+y)\mathrm{d}\sigma$的取值范围为__________.

(2) 设区域 D 是由 x 轴、y 轴与直线 $x+y=1$ 所围成,根据二重积分的性质,比较积分 $I=\iint\limits_D (x+y)^2\mathrm{d}\sigma$ 与 $I=\iint\limits_D (x+y)^3\mathrm{d}\sigma$ 的大小__________.

2. 根据二重积分的性质,比较积分$\iint\limits_D \ln(x+y)\mathrm{d}\sigma$与$\iint\limits_D [\ln(x+y)]^2\mathrm{d}\sigma$的大小,其中 D 是三角形闭区域,三顶点分别为(1,0),(1,1),(2,0).

3. 利用二重积分的性质,估计积分 $I=\iint\limits_D (x+y+10)\mathrm{d}\sigma$的值,其中 D 是由圆周 $x^2+y^2=4$ 所围成.

7.2 二重积分的计算

按照二重积分的定义来计算二重积分,对于少数特别简单的被积函数和积分区域是可行的,但对于一般的函数和区域,这不是一种切实可行的方法. 本节介绍一种二重积分的计算方法,即将二重积分化为定积分来计算.

7.2.1 在直角坐标系下计算二重积分

就像任一平面多边形都是由若干个三角形和矩形构成的一样,任一平面曲边

图形都是由两种基本图形：上下曲边、左右直边，或左右曲边、上下直边构成的.

下面就按积分区域的两种不同类型，借助几何直观来说明如何将二重积分 $\iint\limits_D f(x,y)\mathrm{d}\sigma$ 转化为二次积分进行计算.

（Ⅰ）上下曲边、左右直边．首先假定 $f(x,y)\geqslant 0$. 设积分区域 D 可用不等式

$$y_1(x)\leqslant y\leqslant y_2(x),\quad a\leqslant x\leqslant b$$

表示，如图 7.5 所示，其中 $y_1(x)$，$y_2(x)$在$[a,\ b]$上连续.

由二重积分几何意义知，$\iint\limits_D f(x,y)\mathrm{d}\sigma$ 的值等于以 D 为底，以 $z=f(x,y)$ 为顶的曲顶柱体(图 7.6) 的体积. 我们应用计算“已知平行截面面积函数的立体体积”的方法来计算这个曲顶柱体的体积.

为此先计算截面面积：任取$[a,\ b]$上一点 x_0，用平面 $x=x_0$ 去截曲顶柱体，得到一个以 y 轴上区间$[y_1(x_0),y_2(x_0)]$为底，以 $z=f(x_0,y)$为曲边的曲边梯形(图 7.6 中阴影部分)，故截面面积为

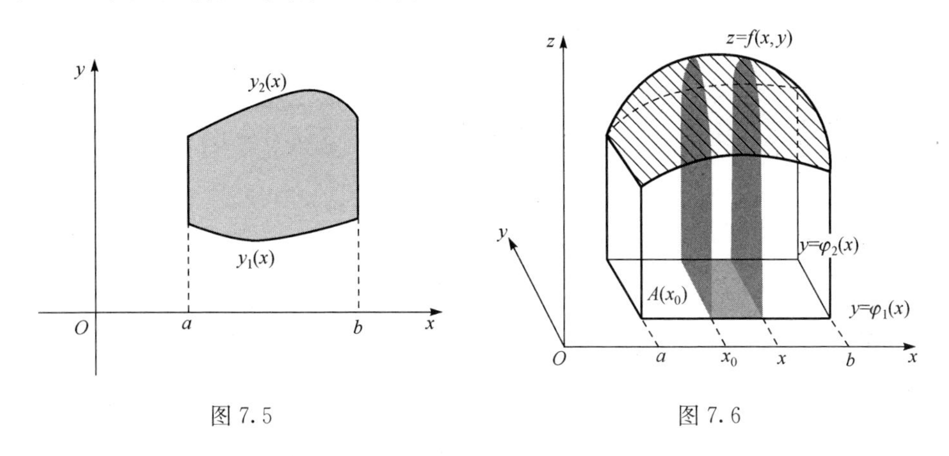

图 7.5　　图 7.6

$$S(x_0)=\int_{y_1(x_0)}^{y_2(x_0)}f(x_0,y)\mathrm{d}y.$$

一般地，用过区间$[a,b]$ 上任一点 x 且平行于 yOz 面的平面截曲顶柱体，所得截面的面积为 $S(x)=\int_{y_1(x)}^{y_2(x)}f(x,y)\mathrm{d}y$.

于是曲顶柱体的体积为

$$V=\int_a^b S(x)\mathrm{d}x=\int_a^b\left[\int_{y_1(x)}^{y_2(x)}f(x,y)\mathrm{d}y\right]\mathrm{d}x.$$

上式右端是一个先对 y、后对 x 的二次积分，即先将 x 看成常数，对 y 计算定积分，再将所得结果对 x 计算定积分，这个二次积分也可记作

$$\int_a^b\mathrm{d}x\int_{y_1(x)}^{y_2(x)}f(x,y)\mathrm{d}y,$$

即

$$\iint\limits_D f(x,y)\mathrm{d}x\mathrm{d}y = \int_a^b \mathrm{d}x\int_{y_1(x)}^{y_2(x)} f(x,y)\mathrm{d}y. \tag{7.2}$$

注 虽然在上面讨论中假定 $f(x,y)\geqslant 0$,但实际上公式(7.2)的成立并不受此限制.

(Ⅱ)左右曲边、上下直边. 如果积分区域可以用不等式

$$x_1(y)\leqslant x\leqslant x_2(y),\quad c\leqslant y\leqslant d$$

来表示,如图 7.7 所示,其中 $x_1(y)$,$x_2(y)$ 在闭区间$[c, d]$上连续,则二重积分 $\iint\limits_D f(x,y)\mathrm{d}x\mathrm{d}y$ 可以化成先对 x、后对 y 的二次积分

$$\iint\limits_D f(x,y)\mathrm{d}x\mathrm{d}y = \int_c^d \mathrm{d}y\int_{x_1(y)}^{x_2(y)} f(x,y)\mathrm{d}x. \tag{7.3}$$

注 上面所讨论的区域 D 都满足条件:过 D 的内点、且平行于 x 轴或 y 轴的直线与 D 的边界曲线相交不多于两点. 如果 D 不满足此条件,我们可将 D 分成若干部分,使其每一部分都符合这个条件,再分别在各部分上应用公式,最后把各个积分加起来,即可得到在整个区域上的积分.

例 7.2.1 计算 $I=\iint\limits_D(1-x^2)\mathrm{d}\sigma$,其中 $D=\{(x,y)\mid 0\leqslant x\leqslant 1, 0\leqslant y\leqslant x\}$(图 7.8).

解 由二重积分的计算方法,得

$$\begin{aligned} I=\iint\limits_D(1-x^2)\mathrm{d}\sigma &= \int_0^1\mathrm{d}x\int_0^x(1-x^2)\mathrm{d}y \\ &= \int_0^1\mathrm{d}x\left[(1-x^2)y\right]\Big|_0^x \\ &= \int_0^1(1-x^2)x\mathrm{d}x = \left(\frac{x^2}{2}-\frac{x^4}{4}\right)\Big|_0^1 = \frac{1}{4}. \end{aligned}$$

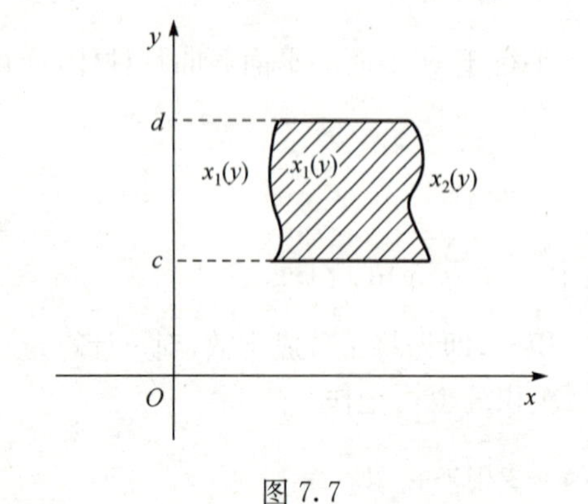

图 7.7

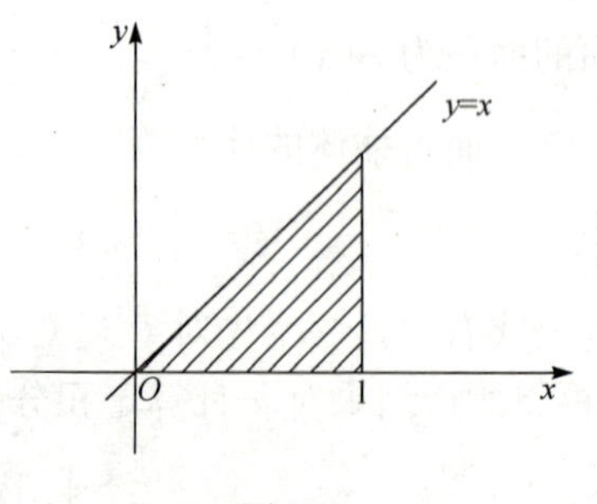

图 7.8

例 7.2.2　计算二重积分 $I=\iint\limits_{D} xy\mathrm{d}x\mathrm{d}y$. 其中积分区域 D 分别如下(图 7.9).

(1) 矩形区域:$0\leqslant x\leqslant 1,0\leqslant y\leqslant 1$;

(2) 三角形区域:$x\geqslant 0,y\geqslant 0,x+y\leqslant 1$;

(3) 单位圆在第一象限内围成的区域:$x\geqslant 0,y\geqslant 0,x^2+y^2\leqslant 1$.

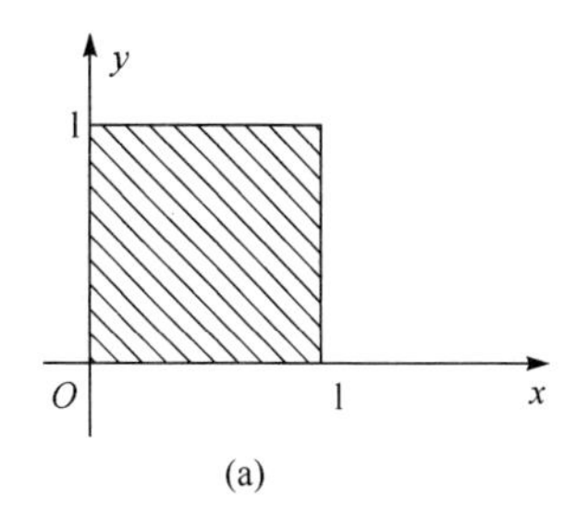

(a)

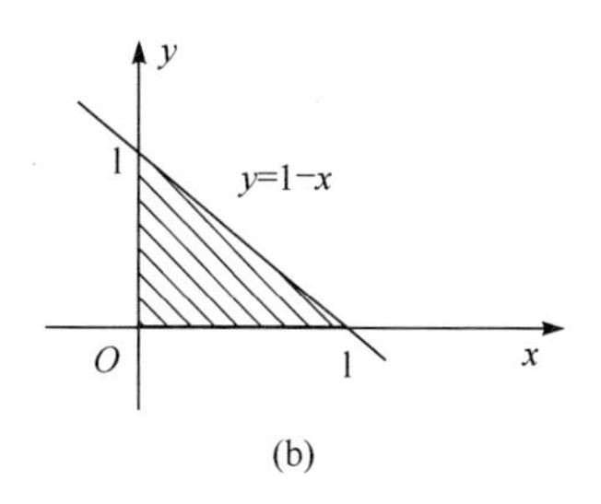

(b)

图 7.9

解　(1) $I=\int_0^1\mathrm{d}x\int_0^1 xy\mathrm{d}y=\int_0^1\left(\dfrac{xy^2}{2}\right)\Big|_0^1\mathrm{d}x=\dfrac{1}{2}\int_0^1 x\mathrm{d}x=\dfrac{1}{4}$.

(2) $D:0\leqslant x\leqslant 1,0\leqslant y\leqslant 1-x$,因此

$$I=\int_0^1\mathrm{d}x\int_0^{1-x} xy\mathrm{d}y=\int_0^1\left(\frac{xy^2}{2}\right)\Big|_0^{1-x}\mathrm{d}x=\frac{1}{2}\int_0^1\frac{x(1-x)^2}{2}\mathrm{d}x=\frac{1}{24}.$$

(3) $D:0\leqslant x\leqslant 1,0\leqslant y\leqslant\sqrt{1-x^2}$,因此

$$I=\int_0^1\mathrm{d}x\int_0^{\sqrt{1-x^2}} xy\mathrm{d}y=\int_0^1\left(\frac{xy^2}{2}\right)\Big|_0^{\sqrt{1-x^2}}\mathrm{d}x=\frac{1}{2}\int_0^1\frac{x(1-x^2)}{2}\mathrm{d}x=\frac{1}{8}.$$

例 7.2.3　$I=\iint\limits_{D} y\sqrt{1+x^2-y^2}\mathrm{d}\sigma$,其中 D 是由直线 $y=x,x=-1$ 和 $y=1$ 所围成的闭区域(图 7.10).

解　由于积分区域 $D=\{(x,y)\mid -1\leqslant x\leqslant 1,x\leqslant y\leqslant 1\}$,所以

$$\begin{aligned}I&=\iint\limits_{D} y\sqrt{1+x^2-y^2}\mathrm{d}\sigma\\&=\int_{-1}^1\mathrm{d}x\int_x^1 y\sqrt{1+x^2-y^2}\mathrm{d}y\\&=-\frac{1}{3}\int_{-1}^1\left[(1+x^2-y^2)^{\frac{3}{2}}\right]\Big|_x^1\mathrm{d}x\\&=-\frac{1}{3}\int_{-1}^1(|x|^3-1)\mathrm{d}x\end{aligned}$$

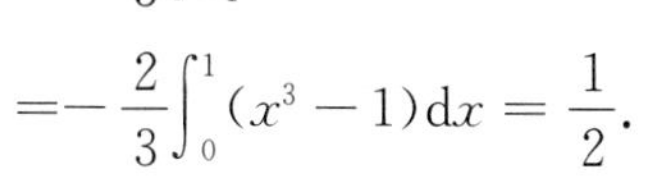

$$=-\frac{2}{3}\int_0^1(x^3-1)\mathrm{d}x=\frac{1}{2}.$$

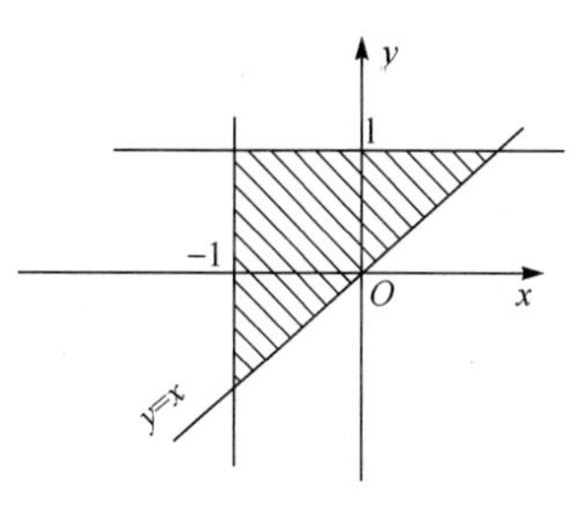

图 7.10

例 7.2.4　计算 $I=\iint\limits_D xy\mathrm{d}\sigma$，其中 D 是由抛物线 $y^2=x$，$y=x-2$ 所围成的闭区域(图 7.11).

解　由于积分区域可表为 $D=\{(x,y)\mid -1\leqslant y\leqslant 2, y^2\leqslant x\leqslant y+2\}$，故用先对 x 后对 y 的积分顺序，得

$$\begin{aligned}I&=\iint\limits_D xy\mathrm{d}\sigma=\int_{-1}^{2}\mathrm{d}y\int_{y^2}^{y+2}xy\mathrm{d}x\\&=\int_{-1}^{2}\left(\frac{x^2}{2}y\right)\Big|_{y^2}^{y+2}\mathrm{d}y\\&=\frac{1}{2}\int_{-1}^{2}[y(y+2)^2-y^5]\mathrm{d}y\\&=\frac{1}{2}\left(\frac{y^4}{4}+\frac{4}{3}y^3+2y^2-\frac{y^6}{6}\right)\Big|_{-1}^{2}\\&=\frac{45}{8}.\end{aligned}$$

例 7.2.5　计算二重积分 $I=\iint\limits_D \frac{x\sin y}{y}\mathrm{d}x\mathrm{d}y$，其中 D 是由曲线 $y=\sqrt{x}$ 及直线 $y=x$ 所围成的区域(图 7.12).

解　积分区域 D 可表示为：$y^2\leqslant x\leqslant y$，$0\leqslant y\leqslant 1$，则根据公式(7.3)可得

$$I=\int_0^1\mathrm{d}y\int_{y^2}^{y}x\frac{\sin y}{y}\mathrm{d}x=\frac{1}{2}\int_0^1(y\sin y-y^3\sin y)\mathrm{d}y=2\sin 1-3\cos 1.$$

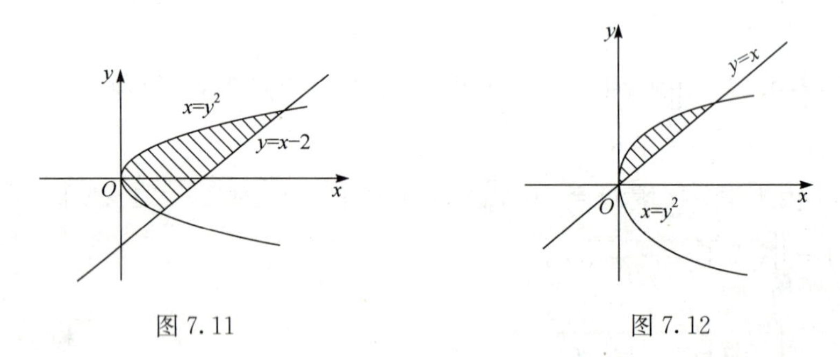

图 7.11　　　　图 7.12

注　若根据公式(7.2)计算，由于 $\frac{\sin y}{y}$ 的积分不能用初等函数来表示，因而无法计算. 因此根据积分区域和被积函数的特点适当地选取积分顺序是十分重要的，选取时应兼顾以下两个方面：

(1) 使第一次积分容易计算，并且不会给第二次积分造成麻烦；

(2) 尽量不分或少分块进行积分.

例 7.2.6　改变二次积分$\int_1^e dx\int_0^{\ln x} f(x,y)dy$的积分顺序(图 7.13).

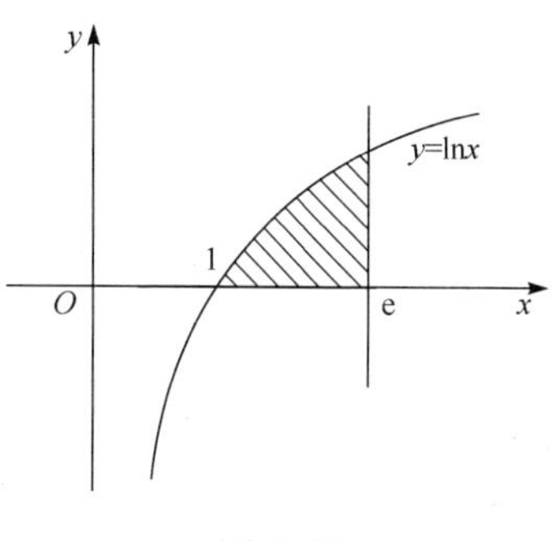

图 7.13

解　根据积分的上下限可作出积分区域D. D还可表示为:$e^y\leqslant x\leqslant e, 0\leqslant y\leqslant 1$, 所以

$$\int_1^e dx\int_0^{\ln x} f(x,y)dy=\iint_D f(x,y)dxdy=\int_0^1 dy\int_{e^x}^e f(x,y)dy.$$

注　一般地,改变积分顺序的题都可按以下步骤进行:

(1) 根据已知二次积分的积分限画出积分区域D;

(2) 按新顺序的要求将D表示为x, y的不等式;

(3) 根据以上不等式,写出新顺序下的二次积分.

例 7.2.7　求两个底半径都等于R的直交圆柱面所围成的立体的体积,如图 7.14 所示.

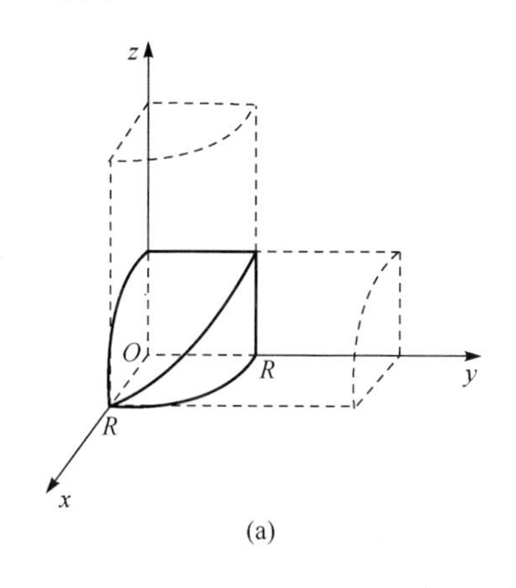

(a)

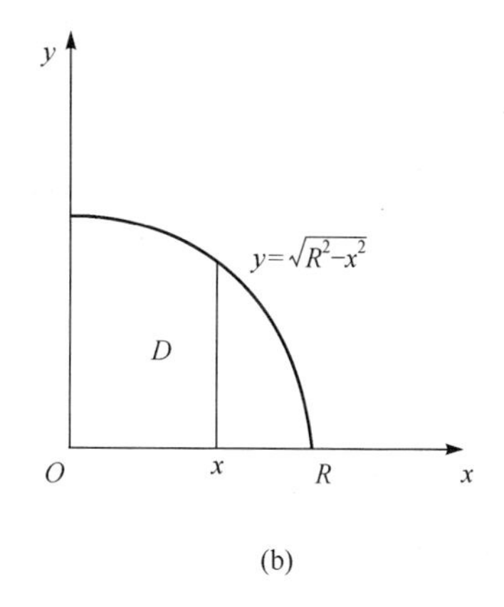

(b)

图 7.14

解　两个直交圆柱面可分别写为

$$x^2+y^2=R^2,\quad x^2+z^2=R^2.$$

由对称性,先求出在第一卦限的部分. 这部分可看成以区域

$$D=\{(x,y)\,|\,0\leqslant x\leqslant R, 0\leqslant y\leqslant\sqrt{R^2-x^2}\}$$

为底,以曲面$z=\sqrt{R^2-x^2}$为顶的曲顶柱体,其体积为

$$V_1=\iint_D\sqrt{R^2-x^2}\,d\sigma=\int_0^R\left[\int_0^{\sqrt{R^2-x^2}}\sqrt{R^2-x^2}\,dy\right]dx$$

$$=\int_0^R\left(\sqrt{R^2-x^2}\,y\right)\Big|_0^{\sqrt{R^2-x^2}}\mathrm{d}x=\int_0^R(R^2-x^2)\mathrm{d}x=\frac{2}{3}R^3.$$

因此,所求体积为

$$V=8V_1=\frac{16}{3}R^3.$$

7.2.2 在极坐标系下计算二重积分

当有界闭区域D的边界曲线用极坐标方程表示比较简单,且被积函数$f(x,y)$用极坐标变量表示也比较简单时,可以考虑在极坐标系下计算二重积分$\iint\limits_D f(x,y)\mathrm{d}\sigma$.

设$f(x,y)$是区域D上的连续函数,引入极坐标变换:

$$\begin{cases}x=r\cos\theta,\\ y=r\sin\theta,\end{cases}\quad 0\leqslant r\leqslant+\infty,\ 0\leqslant\theta\leqslant 2\pi,$$

则被积函数可表达为

$$f(x,y)=f(r\cos\theta,r\sin\theta).$$

关键是找被积表达式中面积元素$\mathrm{d}\sigma$的表达式.

假如从极点O出发且穿过闭区域D内部的射线与D的边界曲线相交不多于两点.我们用两族曲线$r=$常数与$\theta=$常数将D分成n个小的闭区域(图 7.15),则每个小闭区域的面积$\Delta\sigma_i\approx(r_i+\Delta r_i)\Delta\theta_i$.

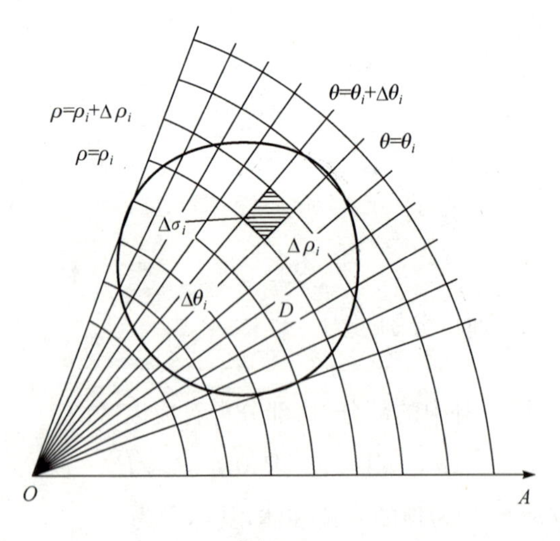

图 7.15

可以证明在将D无限细分的过程中,$\Delta\sigma_i$与$(r_i+\Delta r_i)\Delta\theta_i$仅相差一个比

$\Delta r_i \Delta\theta_i$ 高阶的无穷小，由此进行抽象，即可得平面区域 D 在极坐标系下面积元素的表达式为

$$\mathrm{d}\sigma = r\mathrm{d}r\mathrm{d}\theta,$$

从而可得极坐标系下二重积分的表达式

$$\iint_D f(x,y)\mathrm{d}x\mathrm{d}y = \iint_D f(r\cos\theta, r\sin\theta) r\mathrm{d}r\mathrm{d}\theta. \tag{7.4}$$

由式(7.4)可看出，用极坐标计算二重积分时，只需将积分变量 x，y 分别换成 $r\cos\theta$，$r\sin\theta$，将面积元素 $\mathrm{d}x\mathrm{d}y$ 换成 $r\mathrm{d}r\mathrm{d}\theta$ 即可.

由于可以将极坐标系下的二重积分视为一个普通的二重积分：

$$\iint_D f(r\cos\theta, r\sin\theta) r\mathrm{d}r\mathrm{d}\theta = \iint_D F(r,\theta)\mathrm{d}r\mathrm{d}\theta,$$

所以极坐标下的二重积分同样要化为二次积分来计算.

如果积分区域 D 可以用不等式 $r_1(\theta) \leqslant r \leqslant r_2(\theta)$，$\alpha \leqslant \theta \leqslant \beta$ 来表示(图7.16)，其中函数 $r_1(\theta)$，$r_2(\theta)$ 在 $[\alpha,\beta]$ 上连续，则极坐标系中的二重积分可化为如下的二次积分：

$$\iint_D f(r\cos\theta, r\sin\theta) r\mathrm{d}r\mathrm{d}\theta = \int_\alpha^\beta \mathrm{d}\theta \int_{r_1(\theta)}^{r_2(\theta)} f(r\cos\theta, r\sin\theta) r\mathrm{d}r. \tag{7.5}$$

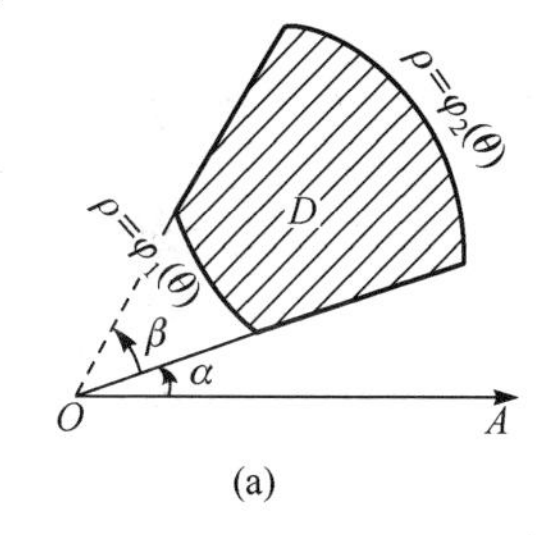

(a)

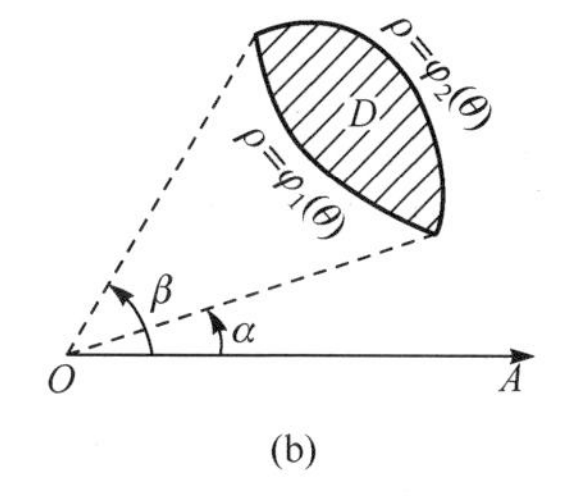

(b)

图 7.16

特别地，如果公式(7.5)中 $r_1(\theta)=0$，$r_2(\theta)=r(\theta)$，即积分区域 D 是一极点在边界上的曲边扇形，这时 D 可用不等式 $0 \leqslant r \leqslant r(\theta)$，$\alpha \leqslant \theta \leqslant \beta$ 来表示，则极坐标系中的二重积分可化为如下的二次积分：

$$\iint_D f(r\cos\theta, r\sin\theta) r\mathrm{d}r\mathrm{d}\theta - \int_\alpha^\beta \mathrm{d}\theta \int_0^{r(\theta)} f(r\cos\theta, r\sin\theta) r\mathrm{d}r. \tag{7.6}$$

另外，如果积分区域 D 由曲线 $r = r(\theta)$ 围成，即极点在 D 的内部，则 D 可用不等式表示为：$0 \leqslant r \leqslant r(\theta)$，$0 \leqslant \theta \leqslant 2\pi$，则极坐标系中的二重积分可化为如下的二次积分：

$$\iint_D f(r\cos\theta, r\sin\theta) r\mathrm{d}r\mathrm{d}\theta = \int_0^{2\pi} \mathrm{d}\theta \int_0^{r(\theta)} f(r\cos\theta, r\sin\theta) r\mathrm{d}r. \tag{7.7}$$

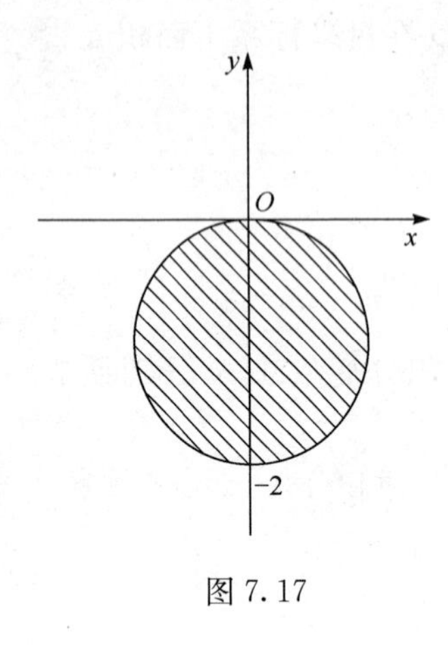

图 7.17

例 7.2.8 计算二重积分$\iint\limits_D(x+y)\mathrm{d}x\mathrm{d}y$,其中$D$为圆域:$x^2+(y+1)^2\leqslant 1$(图 7.17).

解 圆的极坐标方程为$r=-2\sin\theta$,因此,D可表示为:

$0\leqslant r\leqslant -2\sin\theta,-\pi\leqslant\theta\leqslant 0$,则有

$$\begin{aligned}\iint\limits_D(x+y)\mathrm{d}x\mathrm{d}y&=\int_{-\pi}^0\mathrm{d}\theta\int_0^{-2\sin\theta}r(\cos\theta+\sin\theta)r\mathrm{d}r\\&=\int_{-\pi}^0(\cos\theta+\sin\theta)\left[\frac{1}{3}r^3\right]_0^{-2\sin\theta}\mathrm{d}\theta\\&=-\frac{8}{3}\int_{-\pi}^0(\cos\theta+\sin\theta)\sin^3\theta\mathrm{d}\theta\quad(令\,\theta=-u)\\&=0-\frac{8}{3}\int_0^{\pi}\sin^4u\mathrm{d}u=-\pi.\end{aligned}$$

例 7.2.9 计算$\iint\limits_D\mathrm{e}^{-x^2-y^2}\mathrm{d}x\mathrm{d}y$,其中$D$是中心在原点、半径为$a$的圆周所围成的区域.

解 在极坐标下,D可表示为$0\leqslant\rho\leqslant a,0\leqslant\theta\leqslant 2\pi$,因此

$$\begin{aligned}\iint\limits_D\mathrm{e}^{-x^2-y^2}\mathrm{d}x\mathrm{d}y&=\iint\limits_D\mathrm{e}^{-\rho^2}\rho\mathrm{d}\rho\mathrm{d}\theta=\int_0^{2\pi}\left(\int_0^a\rho\mathrm{e}^{-\rho^2}\mathrm{d}\rho\right)\mathrm{d}\theta\\&=\int_0^{2\pi}\left(-\frac{1}{2}\mathrm{e}^{-\rho^2}\right)\Bigg|_0^a\mathrm{d}\theta\\&=\int_0^{2\pi}\frac{1}{2}(1-\mathrm{e}^{-a^2})\mathrm{d}\theta=\pi(1-\mathrm{e}^{-a^2}).\end{aligned}$$

注 1 如采用直角坐标来计算,则会遇到积分$\int\mathrm{e}^{-x^2}\mathrm{d}x$,它不能用初等函数来表示,因而无法计算.

注 2 一般地,当要计算的二重积分的被积函数含有x^2+y^2,积分区域为圆域或其一部分时,利用极坐标计算往往比较简单.

注 3 利用例 7.2.9 的结果可以计算一个在概率论中有重要应用的广义积分$\int_0^{+\infty}\mathrm{e}^{-x^2}\mathrm{d}x$.

例 7.2.10 计算反常积分$\int_0^{+\infty}\mathrm{e}^{-x^2}\mathrm{d}x$(图 7.18).

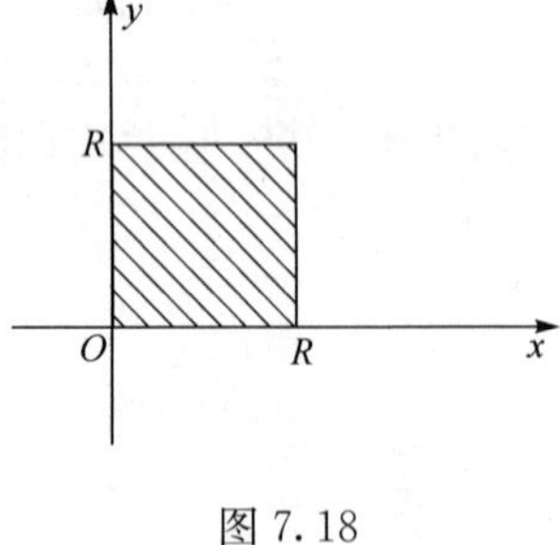

图 7.18

解 由于$\int_0^{+\infty}\mathrm{e}^{-x^2}\mathrm{d}x=\lim\limits_{R\to+\infty}\int_0^R\mathrm{e}^{-x^2}\mathrm{d}x$,又由于

$$\left(\int_0^R e^{-x^2}dx\right)^2 = \int_0^R e^{-x^2}dx \cdot \int_0^R e^{-x^2}dx = \int_0^R e^{-x^2}dx \cdot \int_0^R e^{-y^2}dy$$
$$= \int_0^R\int_0^R e^{-x^2-y^2}dxdy$$
$$= \iint_D e^{-x^2-y^2}dxdy,$$

其中 $D=\{(x,y)\mid 0\leqslant x\leqslant R,0\leqslant y\leqslant R\}$. 设

$$D_1=\{(x,y)\mid x^2+y^2\leqslant R^2,x\geqslant 0,y\geqslant 0\},$$
$$D_2=\{(x,y)\mid x^2+y^2\leqslant 2R^2,x\geqslant 0,y\geqslant 0\},$$

则有 $D_1\subset D\subset D_2$,因此

$$\iint_{D_1} e^{-x^2-y^2}dxdy \leqslant \iint_D e^{-x^2-y^2}dxdy \leqslant \iint_{D_2} e^{-x^2-y^2}dxdy,$$
$$\iint_{D_1} e^{-x^2-y^2}dxdy = \frac{\pi}{4}(1-e^{-R^2}),$$
$$\iint_{D_2} e^{-x^2-y^2}dxdy = \frac{\pi}{4}(1-e^{-2R^2}).$$

因此有

$$\frac{\pi}{4}(1-e^{-R^2}) \leqslant \iint_D e^{-x^2-y^2}dxdy \leqslant \frac{\pi}{4}(1-e^{-2R^2}).$$

由夹逼准则,可得

$$\lim_{R\to+\infty}\iint_D e^{-x^2-y^2}dxdy = \frac{\pi}{4}.$$

则 $\left(\int_0^{+\infty} e^{-x^2}dx\right)^2 = \lim\limits_{R\to+\infty}\left(\int_0^R e^{-x^2}dx\right)^2 = \lim\limits_{R\to+\infty}\iint_D e^{-x^2-y^2}dxdy = \frac{\pi}{4}.$

所以

$$\int_0^{+\infty} e^{-x^2}dx = \frac{\sqrt{\pi}}{2}.$$

例 7.2.11　求球体 $x^2+y^2+z^2\leqslant 4a^2$ 被圆柱面 $x^2+y^2=2ax$ 所截得的(含在圆柱面内的部分)立体的体积.

解　球体被圆柱面所截得的立体在第一卦限的部分如图 7.19 所示. 由对称性

$$V = 4\iint_D \sqrt{4a^2-x^2-y^2}\,dxdy,$$

其中 D 为半圆周 $y=\sqrt{2ax-x^2}$ 与 x 轴所围成的区域,即

$$D=\{(x,y)\mid 0\leqslant x\leqslant 2a,0\leqslant y\leqslant \sqrt{2ax-x^2}\},$$

利用极坐标计算,得

$$V = 4\iint_D \sqrt{4a^2 - x^2 - y^2}\,\mathrm{d}x\mathrm{d}y = 4\iint_D \sqrt{4a^2 - \rho^2}\,\rho\mathrm{d}\rho\mathrm{d}\theta$$

$$= 4\int_0^{\frac{\pi}{2}} \mathrm{d}\theta \int_0^{2a\cos\theta} \sqrt{4a^2 - \rho^2}\,\rho\mathrm{d}\rho$$

$$= \frac{32}{3}a^3 \int_0^{\frac{\pi}{2}} (1 - \sin^3\theta)\,\mathrm{d}\theta = \frac{32}{3}a^3\left(\frac{\pi}{2} - \frac{2}{3}\right).$$

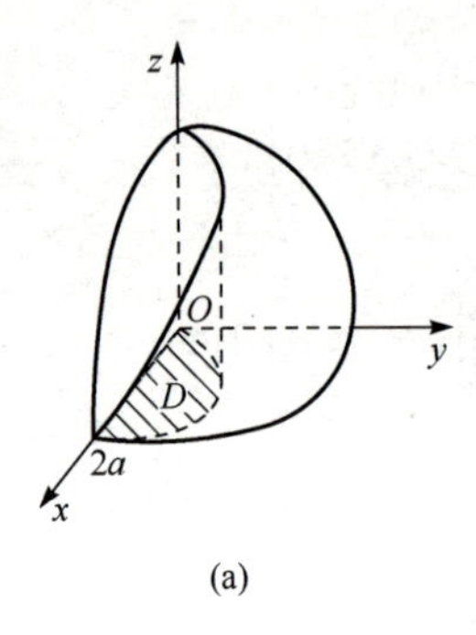

(a)

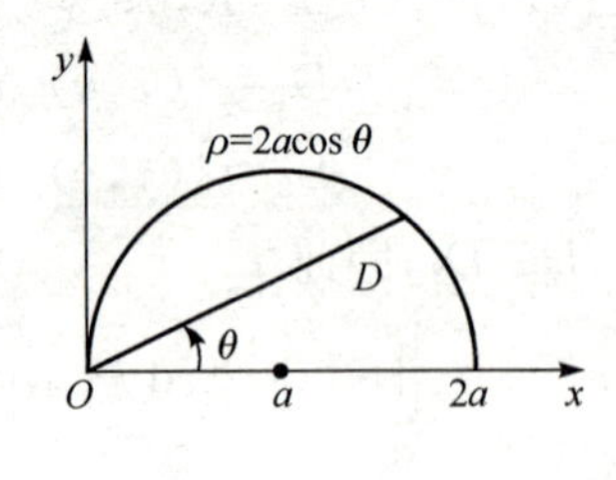

(b)

图 7.19

习 题 7.2

1. 填空题.

(1) 交换下列二次积分的积分次序.

① $\int_0^1 \mathrm{d}y \int_{\sqrt{y}}^{\sqrt{2-y}} f(x,y)\mathrm{d}x =$ ________.

② $\int_0^2 \mathrm{d}y \int_{y^2}^{2y} f(x,y)\mathrm{d}x =$ ________.

③ $\int_0^1 \mathrm{d}y \int_0^y f(x,y)\mathrm{d}x =$ ________.

④ $\int_0^1 \mathrm{d}y \int_{-\sqrt{1-y^2}}^{\sqrt{1-y^2}} f(x,y)\mathrm{d}x =$ ________.

⑤ $\int_1^{\mathrm{e}} \mathrm{d}x \int_0^{\ln x} f(x,y)\mathrm{d}y =$ ________.

⑥ $\int_0^4 \mathrm{d}y \int_{-\sqrt{4-y}}^{\frac{1}{2}(y-4)} f(x,y)\mathrm{d}x =$ ________.

(2) 积分$\int_0^2 \mathrm{d}x \int_x^2 \mathrm{e}^{-y^2}\mathrm{d}y$ 的值等于________.

(3) 设$D=\left\{(x,y)\,\middle|\, 0\leqslant x\leqslant \frac{\pi}{2}, 0\leqslant y\leqslant \frac{\pi}{2}\right\}$,则积分$I=\iint_D \sqrt{1-\sin^2(x+y)}\,\mathrm{d}x\mathrm{d}y=$ ________.

2. 把下列积分化为极坐标形式,并计算积分值.

(1) $\int_0^{2a}\mathrm{d}x\int_0^{\sqrt{2ax-x^2}}(x^2+y^2)\mathrm{d}y$.　　(2) $\int_0^{a}\mathrm{d}x\int_0^{x}\sqrt{x^2+y^2}\mathrm{d}y$.

3. 利用极坐标计算下列各题.

(1) $\iint\limits_D \mathrm{e}^{x^2+y^2}\mathrm{d}\sigma$,其中 D 是由圆周 $x^2+y^2=1$ 及坐标轴所围成的在第一象限内的闭区域.

(2) $\iint\limits_D \ln(1+x^2+y^2)\mathrm{d}\sigma$,其中 D 是由圆周 $x^2+y^2=1$ 及坐标轴所围成的在第一象限内的闭区域.

(3) $\iint\limits_D \arctan\frac{y}{x}\mathrm{d}\sigma$,其中 D 是由圆周 $x^2+y^2=4$,$x^2+y^2=1$ 及直线 $y=0$,$y=x$ 所围成的在第一象限内的闭区域.

4. 选用适当的坐标计算下列各题.

(1) $\iint\limits_D \frac{x^2}{y^2}\mathrm{d}\sigma$,其中 D 是直线 $x=2$,$y=x$ 及曲线 $xy=1$ 所围成的闭区域.

(2) $\iint\limits_D (1+x)\sin y\mathrm{d}\sigma$,其中 D 是顶点分别为(0,0),(1,0),(1,2) 和(0,1) 的梯形闭区域.

(3) $\iint\limits_D \sqrt{R^2-x^2-y^2}\mathrm{d}\sigma$,其中 D 是圆周 $x^2+y^2=Rx$ 所围成的闭区域.

(4) $\iint\limits_D \sqrt{x^2+y^2}\mathrm{d}\sigma$,其中 D 是圆环形闭区域 $\{(x,y)\mid a^2\leqslant x^2+y^2\leqslant b^2\}$.

5. 求平面 $y=0$,$y=kx(k>0)$,$z=0$,以及球心在原点、半径为 R 的上半球面所围成的在第一卦限内的立体(图 7.20)的体积.

6. 计算由四个平面 $x=0$,$y=0$,$x=1$,$y=1$ 所围成的柱体被平面 $z=0$ 及 $2x+3y+z=6$ 截得的立体的体积.

7. 求出平面 $x=0$,$y=0$,$x+y=1$ 所围成的柱体被平面 $z=0$ 及抛物面 $x^2+y^2=6-z$ 截得的立体的体积.

8. 计算以 xOy 面上的圆周 $x^2+y^2=ax$ 围成的闭区域为底,以曲面 $z=x^2+y^2$ 为顶的曲顶柱体的体积.

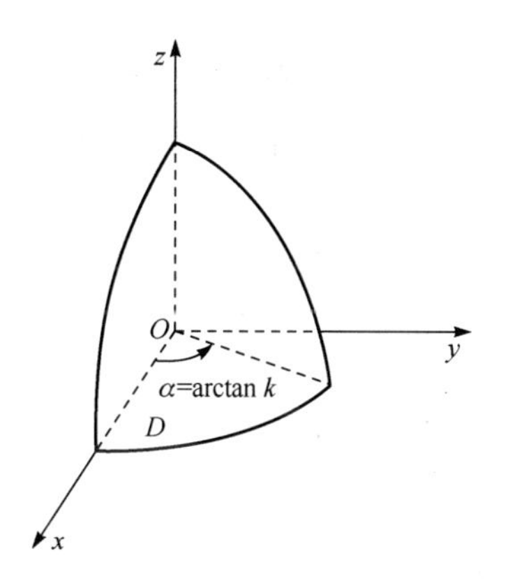

图 7.20

7.3　三重积分

7.3.1　三重积分的定义

将定积分与二重积分分别表示为特定和式的极限的定义,可以很自然地推广到三重积分.

定义 7.2　设 $f(x,y,z)$ 是空间闭区域 Ω 上的有界函数. 将 Ω 任意地划分成 n 个小区域 $\Delta v_1,\Delta v_2,\cdots,\Delta v_n$,其中 Δv_i 既表示第 i 个小区域,也表示它的体积. 在每个小区域 Δv_i 上任取一点 (ξ_i,η_i,ζ_i),作乘积 $f(\xi_i,\eta_i,\zeta_i)\Delta v_i$, $i=1,2,\cdots,n$,作和式 $\sum\limits_{i=1}^{n} f(\xi_i,\eta_i,\zeta_i)\Delta v_i$. 以 λ 记这 n 个小区域直径的最大值,若极限 $\lim\limits_{\lambda\to 0}\sum\limits_{i=1}^{n} f(\xi_i,\eta_i,\zeta_i)\Delta v_i$ 存在,则称此极限值为函数 $f(x,y,z)$ 在区域 Ω 上的**三重积分**,记作 $\iiint\limits_{\Omega} f(x,y,z)\mathrm{d}v$,即

$$\iiint\limits_{\Omega} f(x,y,z)\mathrm{d}v=\lim_{\lambda\to 0}\sum_{i=1}^{n} f(\xi_i,\eta_i,\zeta_i)\Delta v_i.$$

注 1　若函数 $f(x,y,z)$ 在区域 Ω 上连续,则三重积分存在.

注 2　三重积分的物理意义:如果 $f(x,y,z)=\rho(x,y,z)$ 表示某物体空间在 (x,y,z) 处的体密度,Ω 是该物体所占有的空间区域,则三重积分

$$\iiint\limits_{\Omega} f(x,y,z)\mathrm{d}v=\iiint\limits_{\Omega}\rho(x,y,z)\mathrm{d}v$$

就是物体 Ω 的质量 M.

注 3　如果在区域 Ω 上被积函数 $f(x,y,z)\equiv 1$,则

$$\iiint\limits_{\Omega} f(x,y,z)\mathrm{d}v=\iiint\limits_{\Omega} 1\cdot\mathrm{d}v=\iiint\limits_{\Omega}\mathrm{d}v=V,$$

其中 V 为区域 Ω 的体积.

注 4　体积元素在直角坐标系下也可记作成 $\mathrm{d}x\mathrm{d}y\mathrm{d}z$,即

$$\iiint\limits_{\Omega} f(x,y,z)\mathrm{d}v=\iiint\limits_{\Omega} f(x,y,z)\mathrm{d}x\mathrm{d}y\mathrm{d}z.$$

7.3.2　三重积分的计算

1. 利用直角坐标计算三重积分

如图 7.21 所示,设区域 Ω 的底面为 $S_1: z=z_1(x,y)$,顶面为 $S_2: z=z_2(x,y)$;侧面平行于 z 轴,Ω 在 xOy 面上的投影区域为 D_{xy},即 $\Omega=\{(x,y,z)\mid z_1(x,y)\leqslant z\leqslant z_2(x,y),(x,y)\in D_{xy}\}$. 则三重积分 $\iiint\limits_{\Omega} f(x,y,z)\mathrm{d}v$ 可化为三次积分,即

$$\iiint\limits_{\Omega} f(x,y,z)\mathrm{d}v = \int_a^b \mathrm{d}x \int_{\varphi_1(x)}^{\varphi_2(x)} \mathrm{d}y \int_{z_1(x,y)}^{z_2(x,y)} f(x,y,z)\mathrm{d}z,$$

其中 $D_{xy} = \{(x,y) \mid \varphi_1(x,y) \leqslant y \leqslant \varphi_2(x,y), a \leqslant x \leqslant b\}$.

计算过程为

$$\iiint\limits_{\Omega} f(x,y,z)\mathrm{d}v = \int_a^b \left\{\int_{\varphi_1(x)}^{\varphi_2(x)} \left[\int_{z_1(x,y)}^{z_2(x,y)} f(x,y,z)\mathrm{d}z\right]\mathrm{d}y\right\}\mathrm{d}x.$$

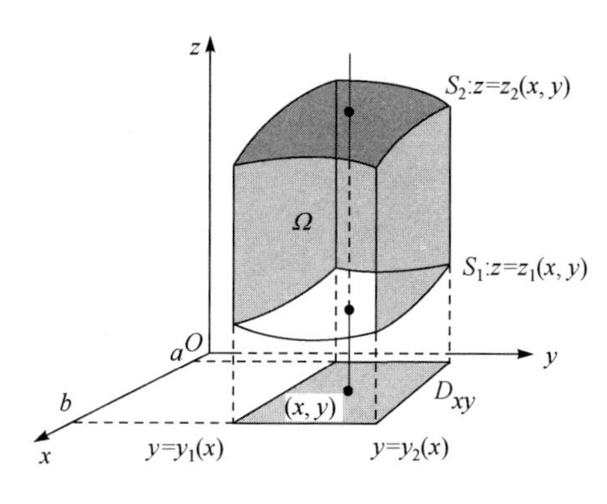

图 7.21

例 7.3.1　计算三重积分$\iiint\limits_{\Omega} x\mathrm{d}x\mathrm{d}y\mathrm{d}z$，其中 Ω 为三坐标面及平面 $x+2y+z=1$ 所围成的闭区域.

解　将 $x+2y+z=1$ 改写为 $x+\dfrac{y}{\frac{1}{2}}+z=1$，可很快画出区域 Ω 的简图(图 7.22)，区域 Ω 在 xOy 面上的投影区域为

$$D_{xy}=\left\{(x,y)\,\middle|\,0\leqslant y\leqslant\frac{1-x}{2},0\leqslant x\leqslant 1\right\},$$

而积分区域 Ω 可表示为

$\Omega=\{(x,y,z)\,|\,0\leqslant z\leqslant 1-x-2y,(x,y)\in D_{xy}\}$.

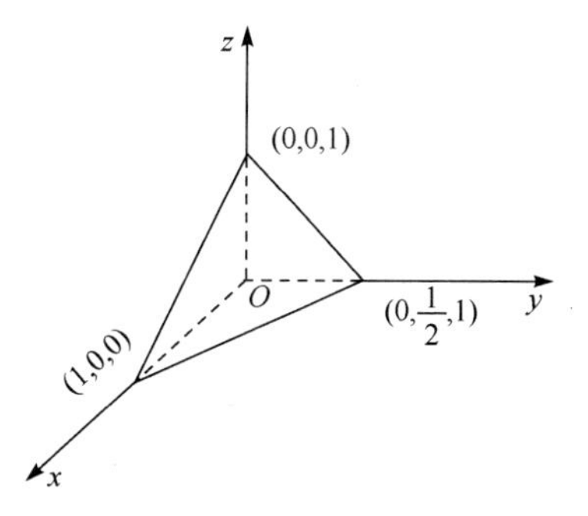

图 7.22

因此

$$\begin{aligned}\iiint\limits_{\Omega} x\mathrm{d}x\mathrm{d}y\mathrm{d}z &= \int_0^1 \mathrm{d}x \int_0^{\frac{1-x}{2}} \mathrm{d}y \int_0^{1-x-2y} x\mathrm{d}z \\ &= \int_0^1 \mathrm{d}x \int_0^{\frac{1-x}{2}} xz\Big|_0^{1-x-2y}\mathrm{d}y = \int_0^1 \mathrm{d}x \int_0^{\frac{1-x}{2}} x(1-x-2y)\mathrm{d}y \\ &= \int_0^1 (xy-x^2y-xy^2)\Big|_0^{\frac{1-x}{2}}\mathrm{d}x = \frac{1}{4}\int_0^1 (x-2x^2+x^3)\mathrm{d}x = \frac{1}{48}.\end{aligned}$$

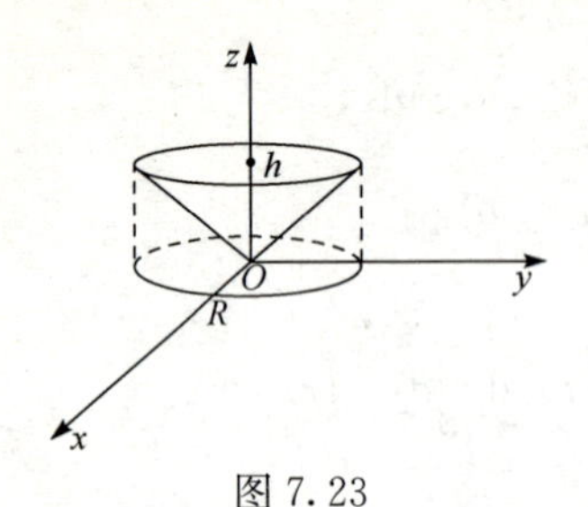

图 7.23

例 7.3.2　计算三重积分 $\iiint\limits_{\Omega} z\,\mathrm{d}x\mathrm{d}y\mathrm{d}z$，其中 Ω 是由锥面 $z=\frac{h}{R}\sqrt{x^2+y^2}$ 与平面 $z=h(R>0,h>0)$ 所围成的闭区域.

解　由积分区域 Ω(图 7.23) 在 xOy 面上的投影区域为 $D_{xy}:x^2+y^2\leqslant R^2$，因此

$$\begin{aligned}\iiint\limits_{\Omega} z\,\mathrm{d}x\mathrm{d}y\mathrm{d}z&=\int_{-R}^{R}\mathrm{d}x\int_{-\sqrt{R^2-x^2}}^{\sqrt{R^2-x^2}}\mathrm{d}y\int_{\frac{h}{R}\sqrt{x^2+y^2}}^{h}z\,\mathrm{d}z\\&=\int_{-R}^{R}\mathrm{d}x\int_{-\sqrt{R^2-x^2}}^{\sqrt{R^2-x^2}}\left(\frac{z^2}{2}\right)\Bigg|_{\frac{h}{R}\sqrt{x^2+y^2}}^{h}\mathrm{d}y\\&=\frac{h^2}{2R^2}\int_{-R}^{R}\mathrm{d}x\int_{-\sqrt{R^2-x^2}}^{\sqrt{R^2-x^2}}[R^2-(x^2+y^2)]\mathrm{d}y\\&=\frac{h^2}{2R^2}\int_{0}^{2\pi}\mathrm{d}\theta\int_{0}^{R}(R^2-\rho^2)\rho\mathrm{d}\rho\\&=\frac{h^2}{2R^2}\cdot 2\pi\cdot\left(\frac{R^2}{2}\rho^2-\frac{\rho^4}{4}\right)\Bigg|_{0}^{R}=\frac{1}{4}\pi h^2R^2.\end{aligned}$$

如果空间区域 Ω 可表示为

$$\Omega=\{(x,y,z)\,|\,(x,y)\in D_z,c_1\leqslant z\leqslant c_2\},$$

其中 D_z 为过点 $(0,0,z)$ 垂直于 z 轴的 Ω 的平面截区域. 这样，有计算公式

$$\iiint\limits_{\Omega} f(x,y,z)\mathrm{d}x\mathrm{d}y\mathrm{d}z=\int_{c_1}^{c_2}\mathrm{d}z\iint\limits_{D_z}f(x,y,z)\mathrm{d}x\mathrm{d}y.$$

对于上例，$D_z:x^2+y^2\leqslant\frac{R^2}{h^2}z^2,0\leqslant z\leqslant h$，从而

$$\begin{aligned}\iiint\limits_{\Omega} z\,\mathrm{d}x\mathrm{d}y\mathrm{d}z&=\int_{0}^{h}\mathrm{d}z\iint\limits_{D_z}z\,\mathrm{d}x\mathrm{d}y\\&=\int_{0}^{h}z\mathrm{d}z\iint\limits_{D_z}\mathrm{d}x\mathrm{d}y\\&=\int_{0}^{h}z\pi\frac{R^2}{h^2}z^2\,\mathrm{d}z\\&=\frac{R^2}{h^2}\pi\left(\frac{z^4}{4}\right)\Bigg|_{0}^{h}=\frac{1}{4}\pi R^2h^2.\end{aligned}$$

例 7.3.3　计算三重积分 $\iiint\limits_{\Omega} z^2\mathrm{d}x\mathrm{d}y\mathrm{d}z$，其中 Ω 是由椭球面 $\frac{x^2}{a^2}+\frac{y^2}{b^2}+\frac{z^2}{c^2}=1$ 所围成的空间闭区域.

解　如图 7.24 所示，由于积分区域 Ω 可表示为

$$\Omega=\left\{(x,y,z)\,\middle|\,\frac{x^2}{a^2}+\frac{y^2}{b^2}\leqslant 1-\frac{z^2}{c^2},-c\leqslant z\leqslant c\right\},$$

故积分可化为

$$\iiint\limits_{\Omega} z^2\mathrm{d}x\mathrm{d}y\mathrm{d}z=\int_{-c}^{c}\mathrm{d}z\iint\limits_{D_z}z^2\mathrm{d}x\mathrm{d}y=\int_{-c}^{c}z^2\mathrm{d}z\iint\limits_{D_z}\mathrm{d}x\mathrm{d}y$$

$$=\int_{-c}^{c}z^2\pi ab\left(1-\frac{z^2}{c^2}\right)\mathrm{d}z$$

$$=\pi ab\left(\frac{z^3}{3}-\frac{z^5}{5c}\right)\bigg|_{-c}^{c}=\frac{4}{15}\pi abc^3.$$

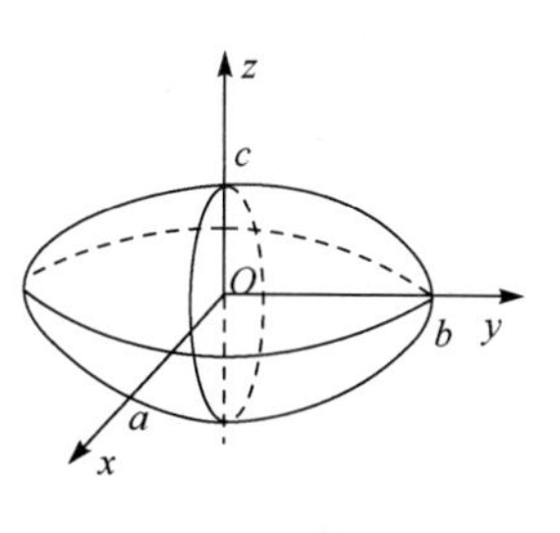

图 7.24

例 7.3.4　计算三重积分 $\iiint\limits_{\Omega}(x+z)\mathrm{d}v$，其中 Ω 是由锥面 $z=\sqrt{x^2+y^2}$ 与球面 $z=\sqrt{1-x^2-y^2}$ 所围成的空间闭区域.

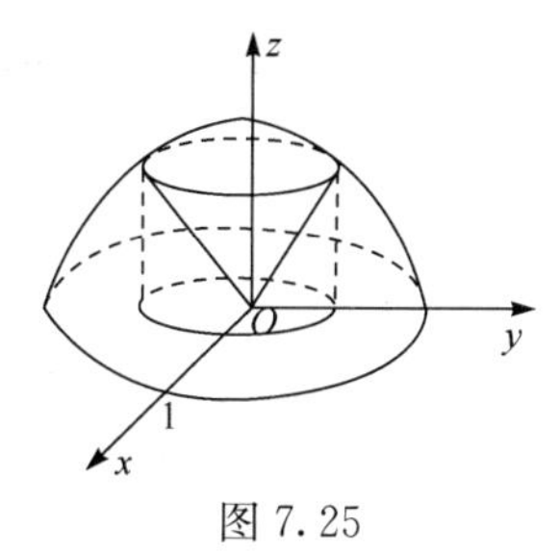

图 7.25

解　积分区域 Ω(图 7.25) 在 xOy 面上的投影区域为 $D_{xy}:x^2+y^2\leqslant\frac{1}{2}$，积分可化为

$$\iiint\limits_{\Omega}(x+z)\mathrm{d}v=\iint\limits_{D_{xy}}\mathrm{d}x\mathrm{d}y\int_{\sqrt{x^2+y^2}}^{\sqrt{1-x^2-y^2}}(x+z)\mathrm{d}z$$

$$=\iint\limits_{D_{xy}}\left(xz+\frac{z^2}{2}\right)\bigg|_{\sqrt{x^2+y^2}}^{\sqrt{1-x^2-y^2}}\mathrm{d}x\mathrm{d}y$$

$$=\iint\limits_{D_{xy}}\left(x(\sqrt{1-x^2-y^2}-\sqrt{x^2+y^2})+\frac{1}{2}(1-2x^2-2y^2)\right)\mathrm{d}x\mathrm{d}y$$

$$=\int_0^{2\pi}\mathrm{d}\theta\int_0^{\frac{1}{\sqrt{2}}}\left(\rho\cos\theta(\sqrt{1-\rho^2}-\rho)+\frac{1}{2}(1-2\rho^2)\right)\rho\mathrm{d}\rho$$

$$=\int_0^{2\pi}\cos\theta\mathrm{d}\theta\int_0^{\frac{1}{\sqrt{2}}}\rho^2(\sqrt{1-\rho^2}-\rho)\mathrm{d}\rho+\int_0^{2\pi}\mathrm{d}\theta\int_0^{\frac{1}{\sqrt{2}}}\frac{1}{2}(1-2\rho^2)\rho\mathrm{d}\rho$$

$$=0+2\pi\left(\frac{1}{4}\rho^2-\frac{1}{4}\rho^4\right)\bigg|_0^{\frac{1}{\sqrt{2}}}$$

$$=\frac{1}{8}\pi.$$

2. 利用柱面坐标计算三重积分

设 $M(x,y,z)$ 为空间内一点，M 在 xOy 面上的投影为 $P(x,y,0)$，P 点的平面极坐标为 (ρ,θ)，则点 M 可由三个数 ρ,θ,z 确定，其变换关系为

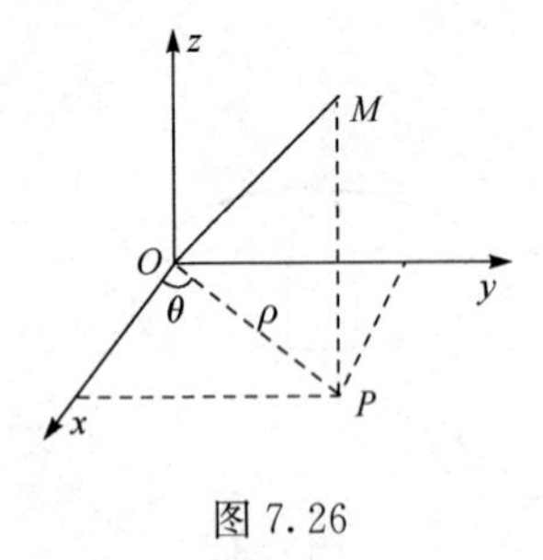

图 7.26

$$\begin{cases} x=\rho\cos\theta, \\ y=\rho\sin\theta, \\ z=z, \end{cases}$$

$0\leqslant\rho<+\infty, 0\leqslant\theta\leqslant 2\pi, -\infty<z<+\infty$,称$(\rho,\theta,z)$为点 M 的柱面坐标(图 7.26).

现在要把三重积分$\iiint\limits_{\Omega} f(x,y,z)\mathrm{d}x\mathrm{d}y\mathrm{d}z$的变量变换为柱面坐标. 为此,用三组坐标面:$\rho=$ 常数,$\theta=$ 常数,$z=$ 常数把Ω分成许多小闭区域,除了含Ω的边界点的一些不规则的小闭区域外,这种小闭区域都是柱体. 现考虑由ρ,θ,z各取得微小增量$\mathrm{d}\rho,\mathrm{d}\theta,\mathrm{d}z$所成的柱体的体积. 这个体积等于高与底面积的乘积. 现在高为$\mathrm{d}z$,底面积在不计高阶无穷小时为$\rho\mathrm{d}\rho\mathrm{d}\theta$. 于是得$\mathrm{d}v=\rho\mathrm{d}\rho\mathrm{d}\theta\mathrm{d}z$. 因此,三重积分化为

$$\begin{aligned}\iiint\limits_{\Omega} f(x,y,z)\mathrm{d}x\mathrm{d}y\mathrm{d}z &= \iiint\limits_{\Omega} f(\rho\cos\theta,\rho\sin\theta,z)\rho\mathrm{d}\rho\mathrm{d}\theta\mathrm{d}z \\ &= \int_{\alpha}^{\beta}\mathrm{d}\theta\int_{\varphi_1(\theta)}^{\varphi_2(\theta)}\rho\mathrm{d}\rho\int_{z_1(\rho,\theta)}^{z_2(\rho,\theta)} f(\rho\cos\theta,\rho\sin\theta,z)\mathrm{d}z.\end{aligned}$$

例 7.3.5　计算$\iiint\limits_{\Omega} z\mathrm{d}x\mathrm{d}y\mathrm{d}z$,其中$\Omega$是由曲面$z=x^2+y^2$与平面$z=4$所围成的闭区域.

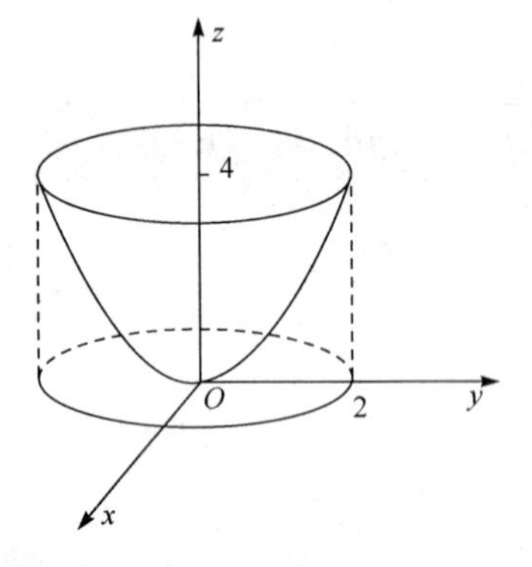

图 7.27

解　积分区域Ω(图 7.27)在 xOy 面上的投影区域为

$$\begin{aligned} D_{xy} &= \{(x,y) \mid x^2+y^2\leqslant 4\} \\ &= \{(\rho,\theta) \mid 0\leqslant\rho\leqslant 2, 0\leqslant\theta\leqslant 2\pi\},\end{aligned}$$

积分区域Ω可表示为

$$\begin{aligned}\Omega &= \{(x,y,z) \mid x^2+y^2\leqslant 4, x^2+y^2\leqslant z\leqslant 4\} \\ &= \{(\rho,\theta,z) \mid 0\leqslant\rho\leqslant 2, 0\leqslant\theta\leqslant 2\pi, \rho^2\leqslant z\leqslant 4\},\end{aligned}$$

从而

$$\begin{aligned}\iiint\limits_{\Omega} z\mathrm{d}x\mathrm{d}y\mathrm{d}z &= \int_0^{2\pi}\mathrm{d}\theta\int_0^2\rho\mathrm{d}\rho\int_{\rho^2}^4 z\mathrm{d}z \\ &= \frac{1}{2}\int_0^{2\pi}\mathrm{d}\theta\int_0^2\rho(16-\rho^4)\mathrm{d}\rho = \frac{1}{2}\cdot 2\pi\left(8\rho^2-\frac{1}{6}\rho^6\right)\Big|_0^2 = \frac{64}{3}\pi.\end{aligned}$$

对于上例,利用柱面坐标,积分区域Ω可表示为

$$\begin{aligned}\Omega &= \left\{(x,y,z)\,\middle|\, x^2+y^2\leqslant R^2, \frac{h}{R}\sqrt{x^2+y^2}\leqslant z\leqslant h\right\} \\ &= \left\{(\rho,\theta,z)\,\middle|\, 0\leqslant\rho\leqslant R, 0\leqslant\theta\leqslant 2\pi, \frac{h}{R}\rho\leqslant z\leqslant h\right\},\end{aligned}$$

则

$$\iiint\limits_{\Omega} z\,\mathrm{d}x\mathrm{d}y\mathrm{d}z = \int_0^{2\pi}\mathrm{d}\theta\int_0^R \rho\mathrm{d}\rho\int_{\frac{h}{R}\rho}^{h} z\,\mathrm{d}z$$

$$= \frac{1}{2}\int_0^{2\pi}\mathrm{d}\theta\int_0^R \rho\left(h^2 - \frac{h^2}{R^2}\rho^2\right)\mathrm{d}\rho = \frac{1}{2}\cdot\frac{h^2}{R^2}\cdot 2\pi\int_0^R \rho(R^2-\rho^2)\mathrm{d}\rho$$

$$= \frac{h^2}{R^2}\pi\left(\frac{R^2}{2}\rho^2 - \frac{1}{4}\rho^4\right)\Bigg|_0^R = \frac{1}{4}\pi R^2 h^2.$$

对于例 7.3.4,利用柱面坐标,积分区域 Ω 可表示为

$$\Omega = \left\{(x,y,z)\,\middle|\, x^2+y^2\leqslant\frac{1}{2},\sqrt{x^2+y^2}\leqslant z\leqslant\sqrt{1-x^2-y^2}\right\}$$

$$=\left\{(\rho,\theta,z)\,\middle|\, 0\leqslant\rho\leqslant\frac{1}{\sqrt{2}},0\leqslant\theta\leqslant 2\pi,\rho\leqslant z\leqslant\sqrt{1-p^2}\right\},$$

则

$$\iiint\limits_{\Omega}(x+z)\mathrm{d}x\mathrm{d}y\mathrm{d}z = \int_0^{2\pi}\mathrm{d}\theta\int_0^{\frac{1}{\sqrt{2}}}\rho\mathrm{d}\rho\int_{\rho}^{\sqrt{1-\rho^2}}(\rho\cos\theta + z)\mathrm{d}z$$

$$= \int_0^{2\pi}\mathrm{d}\theta\int_0^{\frac{1}{\sqrt{2}}}\rho\left(\rho\cos\theta\cdot z + \frac{1}{2}z^2\right)\Bigg|_{\rho}^{\sqrt{1-\rho^2}}\mathrm{d}\rho$$

$$= \int_0^{2\pi}\mathrm{d}\theta\int_0^{\frac{1}{\sqrt{2}}}\left[\rho^2\cos\theta(\sqrt{1-\rho^2}-\rho) + \frac{1}{2}\rho(1-2\rho^2)\right]\mathrm{d}\rho$$

$$= 0 + \frac{1}{2}\int_0^{2\pi}\mathrm{d}\theta\int_0^{\frac{1}{\sqrt{2}}}\rho(1-2\rho^2)\mathrm{d}\rho$$

$$= \frac{1}{2}\cdot 2\pi\left(\frac{1}{2}\rho^2 - \frac{1}{2}\rho^4\right)\Bigg|_0^{\frac{1}{\sqrt{2}}}$$

$$= \frac{1}{8}\pi.$$

例 7.3.6　计算 $I = \iiint\limits_{\Omega}(x^2+y^2+z)\mathrm{d}v$,其中 Ω 是由曲线 $\begin{cases} y^2 = 2z, \\ x = 0 \end{cases}$ 绕 z 轴旋转一周而成的旋转面与平面 $z=4$ 所围成的立体.

解　由题意可知,积分区域 Ω 是由曲面 $(x^2+y^2)=2z$ 与平面 $z=4$ 所围成的立体. 利用柱面坐标,得

$$I = \iiint\limits_{\Omega}(x^2+y^2+z)\mathrm{d}v = \int_0^{2\pi}\mathrm{d}\theta\int_0^{\sqrt{8}}\rho\mathrm{d}\rho\int_{\frac{\rho^2}{2}}^{4}(\rho^2+z)\mathrm{d}z$$

$$= 2\pi\cdot\int_0^{\sqrt{8}}\rho\left(\rho^2 z + \frac{1}{2}z^2\right)\Bigg|_{\frac{\rho^2}{2}}^{4}\mathrm{d}\rho$$

$$= 2\pi\int_0^{\sqrt{8}}\rho\left[\rho^2\left(4-\frac{\rho^2}{2}\right)+\frac{1}{2}\left(16-\frac{\rho^4}{4}\right)\right]\mathrm{d}\rho$$

$$= 2\pi\int_0^{\sqrt{8}}\left(8\rho + 4\rho^3 - \frac{5}{8}\rho^5\right)d\rho$$

$$= 2\pi\left(4\rho^2 + \rho^4 - \frac{5}{48}\rho^6\right)\Big|_0^{\sqrt{8}} = \frac{256}{3}\pi.$$

3. 利用球面坐标计算三重积分

设 $M(x,y,z)$ 为空间内一点,则 M 可用三个参数 r,θ,φ 来确定,其中 $0\leqslant r<+\infty, 0\leqslant\theta\leqslant 2\pi, 0\leqslant\varphi\leqslant\pi$,这种坐标称为点 M 的球面坐标(图 7.28),其变换关系为

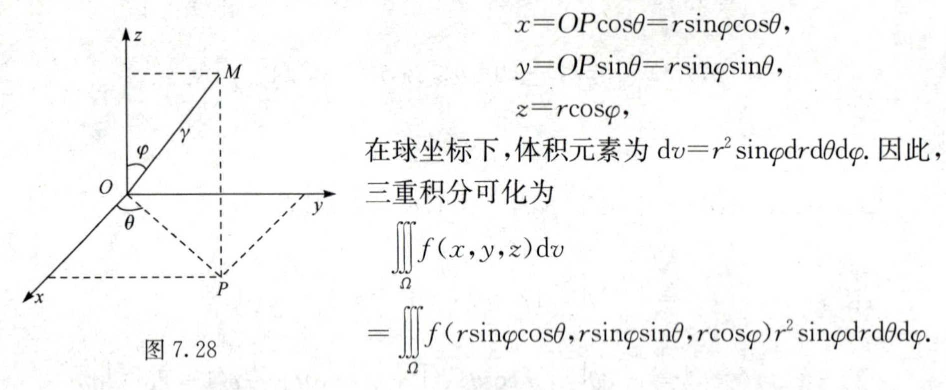

图 7.28

$$x = OP\cos\theta = r\sin\varphi\cos\theta,$$
$$y = OP\sin\theta = r\sin\varphi\sin\theta,$$
$$z = r\cos\varphi,$$

在球坐标下,体积元素为 $dv = r^2\sin\varphi dr d\theta d\varphi$. 因此,三重积分可化为

$$\iiint_\Omega f(x,y,z)dv$$
$$= \iiint_\Omega f(r\sin\varphi\cos\theta, r\sin\varphi\sin\theta, r\cos\varphi)r^2\sin\varphi dr d\theta d\varphi.$$

如果积分区域 Ω 的边界曲面是一个包含原点的封闭曲面,其球面坐标方程为 $r=r(\theta,\varphi)$,则三重积分可化为

$$\iiint_\Omega f(x,y,z)dv$$
$$= \iiint_\Omega f(r\sin\varphi\cos\theta, r\sin\varphi\sin\theta, r\cos\varphi)r^2\sin\varphi dr d\theta d\varphi$$
$$= \int_0^{2\pi}d\theta\int_0^{\pi}d\varphi\int_0^{r(\theta,\varphi)} f(r\sin\varphi\cos\theta, r\sin\varphi\sin\theta, r\cos\varphi)r^2\sin\varphi dr.$$

例 7.3.7 利用球面坐标计算例 7.3.4 中的三重积分.

解 积分区域 Ω 可表示为

$$\Omega = \left\{(r,\theta,\varphi) \mid 0\leqslant\theta\leqslant 2\pi, 0\leqslant\varphi\leqslant\frac{\pi}{4}, 0\leqslant r\leqslant 1\right\},$$

则

$$\iiint_\Omega (x+z)dv = \int_0^{2\pi}d\theta\int_0^{\frac{\pi}{4}}d\varphi\int_0^1 (r\sin\varphi\cos\theta + r\cos\varphi)r^2\sin\varphi dr$$
$$= \int_0^{2\pi}d\theta\int_0^{\frac{\pi}{4}}(\sin^2\varphi\cos\theta + \sin\varphi\cos\varphi)\left(\frac{1}{4}r^4\right)\Big|_0^1 d\varphi$$

$$= \frac{1}{4}\int_0^{2\pi} d\theta \int_0^{\frac{\pi}{4}} (\sin^2\varphi\cos\theta + \sin\varphi\cos\varphi) d\varphi$$

$$= \frac{1}{4}\int_0^{2\pi} \cos\theta d\theta \int_0^{\frac{\pi}{4}} \sin^2\varphi d\varphi + \frac{1}{4}\int_0^{2\pi} d\theta \int_0^{\frac{\pi}{4}} \sin\varphi\cos\varphi d\varphi$$

$$= \frac{1}{4} \cdot 2\pi \cdot \left(\frac{1}{2}\sin^2\varphi\right)\Big|_0^{\frac{\pi}{4}} = \frac{1}{8}\pi.$$

例 7.3.8　求半径为 a 的球面与半顶角为 α 的内接圆锥面所围成的立体的体积.

解　选取坐标系,立体如图 7.29 所示. 由三重积分的几何意义,得

$$V = \iiint_\Omega dv.$$

由于区域 Ω 在球面坐标下的表示为

$$\Omega = \{(r,\theta,\varphi) \mid 0 \leqslant \theta \leqslant 2\pi, 0 \leqslant \varphi \leqslant \alpha, 0 \leqslant r \leqslant 2a\cos\varphi\}.$$

所以,体积为

$$V = \iiint_\Omega dv = \int_0^{2\pi} d\theta \int_0^{\alpha} d\varphi \int_0^{2a\cos\varphi} r^2 \sin\varphi dr$$

$$= \int_0^{2\pi} d\theta \int_0^{\alpha} \sin\varphi \left(\frac{1}{3}r^3\right)\Big|_0^{2a\cos\varphi} d\varphi$$

$$= 2\pi \cdot \frac{8}{3}a^3 \int_0^{\alpha} \cos^3\varphi \sin\varphi d\varphi$$

$$= \frac{16}{3}\pi a^3 \left(-\frac{1}{4}\cos^4\varphi\right)\Big|_0^{\alpha} = \frac{4}{3}\pi a^3 (1 - \cos^4\alpha).$$

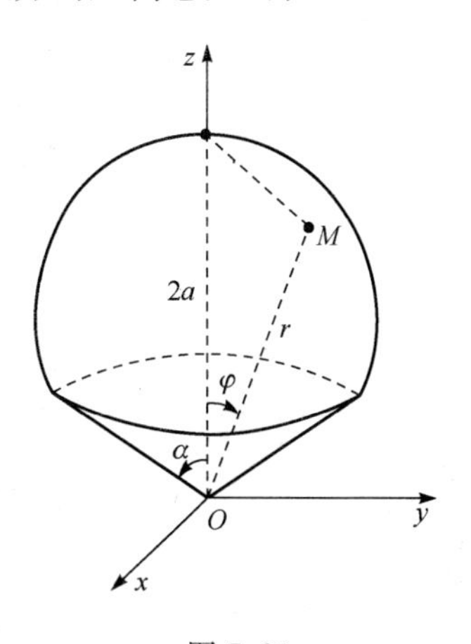

图 7.29

例 7.3.9　计算 $\iiint_\Omega z dv$,其中 Ω 是由不等式 $x^2 + y^2 + (z-a)^2 \leqslant a^2, x^2 + y^2 \leqslant z^2$ 所确定的闭区域.

解　利用球面坐标,Ω 可表示为

$$\Omega = \{(r,\theta,\varphi) \mid 0 \leqslant r \leqslant 2a\cos\varphi, 0 \leqslant \varphi \leqslant \frac{\pi}{4}, 0 \leqslant \theta \leqslant 2\pi\}.$$

因此,积分可化为

$$\iiint_\Omega z dv = \int_0^{2\pi} d\theta \int_0^{\frac{\pi}{4}} d\varphi \int_0^{2a\cos\varphi} r\cos\varphi r^2 \sin\varphi dr$$

$$= \int_0^{2\pi} d\theta \int_0^{\frac{\pi}{4}} \cos\varphi\sin\varphi \left(\frac{1}{4}r^4\right)\Big|_0^{2a\cos\varphi} d\varphi$$

$$= 4a^4 \int_0^{2\pi} d\theta \int_0^{\frac{\pi}{4}} \cos^5\varphi \sin\varphi d\varphi$$

$$= 4a^4 \cdot 2\pi \cdot \left(-\frac{1}{6}\cos^6\varphi\right)\Big|_0^{\frac{\pi}{4}} = \frac{4}{3}a^4\pi\left(1-\frac{1}{8}\right) = \frac{7}{6}a^4\pi.$$

例 7.3.10 计算 $\iiint\limits_{\Omega}(x^2+my^2+nz^2)\mathrm{d}v$,其中积分区域 Ω 是球体 $x^2+y^2+z^2\leqslant a^2$,m,n 是常数.

解 由于积分区域 Ω 关于 x,y,z 是对称的,故

$$\iiint\limits_{\Omega}x^2\mathrm{d}v = \iiint\limits_{\Omega}y^2\mathrm{d}v = \iiint\limits_{\Omega}z^2\mathrm{d}v.$$

因此,有

$$\begin{aligned}\iiint\limits_{\Omega}x^2\mathrm{d}v &= \frac{1}{3}\iiint\limits_{\Omega}(x^2+y^2+z^2)\mathrm{d}v\\&= \frac{1}{3}\int_0^{2\pi}\mathrm{d}\theta\int_0^{\pi}\mathrm{d}\varphi\int_0^a r^2r^2\sin\varphi\mathrm{d}r\\&= \frac{1}{3}\int_0^{2\pi}\mathrm{d}\theta\int_0^{\pi}\sin\varphi\left(\frac{1}{5}r^5\right)\Big|_0^a\mathrm{d}\varphi\\&= \frac{1}{3}\cdot 2\pi\cdot\frac{1}{5}a^5\int_0^{\pi}\sin\varphi\mathrm{d}\varphi = \frac{2}{15}\pi a^5(1-\cos\pi)\\&= \frac{4}{15}\pi a^5.\end{aligned}$$

同理

$$\iiint\limits_{\Omega}my^2\mathrm{d}v = \frac{4}{15}m\pi a^5,\quad \iiint\limits_{\Omega}nz^2\mathrm{d}v = \frac{4}{15}n\pi a^5.$$

因此,原式 $= \frac{4}{15}\pi a^5(1+m+n)$.

习 题 7.3

1. 填空题.

(1) 已知 Ω 是由 $x=0, y=0, z=0, x+2y+z=1$ 所围成,按先 z 后 y 再 x 的积分次序将 $I=\iiint\limits_{\Omega}x\mathrm{d}x\mathrm{d}y\mathrm{d}z$ 化为累次积分,则 $I=$__________.

(2) 设 Ω 是球面 $z=\sqrt{2-x^2-y^2}$ 与锥面 $z=\sqrt{x^2+y^2}$ 的围面,则三重积分 $I=\iiint\limits_{\Omega}f(x^2+y^2+z^2)\mathrm{d}x\mathrm{d}y\mathrm{d}z$ 在球面坐标系下的三次积分表达式为__________.

2. 化三重积分 $I=\iiint\limits_{\Omega}f(x,y,z)\mathrm{d}x\mathrm{d}y\mathrm{d}z$ 为三次积分,其中积分区域 Ω 分别是以下区域.

(1) 由双曲抛物面 $z=xy$ 及平面 $x+y-1=0, z=0$ 所围成的闭区域.

(2) 由曲面 $z=x^2+2y^2$ 及 $z=2-x^2$ 所围成的闭区域.

3. 计算 $\iiint\limits_{\Omega} xy^2z^3\,\mathrm{d}x\mathrm{d}y\mathrm{d}z$,其中 Ω 是由曲面 $z=xy$,与平面 $y=x$,$x=1$ 和 $z=0$ 所围成的闭区域.

4. 计算 $\iiint\limits_{\Omega} xyz\,\mathrm{d}x\mathrm{d}y\mathrm{d}z$,其中 Ω 为球面 $x^2+y^2+z^2=1$ 及三个坐标面所围成的在第一卦限内的闭区域.

5. 计算 $\iiint\limits_{\Omega} z\,\mathrm{d}x\mathrm{d}y\mathrm{d}z$,其中 Ω 是由锥面 $z=\dfrac{h}{R}\sqrt{x^2+y^2}$ 与平面 $z=h(R>0,h>0)$ 所围成的闭区域.

6. 利用柱面坐标计算三重积分 $\iiint\limits_{\Omega} z\,\mathrm{d}v$,其中 Ω 是由曲面 $z=\sqrt{2-x^2-y^2}$ 及 $z=x^2+y^2$ 所围成的闭区域.

7. 利用球面坐标计算三重积分 $\iiint\limits_{\Omega}(x^2+y^2+z^2)\,\mathrm{d}v$,其中 Ω 是由球面 $x^2+y^2+z^2=1$ 所围成的闭区域.

8. 选用适当的坐标计算下列三重积分.

(1) $\iiint\limits_{\Omega} xy\,\mathrm{d}v$,其中 Ω 为柱面 $x^2+y^2=1$ 及平面 $z=1,z=0x=0,y=0$ 所围成的在第一卦限内的闭区域.

(2) $\iiint\limits_{\Omega} z^2\,\mathrm{d}x\mathrm{d}y\mathrm{d}z$,其中 Ω 是两个球 $x^2+y^2+z^2\leqslant R^2$ 和 $x^2+y^2+z^2\leqslant 2Rz$ $(R>0)$ 的公共部分.

(3) $\iiint\limits_{\Omega}(x^2+y^2)\,\mathrm{d}v$,其中 Ω 是由曲面 $4z^2=25(x^2+y^2)$ 及平面 $z=5$ 所围成的闭区域.

(4) $\iiint\limits_{\Omega}(x^2+y^2)\,\mathrm{d}v$,其中闭区域 Ω 由不等式 $0<a\leqslant\sqrt{x^2+y^2+z^2}\leqslant A,z\geqslant 0$ 所确定.

9. 利用三重积分计算下列由曲面所围成的立体的体积.

(1) $z=6-x^2-y^2$ 及 $z-\sqrt{x^2+y^2}$.

(2) $x^2+y^2+z^2=2az(a>0)$ 及 $x^2+y^2=z^2$(含有 z 轴的部分).

7.4　重积分模型应用举例

利用定积分的元素法可以解决许多几何和物理问题,将这种思想方法推广到重积分的情形,也可以计算一些几何、物理以及其他的量值.

7.4.1 几何应用

1. 空间立体的体积

由二重积分的几何意义可知,利用二重积分可以计算空间立体的体积 V.

若空间立体为一曲顶柱体,设曲顶曲面的方程为 $z=f(x,y)$,且曲顶柱体的底在 xOy 平面上的投影为有界闭区域 D,则 $V=\iint\limits_D |f(x,y)|\mathrm{d}\sigma$.

例 7.4.1 计算在矩形 $D:\{(x,y)\mid 1\leqslant x\leqslant 2,3\leqslant y\leqslant 5\}$ 上方,平面 $z=x+2y$ 以下部分空间的立体体积.

解 因在区域 D 上,$z=f(x,y)=x+2y>0$,故有

$$\begin{aligned}V&=\iint\limits_D f(x,y)\mathrm{d}x\mathrm{d}y=\int_1^2\mathrm{d}x\int_3^5(x+2y)\mathrm{d}y\\&=\int_1^2(xy+y^2)\Big|_{y=3}^{y=5}\mathrm{d}x=\int_1^2[(5x+25)-(3x+9)]\mathrm{d}x\\&=\int_1^2(2x+16)\mathrm{d}x=(x^2+16x)\Big|_1^2=19.\end{aligned}$$

若空间立体为一上下顶均是曲面的立体,如何计算这个立体的体积 V?设立体上下曲顶的曲面方程分别为 $z=f(x,y)$ 和 $z=g(x,y)$,且曲顶柱体在 xOy 平面上的投影为有界闭区域 D,则 $V=\iint\limits_D[f(x,y)-g(x,y)]\mathrm{d}\sigma$.

2. 平面区域的面积

利用二重积分的性质 7.3,可求平面区域 D 的面积. 设平面区域 D 位于 xOy 面上,则 D 的面积 $\sigma=\iint\limits_D\mathrm{d}x\mathrm{d}y$. 另外,利用定积分也可求平面区域的面积. 那么,两种方法得到的结果一样么?

实际上,在定积分中,

$$\sigma_D=\int_a^b[y_1(x)-y_2(x)]\mathrm{d}x,$$

在二重积分中,

$$\sigma_D=\iint\limits_D\mathrm{d}\sigma=\int_a^b\mathrm{d}x\int_{y_1(x)}^{y_2(x)}\mathrm{d}y=\int_a^b[y_1(x)-y_2(x)]\mathrm{d}x$$

所以,得到的结果是一样的.

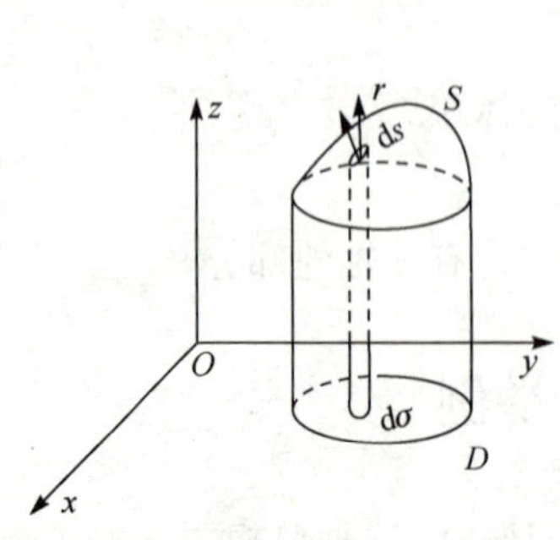

图 7.30

3. 曲面的面积

设曲面 S(图 7.30) 的方程为

$$z = f(x, y)$$

曲面 S 在 xOy 面上的投影区域为 D,求曲面 S 的面积.

用网格线将曲面 S 任意分成若干小块,第 i 块记为 dS,dS 在 xOy 面上的投影记为 $d\sigma$,有

$$\cos\gamma \cdot dS \approx d\sigma \text{ 或 } dS \approx \frac{d\sigma}{\cos\gamma},$$

其中 γ 为第 i 块 dA 上一点的法向量与 z 轴的夹角,因为

$$\cos\gamma = \frac{1}{\sqrt{1 + f_x^2(x, y) + f_y^2(x, y)}},$$

从而

$$dS \approx \frac{d\sigma}{\cos\gamma} = \sqrt{1 + f_x^2(x, y) + f_y^2(x, y)}\,d\sigma.$$

记

$$dA = \sqrt{1 + f_x^2(x, y) + f_y^2(x, y)}\,d\sigma,$$

dA 称为曲面 S 的面积元素. 曲面 S 的面积为

$$A = \iint_D dA = \iint_D \sqrt{1 + f_x^2(x, y) + f_y^2(x, y)}\,d\sigma$$

或

$$A = \iint_D \sqrt{1 + \left(\frac{\partial z}{\partial x}\right)^2 + \left(\frac{\partial z}{\partial y}\right)^2}\,dx dy.$$

如果曲面 S 由方程 $y = y(x, z)$ 确定,在 xOz 面上的投影区域为 D,则面积为

$$A = \iint_D \sqrt{1 + \left(\frac{\partial y}{\partial x}\right)^2 + \left(\frac{\partial y}{\partial z}\right)^2}\,dx dz.$$

同理,如果曲面 S 由方程 $x = x(y, z)$ 确定,在 yOz 面上的投影区域为 D,则面积为

$$A = \iint_D \sqrt{1 + \left(\frac{\partial x}{\partial y}\right)^2 + \left(\frac{\partial x}{\partial z}\right)^2}\,dy dz.$$

例 7.4.2　求半径为 a 的球的表面积.

解　取上半球面,方程为 $z = \sqrt{a^2 - x^2 - y^2}$,其在 xOy 面上的投影区域为

$$D = \{(x, y) \mid x^2 + y^2 \leqslant a^2\},$$

又由于

$$\frac{\partial z}{\partial x} = \frac{-x}{\sqrt{a^2 - x^2 - y^2}}, \quad \frac{\partial z}{\partial y} = \frac{-y}{\sqrt{a^2 - x^2 - y^2}},$$

得

$$\sqrt{1 + \left(\frac{\partial z}{\partial x}\right)^2 + \left(\frac{\partial z}{\partial y}\right)^2} = \frac{a}{\sqrt{a^2 - x^2 - y^2}}.$$

从而,上半球面的面积为

$$A_1=\iint_D \frac{a}{\sqrt{a^2-x^2-y^2}}\mathrm{d}x\mathrm{d}y.$$

选用极坐标,得

$$\begin{aligned}A_1&=\iint_D \frac{a}{\sqrt{a^2-x^2-y^2}}\mathrm{d}x\mathrm{d}y=\iint_D \frac{a}{\sqrt{a^2-\rho^2}}\rho\mathrm{d}x\mathrm{d}y\\&=a\int_0^{2\pi}\mathrm{d}\theta\int_0^a \frac{\rho}{\sqrt{a^2-\rho^2}}\mathrm{d}\rho\\&=2\pi a\cdot\lim_{b\to a^-}\int_0^b \frac{\rho}{\sqrt{a^2-\rho^2}}\mathrm{d}\rho\\&=\lim_{b\to a^-}2\pi a(a-\sqrt{a^2-b^2})=2\pi a^2.\end{aligned}$$

故球面的面积为

$$A=2A_1=4\pi a^2.$$

例 7.4.3 如图 7.31 所示,求圆柱面 $x^2+y^2=R^2$ 将球面 $x^2+y^2+z^2=4R^2$ 割下部分($x^2+y^2\leqslant R^2$)的面积.

解 由对称性只需考虑:

$$z=\sqrt{4R^2-x^2-y^2},\quad D:x^2+y^2\leqslant R^2;$$

$$z_x=\frac{-x}{\sqrt{4R^2-x^2-y^2}},\quad z_y=\frac{-y}{\sqrt{4R^2-x^2-y^2}};$$

$$\sqrt{1+z_x^2+z_y^2}=\sqrt{1+\frac{x^2}{4R^2-x^2-y^2}+\frac{y^2}{4R^2-x^2-y^2}}=\frac{2R}{\sqrt{4R^2-x^2-y^2}};$$

$$\begin{aligned}S&=2\iint_D\sqrt{1+z_x^2+z_y^2}\mathrm{d}\sigma=4R\iint_D\frac{1}{\sqrt{4R^2-x^2-y^2}}\mathrm{d}\sigma\\&=4R\iint_D\frac{1}{\sqrt{4R^2-r^2}}r\mathrm{d}r\mathrm{d}\theta\\&=4R\int_0^{2\pi}\mathrm{d}\theta\int_0^R\frac{1}{\sqrt{4R^2-r^2}}r\mathrm{d}r\\&=4R\cdot 2\pi\cdot\left(-\frac{1}{2}\cdot 2\sqrt{4R^2-r^2}\right)\Big|_0^R=8\pi R^2(2-\sqrt{3}).\end{aligned}$$

例 7.4.4 如图 7.32 所示,求圆柱面 $x^2+y^2=R^2$ 与 $x^2+z^2=R^2$ 所围成的立体的表面积.

解 由对称性,只考虑 $z=\sqrt{R^2-x^2}$, $D:x^2+y^2\leqslant R^2$;

$$\sqrt{1+z_x^2+z_y^2}=\sqrt{1+\frac{x^2}{R^2-x^2}+0}=\frac{R}{\sqrt{R^2-x^2}};$$

$$S=16\iint_D\sqrt{1+z_x^2+z_y^2}\,\mathrm{d}\sigma=16\iint_D\frac{R}{\sqrt{R^2-x^2}}\mathrm{d}\sigma$$

$$=16R\int_0^R\mathrm{d}x\int_0^{\sqrt{R^2-x^2}}\frac{1}{\sqrt{R^2-x^2}}\mathrm{d}y=16R\int_0^R\mathrm{d}x=16R^2.$$

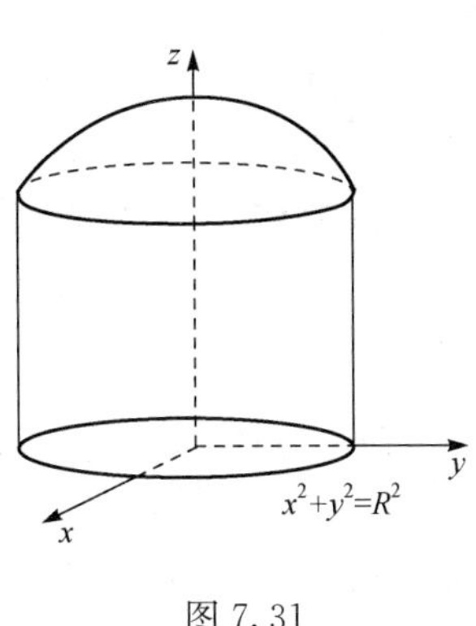

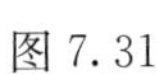

图 7.31

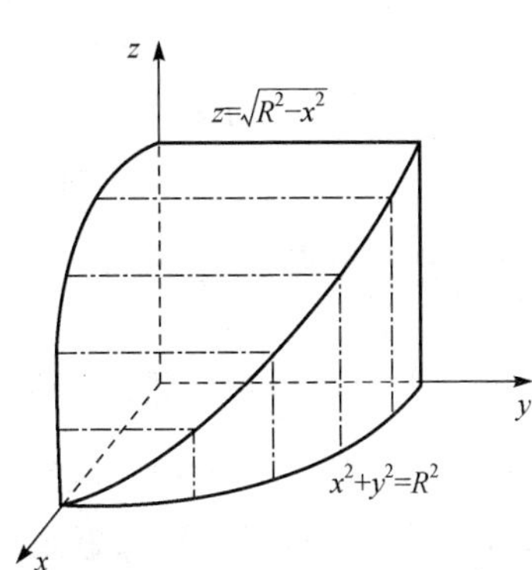

图 7.32

例 7.4.5　已知 A 球的半径为 R，B 球的半径为 h 且球心在 A 球的表面上. 求夹在 A 球内部的 B 球的部分面积($0\leqslant h\leqslant 2R$).

解　建立坐标系 $A: x^2+y^2+z^2=R^2$，$B: x^2+y^2+(z-R)^2=h^2$，则两球面的交线在 xOy 面的投影区域为 $D: x^2+y^2=\frac{h^2}{4R^2}(4R^2-h^2)$，在 A 球内部的 B 球面为 $z=R-\sqrt{h^2-x^2-y^2}$，则 A 球内部的 B 球的表面积

$$S(h)=\iint_D\sqrt{1+z_x^2+z_y^2}\,\mathrm{d}\sigma=\iint_D\frac{h}{\sqrt{h^2-x^2-y^2}}\mathrm{d}\sigma=\iint_D\frac{h}{\sqrt{h^2-r^2}}r\mathrm{d}r\mathrm{d}\theta$$

$$=h\int_0^{2\pi}\mathrm{d}\theta\int_0^{\frac{h}{2R}\sqrt{4R^2-h^2}}\frac{r}{\sqrt{h^2-r^2}}\mathrm{d}r=2\pi h^2-\frac{\pi h^3}{R}.$$

7.4.2　物理应用

利用重积分可以求平面薄片和空间物体的质量、重心、转动惯量、引力等.

1. 质量 m

例 7.4.6　设一物体占有的空间区域 Ω 由曲面 $z=x^2+y^2$，$x^2+y^2=1$，$z=0$ 围成，密度为 $\rho=x^2+y^2$，求此物体的质量.

解　$M=\iiint\limits_{\Omega}(x^2+y^2)\mathrm{d}v=\iiint\limits_{\Omega}r^3\mathrm{d}r\mathrm{d}\theta\mathrm{d}z=\int_0^{2\pi}\mathrm{d}\theta\int_0^1\mathrm{d}r\int_0^{r^2}r^3\mathrm{d}z=\frac{\pi}{3}.$

2. 质心

设 xOy 平面上有 n 个质点,分别位于点 $(x_1,y_1),(x_2,y_2),\cdots,(x_n,y_n)$ 处,质量分别为 $m_1,m_2,\cdots,m_n$,由力学理论知道,该质点系的质心坐标为 $(\bar{x},\bar{y})$,其中

$$\bar{x}=\frac{M_y}{M}=\frac{\sum\limits_{i=1}^{n}m_ix_i}{\sum\limits_{i=1}^{n}m_i},\quad \bar{y}=\frac{M_x}{M}=\frac{\sum\limits_{i=1}^{n}m_iy_i}{\sum\limits_{i=1}^{n}m_i},$$

$M=\sum\limits_{i=1}^{n}m_i$ 为质点系的总质量,$M_y=\sum\limits_{i=1}^{n}m_ix_i$ 为质点系对 y 轴的静力矩,$M_x=\sum\limits_{i=1}^{n}m_iy_i$ 为质点系对 x 轴的静力矩.

设有一平面薄片,占有 xOy 平面上的有界闭区域 D,在点 (x,y) 处的面密度为 $\mu(x,y)$,则薄片对 x,y 轴的静力矩元素分别为

$$\mathrm{d}M_x=y\mu(x,y)\mathrm{d}\sigma,\quad \mathrm{d}M_y=x\mu(x,y)\mathrm{d}\sigma.$$

对 x,y 轴的静力矩分别为

$$M_x=\iint\limits_{D}y\mu(x,y)\mathrm{d}\sigma,\quad M_y=\iint\limits_{D}x\mu(x,y)\mathrm{d}\sigma,$$

而薄片的质量为

$$M=\iint\limits_{D}\mu(x,y)\mathrm{d}\sigma.$$

因此,薄片的质心的坐标为

$$\bar{x}=\frac{M_y}{M}=\frac{\iint\limits_{D}x\mu(x,y)\mathrm{d}\sigma}{\iint\limits_{D}\mu(x,y)\mathrm{d}\sigma},\quad \bar{y}=\frac{M_x}{M}=\frac{\iint\limits_{D}y\mu(x,y)\mathrm{d}\sigma}{\iint\limits_{D}\mu(x,y)\mathrm{d}\sigma}.$$

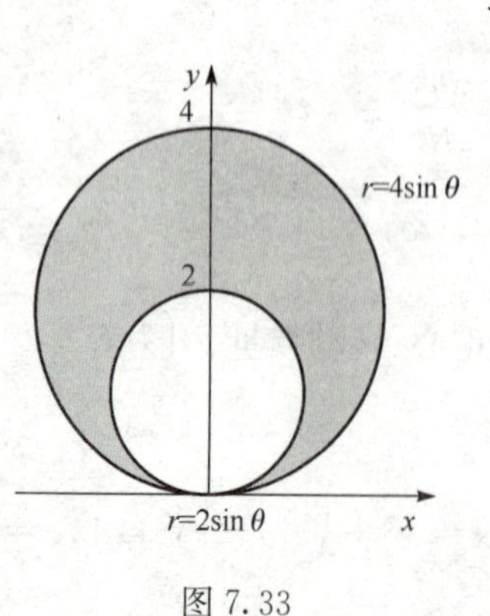

图 7.33

例 7.4.7　求位于两圆周 $\rho=2\sin\theta$ 和 $\rho=4\sin\theta$ 之间的均匀薄片(图 7.33) 的质心.

解　薄片占有 xOy 平面上的区域为 D. 由于薄片关于 y 轴对称,故其质心一定在 y 上,即 $\bar{x}=0$. 由公式

$$\bar{y}=\frac{M_x}{M}=\frac{\iint\limits_{D}y\mu(x,y)\mathrm{d}\sigma}{\iint\limits_{D}\mu(x,y)\mathrm{d}\sigma}=\frac{\iint\limits_{D}y\mathrm{d}\sigma}{\iint\limits_{D}\mathrm{d}\sigma}=\frac{1}{A}\iint\limits_{D}y\mathrm{d}\sigma,$$

这里，$A=\iint\limits_D \mathrm{d}\sigma$ 为薄片的面积. 对于此题，易得 $A=3\pi$，由于

$$\iint\limits_D y\,\mathrm{d}\sigma=\iint\limits_D \rho^2\sin\theta\mathrm{d}\rho\mathrm{d}\theta$$
$$=\int_0^{\pi}\sin\theta\mathrm{d}\theta\int_{2\sin\theta}^{4\sin\theta}\rho^2\,\mathrm{d}\rho=\frac{56}{3}\int_0^{\pi}\sin^4\theta\mathrm{d}\theta=7\pi.$$

因此，薄片的质心坐标为 $C\left(0,\dfrac{7}{3}\right)$.

类似地，如果物体占有空间有界闭区域为 Ω，在点 (x,y,z) 处的体密度为 $\rho(x,y,z)$，则物体的质心坐标是

$$\bar{x}=\frac{1}{M}\iiint\limits_{\Omega}x\rho(x,y,z)\mathrm{d}v,\quad \bar{y}=\frac{1}{M}\iiint\limits_{\Omega}y\rho(x,y,z)\mathrm{d}v,\quad \bar{z}=\frac{1}{M}\iiint\limits_{\Omega}z\rho(x,y,z)\mathrm{d}v,$$

其中，$M=\iiint\limits_{\Omega}\rho(x,y,z)\mathrm{d}v$ 为物体的质量.

例 7.4.8　求均匀半球体的质心.

解　取半球体的对称轴为 z 轴，原点取在球心上，并设球的半径为 a，则半球体占空间区域为

$$\Omega=\{(x,y,z)\,|\,x^2+y^2+z^2\leqslant a^2,z\geqslant 0\}.$$

由对称性可知，$\bar{x}=\bar{y}=0$，而且

$$\bar{z}=\frac{1}{M}\iiint\limits_{\Omega}z\rho(x,y,z)\mathrm{d}v=\frac{1}{V}\iiint\limits_{\Omega}z\,\mathrm{d}v,$$

其中 $V=\dfrac{2}{3}\pi a^3$ 为半球体的体积. 因此

$$\iiint\limits_{\Omega}z\,\mathrm{d}v=\iiint\limits_{\Omega}r\cos\varphi\cdot r^2\sin\varphi\mathrm{d}r\mathrm{d}\theta\mathrm{d}\varphi$$
$$=\int_0^{2\pi}\mathrm{d}\theta\int_0^{\frac{\pi}{2}}\sin\varphi\cos\varphi\mathrm{d}\varphi\int_0^a r^3\,\mathrm{d}r=\frac{\pi}{4}a^4.$$

故，$\bar{z}=\dfrac{3}{8}a$，质心为 $\left(0,0,\dfrac{3}{8}a\right)$.

3. 转动惯量

设 xOy 平面上有 n 个质点，分别位于点 $(x_1,y_1),(x_2,y_2),\cdots,(x_n,y_n)$ 处，质量分别为 $m_1,m_2,\cdots,m_n$，由力学理论知道，该质点系对于 x 轴和 y 轴的转动惯量为

$$I_x=\sum_{i=1}^{n}y_i^2m_i,\quad I_y=\sum_{i=1}^{n}x_i^2m_i.$$

设有一平面薄片,占有 xOy 平面上的有界闭区域 D,在点 (x,y) 处的面密度为 $\mu(x,y)$,则薄片对 x,y 轴的转动惯量元素分别为

$$\mathrm{d}I_x=y^2\mu(x,y)\mathrm{d}\sigma,\quad \mathrm{d}I_y=x^2\mu(x,y)\mathrm{d}\sigma.$$

于是,对 x,y 轴的转动惯量分别为

$$I_x=\iint_D y^2\mu(x,y)\mathrm{d}\sigma,\quad I_y=\iint_D x^2\mu(x,y)\mathrm{d}\sigma.$$

类似地,如果物体占有空间有界闭区域为 Ω,在点 (x,y,z) 处的体密度为 $\rho(x,y,z)$,则物体对 x,y,z 轴的转动惯量为

$$I_x=\iiint_\Omega (y^2+z^2)\rho(x,y,z)\mathrm{d}v,$$

$$I_y=\iiint_\Omega (x^2+z^2)\rho(x,y,z)\mathrm{d}v,$$

$$I_z=\iiint_\Omega (x^2+y^2)\rho(x,y,z)\mathrm{d}v.$$

例 7.4.9　求密度为 ρ 的均匀球体对于过球心的一条轴 l 的转动惯量.

解　取球心为原点,z 轴与 l 轴重合,又设球的半径为 a,则球体所占空间区域为

$$\Omega=\{(x,y,z)\mid x^2+y^2+z^2\leqslant a^2\},$$

所求转动惯量即为球体对 z 轴的转动惯量,即

$$\begin{aligned}I_z&=\iiint_\Omega (x^2+y^2)\rho\mathrm{d}v=\rho\iiint_\Omega (x^2+y^2)\mathrm{d}v\\&=\rho\iiint_\Omega r^2\sin^2\varphi r^2\sin\varphi\mathrm{d}r\mathrm{d}\theta\mathrm{d}\varphi\\&=\rho\int_0^{2\pi}\mathrm{d}\theta\int_0^{\pi}\sin^3\varphi\mathrm{d}\varphi\int_0^a r^4\mathrm{d}r\\&=\frac{2}{5}\pi a^5\rho\cdot\frac{4}{3}\\&=\frac{8}{15}\pi a^5\rho.\end{aligned}$$

4. 引力问题

例 7.4.10　求密度为 ρ_0 的均匀半球体对于在其中心的一单位质量的质点的引力.

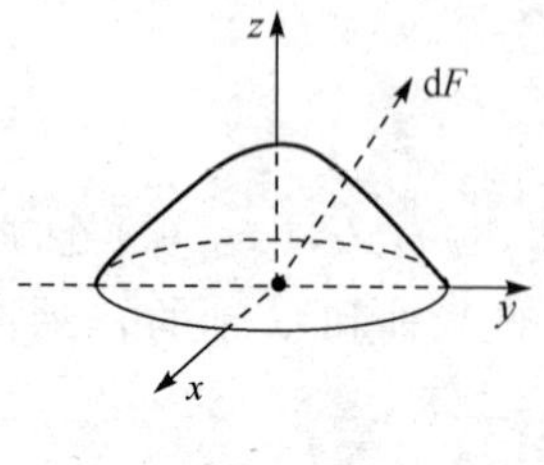

图 7.34

解　设球半径为 R,建立坐标系如图 7.34 所示,设引力大小为 F,由对称性,$F_x=F_y=0$;

$$\mathrm{d}F=k\frac{m\mathrm{d}M}{r^2}=k\frac{\rho_0\mathrm{d}v}{x^2+y^2+z^2},$$

$$dF_z = dF\cos\gamma,\quad \boldsymbol{n}=\{x,y,z\},$$

$$\boldsymbol{n}^0=\frac{1}{|\boldsymbol{n}|}\boldsymbol{n}=\frac{1}{\sqrt{x^2+y^2+z^2}}\{x,y,z\},$$

故

$$\cos\gamma=\frac{z}{\sqrt{x^2+y^2+z^2}},\quad dF_z=dF\cos\gamma=\frac{zk\rho_0 dv}{(x^2+y^2+z^2)^{\frac{3}{2}}},$$

从而

$$\begin{aligned}F_z&=k\rho_0\iiint_\Omega\frac{z\,dv}{(x^2+y^2+z^2)^{\frac{3}{2}}}=k\rho_0\iiint_\Omega\frac{r\cos\varphi}{r^3}r^2\sin\varphi drd\theta d\varphi\\&=k\rho_0\iiint_\Omega\cos\varphi\sin\varphi drd\theta d\varphi\\&=k\rho_0\int_0^{2\pi}d\theta\int_0^{\frac{\pi}{2}}d\varphi\int_0^R\cos\varphi\sin\varphi dr\\&=k\rho_0\left(2\pi\cdot\frac{1}{2}\cdot R\right)=k\rho_0\pi R.\end{aligned}$$

例 7.4.11　半径为 R 的圆板($\rho=1$),过板的中心且垂直于板面的直线上距中心 a 处,有一单位质量的质点,求圆板对质点的引力.

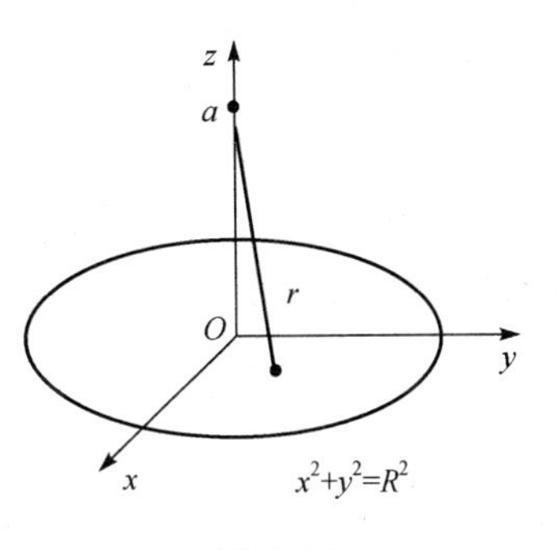

图 7.35

解　建立坐标系,如图 7.35 所示,设引力为 $\boldsymbol{F}=F_x\boldsymbol{i}+F_y\boldsymbol{j}+F_z\boldsymbol{k}$,由对称性及均匀性可知

$$F_x=0,\quad F_y=0,$$

$$dF_z=-K\frac{1\cdot(1d\sigma)}{r^2}\cos\theta=-K\frac{\cos\theta}{r^2}d\sigma,$$

$$\boldsymbol{r}=\{x,y,-a\},$$

$$\cos\theta=\cos(\pi-\gamma)=-\cos\gamma=\frac{a}{r}=\frac{a}{\sqrt{x^2+y^2+a^2}};$$

$$\begin{aligned}F_z&=\iint_D dF_z=-K\iint_D\frac{\cos\theta}{r^2}d\sigma\\&=-K\iint_D\frac{a}{r^3}d\sigma=-Ka\iint_D\frac{1}{(x^2+y^2+a^2)^{\frac{3}{2}}}d\sigma\\&=-Ka\iint_D\frac{r}{(r^2+a^2)^{\frac{3}{2}}}drd\theta=-Ka\int_0^{2\pi}d\theta\int_0^R\frac{r}{(r^2+a^2)^{\frac{3}{2}}}dr\\&=-Ka\cdot2\pi\cdot\left[\frac{1}{2}\cdot\left(-\frac{2}{\sqrt{r^2+a^2}}\right)\right]\Bigg|_0^R\end{aligned}$$

$$=-2Ka\pi\cdot\left[\frac{1}{a}-\frac{1}{\sqrt{R^2+a^2}}\right](F_z<0\text{ 表明引力方向与 }z\text{ 方向相反}).$$

7.4.3 重积分在生活中的应用

例 7.4.12(飓风的能量有多大) 在一个简化的飓风模型中,假定速度只取单纯的圆周方向,其大小为 $v(r,z)=\Omega re^{-\frac{z}{h}-\frac{r}{a}}$,其中 r,z 是柱坐标的两个坐标变量,Ω,h,a 为常量.以海平面飓风中心处作为坐标原点,如果大气密度 $\rho(z)=\rho_0 e^{-\frac{z}{h}}$,求运动的全部动能.并问在哪一位置速度具有最大值?

解 先求动能 E.

因为 $E=\frac{1}{2}mv^2$,$dE=\frac{1}{2}v^2\cdot\Delta m=\frac{1}{2}v^2\cdot\rho\cdot dV$,所以

$$E=\frac{1}{2}\iiint_V v^2\cdot\rho\cdot dV.$$

因为飓风活动空间很大,所以在选用柱坐标计算中,z 由零趋于无穷大,所以

$$E=\frac{1}{2}\rho_0\Omega^2\int_0^{2\pi}d\theta\int_0^{+\infty}r^2e^{-\frac{2r}{a}}r\,dr\int_0^{+\infty}e^{-\frac{3z}{h}}dz,$$

其中 $\int_0^{+\infty}r^3e^{-\frac{2r}{a}}dr$ 用分部积分法算得 $\frac{3}{8}a^4$,$\int_0^{+\infty}r^3e^{-\frac{2r}{a}}dr=-\frac{h}{3}\cdot e^{-\frac{3z}{h}}\Big|_0^{+\infty}=\frac{h}{3}$,最后有 $E=\frac{h\rho_0\pi}{8}\Omega^2a^4$.

下面计算何处速度最大.

由于 $v(r,z)=\Omega re^{-\frac{z}{h}-\frac{r}{a}}$,所以

$$\frac{\partial v}{\partial z}=\Omega r\left(-\frac{1}{h}\right)e^{-\frac{z}{h}-\frac{r}{a}}=0,\quad \frac{\partial v}{\partial r}=\Omega\left(e^{-\frac{z}{h}-\frac{r}{a}}+r\cdot\left(-\frac{1}{a}\right)\cdot e^{-\frac{z}{h}-\frac{r}{a}}\right)=0.$$

由第一式得 $r=0$.显然,当 $r=0$ 时,$v=0$,不是最大值(实际上是最小值),舍去.由第二式解得 $r=a$.此时 $v(a,z)=\Omega ae^{-1}e^{-\frac{z}{h}}$.它是 z 的单调下降函数.故 $r=a,z=0$ 处速度最大,也即海平面上风眼边缘处速度最大.

习 题 7.4

1. 设平面薄片所占的闭区域 D 由螺线 $\rho=2\theta$ 上一段弧 $\left(0\leqslant\theta\leqslant\frac{\pi}{2}\right)$ 与直线 $\theta=\frac{\pi}{2}$ 所围成,它的面密度为 $\mu(x,y)=x^2+y^2$,求这薄片的质量(图 7.36).

2. 设平面薄片所占的闭区域 D 由直线 $x+y=2$,$y=x$ 和 x 轴所围成,它的面密度 $\mu(x,y)=x^2+y^2$,求该薄片的质量.

3. 设有一物体,占有空间闭区域 $\Omega=\{(x,y,z)\,|\,0\leqslant x\leqslant1,0\leqslant y\leqslant1,0\leqslant z\leqslant1\}$,

在点(x,y,z)处的密度为$\rho(x,y,z)=x+y+z$,计算该物体的质量.

4. 球心在原点、半径为 R 的球体,在其上任意一点的密度大小与这点到球心的距离成正比,求这球体的的质量.

5. 求球面 $x^2+y^2+z^2=a^2$ 含在圆柱面 $x^2+y^2=ax$ 内部的那部分面积.

6. 求锥面 $z=\sqrt{x^2+y^2}$被柱面 $z^2=2x$ 所割下部分的曲面面积.

7. 求由抛物线 $y=x^2$ 及直线 $y=1$ 所围成的均匀薄片(面密度为常数 μ)对于直线 $y=-1$ 的转动惯量.

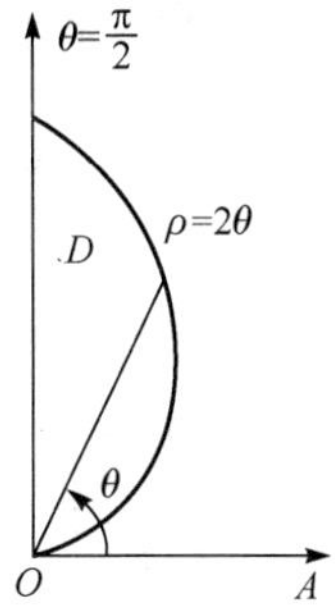

$\theta=\frac{\pi}{2}$ D $\rho=2\theta$ θ O A

图 7.36

8. 设平面薄片所占的闭区域 D 如下,求均匀薄片的质心. D 是半椭圆形闭区域$\left\{(x,y)\left|\frac{x^2}{a^2}+\frac{y^2}{b^2}\leqslant1,y\geqslant0\right.\right\}$.

9. 设平面薄片所占的闭区域 D 由抛物线 $y=x^2$ 及直线 $y=x$ 所围成,它在点(x,y)处的面密度 $\mu(x,y)=x^2y$,求该薄片的质心.

10. 利用三重积分计算由下列曲面所围立体的质心(设密度 $\rho=1$).

(1) $z^2=x^2+y^2,z=1$.

(2) $z=\sqrt{A^2-x^2-y^2},z=\sqrt{a^2-x^2-y^2}\ (A>a>0),z=0$.

11. 求半径为 a 高为 h 的均匀圆柱体对于过中心而平行于母线的轴的转动惯量(设密度 $\rho=1$).

复 习 题 7

A

1. 用二重积分计算立体 Ω 的体积 V,其中 Ω 由平面 $z=0,y=x,y=x+a$,$y=2a$和 $z=3x+2y$ 所围成($a>0$).

2. 计算下列二重积分.

(1) $\iint e^{x+y}d\sigma$,其中 $D=\{(x,y)\mid |x|+|y|\leqslant1\}$.

(2) $\iint\limits_D(x^2+y^2-x)d\sigma$,其中 D 是由直线 $y=2,y=x$ 及 $y=2x$ 所围成的闭区域.

(3) $\iint\limits_D(y^2+3x-6y+9)d\sigma$,其中 $D=\{(x,y)\mid x^2+y^2\leqslant R^2\}$.

3. 化二重积分 $I=\iint\limits_{D} f(x,y)\mathrm{d}\sigma$ 为二次积分,其中积分区域 D 是

(1) 由 x 轴及半圆周 $x^2+y^2=r^2(y\geqslant 0)$ 所围成的闭区域;

(2) 环形闭区域 $\{(x,y)\mid 1\leqslant x^2+y^2\leqslant 4\}$.

4. 求由曲面 $z=x^2+2y^2$ 及 $z=6-2x^2-y^2$ 所围成的立体的体积.

5. 计算 $\iiint\limits_{\Omega}\dfrac{\mathrm{d}x\mathrm{d}y\mathrm{d}z}{(1+x+y+z)^3}$,其中 Ω 为平面 $x=0,y=0,z=0,x+y+z=1$ 所围成的四面体.

6. 计算下列三重积分.

(1) $\iiint\limits_{\Omega} z^2\mathrm{d}x\mathrm{d}y\mathrm{d}z$, 其中 Ω 是球. $x^2+y^2+z^2\leqslant R^2$ 和 $x^2+y^2+z^2\leqslant 2Rz\,(R>0)$ 的公共部分.

(2) $\iiint\limits_{\Omega}\dfrac{z\ln(x^2+y^2+z^2+1)}{x^2+y^2+z^2+1}\mathrm{d}v$,其中 Ω 是由球面 $x^2+y^2+z^2=1$ 所围成的闭区域.

(3) $\iiint\limits_{\Omega}(y^2+z^2)\mathrm{d}v$,其中 Ω 是由 xOy 平面上曲线 $y^2=2x$ 绕 x 轴旋转而成的曲面与平面 $x=5$ 所围成的闭区域.

7. 计算二重积分 $\iint\limits_{D} y\mathrm{d}x\mathrm{d}y$, 其中 D 是由直线 $x=-2, y=0$ 以及曲线 $x=-\sqrt{2y-y^2}$ 所围成的平面区域.

8. 设 $f(x,y)$ 在积分域上连续,更换二次积分 $I=\int_0^1\mathrm{d}y\int_{1-\sqrt{1-y^2}}^{3-y}f(x,y)\mathrm{d}x$ 的积分次序.

9. 计算二重积分 $I=\iint\limits_{D}\sqrt{|y-x^2|}\,\mathrm{d}x\mathrm{d}y$,其中积分区域 D 是由 $0\leqslant y\leqslant 2$ 和 $|x|\leqslant 1$ 围成.

10. 计算二重积分 $\iint\limits_{D} y\left[1+x\mathrm{e}^{\frac{1}{2}(x^2+y^2)}\right]\mathrm{d}x\mathrm{d}y$,其中 D 是由直线 $y=x, y=-1$ 及 $x=1$ 围成的平面区域.

11. 计算 $\iiint\limits_{\Omega} z^2\mathrm{d}v$,其中 Ω 由曲面 $x^2+y^2+z^2=R^2$ 及 $x^2+y^2+(z-r)^2=R^2$ 围成的闭区域.

12. 计算 $I=\iiint\limits_{\Omega} xy^2z^3\mathrm{d}x\mathrm{d}y\mathrm{d}z$,其中 Ω 是由曲面 $z=xy$ 与平面 $y=1$ 及 $z=0$ 所围成的闭区域.

B

1. 设球体占有闭区域 $\Omega=\{(x,y,z)\mid x^2+y^2+z^2\leqslant 2Rz\}$，它在内部各点处的密度的大小等于该点到坐标原点的距离的平方，试求这个球体的质心.

2. 一均匀物体(密度 ρ 为常量)占有的闭区域 Ω 由曲面 $z=x^2+y^2$ 和平面 $z=0$，$|x|=a$，$|y|=a$ 所围成.

(1) 求物体的体积；

(2) 求物体的质心；

(3) 求物体关于 z 轴的转动惯量.

3. 设有一半径为 R 的球体，P_0 是此球表面上的一个定点，球体上任一点的密度与该点到 P_0 的距离的平方成正比(比例常数 $k>0$)，求球体的重心的位置.

4. 设有一高度为 $h(t)$(t 为时间)的雪堆在融化过程中，其侧面满足方程

$$z=h(t)-\frac{z(x^2+y^2)}{h(t)},$$

设长度单位为 cm，时间单位为 h. 已知体积减少的速率与侧面积成正比(比例系数为 0.9)，问高度为 130cm 的雪堆全部融化需多少时间.

第 8 章　曲线积分、曲面积分及其应用

曲线积分与曲面积分是将积分概念分别推广到积分范围为一段曲线弧和一片曲面时的情形. 本章介绍曲线积分与曲面积分的概念、性质、计算及其应用.

8.1　第一型曲线积分

8.1.1　金属曲线的质量

设有金属曲线 L,如图 8.1 所示. 由于在实际应用中,金属曲线 L 的各部分受力不一样,故在做构件设计时,金属曲线各点处的粗细程度就不一样. 因此,可以认为此金属曲线的线密度(单位长度的质量)是变量. 设 L 上任一点(x,y)的线密度为二元连续函数 $\rho=\rho(x,y)$,求金属曲线 L 的质量 M.

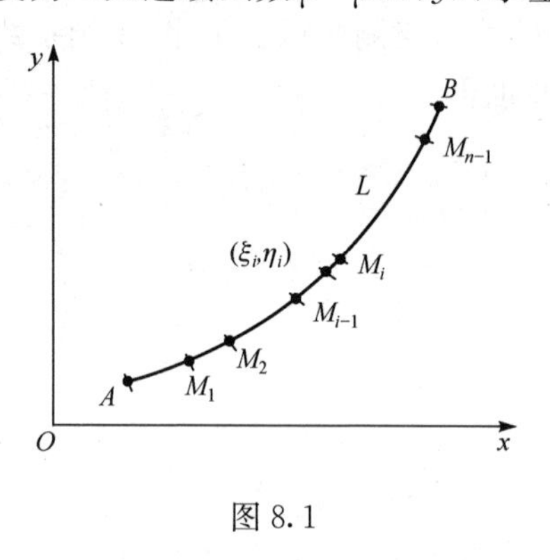

图 8.1

若金属曲线 L 的线密度是常量,则 L 的质量 M 就等于它的线密度与长度的乘积. 而现在金属曲线各点处的线密度是变化的,就不能直接用这种方法计算. 为此,我们可将 L 分成 n 个小弧段:$\Delta s_1,\Delta s_2,\cdots,\Delta s_n$,其中 $\Delta s_i(i=1,2,\cdots,n)$也表示这些小弧段的长度. 在 Δs_i 上任取一点(ξ_i,η_i),由于线密度函数是连续的,所以当 Δs_i 很小时,Δs_i 的质量 Δm_i 便可近似地表示为:$\Delta m_i\approx\rho(\xi_i,\eta_i)\Delta s_i$,于是整个金属曲线的质量近似于

$$M\approx\sum_{i=1}^{n}\rho(\xi_i,\eta_i)\Delta s_i.$$

记 $\lambda=\max\limits_{1\leqslant i\leqslant n}\{\Delta s_i\}$,令 $\lambda\to 0$,取上式和式的极限,可得 $M=\lim\limits_{\lambda\to 0}\sum\limits_{i=1}^{n}\rho(\xi_i,\eta_i)\Delta s_i$.

这种和式的极限在研究其他问题时也会遇到. 接下来,我们引进第一型曲线积分的定义.

8.1.2　第一型曲线积分的定义

定义 8.1　设 L 为 xOy 平面内的一条光滑曲线弧,$f(x,y)$ 是 L 上的有界函数,把 L 分成 n 个小弧段:$\Delta s_1,\Delta s_2,\cdots,\Delta s_n$,其中 $\Delta s_i(i=1,2,\cdots,n)$ 也表示第 i 个

小弧段的弧长. 记 $\lambda=\max\limits_{1\leqslant i\leqslant n}\{\Delta s_i\}$，在每个小弧段 Δs_i 上任取一点 (ξ_i,η_i)，作和式 $\sum\limits_{i=1}^{n}f(\xi_i,\eta_i)\Delta s_i$，若和式极限 $\lim\limits_{\lambda\to0}\sum\limits_{i=1}^{n}f(\xi_i,\eta_i)\Delta s_i$ 存在，且极限值与 L 的分法和点 (ξ_i,η_i) 在 Δs_i 上的取法无关，则称此极限值为函数 $f(x,y)$ 在曲线 L 上的**第一型曲线积分**或**对弧长的曲线积分**，记作

$$\int_L f(x,y)\mathrm{d}s,$$

即 $\int_L f(x,y)\mathrm{d}s=\lim\limits_{\lambda\to0}\sum\limits_{i=1}^{n}f(\xi_i,\eta_i)\Delta s_i$，其中函数 $f(x,y)$ 称为**被积函数**，曲线 L 称为**积分曲线弧**.

同定积分、重积分一样，并非任一个函数 $f(x,y)$ 在 L 上的第一型曲线积分都是存在的. 但若 $f(x,y)$ 在 L 上连续，则其积分是存在的. 故以后在不作特别说明的情况下，总假定 $f(x,y)$ 在 L 上连续.

根据定义 8.1，前面叙述中的金属曲线的质量 $M=\int_L\rho(x,y)\mathrm{d}s$.

若 L 为闭曲线，则 $f(x,y)$ 在 L 上的第一型曲线积分记为 $\oint_L f(x,y)\mathrm{d}s$.

类似地，模仿定义 8.1，我们还可定义 $f(x,y,z)$ 对于空间曲线弧 Γ 的第一型曲线积分

$$\int_\Gamma f(x,y,z)\mathrm{d}s=\lim_{\lambda\to0}\sum_{i=1}^{n}f(\xi_i,\eta_i,\zeta_i)\Delta s_i.$$

下面给出第一型曲线积分的性质.

性质 8.1　若 $\int_L f_i(x,y)\mathrm{d}s(i=1,2\cdots,n)$ 存在，$c_i(i=1,2,\cdots,n)$ 为常数，则

$$\int_L\sum_{i=}^{n}c_if_i(x,y)\mathrm{d}s=\sum_{i=1}^{n}c_i\int_L f_i(x,y)\mathrm{d}s.$$

性质 8.2　若按段光滑曲线 L 由曲线段 $L_1,L_2,\cdots,L_n$ 首尾相接而成，如图 8.2 所示，且 $\int_{L_i}f(x,y)\mathrm{d}s(i=1,2,\cdots,n)$ 都存在，则

$$\int_L f(x,y)\mathrm{d}s=\sum_{i=1}^{n}\int_{L_i}f(x,y)\mathrm{d}s.$$

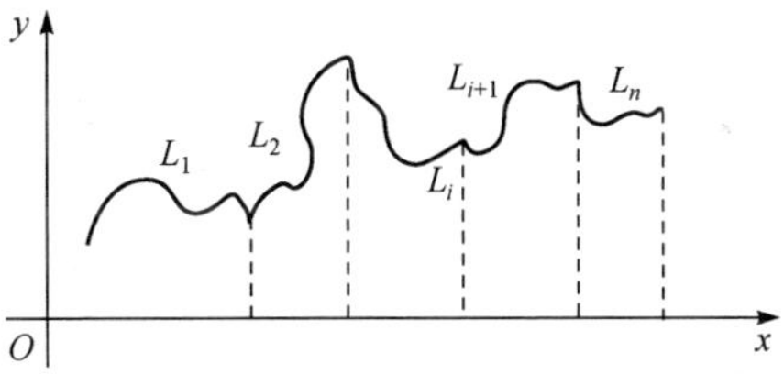

图 8.2

性质8.3 若$\int_L f(x,y)\mathrm{d}s$, $\int_L g(x,y)\mathrm{d}s$都存在，且在L上$f(x,y)\leqslant g(x,y)$，则

$$\int_L f(x,y)\mathrm{d}s\leqslant\int_L g(x,y)\mathrm{d}s.$$

特别地，若$\int_L f(x,y)\mathrm{d}s$存在，则$\int_L |f(x,y)|\mathrm{d}s$也存在，且有

$$\left|\int_L f(x,y)\mathrm{d}s\right|\leqslant\int_L |f(x,y)|\mathrm{d}s.$$

8.1.3 第一型曲线积分的计算

定理8.1 设曲线L的方程为$x=\varphi(t),y=\phi(t),\alpha\leqslant t\leqslant\beta$，其中$\varphi(t),\phi(t)$在$[\alpha,\beta]$上具有连续的一阶导数，且$\phi'^2(t)+\phi'^2(t)\neq 0$. 若$f(x,y)$为定义在$L$上的连续函数，则有

$$\int_L f(x,y)\mathrm{d}s=\int_\alpha^\beta f[\varphi(t),\phi(t)]\sqrt{[\varphi'(t)]^2+[\phi'(t)]^2}\mathrm{d}t.$$

证 设当t从α变到β时，L上的点$M(x,y)$从点A变动到点B. 在L上取点

$$A=M_0,M_1,M_2,\cdots,M_{n-1},M_n=B,$$

设其分别对应于一列单调增加的值

$$\alpha=t_0,t_1,t_2,\cdots,t_{n-1},t_n=\beta.$$

根据定义8.1，有

$$\int_L f(x,y)\mathrm{d}s=\lim_{\lambda\to 0}\sum_{i=1}^n f(\xi_i,\eta_i)\Delta s_i,$$

其中$\xi_i=\varphi(\tau_i),\eta_i=\phi(\tau_i),t_{i-1}\leqslant\tau_i\leqslant t_i$. 而且，$\Delta s_i=\int_{t_{i-1}}^{t_i}\sqrt{[\varphi'(t)]^2+[\phi'(t)]^2}\mathrm{d}t$. 再利用积分中值定理，可得$\Delta s_i=\sqrt{[\varphi'(\tau_i')]^2+[\phi'(\tau_i')]^2}\Delta t_i$，其中$\Delta t_i=t_i-t_{i-1}$，$t_{i-1}\leqslant\tau_i'\leqslant t_i$. 所以，

$$\int_L f(x,y)\mathrm{d}s=\lim_{\lambda\to 0}\sum_{i=1}^n f(\varphi(\tau_i),\phi(\tau_i))\sqrt{[\varphi'(\tau_i')]^2+[\phi'(\tau_i')]^2}\Delta t_i.$$

因为函数$\sqrt{[\varphi'(t)]^2+[\phi'(t)]^2}$在闭区间$[\alpha,\beta]$上连续，我们可以把上式中的$\tau_i'$换成$\tau_i$(它的证明要用到函数$\sqrt{[\varphi'(t)]^2+[\phi'(t)]^2}$在闭区间$[\alpha,\beta]$上的一致连续，此处省略). 所以，

$$\int_L f(x,y)\mathrm{d}s=\lim_{\lambda\to 0}\sum_{i=1}^n f(\varphi(\tau_i),\phi(\tau_i))\sqrt{[\varphi'(\tau_i)]^2+[\phi'(\tau_i)]^2}\Delta t_i.$$

根据定积分的定义，

$$\lim_{\lambda\to 0}\sum_{i=1}^n f(\varphi(\tau_i),\phi(\tau_i))\sqrt{[\varphi'(\tau_i)]^2+[\phi'(\tau_i)]^2}\Delta t_i$$

$$=\int_{\alpha}^{\beta}f[\varphi(t),\phi(t)]\sqrt{[\varphi'(t)]^2+[\phi'(t)]^2}\mathrm{d}t.$$

因而,有

$$\int_L f(x,y)\mathrm{d}s=\int_{\alpha}^{\beta}f[\varphi(t),\phi(t)]\sqrt{[\varphi'(t)]^2+[\phi'(t)]^2}\mathrm{d}t.$$

注1 若L的方程为$y=\varphi(x),x\in[\alpha,\beta]$,则

$$\int_L f(x,y)\mathrm{d}s=\int_{\alpha}^{\beta}f(x,\varphi(x))\sqrt{1+[\varphi'(x)]^2}\mathrm{d}x.$$

若L的方程为$x=\phi(y),y\in[c,d]$,则

$$\int_L f(x,y)\mathrm{d}s=\int_{c}^{d}f(\phi(y),y)\sqrt{1+[\phi'(y)]^2}\mathrm{d}y.$$

注2 若空间曲线Γ的方程为$x=\varphi(t),y=\phi(t),z=\omega(t),t\in[\alpha,\beta]$,则有

$$\int_L f(x,y,z)\mathrm{d}s=\int_{\alpha}^{\beta}f(\varphi(t),\phi(t),\omega(t))\sqrt{[\varphi'(t)]^2+[\phi'(t)]^2+[\omega'(t)]^2}\mathrm{d}t.$$

注3 定理8.1中定积分的下限α一定要小于上限β.这是因为,在上面的证明过程中Δs_i总是正的,从而$\Delta t_i>0$.所以,定积分的下限一定要小于上限.

例8.1.1 设L是半圆周:$\begin{cases}x=a\cos t,\\ y=a\sin t,\end{cases}0\leqslant t\leqslant\pi$,计算$\int_L(x^2+y^2)\mathrm{d}s$.

解 $\int_L(x^2+y^2)\mathrm{d}s=\int_0^{\pi}a^2\sqrt{(-a\sin t)^2+(a\cos t)^2}\mathrm{d}t=a^3\int_0^{\pi}\mathrm{d}t=a^3\pi.$

例8.1.2 设Γ为球面$x^2+y^2+z^3=a^3$被平面$x+y+z=0$所截的圆周,计算$\oint_{\Gamma}x^2\mathrm{d}s$.

解 根据对称性知$\oint_{\Gamma}x^2\mathrm{d}s=\oint_{\Gamma}y^2\mathrm{d}s=\oint_{\Gamma}z^2\mathrm{d}s$.所以,有

$$\oint_{\Gamma}x^2\mathrm{d}s=\frac{1}{3}\oint_{\Gamma}(x^2+y^2+z^2)\mathrm{d}s=\frac{1}{3}\oint_{\Gamma}a^2\mathrm{d}s=\frac{2}{3}\pi a^3.$$

例8.1.3 如图8.3所示,圆柱螺线Γ:$x=a\cos t,y=a\sin t,z=bt(0\leqslant t\leqslant 2\pi)$,求其质量,其中线密度$\rho=x^2+y^2+z^2$.

解 根据第一型曲线积分的物理意义,圆柱螺线Γ的质量为

$$m=\int_{\Gamma}\rho(x,y,z)\mathrm{d}s=\int_{\Gamma}(x^2+y^2+z^2)\mathrm{d}s$$

$$=\int_0^{2\pi}[(a\cos t)^2+(a\sin t)^2+(bt)^2]\cdot$$

$$\sqrt{(-a\sin t)^2+(a\cos t)^2+b^2}\mathrm{d}t$$

$$=\int_0^{2\pi}(a^2+b^2t^2)\sqrt{a^2+b^2}\mathrm{d}t$$

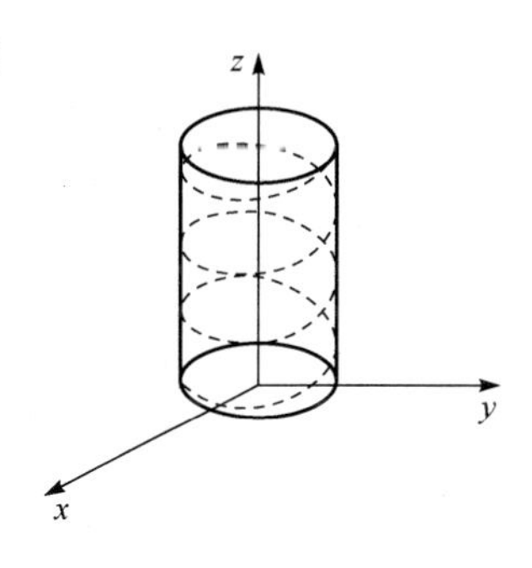

图8.3

$$= \sqrt{a^2 + b^2}\left(2\pi a^2 + \frac{8}{3}\pi^3 b^2\right).$$

习 题 8.1

1. 一条金属线被弯成半圆形状$\begin{cases} x = a\cos t, \\ y = a\sin t, \end{cases}$ $0 \leqslant t \leqslant \pi, a > 0$. 如果金属线在某一点的线密度跟它到 x 轴的距离成比例. 计算金属线的质量和质心.

2. 计算下列第一型曲线积分.

(1) $\int_L \sqrt{y}\,\mathrm{d}s$,其中 L 是抛物线 $y = x^2$ 上点(0,0)与点(1,1)之间的一段弧;

(2) $\int_L (x + y)\,\mathrm{d}s$,其中 L 是连接点(1,0)与点(0,1)的直线段;

(3) $\int_\Gamma z\,\mathrm{d}s$,其中 Γ 为圆锥螺线 $x = t\cos t, y = t\sin t, z = t\,(0 \leqslant t \leqslant 2)$ 的一段弧;

(4) $\int_\Gamma x\,\mathrm{d}s$,其中 Γ 为对数螺线 $r = a\mathrm{e}^{k\theta}\,(k > 0)$ 在圆 $r = a$ 的部分.

8.2 第二型曲线积分

8.2.1 变力沿曲线所做的功

设一质点受力 $\boldsymbol{F}(x,y) = P(x,y)\boldsymbol{i} + Q(x,y)\boldsymbol{j}$ 的作用沿平面曲线弧 L 运动,如图 8.4 所示,其中 $P(x,y)$,$Q(x,y)$ 在 L 上连续. 求当质点从 L 的一个端点 A 移动到另一个端点 B 时,力 $\boldsymbol{F}(x,y)$ 所做的功 W.

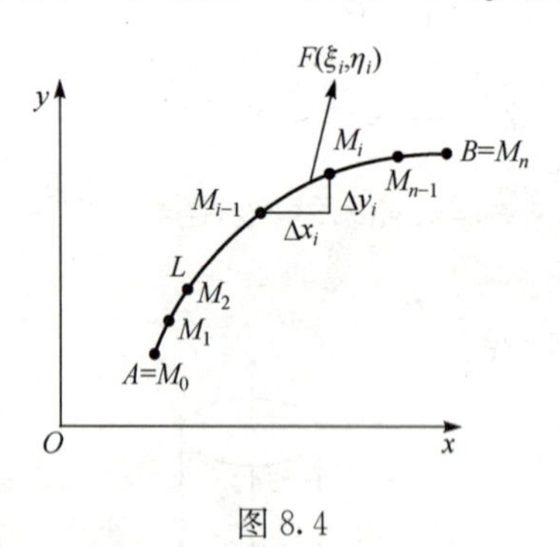

图 8.4

首先,在有向曲线弧 L 上取点 $M_0 = A, M_1, M_2, \cdots, M_{n-1}$ 与 $M_n = B$ 将 L 分成 n 个小段 $\overset{\frown}{M_{i-1}M_i}\,(i = 1,2\cdots,n)$,以 Δs_i 表示其弧长. 记该分割的细度为 $\lambda = \max\limits_{1 \leqslant i \leqslant n}\{\Delta s_i\}$,当 Δs_i 很小时,有向的小弧段 $\overset{\frown}{M_{i-1}M_i}$ 可用有向的直线段 $\overrightarrow{M_{i-1}M_i}$ 来代替:$\overset{\frown}{M_{i-1}M_i} \approx \overrightarrow{M_{i-1}M_i} = \Delta x_i\boldsymbol{i} + \Delta y_i\boldsymbol{j}$,其中 $\Delta x_i = x_i - x_{i-1}$,$\Delta y_i = y_i - y_{i-1}$. 而 (x_{i-1}, y_{i-1}),(x_i, y_i) 分别为 M_{i-1} 与 M_i 点的坐标. 在 $\overset{\frown}{M_{i-1}M_i}$ 上任取一点 $(\xi_i, \eta_i) \in \overset{\frown}{M_{i-1}M_i}$,当 Δs_i 很小时,由于 $P(x,y)$,$Q(x,y)$ 在 L 上连续,故可用在 (ξ_i, η_i) 点处的力 $\boldsymbol{F}(\xi_i, \eta_i) = P(\xi_i, \eta_i)\boldsymbol{i} + Q(\xi_i, \eta_i)\boldsymbol{j}$ 来近似代替 $\overset{\frown}{M_{i-1}M_i}$ 上其他各点的力,因此变力 $\boldsymbol{F}(x,y)$ 在小弧段 $\overset{\frown}{M_{i-1}M_i}$ 上所做的功 ΔW_i,就近似地等于常力 $\boldsymbol{F}(\xi_i, \eta_i)$ 沿 $\overrightarrow{M_{i-1}M_i}$ 所做的功. 故有 $\Delta W_i \approx \boldsymbol{F}(\xi_i, \eta_i)\cdot$

$\overrightarrow{M_{i-1}M_i} = P(\xi_i,\eta_i)\Delta x_i + Q(\xi_i,\eta_i)\Delta y_i$. 进一步，$\sum_{i=1}^{n}\Delta W_i \approx \sum_{i=1}^{n}[P(\xi_i,\eta_i)\Delta x_i + Q(\xi_i,\eta_i)\Delta y_i]$，且当 $\lambda \to 0$ 时，有

$$W = \lim_{\lambda\to 0}\sum_{i=1}^{n}[P(\xi_i,\eta_i)\Delta x_i + Q(\xi_i,\eta_i)\Delta y_i].$$

这种和式的极限在研究其他问题时也会遇到. 接下来，我们引进第二型曲线积分的定义.

8.2.2　第二型曲线积分的定义

定义 8.2　设 L 是 xOy 平面内从点 A 到点 B 的有向光滑曲线弧，函数 $P(x,y)$，$Q(x,y)$ 在 L 上有界. 将 L 分成 n 个小弧段 $\Delta s_1,\Delta s_2,\cdots,\Delta s_n$，其中 $\Delta s_i(i=1,2,\cdots,n)$ 也表示第 i 个小弧段的弧长，记 $\lambda = \max\limits_{1\leqslant i\leqslant n}\{\Delta s_i\}$. 在 $\Delta s_i(i=1,2,\cdots,n)$ 上任取一点 (ξ_i,η_i)，设 Δx_i 和 Δy_i 是 Δs_i 分别在 x 轴和 y 轴上的投影. 若极限 $\lim\limits_{\lambda\to 0}\sum\limits_{i=1}^{n}P(\xi_i,\eta_i)\Delta x_i$ 存在，且极限值与 L 的分法及点 (ξ_i,η_i) 在 Δs_i 上的取法无关，则称此极限值为函数 $P(x,y)$ 在有向曲线弧 L 上对坐标 x 的曲面积分，记作 $\int_L P(x,y)\mathrm{d}x$. 若极限 $\lim\limits_{\lambda\to 0}\sum\limits_{i=1}^{n}Q(\xi_i,\eta_i)\Delta y_i$ 存在，且极限值与 L 的分法及点 (ξ_i,η_i) 在 Δs_i 上的取法无关，则称此极限值为函数 $Q(x,y)$ 在有向曲线弧 L 上的对坐标 y 的曲面积分，记作 $\int_L Q(x,y)\mathrm{d}y$. 即

$$\int_L P(x,y)\mathrm{d}x = \lim_{\lambda\to 0}\sum_{i=1}^{n}P(\xi_i,\eta_i)\Delta x_i,$$

$$\int_L Q(x,y)\mathrm{d}y = \lim_{\lambda\to 0}\sum_{i=1}^{n}Q(\xi_i,\eta_i)\Delta y_i,$$

其中 $P(x,y)$，$Q(x,y)$ 称为**被积函数**，L 称为**积分曲线弧**. 以上两个积分也称为**第二型曲线积分**. 而且，当 $P(x,y)$，$Q(x,y)$ 都在 L 上连续时，上述积分都存在. 以后总假定 $P(x,y)$，$Q(x,y)$ 在 L 上连续.

注 1　定义 8.2 可以类似地推广到空间曲线 Γ 上，得

$$\int_\Gamma P(x,y,z)\mathrm{d}x + Q(x,y,z)\mathrm{d}y + R(x,y,z)\mathrm{d}z.$$

注 2　当 L 为封闭曲线时，常记作 $\oint_L P(x,y)\mathrm{d}x + Q(x,y)\mathrm{d}y$.

注 3　有时，$\int_L P(x,y)\mathrm{d}x + \int_L Q(x,y)\mathrm{d}y$ 也可以写成向量的形式 $\int_L \boldsymbol{F}(x,y)\cdot\mathrm{d}\boldsymbol{r}$，其中 $\boldsymbol{F}(x,y) = P(x,y)\boldsymbol{i} + Q(x,y)\boldsymbol{j}$ 为向量值函数，$\mathrm{d}\boldsymbol{r} = \mathrm{d}x\boldsymbol{i} + \mathrm{d}y\boldsymbol{j}$.

下面给出第二型曲线积分的性质.

性质 8.4 若$\int_L \boldsymbol{F}_i(x,y)\cdot \mathrm{d}\boldsymbol{r}(i=1,2\cdots,n)$存在，$C_i(i=1,2,\cdots,n)$为常数，则

$$\int_L \sum_{i=1}^{n} C_i\boldsymbol{F}_i(x,y)\cdot \mathrm{d}\boldsymbol{r}=\sum_{i=1}^{n} C_i\int_L \boldsymbol{F}_i(x,y)\cdot \mathrm{d}\boldsymbol{r}.$$

性质 8.5 若L由有限段有向曲线弧组成,如$L=L_1+L_2$,则

$$\int_L \boldsymbol{F}(x,y)\cdot \mathrm{d}\boldsymbol{r}=\int_{L_1}\boldsymbol{F}(x,y)\cdot \mathrm{d}\boldsymbol{r}+\int_{L_2}F(x,y)\cdot \mathrm{d}\boldsymbol{r}$$

性质 8.6 设L^-是L的反向曲线弧,则

$$\int_{L^-}\boldsymbol{F}(x,y)\cdot \mathrm{d}\boldsymbol{r}=-\int_L \boldsymbol{F}(x,y)\cdot \mathrm{d}\boldsymbol{r}.$$

性质 8.6 表示,当积分曲线弧的方向改变时,第二型曲线积分要改变符号. 这一性质是第二型曲线积分所特有的,第一型曲线积分不具有这一性质.

8.2.3 第二型曲线积分的计算

同第一型曲线积分一样,我们可以将第二型曲线积分转化为定积分来计算.

定理 8.2 $P(x,y),Q(x,y)$在有向曲线弧L上有定义且连续,设L的方程为

$$\begin{cases}x=\varphi(t),\\ y=\phi(t),\end{cases}$$

当t单调地由α变动到β时,对应L上的动点$M(x,y)$从L的起点A变到终点B,$\varphi'(t),\phi'(t)$在$[\alpha,\beta]$上连续且不全为零,则

$$\int_L P(x,y)\mathrm{d}x+Q(x,y)\mathrm{d}y=\int_\alpha^\beta\{P(\varphi(t),\phi(t))\varphi'(t)+Q(\varphi(t),\phi(t))\phi'(t)\}\mathrm{d}t.$$

证明略.

注 1 若L的方程为$y=\varphi(x)$,x在a,b之间. 且$x=a$,$x=b$分别为L的起点和终点,则有

$$\int_L P(x,y)\mathrm{d}x+Q(x,y)\mathrm{d}y=\int_a^b[P(x,\varphi(x))+Q(x,\varphi(x))]\varphi'(x)\mathrm{d}x.$$

同理,若L的方程为$x=\varphi(y)$,也有类似的结果.

注 2 设空间曲线Γ的方程为$x=\varphi(t),y=\phi(t),z=\omega(t),t\in[\alpha,\beta]$,且$t=\alpha$,$t=\beta$分别对应于$\Gamma$的起点和终点,则有

$$\begin{aligned}&\int_\Gamma P(x,y,z)\mathrm{d}x+Q(x,y,z)\mathrm{d}y+R(x,y,z)\mathrm{d}z\\ =&\int_\alpha^\beta\{P(\phi(t),\varphi(t),\omega(t))\phi'(t)+Q(\phi(t),\varphi(t),\omega(t))\varphi'(t)\\ &+R(\phi(t),\varphi(t),\omega(t))\omega'(t)\}\mathrm{d}t.\end{aligned}$$

注 3　定理 8.2 中的定积分下限 α 对应于 L 的起点，β 对应于 L 的终点. α 不一定小于 β.

例 8.2.1　计算 $\int_L xy\mathrm{d}x$，其中 L 为抛物线 $y^2=x$ 上的点 $A(1,-1)$ 到 $B(1,1)$ 的一段弧，如图 8.5 所示.

解　由题意知 L 的方程为 $x=y^2$，y 从 -1 到 1，故

$$\int_L xy\mathrm{d}x=\int_{-1}^{1}y^2\cdot y\cdot 2y\mathrm{d}y=2\int_{-1}^{1}y^4\mathrm{d}y=\frac{2}{5}y^5\Big|_{-1}^{1}=\frac{4}{5}.$$

例 8.2.2　求在力 $\boldsymbol{F}(y,-x,x+y+z)$ 的作用下：

(1) 质点由点 $A(a,0,0)$ 沿螺旋线 Γ_1 到点 $B(0,0,2\pi b)$ 所做的功. Γ_1：$x=a\cos t$，$y=a\sin t$，$z=bt(0\leqslant t\leqslant 2\pi)$，如图 8.6 所示.

(2) 质点由 $A(a,0,0)$ 沿直线 Γ_2（图 8.6）到点 $B(0,0,2\pi b)$ 所做的功.

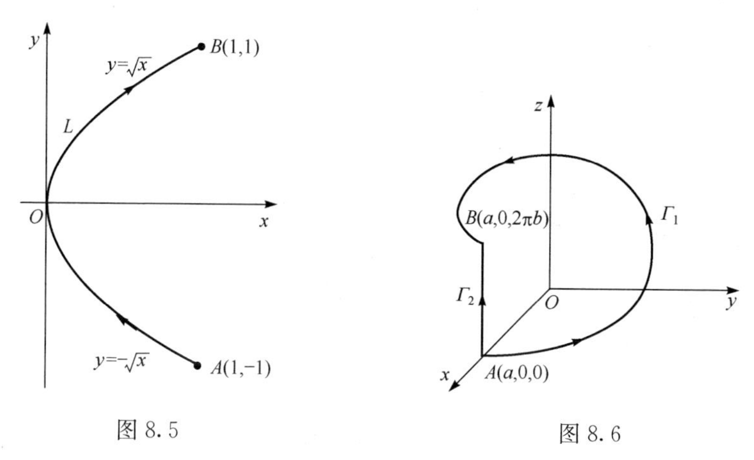

图 8.5　　图 8.6

解　$W=\int_0^{2\pi}\boldsymbol{F}\mathrm{d}s=\int_L y\mathrm{d}x-x\mathrm{d}y+(x+y+z)\mathrm{d}z.$

(1) $W=\int_0^{2\pi}[a\sin t\cdot(-a\sin t)-a\cos t\cdot a\cos t+(a\cos t+a\sin t+bt)b]\mathrm{d}t$

$$=\int_0^{2\pi}[-a^2+ab(\sin t+\cos t)+b^2t]\mathrm{d}t=2\pi(\pi b^2-a^2).$$

(2) Γ_2：$x=a$，$y=0$，$z=t(0\leqslant t\leqslant 2\pi b)$，则

$$W=\int_0^{2\pi b}[0\cdot 0-a\cdot 0+(a+0+t)]\mathrm{d}t=\int_0^{2\pi b}(a+t)\mathrm{d}t=2\pi b(a+\pi b).$$

8.2.4　两类曲线积分之间的关系

直到现在为止，我们已学过两种曲线积分：

$$\int_L f(x,y)\mathrm{d}s\quad 和\quad \int_L P(x,y)\mathrm{d}x+Q(x,y)\mathrm{d}y.$$

两者都是转化为定积分计算.那么两者有何联系呢?这两种曲线积分来源于不同的物理原型,有着不同的特性,但实际上,在一定的条件下,我们可建立它们之间的联系.

设有向曲线弧 L 表示成以弧长 s 为参数的参数方程: $x=x(s)$, $y=y(s)$, $0\leqslant s\leqslant l$,这里 L 由点 A 到点 B 的方向就是 s 增大的方向. 又设 α,β 依次为从 x 轴正向,y 轴正向到曲线 L 的切线的正向的夹角,则

$$\frac{\mathrm{d}x}{\mathrm{d}s}=\cos\alpha,\quad \frac{\mathrm{d}y}{\mathrm{d}s}=\sin\alpha=\cos\beta,$$

$\cos\alpha,\cos\beta$ 也称为有向曲线 L 上点 (x,y) 处的切向量的方向余弦,切向量的指向与曲线 L 的方向一致.因此,得

$$\int_L P(x,y)\mathrm{d}x+Q(x,y)\mathrm{d}y=\int_0^l\{P(x(s),y(s))\cos\alpha+Q(x(s),y(s))\cos\beta\}\mathrm{d}s$$

$$\Rightarrow\int_L P(x,y)\mathrm{d}x+Q(x,y)\mathrm{d}y=\int_L[P(x,y)\cos\alpha+Q(x,y)\cos\beta]\mathrm{d}s$$

注 上式可推广到空间曲线的曲线积分上去,有

$$\int_L P(x,y,z)\mathrm{d}x+Q(x,y,z)\mathrm{d}y+R(x,y,z)\mathrm{d}z$$
$$=\int_L[P(x,y,z)\cos\alpha+Q(x,y,z)\cos\beta+R(x,y,z)\cos\gamma]\mathrm{d}s,$$

其中 $\cos\alpha,\cos\beta,\cos\gamma$ 是 L 上点 (x,y,z) 处的切向量的方向余弦.

例 8.2.3 把第二型曲线积分 $\int_L P(x,y)\mathrm{d}x+Q(x,y)\mathrm{d}y$ 化为第一型曲线积分,其中 L 为 $y=\sqrt{x}$ 上从 $(0,0)$ 到 $(1,1)$ 的一段弧.

解 $y'=\dfrac{1}{2\sqrt{x}}$,L 的切向量 $T=\left(1,\dfrac{1}{2\sqrt{x}}\right)$.

$$\cos\alpha=\frac{1}{\sqrt{1+\left(\dfrac{1}{2\sqrt{x}}\right)^2}}=\frac{2\sqrt{x}}{\sqrt{1+4x}},$$

$$\cos\beta=\frac{\dfrac{1}{2\sqrt{x}}}{\sqrt{1+\left(\dfrac{1}{2\sqrt{x}}\right)^2}}=\frac{1}{\sqrt{1+4x}}.$$

于是

$$\int_L P(x,y)\mathrm{d}x+Q(x,y)\mathrm{d}y=\int_L\left[P(x,y)\frac{2\sqrt{x}}{\sqrt{1+4x}}+Q(x,y)\frac{1}{\sqrt{1+4x}}\right]\mathrm{d}s$$

$$= \int_L \frac{P(x,y)2\sqrt{x}+Q(x,y)}{\sqrt{1+4x}}\mathrm{d}s.$$

习 题 8.2

1. 计算$\int_L y^2\mathrm{d}x$,其中 L 为

(1) 半径为 a,圆心在原点,按逆时针方向绕行的上半圆周,如图 8.7 所示;

(2) 从点 $A(a,0)$ 沿 x 轴到点 $B(-a,0)$ 的直线段,如图 8.7 所示.

2. 计算$\int_L 2xy\mathrm{d}x+(x^2+y^2)\mathrm{d}y$,其中 L: $x=\cos t$, $y=\sin t(0\leqslant t\leqslant \pi/2)$.

3. 设 L 为曲线 $x=t, y=t^2, z=t^3$ 上相应于 t 从 0 变到 1 的曲线弧. 把第二型曲线积分$\int_L P\mathrm{d}x+Q\mathrm{d}y+R\mathrm{d}z$ 化为第一型曲线积分.

4. 设有一质量为 m 的质点受重力作用在铅直平面上沿某一光滑曲线弧 L 从点 $A(x_0,y_0)$ 移动到点 $B(x_1,y_1)$,求重力所做的功.

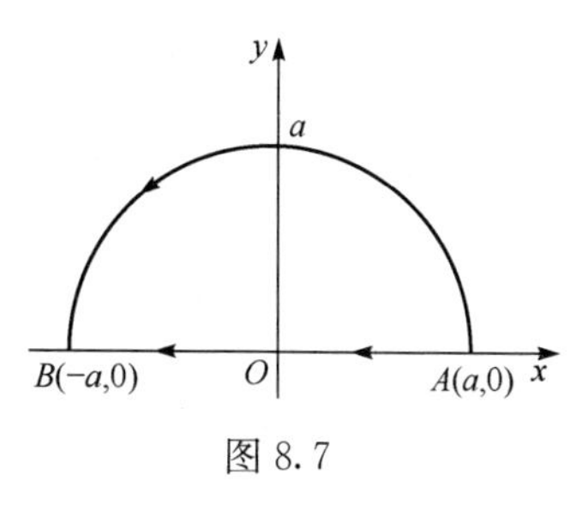

图 8.7

8.3　格林公式　平面曲线积分与路径无关的条件

在定积分的计算中,牛顿-莱布尼兹公式

$$\int_a^b F'(x)\mathrm{d}x = F(b)-F(a)$$

给出了被积函数 $F'(x)$在闭区间$[a,b]$上的定积分与其原函数 $F(x)$在区间端点上的值之间的关系. 本节介绍的格林(Green)公式将揭示平面区域上的二重积分与其边界上的第二型曲线积分的关系.

首先介绍平面单连通区域与复连通区域的概念.

8.3.1　单连通区域与复连通区域

设 D 为平面区域,如果 D 内任一闭曲线所围都属于 D,则称 D 为平面单连通区域,否则称为复连通区域. 例如,平面上的圆形区域$\{(x,y)|x^2+y^2<1\}$、右半平面$\{(x,y)|x>0\}$都是单连通区域,而圆环形区域$\{(x,y)|0<x^2+y^2<2\}$、区域$\{(x,y)|x>0,(x,y)\neq(1,1)\}$都是复连通区域. 通俗地说,单连通区域就是不含有“洞”(包括“点洞”)的区域,如图 8.8 所示. 复连通区域是含有“洞”(包括“点洞”)的区域,如图 8.9 所示.

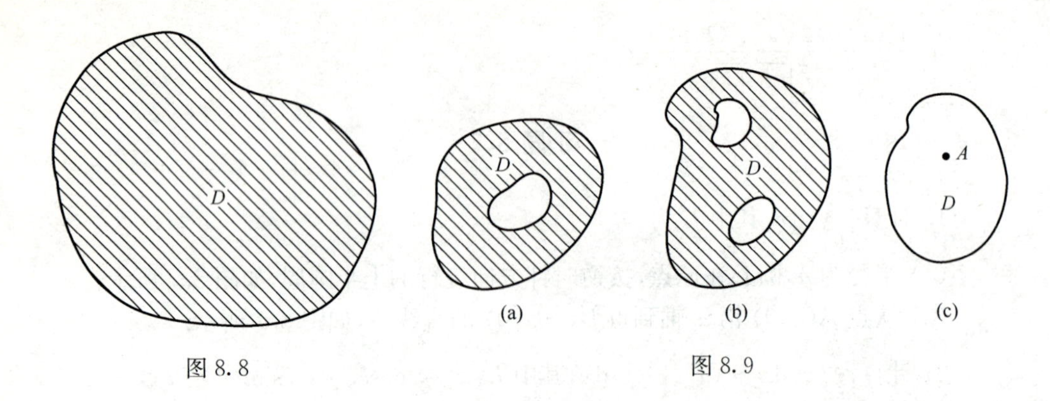

图 8.8　　图 8.9

接着,对平面区域 D 的边界曲线 L,我们规定 L 的正向:当人沿着 L 行走时,区域 D 总在他的左边. 因此,单连通区域边界曲线 L 的正方向为逆时针方向,如图 8.10 所示;复连通区域的外边界线 L_1 的正方向为逆时针方向,而内边界线 L_2 的正方向为顺时针方向,如图 8.11 所示.

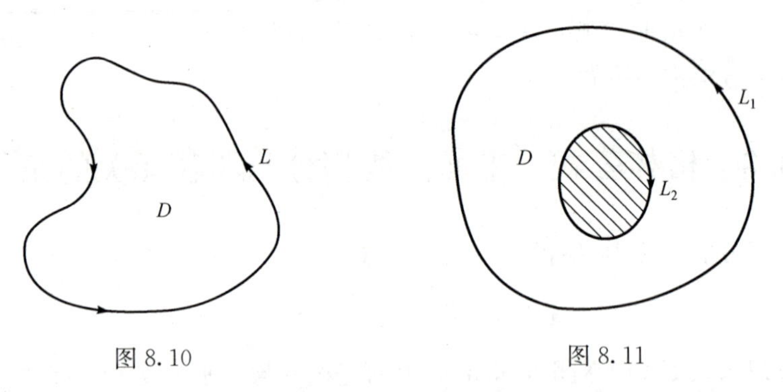

图 8.10　　图 8.11

8.3.2 格林公式

定理 8.3 (格林公式)　设闭区域 D 由分段光滑的闭曲线 L 围成,函数 $P(x,y)$, $Q(x,y)$在 D 上具有一阶连续偏导数,则

$$\iint_D\left(\frac{\partial Q}{\partial x}-\frac{\partial P}{\partial y}\right)\mathrm{d}x\mathrm{d}y=\oint_L P\,\mathrm{d}x+Q\mathrm{d}y,$$

其中 L 是 D 的取正向的边界曲线.

证　(i) 首先证明一种特殊情况:D既可表示为X 型区域,也可表示为Y型区域. 由 D 可表示为 X 型区域,如图 8.12 所示,则可设

$$D=\{(x,y):a\leqslant x\leqslant b,\ \varphi_1(x)\leqslant y\leqslant\varphi_2(x)\},$$

则

$$\iint_D \frac{\partial P}{\partial y}\mathrm{d}x\mathrm{d}y = \int_a^b \mathrm{d}x\int_{\varphi_1(x)}^{\varphi_2(x)} \frac{\partial P(x,y)}{\partial y}\mathrm{d}y$$
$$= \int_a^b \{P(x,\varphi_2(x)) - P(x,\varphi_1(x))\}\mathrm{d}x.$$

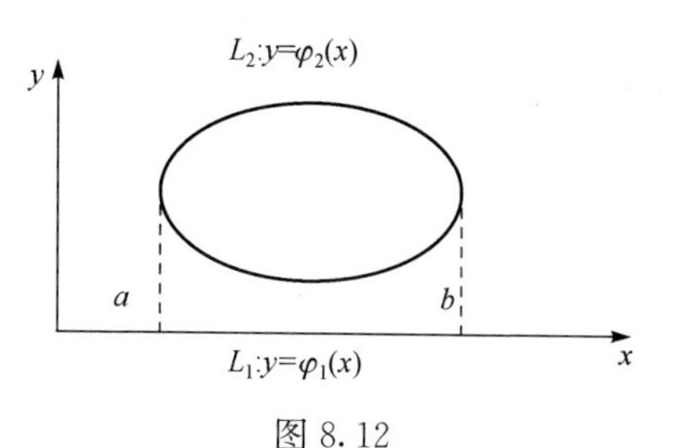

图 8.12

又

$$\oint_L P\mathrm{d}x = \oint_{L_1} P\mathrm{d}x + \oint_{L_2} P\mathrm{d}x = \int_a^b P(x,\varphi_1(x))\mathrm{d}x - \int_a^b P(x,\varphi_2(x))\mathrm{d}x$$
$$= -\int_a^b \{P(x,\varphi_2(x)) - P(x,\varphi_1(x))\}\mathrm{d}x.$$

因此有

$$-\iint_D \frac{\partial P}{\partial y}\mathrm{d}x\mathrm{d}y = \oint_L P\mathrm{d}x.$$

同理,D 可表示为 Y 型区域,类似可证明$\iint_D \frac{\partial Q}{\partial x}\mathrm{d}x\mathrm{d}y = \oint_L Q\mathrm{d}y$.

将上面两式相加可得$\iint_D \left(\frac{\partial Q}{\partial x} - \frac{\partial P}{\partial y}\right)\mathrm{d}x\mathrm{d}y = \oint_L P\mathrm{d}x + Q\mathrm{d}y$.

(ii) 对于一般的单连通区域 D,即如果闭区域 D 不满足上述条件(既可表示为 X 型区域,也可表示为 Y 型区域),则可以在 D 内引进若干条辅助线把 D 分成有限个部分闭区域,使每个部分满足上述条件. 在每块小区域上分别运用格林公式,然后相加即成. 例如,对于如图 8.13 所示的区域 D,它的边界曲线 L 为$AEFGA$,我们可引进一条辅助线 ABC 将 D 划分为三个子区域 D_1, D_2, D_3. 在三个子区域上,分别有

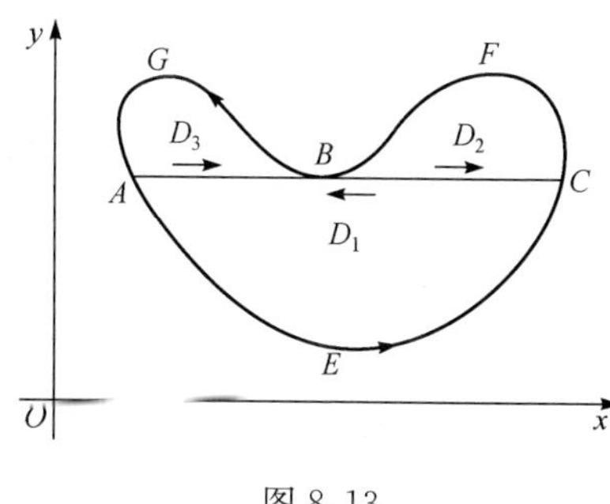

图 8.13

$$\iint_{D_1} \left(\frac{\partial Q}{\partial x} - \frac{\partial P}{\partial y}\right)\mathrm{d}x\mathrm{d}y = \oint_{AECBA} P\mathrm{d}x + Q\mathrm{d}y,$$
$$\iint_{D_2} \left(\frac{\partial Q}{\partial x} - \frac{\partial P}{\partial y}\right)\mathrm{d}x\mathrm{d}y = \oint_{CFBC} P\mathrm{d}x + Q\mathrm{d}y,$$
$$\iint_{D_3} \left(\frac{\partial Q}{\partial x} - \frac{\partial P}{\partial y}\right)\mathrm{d}x\mathrm{d}y = \oint_{BGAB} P\mathrm{d}x + Q\mathrm{d}y.$$

将上述三式相加,并注意到在各子区域的公共边界(及辅助线)上,沿相反方向各积分一次,其值抵消,因而有

$$\iint_D \left(\frac{\partial Q}{\partial x} - \frac{\partial P}{\partial y}\right)\mathrm{d}x\mathrm{d}y = \oint_L P\mathrm{d}x + Q\mathrm{d}y.$$

(iii) 对于复连通区域 D,不妨设如图 8.14 所示. 作辅助线 AB,于是以 $L_1 + AB +$

L_2+BA 为边界的区域 D 就是一个平面单连通区域. 由(ii) 的结论知

$$\begin{aligned}\iint_D\left(\frac{\partial Q}{\partial x}-\frac{\partial P}{\partial y}\right)\mathrm{d}x\mathrm{d}y&=\oint_{L_1}P\mathrm{d}x+Q\mathrm{d}y+\int_{AB}P\mathrm{d}x+Q\mathrm{d}y+\oint_{L_2}P\mathrm{d}x+Q\mathrm{d}y\\&\quad+\int_{BA}P\mathrm{d}x+Q\mathrm{d}y\\&=\oint_{L_1}P\mathrm{d}x+Q\mathrm{d}y+\oint_{L_2}P\mathrm{d}x+Q\mathrm{d}y\\&=\oint_{L}P\mathrm{d}x+Q\mathrm{d}y.\end{aligned}$$

注 在 Green 公式中,当 $Q=x$, $P=-y$ 时,有 $\dfrac{\partial Q}{\partial x}-\dfrac{\partial P}{\partial y}=1-(-1)=2$,代入公式,得

$$\oint_L -y\mathrm{d}x+x\mathrm{d}y=2\iint_D\mathrm{d}x\mathrm{d}y=2A\quad(\text{其中 }A\text{ 为 }D\text{ 的面积})$$

于是

$$A=\frac{1}{2}\oint_L x\mathrm{d}y-y\mathrm{d}x.$$

例 8.3.1 求 $\oint_L 4x^2y\mathrm{d}x+2y\mathrm{d}x$,其中 L 为以 $A(0,0)$,$B(1,2)$,$C(0,2)$ 为顶点的三角形区域的正向边界,如图 8.15 所示.

解
$$\begin{aligned}\oint_L 4x^2y\mathrm{d}x+2y\mathrm{d}x&=\iint_D(0-4x^2)\mathrm{d}x\mathrm{d}y=\int_0^1\int_{2x}^2(0-4x^2)\mathrm{d}y\mathrm{d}x\\&=\int_0^1(-8x^2+8x^3)\mathrm{d}x=-\frac{2}{3}.\end{aligned}$$

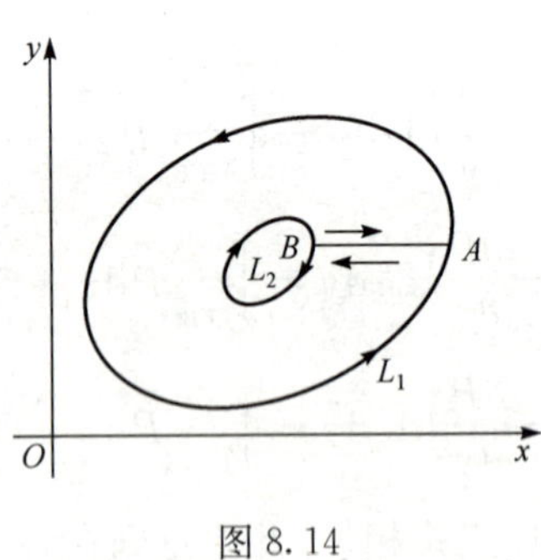

图 8.14

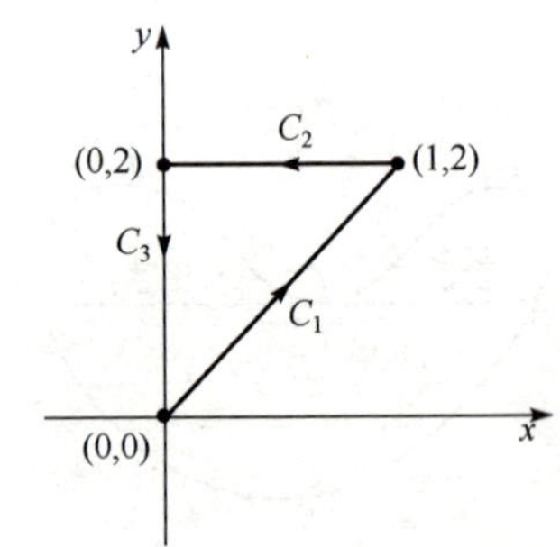

图 8.15

例 8.3.2 求 $I=\oint_L\dfrac{x\mathrm{d}y-y\mathrm{d}x}{x^2+y^2}$,其中 L 为任一不含原点的闭区域 D 的边界.

解 $P=-\dfrac{y}{x^2+y^2}$,$Q=\dfrac{x}{x^2+y^2}$. 而且,$\dfrac{\partial Q}{\partial x}=\dfrac{\partial P}{\partial y}=\dfrac{y^2-x^2}{(x^2+y^2)^2}$,且 P,Q 在 D 上连续,故由格林公式,得

$$I=\iint_D\left(\frac{\partial Q}{\partial x}-\frac{\partial P}{\partial y}\right)\mathrm{d}x\mathrm{d}y=\iint_D 0\mathrm{d}x\mathrm{d}y=0$$

例 8.3.3　计算 $I=\oint_L\frac{x\mathrm{d}y-y\mathrm{d}x}{x^2+y^2}$，其中 L 是包围原点在内的区域 D 的正向边界曲线，如图 8.16 所示.

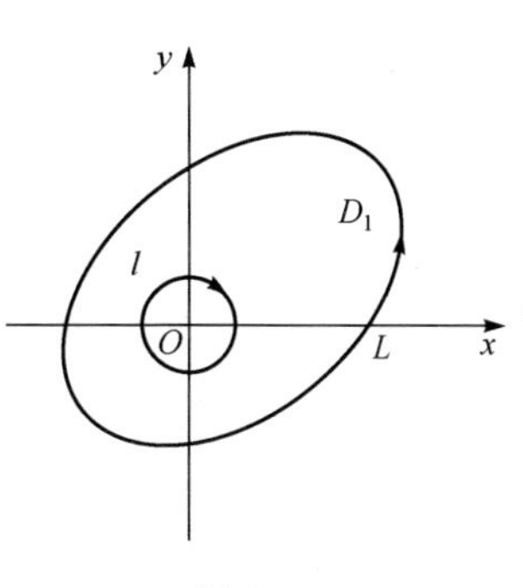

图 8.16

解　$P=-\frac{y}{x^2+y^2}$，　$Q=\frac{x}{x^2+y^2}$. 因 P, Q 在原点(0,0)处不连续，故不能直接利用格林公式. 选取充分小的半径 $r>0$，在 D 内部作圆周 l：$x^2+y^2=r^2$. 记 L 与 l 之间的区域为 D_1，D_1 的边界曲线为 $L_1=L+(-l)$，这时 D_1 内不含原点，P, Q 在 D_1 上连续，应用格林公式，可得

$$\oint_{L_1}\frac{x\mathrm{d}y-y\mathrm{d}x}{x^2+y^2}=\oint_L\frac{x\mathrm{d}y-y\mathrm{d}x}{x^2+y^2}-\oint_l\frac{x\mathrm{d}y-y\mathrm{d}x}{x^2+y^2}=\iint_{D_1}0\mathrm{d}x\mathrm{d}y=0.$$

因此，$I=\oint_L\frac{x\mathrm{d}y-y\mathrm{d}x}{x^2+y^2}=\oint_l\frac{x\mathrm{d}y-y\mathrm{d}x}{x^2+y^2}$. 又 l 的参数方程为：$x=r\cos t$, $y=r\sin t$, $0\leqslant t\leqslant 2\pi$，所以

$$I=\int_0^{2\pi}\frac{r^2\cos^2 t+r^2\ \sin^2 t}{r^2}\mathrm{d}t=\int_0^{2\pi}\mathrm{d}t=2\pi.$$

例 8.3.4　计算椭圆 $\frac{x^2}{a^2}+\frac{y^2}{b^2}=1$ 围成的面积.

解　椭圆的参数方程为 $x=a\cos t$, $y=a\sin t$, $0\leqslant t\leqslant 2\pi$，可得

$$A=\int_0^{2\pi}[a\cos t\cdot b\sin t-b\sin t(-a\sin t)]\mathrm{d}t$$

$$=\frac{ab}{2}\int_0^{2\pi}(\cos^2 t+\sin^2 t)\mathrm{d}t=\pi ab.$$

8.3.3　平面曲线积分与路径无关的充要条件

对于第二型曲线积分，当积分路径起点、终点固定时，它的数值一般与积分曲线有关. 例如，曲线积分 $\int_L(x+y)\mathrm{d}x+(y-x)\mathrm{d}y$，当 L 的端点固定在(1,1) 点和(4,2) 点时，若 L 取不同的路径，所得到的积分值不一样. 这说明积分值与所取的积分路径有关. 然而，也存在着另一种情况，即积分值与积分路径无关，只与起点和终点有关. 而在物理、力学中要研究所谓势场，就是要研究场力所做的功与路径无关的情形. 在什么条件下场力所做的功与路径无关?这个问题就可归结为研究曲线积分与路径无关的条件.

定理 8.4 设 G 是一个单连通区域,函数 $P(x,y)$,$Q(x,y)$ 在 G 内具有一阶连续偏导数,则下述命题是等价的:

(1) $\dfrac{\partial Q}{\partial x}=\dfrac{\partial P}{\partial y}$ 在 D 内恒成立;

(2) $\oint_L P\mathrm{d}x+Q\mathrm{d}y=0$ 对 G 内任意闭曲线 L 成立;

(3) $\int_L P\mathrm{d}x+Q\mathrm{d}y$ 在 G 内与积分路径无关;

(4) 存在可微函数 $u=u(x,y)$,使得 $\mathrm{d}u=P\mathrm{d}x+Q\mathrm{d}y$ 在 G 内恒成立.

证 (1)⇒(2).

已知 $\dfrac{\partial Q}{\partial x}=\dfrac{\partial P}{\partial y}$ 在 G 内恒成立,对 G 内任意闭曲线 L,设其所包围的闭区域为 D,由格林公式

$$\oint_L P\mathrm{d}x+Q\mathrm{d}y=\iint_D\left(\frac{\partial Q}{\partial x}-\frac{\partial P}{\partial y}\right)\mathrm{d}x\mathrm{d}y=\iint_D 0\mathrm{d}x\mathrm{d}y=0$$

(2)⇒(3).

已知对 G 内任一条闭曲线 L,$\oint_L P\mathrm{d}x+Q\mathrm{d}y=0$. 对 G 内任意两点 A 和 B,设 L_1 和 L_2 是 G 内从点 A 到点 B 的任意两条曲线(图 8.17),则 $L=L_1+L_2^-$ 是 G 内一条封闭曲线,从而有

$$0=\oint_L P\mathrm{d}x+Q\mathrm{d}y=\int_{L_1}P\mathrm{d}x+Q\mathrm{d}y+\int_{L_2^-}P\mathrm{d}x+Q\mathrm{d}y.$$

于是

$$\int_{L_1}P\mathrm{d}x+Q\mathrm{d}y=-\int_{L_2^-}P\mathrm{d}x+Q\mathrm{d}y=\int_{L_2}P\mathrm{d}x+Q\mathrm{d}y,$$

即曲线积分 $\int_L P\mathrm{d}x+Q\mathrm{d}y$ 与路径无关,其中 L 位于 G 内.

(3)⇒(4).

已知起点为 $M_0(x_0,y_0)$,终点为 $M(x,y)$ 的曲线积分在区域 G 内与路径无关,故可记此积分为

$$\int_{(x_0,y_0)}^{(x,y)}P(x,y)\mathrm{d}x+Q(x,y)\mathrm{d}y.$$

当 $M_0(x_0,y_0)$ 固定时,积分值仅取决于动点 $M(x,y)$,因此上式是 x,y 的函数,记为 $u(x,y)$,即

$$u(x,y)=\int_{(x_0,y_0)}^{(x,y)}P(x,y)\mathrm{d}x+Q(x,y)\mathrm{d}y.$$

下面证明 $u(x,y)$ 在 G 内可微,且 $\mathrm{d}u=P(x,y)\mathrm{d}x+Q(x,y)\mathrm{d}y$.

由于 $P(x,y)$,$Q(x,y)$ 都是连续函数,故只需证 $\dfrac{\partial u}{\partial x}=P(x,y)$,$\dfrac{\partial u}{\partial y}=Q(x,y)$.

事实上,

$$\frac{\partial u}{\partial x}=\lim_{\Delta x\to 0}\frac{u(x+\Delta x,y)-u(x,y)}{\Delta x}=P(x,y),$$

选择如图 8.18 所示的积分路径,则

$$\begin{aligned}u(x+\Delta x,y)&=\int_{(x_0,y_0)}^{(x+\Delta x,y)}P\mathrm{d}x+Q\mathrm{d}y=u(x,y)+\int_{(x,y)}^{(x+\Delta x,y)}P\mathrm{d}x+Q\mathrm{d}y\\&=u(x,y)+\int_{x}^{x+\Delta x}P\mathrm{d}x.\end{aligned}$$

因此

$$u(x+\Delta x,y)-u(x,y)=\int_{x}^{x+\Delta x}P\mathrm{d}x=P\Delta x,$$

$$P=P(x+\theta\Delta x,y),0\leqslant\theta\leqslant 1.$$

即$\frac{\partial u}{\partial x}=P(x,y)$. 同理可证$\frac{\partial u}{\partial y}=Q(x,y)$. 故 $u(x,y)$ 的全微分存在,且 $\mathrm{d}u(x,y)=P(x,y)\mathrm{d}x+Q(x,y)\mathrm{d}y$.

(4)⇒(1).

已知存在一个函数 $u=u(x,y)$,使得 $\mathrm{d}u=P(x,y)\mathrm{d}x+Q(x,y)\mathrm{d}y$. 从而$\frac{\partial u}{\partial x}=P(x,y)$,$\frac{\partial u}{\partial y}=Q(x,y)$. 所以,有

$$\frac{\partial^2 u}{\partial x\partial y}=\frac{\partial P}{\partial y},\quad \frac{\partial^2 u}{\partial y\partial x}=\frac{\partial Q}{\partial x}.$$

由于 $P(x,y)$,$Q(x,y)$具有一阶连续偏导数,所以混合偏导数$\frac{\partial^2 u}{\partial x\partial y}$,$\frac{\partial^2 u}{\partial y\partial x}$连续,故$\frac{\partial^2 u}{\partial x\partial y}=\frac{\partial^2 u}{\partial y\partial x}$,即$\frac{\partial Q}{\partial x}=\frac{\partial P}{\partial y}$.

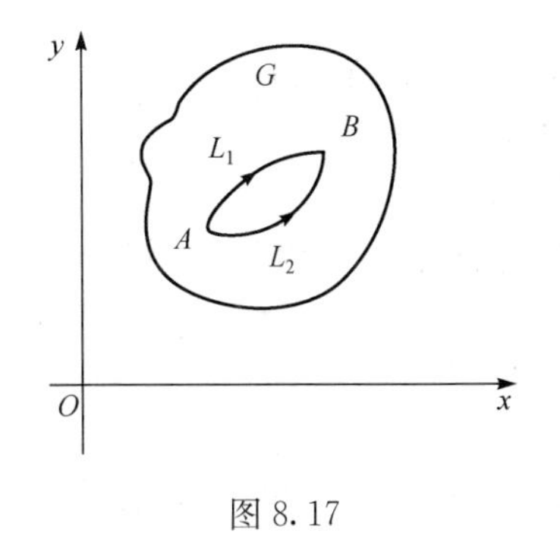

图 8.17

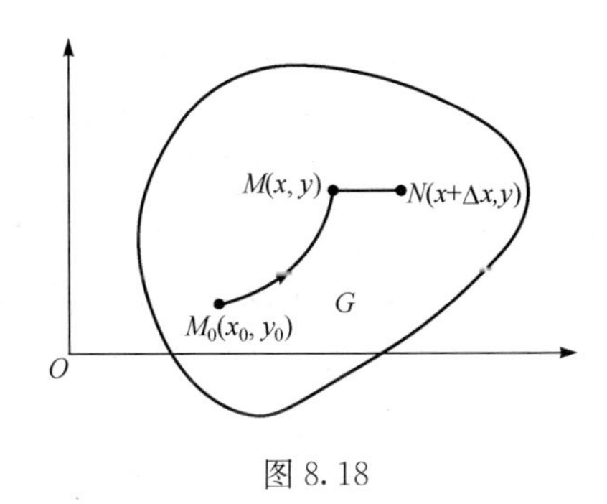

图 8.18

例 8.3.5　证明:$\int_{(0,0)}^{(1,1)}(x-y)(\mathrm{d}x-\mathrm{d}y)$ 与路径无关.

证 $\int_{(0,0)}^{(1,1)}(x-y)(\mathrm{d}x-\mathrm{d}y)=\int_{(0,0)}^{(1,1)}(x-y)\mathrm{d}x-(x-y)\mathrm{d}y.$

令 $P=x-y, Q=y-x$，则 $\frac{\partial Q}{\partial x}=-1=\frac{\partial P}{\partial y}$ 在整个平面上连续. 由定理 8.4 得 $\int_{(0,0)}^{(1,1)}(x-y)(\mathrm{d}x-\mathrm{d}y)$ 与路径无关.

例 8.3.6 讨论 $(2x+\sin y)\mathrm{d}x+(x\cos y)\mathrm{d}y$ 的原函数.

解 令 $P=2x+\sin y, Q=x\cos y$，则 $\frac{\partial P}{\partial y}=\cos y=\frac{\partial Q}{\partial x}$ 在整个平面上连续.

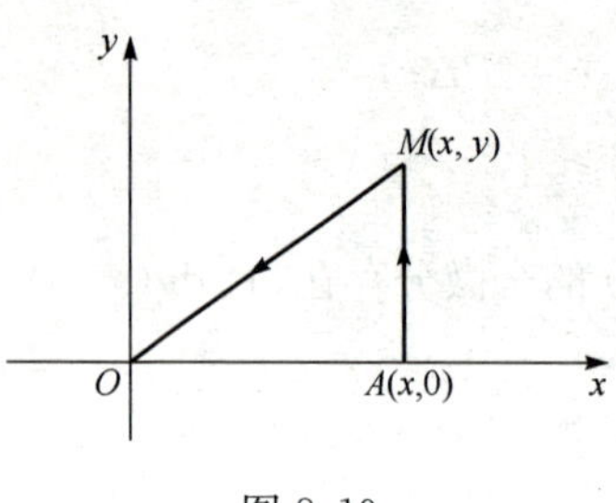

图 8.19

由定理 8.4 可得，$(2x+\sin y)\mathrm{d}x+(x\cos y)\mathrm{d}y$ 为某个函数 $u=u(x,y)$ 的全微分. 且 $u(x,y)=\int_{(0,0)}^{(x,y)}(2x+\sin y)\mathrm{d}x+(x\cos y)\mathrm{d}y$，由于曲线积分与路径无关，可如图 8.19 所示，取如下积分路径：先从点 $O(0,0)$ 到点 $A(x,0)$ 的直线段 OA：$y=0$ $(\mathrm{d}y=0)$，再从点 A 到点 $M(x,y)$ 的平行于 y 轴的直线段 $AM(\mathrm{d}x=0)$，所以有

$$u(x,y)=\int_{OA}+\int_{AM}=\int_0^x P(x,0)\mathrm{d}x+\int_0^y Q(x,y)\mathrm{d}y$$
$$=\int_0^x 2x\mathrm{d}x+\int_0^y x\cos y\mathrm{d}y=x^2+x\sin y,$$

所以，所求原函数为

$$x^2+x\sin y=C,\quad C \text{ 为任意常数.}$$

8.3.4 全微分方程

一阶微分方程写成

$$P(x,y)\mathrm{d}x+Q(x,y)\mathrm{d}y=0 \tag{8.1}$$

的形式后，如果它的左端恰好是某一函数 $u=u(x,y)$ 的全微分，即

$$\mathrm{d}u=P(x,y)\mathrm{d}x+Q(x,y)\mathrm{d}y$$

则方程(8.1) 就称为全微分方程.

由定理 8.4 可知，若 $P(x,y), Q(x,y)$ 在单连通区域 G 内具有一阶连续偏导数，则方程(8.1) 成为全微分方程的充要条件为

$$\frac{\partial P}{\partial y}=\frac{\partial Q}{\partial x}$$

在 G 内恒成立. 而且，若 $\mathrm{d}u=P\mathrm{d}x+Q\mathrm{d}y$，则全微分方程(8.1) 的通解为 $u(x,y)=C$，可取

$$u(x,y)=\int_{(x_0,y_0)}^{(x,y)}P(x,y)\mathrm{d}x+Q(x,y)\mathrm{d}y,$$

其中 $M_0(x_0, y_0)$ 为 G 内的某个固定点.

例 8.3.7　求微分方程 $(5x^4+3xy^2-y^3)\mathrm{d}x+(3x^2y-3xy^2+y^2)\mathrm{d}y=0$ 的通解.

解　令 $P=5x^4+3xy^2-y^3, Q=3x^2y-3xy^2+y^2$，则

$$\frac{\partial P}{\partial y}=6xy-3y^2=\frac{\partial Q}{\partial x}$$

所以，这是一个全微分方程，令

$$\begin{aligned} u(x,y)&=\int_{(0,0)}^{(x,y)}(5x^4+3xy^2-y^3)\mathrm{d}x+(3x^2y-3xy^2+y^2)\mathrm{d}y \\ &=\int_0^x(5x^4+3xy^2-y^3)\mathrm{d}x+\int_0^y y^2\mathrm{d}y \\ &=x^5+\frac{3}{2}x^2y^2-xy^3+\frac{1}{3}y^3. \end{aligned}$$

于是，方程的通解为 $x^5+\frac{3}{2}x^2y^2-xy^3+\frac{1}{3}y^3=C$.

若 $\frac{\partial P}{\partial y}=\frac{\partial Q}{\partial x}$ 不能满足时，方程(8.1)就不是全微分方程. 此时，如果能找到一个函数 $\mu=\mu(x,y)$，使方程 $\mu P(x,y)+\mu Q(x,y)=0$ 成为全微分方程，则称函数 $\mu(x,y)$ 为方程(8.1)的**积分因子**.

例如，方程 $y\mathrm{d}x-x\mathrm{d}y=0$，有 $\frac{\partial P}{\partial y}=1\neq-1=\frac{\partial Q}{\partial x}$，故该方程不是全微分方程. 但方程两端乘上因子 $\frac{1}{y^2}$ 以后，方程 $\frac{y\mathrm{d}x-x\mathrm{d}y}{y^2}=0$ 成为全微分方程. 事实上，$\mathrm{d}\left(\frac{x}{y}\right)=\frac{y\mathrm{d}x-x\mathrm{d}y}{y^2}$，因此，$\frac{1}{y^2}$ 是方程 $y\mathrm{d}x-x\mathrm{d}y=0$ 的一个积分因子.

一般地，积分因子的确定并不简单，而且积分因子往往不唯一. 不难验证 $\frac{1}{xy}$ 和 $\frac{1}{x^2}$ 也是方程 $y\mathrm{d}x-x\mathrm{d}y=0$ 的积分因子.

在比较简单的情形下，往往可以通过观察得到积分因子.

例 8.3.8　用观察法求下列方程的积分因子，并求其通解.

(1) $y\mathrm{d}x-x\mathrm{d}y+y^2x\mathrm{d}x=0$；

(2) $x\mathrm{d}x+y\mathrm{d}y=(x^2+y^2)\mathrm{d}x$.

解　(1) $\frac{1}{y^2}$ 是一个积分因子，乘上该因子之后，方程化为 $\frac{y\mathrm{d}x-x\mathrm{d}y}{y^2}+x\mathrm{d}x=0$，而且，$\mathrm{d}\left(\frac{x}{y}\right)+\mathrm{d}\left(\frac{1}{2}x^2\right)=\frac{y\mathrm{d}x-x\mathrm{d}y}{y^2}+x\mathrm{d}x$. 所以，通解为 $\frac{x}{y}+\frac{1}{2}x^2=C$.

(2) $\frac{1}{x^2+y^2}$是一个积分因子,因为 $\mathrm{d}\left(\frac{1}{2}\ln(x^2+y^2)-x\right)=\frac{x\mathrm{d}x+y\mathrm{d}y}{x^2+y^2}-\mathrm{d}x$. 所以,通解为$\frac{1}{2}\ln(x^2+y^2)-x=C$.

习题 8.3

1. 利用格林公式计算积分$\iint_D \mathrm{e}^{-y^2}\mathrm{d}x\mathrm{d}y$,其中 D 是以 $O(0,0)$,$A(1,1)$,$B(0,1)$ 为顶点的三角形区域.

2. 计算星形线$\begin{cases}x=a\cos^3 t,\\ y=a\sin^3 t\end{cases}(0\leqslant t\leqslant 2\pi)$所围成的图形面积.

3. 求曲线积分 $I=\int_L(\mathrm{e}^y+x)\mathrm{d}x+(x\mathrm{e}^x-2y)\mathrm{d}y$,$L$ 为过$(0,0)$,$(0,1)$和$(1,2)$点的圆弧.

4. 证明曲线积分$\int_L\left(1-\frac{y^2}{x^2}\cos\frac{y}{x}\right)\mathrm{d}x+\left(\sin\frac{y}{x}+\frac{y}{x}\cos\frac{y}{x}\right)\mathrm{d}y$ 与路径无关,其中 L 不经过 y 轴,并求$\int_{(1,\pi)}^{(2,\pi)}\left(1-\frac{y^2}{x^2}\cos\frac{y}{x}\right)\mathrm{d}x+\left(\sin\frac{y}{x}+\frac{y}{x}\cos\frac{y}{x}\right)\mathrm{d}y$ 的值.

5. 判断下列方程中哪些是全微分方程,并求出全微分方程的通解.

(1) $(1+xy)y\mathrm{d}x+(1-xy)x\mathrm{d}y=0$;

(2) $(3x^2+6xy^2)\mathrm{d}x+(6x^2y+4y^2)x\mathrm{d}y=0$;

(3) $\mathrm{e}^y\mathrm{d}x+(x\mathrm{e}^y-2y)\mathrm{d}y=0$;

(4) $[\cos(x+y^2)+3y]\mathrm{d}x+[2y\cos(x+y^2)+3x]\mathrm{d}y=0$;

(5) $y(x-2y)\mathrm{d}x-x^2\mathrm{d}y=0$.

6. 利用观察法给出方程 $y^2(x-3y)\mathrm{d}x+(1-3y^2x)\mathrm{d}y=0$ 的积分因子,并求其通解.

8.4 第一型曲面积分

8.4.1 空间曲面的质量

考虑一个实际问题:设某一物体占有空间曲面 Σ,其面密度函数为 $\rho(x,y,z)$,求该物体的质量 M.

我们仍用以前惯用的方法,先分割 Σ 为若干小块,再作和式:$\sum_{i=n}^{n}\rho(\xi_i,\eta_i,\zeta_i)\cdot\Delta S_i$,最后取极限,得 $M=\lim_{\lambda\to 0}\sum_{i=n}^{n}\rho(\xi_i,\eta_i,\zeta_i)\cdot\Delta S_i$,其中 λ 为各小块面直径的最大值. 这就是第一型曲面积分的思想.

8.4.2　第一型曲面积分的定义

定义 8.3　设曲面 Σ 光滑(即曲面上各点处都具有切平面,且当点在曲面上连续移动时,切平面也连续移动),函数 $f(x,y,z)$ 在曲面 Σ 上有界，把 Σ 任意分成 n 个小曲面 $\Delta S_1,\Delta S_2,\cdots,\Delta S_n$，其中 $\Delta S_i(i=1,2,\cdots,n)$ 也表示第 i 个小曲面的面积，在 ΔS_i 上任取一点 (ξ_i,η_i,ζ_i)，作和式 $\sum\limits_{i=n}^{n} f(\xi_i,\eta_i,\zeta_i)\cdot\Delta S_i$. 若当这 n 个小曲面片的直径的最大值 $\lambda\to 0$ 时，上述和式极限存在，且此极限值与 Σ 的分法及点 (ξ_i,η_i,ζ_i) 在 ΔS_i 上的取法无关，则称此极限值为函数 $f(x,y,z)$ 在曲面 Σ 上的第一型曲面积分或称为对面积的曲面积分，记作 $\iint\limits_{\Sigma} f(x,y,z)\mathrm{d}S$,即

$$\iint\limits_{\Sigma} f(x,y,z)\mathrm{d}S=\lim_{\lambda\to 0}\sum_{i=n}^{n} f(\xi_i,\eta_i,\zeta_i)\cdot\Delta S_i,$$

其中 $f(x,y,z)$ 称为被积函数，Σ 称为积分曲面.

注 1　同曲线积分一样，当函数 $f(x,y,z)$ 在光滑曲面 Σ 上连续时,第一型曲面积分是存在的. 今后如不特别说明,总假定 $f(x,y,z)$ 在曲面 Σ 上连续.

注 2　由定义 8.3 知，前面提到的空间曲面的质量 $M=\iint\limits_{\Sigma}\rho(x,y,z)\mathrm{d}S$，其中 $\rho(x,y,z)$ 为面密度函数.

注 3　当 $f(x,y,z)=1$ 时,$S=\iint\limits_{\Sigma}\mathrm{d}S$ 为曲面面积.

注 4　第一型曲面积分同样具有被积函数的可加性与积分曲面的可加性，即

(1) $\iint\limits_{\Sigma}[af(x,y,z)+bg(x,y,z)]\mathrm{d}S=a\iint\limits_{\Sigma} f(x,y,z)\mathrm{d}S+b\iint\limits_{\Sigma} g(x,y,z)\mathrm{d}S$,其中 a,b 为常数；

(2) $\iint\limits_{\Sigma_1+\Sigma_2} f(x,y,z)\mathrm{d}S=\iint\limits_{\Sigma_1} f(x,y,z)\mathrm{d}S+\iint\limits_{\Sigma_2} f(x,y,z)\mathrm{d}S$，其中 Σ_1 与 Σ_2 均为光滑曲面.

8.4.3　第一型曲面积分的计算

设曲面 Σ 的方程为 $z=z(x,y)$,Σ 在 xOy 平面上的投影区域为 D_{xy},如图 8.20 所示,$z=z(x,y)$ 在 D_{xy} 上具有连续的偏导数，$f(x,y,z)$ 在 Σ 上连续. 下面求 $\iint\limits_{\Sigma} f(x,y,z)\mathrm{d}S$.

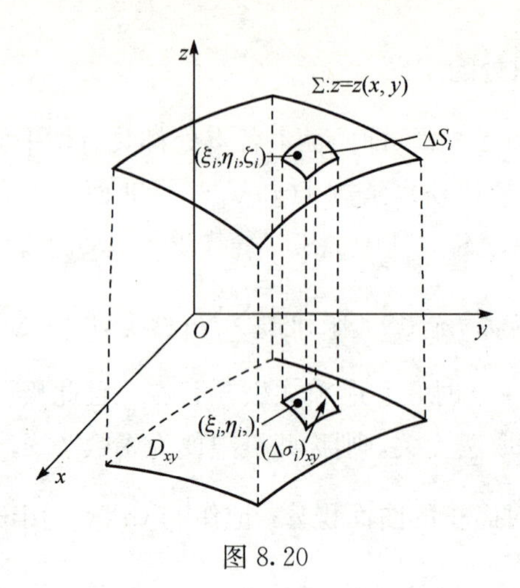

图 8.20

由定义 8.3, $\iint\limits_{\Sigma} f(x,y,z)\mathrm{d}S=\lim\limits_{\lambda\to 0}\sum\limits_{i=n}^{n} f(\xi_i,\eta_i,\zeta_i)\cdot \Delta S_i$, 设 ΔS_i 在 xOy 平面上的投影区域为 $(\Delta\sigma_i)_{xy}$, 则 $\Delta S_i=\iint\limits_{(\Delta\sigma_i)_{xy}}\sqrt{1+z_x^2(x,y)+z_y^2(x,y)}\mathrm{d}x\mathrm{d}y$. 由二重积分的中值定理, 存在 $(\xi'_i,\eta'_i)\in(\Delta\sigma_i)_{xy}$, 使得 $\Delta S_i=\sqrt{1+z_x^2(\xi'_i,\eta'_i)+z_y^2(\xi'_i,\eta'_i)}\cdot(\Delta\sigma_i)_{xy}$. 又 (ξ_i,η_i,ζ_i) 为 ΔS_i 上任一点, 故不妨令 $\xi_i=\xi'_i$, $\eta_i=\eta'_i$, $\zeta_i=\zeta'_i=z(\xi_i,\eta_i)$, 所以

$$\begin{aligned}\iint\limits_{\Sigma} f(x,y,z)\mathrm{d}S&=\lim_{\lambda\to 0}\sum_{i=1}^{n} f[\xi'_i,\eta'_i,z(\xi'_i,\eta'_i)]\sqrt{1+z_x^2(\xi'_i,\eta'_i)+z_y^2(\xi'_i,\eta'_i)}\cdot(\Delta\sigma_i)_{xy}\\&=\iint\limits_{D_{xy}} f[x,y,z(x,y)]\sqrt{1+z_x^2(x,y)+z_y^2(x,y)}\mathrm{d}x\mathrm{d}y.\end{aligned}$$

这就是把第一型曲面积分化为二重积分的公式. 事实上, 这个公式就是将变量 z 换为 $z(x,y)$, 将 $\mathrm{d}S$ 换为曲面的面积元素 $\sqrt{1+z_x^2(x,y)+z_y^2(x,y)}\mathrm{d}x\mathrm{d}y$, 再确定 Σ 在 xOy 平面上的投影区域 D_{xy}.

例 8.4.1　设 Σ 为圆锥面 $z^2=x^2+y^2$ 介于 $z=0$ 与 $z=1$ 之间的部分, 求 $I=\iint\limits_{\Sigma}(x^2+y^2)\mathrm{d}S$.

解　由于 Σ 为圆锥面 $z^2=x^2+y^2$ 介于 $z=0$ 与 $z=1$ 之间的部分, 所以, $z=\sqrt{x^2+y^2}$, 则 $\dfrac{\partial z}{\partial x}=\dfrac{x}{\sqrt{x^2+y^2}}$, $\dfrac{\partial z}{\partial y}=\dfrac{y}{\sqrt{x^2+y^2}}$.

又 Σ 在 xOy 平面上的投影区域为 $D=\{(x,y)\mid x^2+y^2\leqslant 1\}$, 因此

$$I=\iint\limits_{D}(x^2+y^2)\cdot\sqrt{1+\left(\frac{\partial z}{\partial x}\right)^2+\left(\frac{\partial z}{\partial y}\right)^2}\mathrm{d}x\mathrm{d}y$$

$$=\sqrt{2}\iint_{D}(x^2+y^2)\mathrm{d}x\mathrm{d}y=\sqrt{2}\int_0^{2\pi}\mathrm{d}\theta\int_0^1 r^3\mathrm{d}r$$

$$=\sqrt{2}\cdot 2\pi\cdot\frac{1}{4}=\frac{\sqrt{2}}{2}\pi.$$

例 8.4.2　计算$\oint\!\!\!\oint_{\Sigma}(x^2+y^2)\mathrm{d}S$，　其中$\Sigma$是$z=\sqrt{x^2+y^2}$与$z=1$围成的闭曲面，如图 8.21 所示.

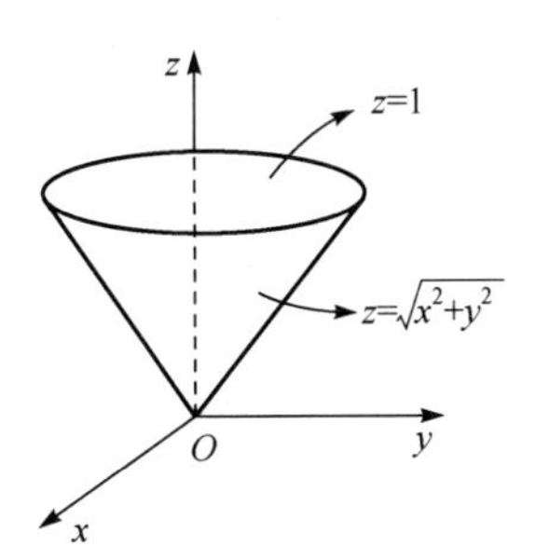

图 8.21

解　Σ在xOy面的投影区域为$D_{xy}:\{(x,y)\mid x^2+y^2\leqslant 1\}$，因此

$$\oint\!\!\!\oint_{\Sigma}(x^2+y^2)\mathrm{d}S=\iint_{\Sigma_1}(x^2+y^2)\mathrm{d}S+\iint_{\Sigma_2}(x^2+y^2)\mathrm{d}S$$

$$=\iint_{D_{xy}}(x^2+y^2)\sqrt{1+z_x^2+z_y^2}\mathrm{d}x\mathrm{d}y+\iint_{D_{xy}}(x^2+y^2)\sqrt{1+0^2+0^2}\mathrm{d}x\mathrm{d}y$$

$$=\sqrt{2}\iint_{D_{xy}}(x^2+y^2)\mathrm{d}x\mathrm{d}y+\iint_{D_{xy}}(x^2+y^2)\mathrm{d}x\mathrm{d}y$$

$$=(\sqrt{2}+1)\int_0^{2\pi}\mathrm{d}\theta\int_0^1 r^3\mathrm{d}r=\frac{\pi}{2}(\sqrt{2}+1).$$

例 8.4.3　计算$\iint_{\Sigma}(xy+yz+zx)\mathrm{d}S$，其中$\Sigma$是$z=\sqrt{x^2+y^2}$被$x^2+y^2=2x$所截下的一块曲面.

解　由于Σ关于xOz面对称，而$(x+z)y$是y的奇函数，故$\iint_{\Sigma}(x+z)y\mathrm{d}S=0$.从而原式$=\iint_{\Sigma}zx\mathrm{d}S$. 又$\Sigma$在$xOz$面的投影区域$D_{xy}:\{(x,y)\mid x^2+y^2\leqslant 2x\}$关于$x$轴对称，所以

$$\text{原式}=\iint_{D_{xy}}x\sqrt{x^2+y^2}\sqrt{1+\left(\frac{\partial z}{\partial x}\right)^2+\left(\frac{\partial z}{\partial y}\right)^2}\mathrm{d}x\mathrm{d}y=\iint_{D_{xy}}x\sqrt{x^2+y^2}\sqrt{1+\frac{x^2+y^2}{x^2+y^2}}\mathrm{d}x\mathrm{d}y$$

$$=\sqrt{2}\iint_{D_{xy}} x\sqrt{x^2+y^2}\,\mathrm{d}x\mathrm{d}y$$ (被积函数是关于 y 的偶函数，D_{xy} 关于 x 轴对称)

$$=\sqrt{2}\cdot 2\iint_{D} x\sqrt{x^2+y^2}\,\mathrm{d}x\mathrm{d}y$$ (D 为 D_{xy} 对称区域的一半)

$$=2\sqrt{2}\int_0^{\frac{\pi}{2}}\mathrm{d}\theta\int_0^{2\cos\theta} r\cos\theta\cdot r\cdot r\mathrm{d}r=2\sqrt{2}\int_0^{\frac{\pi}{2}}4\cos^5\theta\mathrm{d}\theta=\frac{64}{15}\sqrt{2}.$$

习 题 8.4

1. 计算$\iint\limits_{\Sigma}\frac{\mathrm{d}s}{(1+x+y)^2}$，其中 Σ 是由 $x+y+z\leqslant 1, x\geqslant 0, y\geqslant 0, z\geqslant 0$ 所围成的整个边界曲面.

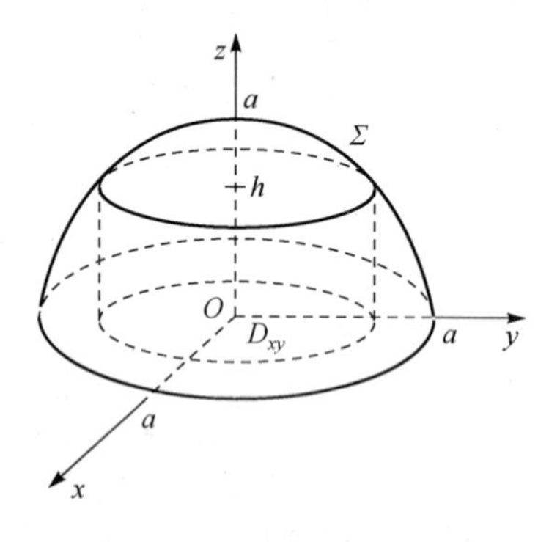

图 8.22

2. 计算$\iint\limits_{\Sigma}\frac{\mathrm{d}s}{z}$，其中 Σ 是球面 $x^2+y^2+z^2=a^2$ 被平面 $z=h(0<h<a)$ 截出的顶部曲面，如图 8.22 所示.

3. 计算$\iint\limits_{\Sigma}\left(z+2x+\frac{4}{3}y\right)\mathrm{d}S$，其中 Σ 是平面 $\frac{x}{2}+\frac{y}{3}+\frac{z}{4}=1$ 在第一卦限中的部分.

4. 求抛物面壳 $z=\frac{1}{2}(x^2+y^2), 0\leqslant z\leqslant 1$ 的质量，此面壳的面密度为 $\rho=z$.

8.5 第二型曲面积分

8.5.1 流量问题

设稳定流动的不可压缩的流体的速度场为

$$v(x,y,z)=P(x,y,z)\boldsymbol{i}+Q(x,y,z)\boldsymbol{j}+R(x,y,z)\boldsymbol{k},$$

Σ 为其中的一片光滑有向曲面，函数 $P(x,y,z), Q(x,y,z), R(x,y,z)$ 在 Σ 上连续. 求在单位时间内，穿过曲面 Σ 流向指定一侧的流体质量，即流量 Φ.

稳定流动是指流速与时间 t 无关，流体不可压缩是指流体密度 ρ 为常数. 通常状态下，液体在管道或水在明渠中的流动均可视为不可压缩流体的稳定流动. 为简单起见，不妨设 $\rho=1$. 流动是有方向的，因此计算流量需要先确定流向曲面的哪一侧.

假定曲面是光滑的. 下面介绍双侧曲面和有向曲面的概念. 我们通常遇到的

曲面都是双侧的，如果规定某侧为正侧，则另一侧为负侧. 对简单闭曲面如球面有内侧和外侧之分；对曲面 $z=z(x,y)$ 有上、下侧之分；曲面 $y=y(x,z)$ 有左、右之分；曲面 $x=x(y,z)$ 有前、后侧之分. 在讨论第二型曲面积分时，我们需要选定曲面的侧. 所谓侧的选定，就是曲面上每点的法线方向的选定. 具体地，对于简单闭曲面，如果它的法向量 n 指向朝外，我们认定曲面为外侧；对曲面 $z=z(x,y)$，如果它的法向量指向朝上，我们就认定曲面为上侧. 因此称规定了侧的曲面为有向曲面. 习惯上对简单闭曲面，规定外侧为正侧，内侧为负侧，对 $z=z(x,y)$ 规定上侧为正侧，即法向量与 z 轴正向夹角小于 $\frac{\pi}{2}$ 的一侧为正侧. 类似地，对 $y=y(x,z)$ 规定右侧为正侧；对 $x=x(y,z)$ 规定前侧为正侧.

设 Σ 为一有向曲面，在 Σ 上取一小块曲面 ΔS，将 ΔS 投影到 xOy 平面上，得一投影区域. 记投影区域的面积为 $(\Delta\sigma)_{xy}$. 假设 ΔS 上各点的法向量与 x 轴的夹角 γ 的余弦 $\cos\gamma$ 具有相同的符号. 规定 ΔS 在 xOy 平面上的投影 $(\Delta S)_{xy}$ 为

$$(\Delta S)_{xy}=\begin{cases}(\Delta\sigma)_{xy}, & \cos\gamma>0,\\ -(\Delta\sigma)_{xy}, & \cos\gamma<0,\\ 0, & \cos\gamma=0.\end{cases}$$

可见，$(\Delta\sigma)_{xy}$ 总为正，$(\Delta S)_{xy}$ 可正可负. 事实上，$(\Delta S)_{xy}$ 就是 ΔS 在 xOy 平面上的投影区域的面积附以一定的正负号.

接下来，我们讨论前面的流量问题.

若流体穿过平面上面积为 A 的闭区域，且流体在此闭域上各点处流速为常向量 $\boldsymbol{v}$. 设 $\boldsymbol{n}$ 为该平面指定一侧的单位法向量，则在单位时间内流过这闭区域的流体组成一底面积为 A，斜高为 $|\boldsymbol{v}|$ 的斜柱体，如图 8.23 所示. 斜柱体体积为

$$A|\boldsymbol{v}|\cos\theta=A\boldsymbol{v}\cdot\boldsymbol{n}, \tag{8.2}$$

其中 θ 为向量 $\boldsymbol{v}$ 和 $\boldsymbol{n}$ 所成的夹角.

当 $0<\theta<\frac{\pi}{2}$ 时，式(8.2)就是穿过平面区域 A 流向 $\boldsymbol{n}$ 所指一侧的流量，即有 $\Phi=A\boldsymbol{v}\cdot\boldsymbol{n}$.

当 $\theta=\frac{\pi}{2}$ 时，没有流体穿过平面区域 A，因此穿过平面区域 A 流向 $\boldsymbol{n}$ 所指一侧的流量为零，此时仍然有 $\Phi=A\boldsymbol{v}\cdot\boldsymbol{n}$.

当 $\theta>\frac{\pi}{2}$ 时，$A\boldsymbol{v}\cdot\boldsymbol{n}<0$. 此时，流体实际上穿过平面区域 A 流向 $-\boldsymbol{n}$ 所指的一侧. 由于此时有 $\cos\theta<0$，因此仍将穿过平面区域 A 流向 $\boldsymbol{n}$ 所指一侧的流量

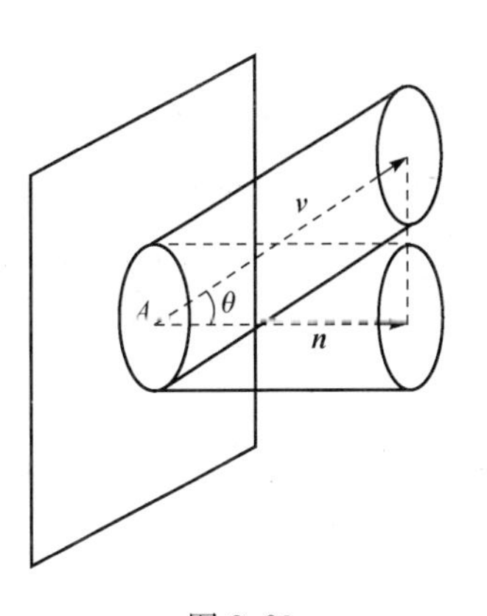

图 8.23

记为$\Phi=A\boldsymbol{v}\cdot\boldsymbol{n}$是合理的.

也就是说,无论θ为何值,流体穿过平面区域A流向$\boldsymbol{n}$所指一侧的流量均可表示为$\Phi=A\boldsymbol{v}\cdot\boldsymbol{n}$.

由于所考虑的不是平面闭区域而是一片曲面,且流速$\boldsymbol{v}$也不是常向量,故和引入其他各类积分概念时一样,采用微元法把Σ分成小块$\Delta S_i(i=1,2,\cdots,n)$,同时也表示这一小块曲面的面积. 设$\Sigma$光滑,且函数$P(x,y,z),Q(x,y,z),R(x,y,z)$在$\Sigma$上连续,当$\Delta S_i$的直径充分小时,可近似地将$\Delta S_i$看成平面,且$\Delta S_i$上各点的流速也可视为常向量. 任选$\Delta S_i$上一点$(\xi_i,\eta_i,\zeta_i)$的流速代替$\Delta S_i$上各点处的流速,以该点处的单位法向量

$$\boldsymbol{n}_i=\cos\alpha_i\,\boldsymbol{i}+\cos\beta_i\,\boldsymbol{j}+\cos\gamma_i\,\boldsymbol{k}$$

代替ΔS_i上各点处的单位法向量. 因此,流体穿过曲面Σ流向指定一侧的流量为

$$\begin{aligned}\Phi&=\sum_{i=1}^{n}\Delta\Phi_i=\sum_{i=1}^{n}\boldsymbol{v}_i\cdot\boldsymbol{n}_i\Delta S_i\\&=\lim_{\lambda\to0}\sum_{i=1}^{n}[P(\xi_i,\eta_i,\zeta_i)\cos\alpha_i+Q(\xi_i,\eta_i,\zeta_i)\cos\beta_i+R(\xi_i,\eta_i,\zeta_i)\cos\gamma_i]\Delta S_i.\end{aligned}$$

又$\Delta S_i\cos\alpha_i\approx(\Delta S_i)_{yz},\Delta S_i\cos\beta_i\approx(\Delta S_i)_{zx},\Delta S_i\cos\gamma_i\approx(\Delta S_i)_{xy}$,所以,有

$$\begin{aligned}\Phi&=\lim_{\lambda\to0}\sum_{i=1}^{n}[P(\xi_i,\eta_i,\zeta_i)(\Delta S_i)_{yz}+Q(\xi_i,\eta_i,\zeta_i)(\Delta S_i)_{zx}+R(\xi_i,\eta_i,\zeta_i)(\Delta S_i)_{xy}]\\&=\lim_{\lambda\to0}\sum_{i=1}^{n}P(\xi_i,\eta_i,\zeta_i)(\Delta S_i)_{yz}+\lim_{\lambda\to0}\sum_{i=1}^{n}Q(\xi_i,\eta_i,\zeta_i)(\Delta S_i)_{zx}\\&\quad+\lim_{\lambda\to0}\sum_{i=1}^{n}R(\xi_i,\eta_i,\zeta_i)(\Delta S_i)_{xy}.\end{aligned}$$

这样的极限还会在其他问题中遇到,由此我们抽象出第二型曲面积分的定义.

8.5.2 第二型曲面积分的定义

定义 8.4 设Σ为光滑的有向曲面,函数$R(x,y,z)$在Σ上有界. 将Σ任意分成若干个小块ΔS_i(ΔS_i也表示其面积),$i=1,2,\cdots,n$. ΔS_i在xOy平面的投影为$(\Delta S_i)_{xy}$,又在ΔS_i上任取一点(ξ_i,η_i,ζ_i),如果当小曲面的直径的最大值$\lambda\to0$时,极限$\lim\limits_{\lambda\to0}\sum\limits_{i=1}^{n}R(\xi_i,\eta_i,\zeta_i)(\Delta S_i)_{xy}$存在,则称该极限值为函数$R(x,y,z)$在有向曲面$\Sigma$上对坐标$x,y$的曲面积分,记作$\iint\limits_{\Sigma}R(x,y,z)\mathrm{d}x\mathrm{d}y$,即

$$\iint\limits_{\Sigma}R(x,y,z)\mathrm{d}x\mathrm{d}y=\lim_{\lambda\to0}\sum_{i=1}^{n}R(\xi_i,\eta_i,\zeta_i)(\Delta S_i)_{xy},$$

其中$R(x,y,z)$称为被积函数,Σ称为积分曲面.

类似地，可定义 $P(x,y,z)$，在有向曲面 Σ 上对 y,z 的曲面积分：$\iint\limits_{\Sigma} P(x,y,z)\mathrm{d}y\mathrm{d}z$；$Q(x,y,z)$，在有向曲面 Σ 上对 z,x 的曲面积分：$\iint\limits_{\Sigma} Q(x,y,z)\mathrm{d}z\mathrm{d}x$，即

$$\iint\limits_{\Sigma} P(x,y,z)\mathrm{d}y\mathrm{d}z = \lim_{\lambda\to 0}\sum_{i=1}^{n} P(\xi_i,\eta_i,\zeta_i)(\Delta S_i)_{yz},$$

$$\iint\limits_{\Sigma} Q(x,y,z)\mathrm{d}z\mathrm{d}x = \lim_{\lambda\to 0}\sum_{i=1}^{n} Q(\xi_i,\eta_i,\zeta_i)(\Delta S_i)_{zx}.$$

上述三个曲面积分统称为第二型曲面积分.

注 1　$\iint\limits_{\Sigma} R(x,y,z)\mathrm{d}x\mathrm{d}y$ 中的 $\mathrm{d}x\mathrm{d}y$ 与 $\iint\limits_{D} f(x,y)\mathrm{d}x\mathrm{d}y$ 中的 $\mathrm{d}x\mathrm{d}y$ 不同. 前者可正可负，是 $(\Delta S_i)_{xy}$ 的象征，后者恒正，是 $\Delta\sigma_i$ 的象征.

注 2　一般地都假定 $P(x,y,z)$，$Q(x,y,z)$，$R(x,y,z)$ 在 Σ 上都连续，使得积分存在. 这时可定义

$$\iint\limits_{\Sigma} P\mathrm{d}y\mathrm{d}z + Q\mathrm{d}z\mathrm{d}x + R\mathrm{d}x\mathrm{d}y = \iint\limits_{\Sigma} P\mathrm{d}y\mathrm{d}z + \iint\limits_{\Sigma} Q\mathrm{d}z\mathrm{d}x + \iint\limits_{\Sigma} R\mathrm{d}x\mathrm{d}y$$

为一般的第二型曲面积分或对坐标的曲面积分. 其中左边的 Σ 为指定的一侧，而右边的三个 Σ 的正向视情况不同而依各自的规定设定，此条须特别注意.

第二型曲面积分具有与第二型曲线积分相类似的性质.

性质 8.7　若曲面 $\Sigma = \Sigma_1 + \Sigma_2$，则

$$\begin{aligned}&\iint\limits_{\Sigma} P\mathrm{d}y\mathrm{d}z + Q\mathrm{d}z\mathrm{d}x + R\mathrm{d}x\mathrm{d}y \\ = &\iint\limits_{\Sigma_1} P\mathrm{d}y\mathrm{d}z + Q\mathrm{d}z\mathrm{d}x + R\mathrm{d}x\mathrm{d}y + \iint\limits_{\Sigma_2} P\mathrm{d}y\mathrm{d}z + Q\mathrm{d}z\mathrm{d}x + R\mathrm{d}x\mathrm{d}y.\end{aligned}$$

性质 8.8　若 Σ^- 表示与 Σ 取相反侧的有向曲面，则

$$\iint\limits_{\Sigma^-} P(x,y,z)\mathrm{d}y\mathrm{d}z = -\iint\limits_{\Sigma} P(x,y,z)\mathrm{d}y\mathrm{d}z,$$

$$\iint\limits_{\Sigma^-} Q(x,y,z)\mathrm{d}z\mathrm{d}x = -\iint\limits_{\Sigma} Q(x,y,z)\mathrm{d}z\mathrm{d}x,$$

$$\iint\limits_{\Sigma^-} R(x,y,z)\mathrm{d}x\mathrm{d}y = -\iint\limits_{\Sigma} R(x,y,z)\mathrm{d}x\mathrm{d}y.$$

8.5.3　第二型曲面积分的计算

设积分曲面 Σ 是由 $z = z(x,y)$ 所决定的曲面的上侧，Σ 在 xOy 平面上的投影区域为 D_{xy}. $z = z(x,y)$ 在 D_{xy} 上具有连续的一阶偏导数，被积函数 $R(x,y,z)$ 在 Σ

上连续. 下面来求$\iint\limits_{\Sigma}R(x,y,z)\mathrm{d}x\mathrm{d}y$.

由定义知：$\iint\limits_{\Sigma}R(x,y,z)\mathrm{d}x\mathrm{d}y=\lim\limits_{\lambda\to 0}\sum\limits_{i=1}^{n}R(\xi_i,\eta_i,\zeta_i)(\Delta S_i)_{xy}$，又此处$\Sigma$取上侧，故$\cos\gamma>0$，进而$(\Delta S_i)_{xy}=(\Delta\sigma_i)_{xy}$. 所以有

$$\iint\limits_{\Sigma}R(x,y,z)\mathrm{d}x\mathrm{d}y=\lim_{\lambda\to 0}\sum_{i=1}^{n}R[\xi_i,\eta_i,z(\xi_i,\eta_i)]\cdot(\Delta\sigma_i)_{xy}=\iint\limits_{D_{xy}}R[x,y,z(x,y)]\mathrm{d}x\mathrm{d}y.$$

若Σ取下侧，则有$\cos\gamma<0$，故有$(\Delta S_i)_{xy}=-(\Delta\sigma_i)_{xy}$. 于是有

$$\iint\limits_{\Sigma}R(x,y,z)\mathrm{d}x\mathrm{d}y=-\iint\limits_{D_{xy}}R[x,y,z(x,y)]\mathrm{d}x\mathrm{d}y.$$

同理，若Σ的方程为$x=x(y,z)$，则有

$$\iint\limits_{\Sigma}P(x,y,z)\mathrm{d}y\mathrm{d}z=\pm\iint\limits_{D_{yz}}P[x(y,z),y,z]\mathrm{d}y\mathrm{d}z.$$

当Σ取前侧时，右边取“+”，当Σ取后侧时，右边取“−”，其中D_{yz}为Σ在yOz平面上的投影区域.

若Σ为$y=y(x,z)$，则有

$$\iint\limits_{\Sigma}Q(x,y,z)\mathrm{d}x\mathrm{d}z=\pm\iint\limits_{D_{xz}}Q[x,y(x,z),z]\mathrm{d}x\mathrm{d}z,$$

其中D_{xz}为Σ在xOz平面上的投影区域. 当Σ取右侧时，上式右边取“+”，当Σ取左侧时，上式右边取“−”.

例 8.5.1　计算$\iint\limits_{\Sigma}xyz\,\mathrm{d}x\mathrm{d}y$，其中$\Sigma$是球面$x^2+y^2+z^2=1$在$x\geqslant 0,y\geqslant 0$部分的外侧.

解　Σ在xOy面的投影为$D_{xy}:\{(x,y)\mid x^2+y^2\leqslant 1\}$，又曲面$\Sigma$为$z=\sqrt{1-(x^2+y^2)}$，因此，

$$\iint\limits_{\Sigma}xyz\,\mathrm{d}x\mathrm{d}y=\iint\limits_{D_{xy}}xy\sqrt{1-(x^2+y^2)}\,\mathrm{d}x\mathrm{d}y=\int_0^{2\pi}\mathrm{d}\theta\int_0^1 r\cos\theta\cdot r\sin\theta\sqrt{1-r^2}\cdot r\mathrm{d}r=\frac{2}{15}.$$

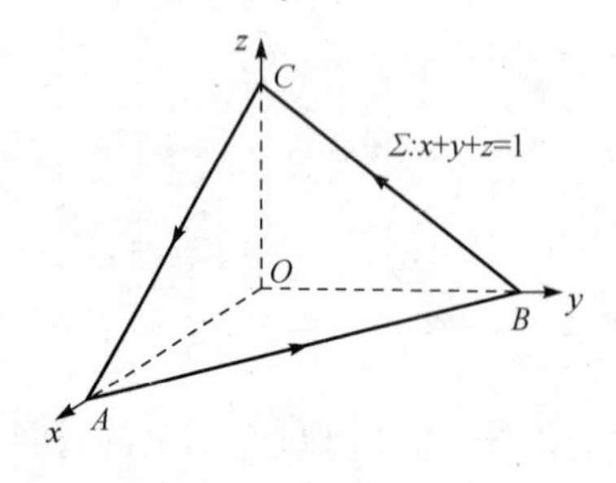

图 8.24

例 8.5.2　求$I=\iint\limits_{\Sigma}xy\,\mathrm{d}y\mathrm{d}z+yz\,\mathrm{d}z\mathrm{d}x+zx\,\mathrm{d}x\mathrm{d}y$，其中$\Sigma$由平面$x+y+z=1$与三个坐标面所围成的四面体表面，取其外侧，如图 8.24 所示.

解　Σ可分为$\Sigma_1,\Sigma_2,\Sigma_3$和$\Sigma_4$四个小块，

$$\Sigma_1:z=0,\quad \Sigma_2:x=0,$$
$$\Sigma_3:y=0,\quad \Sigma_4:x+y+z=1.$$

当 Σ 取外侧时，Σ_1 取下侧，Σ_2 取后侧，Σ_3 取左侧，Σ_4 取正侧. 根据对称性

$$\iint\limits_{\Sigma_1} xy\,\mathrm{d}y\mathrm{d}z + yz\,\mathrm{d}z\mathrm{d}x + zx\,\mathrm{d}x\mathrm{d}y = 0,$$

同理，$\iint\limits_{\Sigma_2} xy\,\mathrm{d}y\mathrm{d}z + yz\,\mathrm{d}z\mathrm{d}x + zx\,\mathrm{d}x\mathrm{d}y = \iint\limits_{\Sigma_3} xy\,\mathrm{d}y\mathrm{d}z + yz\,\mathrm{d}z\mathrm{d}x + zx\,\mathrm{d}x\mathrm{d}y = 0$，下求 Σ_4 上的积分.

$$\begin{aligned}
I &= \iint\limits_{\Sigma_4} xy\,\mathrm{d}y\mathrm{d}z + yz\,\mathrm{d}z\mathrm{d}x + zx\,\mathrm{d}x\mathrm{d}y = \iint\limits_{\Sigma_4} xy\,\mathrm{d}y\mathrm{d}z + \iint\limits_{\Sigma_4} yz\,\mathrm{d}z\mathrm{d}x + \iint\limits_{\Sigma_4} zx\,\mathrm{d}x\mathrm{d}y \\
&= \iint\limits_{D_{yz}} (1-y-z)y\mathrm{d}y\mathrm{d}z + \iint\limits_{D_{zx}} (1-z-x)z\mathrm{d}z\mathrm{d}x + \iint\limits_{D_{xy}} (1-y-x)x\mathrm{d}x\mathrm{d}y \\
&= \int_0^1 \mathrm{d}y \int_0^{1-y} (1-y-z)y\mathrm{d}z + \int_0^1 \mathrm{d}z \int_0^{1-z} (1-y-z)z\mathrm{d}x + \int_0^1 \mathrm{d}x \int_0^{1-x} (1-y-x)x\mathrm{d}y \\
&= \frac{1}{24} + \frac{1}{24} + \frac{1}{24} = \frac{1}{8}.
\end{aligned}$$

8.5.4　两类曲面积分之间的联系

设 Σ 为有向曲面，方程为 $z = z(x,y)$. Σ 在 xOy 平面上的投影区域为 D_{xy}，$z = z(x,y)$ 在 D_{xy} 上具有连续的一阶偏导数. $R(x,y,z)$ 在 Σ 上连续. 若 Σ 取上侧，则 $\iint\limits_{\Sigma} R(x,y,z)\mathrm{d}x\mathrm{d}y = \iint\limits_{D_{xy}} R[x,y,z(x,y)]\mathrm{d}x\mathrm{d}y$. 又当 Σ 取上侧时，Σ 上任一点处的法线向量的方向余弦为

$$\cos\alpha = -\frac{z_x}{\sqrt{1+z_x^2+z_y^2}},\quad \cos\beta = -\frac{z_y}{\sqrt{1+z_x^2+z_y^2}},\quad \cos\gamma = \frac{1}{\sqrt{1+z_x^2+z_y^2}}.$$

因此，

$$\begin{aligned}
\iint\limits_{\Sigma} R(x,y,z)\cos\gamma\mathrm{d}S &= \iint\limits_{D_{xy}} R[x,y,z(x,y)]\cos\gamma \cdot \sqrt{1+z_x^2+z_y^2}\,\mathrm{d}x\mathrm{d}y \\
&= \iint\limits_{D_{xy}} R[x,y,z(x,y)]\mathrm{d}x\mathrm{d}y = \iint\limits_{\Sigma} R(x,y,z)\mathrm{d}x\mathrm{d}y.
\end{aligned}$$

即

$$\iint\limits_{\Sigma} R(x,y,z)\mathrm{d}x\mathrm{d}y = \iint\limits_{\Sigma} R(x,y,z)\cos\gamma\mathrm{d}S.$$

若 Σ 取下侧，右端的 $\cos\gamma$ 也要改变符号，故此时上式仍然成立. 因此，不管 Σ 取哪一侧，上式均成立. 又由积分曲面的可加性，对任一有向曲面上式均成立. 同理，对于 Σ 为任一有向曲面，下列等式也成立：

$$\iint\limits_{\Sigma} P(x,y,z)\mathrm{d}y\mathrm{d}z = \iint\limits_{\Sigma} P(x,y,z)\cos\alpha\mathrm{d}S,$$

$$\iint_{\Sigma} Q(x,y,z)\mathrm{d}z\mathrm{d}x = \iint_{\Sigma} Q(x,y,z)\cos\beta\mathrm{d}S,$$

合起来,即得

$$\iint_{\Sigma} P\mathrm{d}y\mathrm{d}z + Q\mathrm{d}z\mathrm{d}x + R\mathrm{d}x\mathrm{d}y = \iint_{\Sigma}(P\cos\alpha + Q\cos\beta + R\cos\gamma)\mathrm{d}S.$$

这就是两类曲面积分的联系,其中 $\cos\alpha,\cos\beta,\cos\gamma$ 为有向曲面 Σ 在点 (x,y,z) 处的法向量的方向余弦.

例 8.5.3 计算 $\iint_{\Sigma}(z^2+x)\mathrm{d}y\mathrm{d}z - z\mathrm{d}x\mathrm{d}y$,其中 Σ 是 $z=\frac{1}{2}(x^2+y^2)$ 介于 $z=0$ 和 $z=2$ 之间的部分的下侧.

解 因为

$$\iint_{\Sigma}(z^2+x)\mathrm{d}y\mathrm{d}z = \iint_{\Sigma}(z^2+x)\cos\alpha\mathrm{d}s,\quad \mathrm{d}s = \sqrt{1+x^2+y^2}\mathrm{d}x\mathrm{d}y,$$

$$\cos\alpha = \frac{x}{\sqrt{1+x^2+y^2}}.$$

所以

$$\begin{aligned}\iint_{\Sigma}(z^2+x)\mathrm{d}y\mathrm{d}z &= \iint_{\Sigma}(z^2+x)\frac{x}{\sqrt{1+x^2+y^2}}\sqrt{1+x^2+y^2}\mathrm{d}x\mathrm{d}y\\ &= \iint_{D_{xy}}(z^2+x)\mathrm{d}x\mathrm{d}y = \iint_{D_{xy}}\left[\frac{x(x^2+y^2)^2}{4}+x^2\right]\mathrm{d}x\mathrm{d}y = \iint_{D_{xy}}x^2\mathrm{d}x\mathrm{d}y,\end{aligned}$$

$$\iint_{\Sigma} -z\mathrm{d}x\mathrm{d}y = \iint_{\Sigma} -z\cos\gamma\mathrm{d}s = \iint_{-} z\frac{-1}{\sqrt{1+z^2+y^2}}\sqrt{1+z^2+y^2}\mathrm{d}s\mathrm{d}y = \iint_{D_{xy}} z\mathrm{d}x\mathrm{d}y,$$

$$\begin{aligned}\text{故原式} &= \iint_{D_{xy}}\left[x^2+\frac{1}{2}(x^2+y^2)\right]\mathrm{d}x\mathrm{d}y = \int_0^{2\pi}\mathrm{d}\theta\int_0^2\left[r^2\cos^2\theta+\frac{r^2(\cos^2\theta+\sin^2\theta)}{2}\right]r\mathrm{d}r\\ &= \int_0^{2\pi}\mathrm{d}\theta\int_0^2\left(r^3\cos^2\theta+\frac{1}{2}r^3\right)\mathrm{d}r = 8\pi.\end{aligned}$$

习 题 8.5

1. 计算 $\iint_{\Sigma} x\mathrm{d}y\mathrm{d}z + y\mathrm{d}x\mathrm{d}z + z\mathrm{d}x\mathrm{d}y$,其中 Σ 为 $x^2+y^2+z^2=a^2, z\geqslant 0$ 的上侧.

2. 计算 $\oint\!\!\!\oint_{\Sigma} x(y-z)\mathrm{d}y\mathrm{d}z\_+(z-x)\mathrm{d}z\mathrm{d}x+(x-y)\mathrm{d}x\mathrm{d}y$,其中 Σ 为由 $z^2=x^2+y^2$ 与 $z=h(h>0)$ 所围成的曲面,取外侧.

3. 计算 $\iint_{\Sigma}\frac{\mathrm{e}^x}{\sqrt{x^2+y^2}}\mathrm{d}x\mathrm{d}y$,其中 Σ 为圆锥面 $z=\sqrt{x^2+y^2}(1\leqslant z\leqslant 2)$ 的下侧.

4. 计算$\iint\limits_{\Sigma} y^2\mathrm{d}z\mathrm{d}x + z\mathrm{d}x\mathrm{d}y$，其中$\Sigma$为圆柱面$x^2+y^2=2y$被平面$z=0, z=1$所截部分的外侧.

5. 计算$\iint\limits_{\Sigma} x^2y^2z\mathrm{d}x\mathrm{d}y$，其中$\Sigma$是球面$x^2+y^2+z^2=R^2$的下半部分的下侧.

8.6　高斯公式、斯托克斯公式

8.6.1　高斯公式

高斯(Gauss)公式揭示了空间闭区域上的三重积分与其边界曲面上的曲面积分之间的关系. 所以，可以说，高斯公式是格林公式的推广.

定理 8.5（高斯公式）　设空间有界闭曲域Ω是由分片光滑的闭曲面Σ所围成，函数$P(x,y,z)$，$Q(x,y,z)$，$R(x,y,z)$在Ω上具有一阶连续偏导数，则有

$$\iiint\limits_{\Omega}\left(\frac{\partial P}{\partial x}+\frac{\partial Q}{\partial y}+\frac{\partial R}{\partial z}\right)\mathrm{d}V = \oiint\limits_{\Sigma} P\,\mathrm{d}y\mathrm{d}z + Q\mathrm{d}z\mathrm{d}x + R\mathrm{d}x\mathrm{d}y, \tag{8.3}$$

或

$$\iiint\limits_{\Omega}\left(\frac{\partial P}{\partial x}+\frac{\partial Q}{\partial y}+\frac{\partial R}{\partial z}\right)\mathrm{d}V = \oiint\limits_{\Sigma}(P\cos\alpha + Q\cos\beta + R\cos\gamma)\mathrm{d}S, \tag{8.3$'$}$$

其中Σ是Ω的整个边界曲面的外侧，$\cos\alpha$，$\cos\beta$，$\cos\gamma$是Σ在点(x,y,z)处的法向量的方向余弦.

证　8.5 节给出了两类曲面积分的关系，因此在这里只需证明式(8.3). 设闭区域Ω在xOy平面上的投影区域为D_{xy}. 假定穿过Ω内部且平行于z轴的直线与Σ有两个交点. 因此，可设Σ由Σ_1，Σ_2和Σ_3组成，如图 8.25 所示，其中Σ_1和Σ_2的方程分别为$z=z_1(x,y)$和$z=z_2(x,y)$，此处$z_1(x,y)\leqslant z_2(x,y)$，$\Sigma_1$取下侧，$\Sigma_2$取上侧，$\Sigma_3$是以$D_{xy}$的边界曲线为准线而母线平行于$z$轴的柱面上的一部分，取外侧. 因此，可得

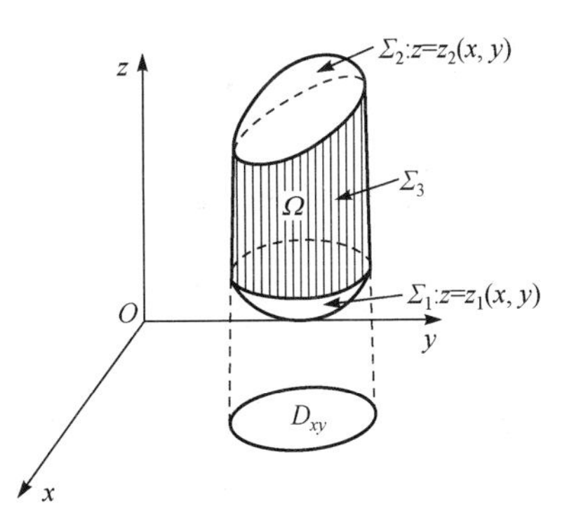

图 8.25

$$\oiint\limits_{\Sigma} R(x,y,z)\mathrm{d}x\mathrm{d}y = \iint\limits_{\Sigma_1} R(x,y,z)\mathrm{d}x\mathrm{d}y + \iint\limits_{\Sigma_2} R(x,y,z)\mathrm{d}x\mathrm{d}y + \iint\limits_{\Sigma_3} R(x,y,z)\mathrm{d}x\mathrm{d}y$$

$$= -\iint\limits_{D_{xy}} R(x,y,z_1(x,y))\mathrm{d}x\mathrm{d}y + \iint\limits_{D_{xy}} R(x,y,z_2(x,y))\mathrm{d}x\mathrm{d}y + 0$$

$$= \iint\limits_{D_{xy}}\{R(x,y,z_2(x,y)) - R(x,y,z_1(x,y))\}\mathrm{d}x\mathrm{d}y.$$

另外

$$\iiint_{\Omega} \frac{\partial R}{\partial z} \mathrm{d}v = \iint_{D_{xy}} \left\{ \int_{z_1(x,y)}^{z_2(x,y)} \frac{\partial R}{\partial z} \right\} \mathrm{d}x\mathrm{d}y$$

$$= \iint_{D_{xy}} \{ R(x,y,z_2(x,y)) - R(x,y,z_1(x,y)) \} \mathrm{d}x\mathrm{d}y,$$

从而得 $\oiint_{\Sigma} R(x,y,z)\mathrm{d}x\mathrm{d}y = \iiint_{V} \frac{\partial R}{\partial z}\mathrm{d}v$. 类似可证

$$\oiint_{\Sigma} P(x,y,z)\mathrm{d}y\mathrm{d}z = \iiint_{V} \frac{\partial P}{\partial x}\mathrm{d}v, \quad \oiint_{\Sigma} Q(x,y,z)\mathrm{d}z\mathrm{d}x = \iiint_{V} \frac{\partial Q}{\partial y}\mathrm{d}v,$$

将以上三式相加,即得高斯公式

$$\oiint_{\Sigma} P\,\mathrm{d}y\mathrm{d}z + Q\mathrm{d}z\mathrm{d}x + R\mathrm{d}x\mathrm{d}y = \iiint_{V} \left(\frac{\partial P}{\partial x} + \frac{\partial Q}{\partial y} + \frac{\partial R}{\partial z} \right) \mathrm{d}V.$$

如果穿过Ω内部且平行于坐标轴的直线与边界曲面的交点为两个这一条不满足,那么可用添加辅助曲面的方法把Ω分成若干个满足这样条件的闭区域. 由于沿辅助曲面相反两侧的两个曲面积分绝对值相等而符号相反,相加时正好抵消,因此对一般闭曲面Ω高斯公式也成立.

例 8.6.1 计算$\oiint_{\Sigma} z\mathrm{d}x\mathrm{d}y + y\mathrm{d}x\mathrm{d}z + x\mathrm{d}y\mathrm{d}z$,其中$\Sigma$如图 8.26 所示,取外侧.

解 令 $P = x, Q = y, R = z$,则$\frac{\partial P}{\partial x} = 1, \frac{\partial Q}{\partial y} = 1, \frac{\partial R}{\partial z} = 1$. 由高斯公式,得

$$\text{原式} = \iiint_{V} (1+1+1)\mathrm{d}v = 3\iiint_{V} \mathrm{d}v = 3a^3.$$

例 8.6.2 计算 $I = \iint_{\Sigma} (x^2\cos\alpha + y^2\cos\beta + z^2\cos\gamma)\mathrm{d}S$,其中$\Sigma$是$\frac{x^2}{a^2} + \frac{y^2}{a^2} = \frac{z^2}{b^2}$,介于 $z = 0$ 与 $z = b$ 之间的曲面,$a > 0, b > 0$,取其外侧,如图 8.27 所示.

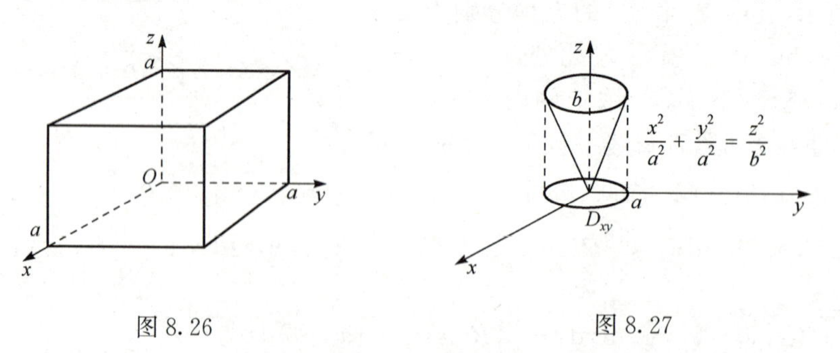

图 8.26　　　　图 8.27

解 由于Σ不是封闭的曲面,故不能直接利用高斯公式. 添加一个曲面Σ_1:$z = b$,取其上侧. 这样,就构成了一个封闭的曲面,设其围成的区域为V,在 xOy

面的投影区域为 D_{xy}. 由图像中可以观察到 V 关于 xOz，yOz 面对称. 由两类曲面积分之间的关系及高斯公式，得

$$
\begin{aligned}
I &= \iint_{\Sigma}(x^2\cos\alpha + y^2\cos\beta + z^2\cos\gamma)\,\mathrm{d}S = \iint_{\Sigma} x^2\,\mathrm{d}y\mathrm{d}z + y^2\,\mathrm{d}z\mathrm{d}x + z^2\,\mathrm{d}x\mathrm{d}y \\
&= \oiint_{\Sigma+\Sigma_1} - \iint_{\Sigma_1} = \iiint_{V}(2x+2y+2z)\,\mathrm{d}v - \iint_{\Sigma_1} b^2\,\mathrm{d}x\mathrm{d}y \\
&= 2\iiint_{V}(x+y+z)\,\mathrm{d}v - \iint_{D_{xy}} b^2\,\mathrm{d}x\mathrm{d}y \\
&= 2\iiint_{V} x\,\mathrm{d}v + 2\iiint_{V} y\,\mathrm{d}v + 2\iiint_{V} z\,\mathrm{d}v - \iint_{D_{xy}} b^2\,\mathrm{d}x\mathrm{d}y.
\end{aligned}
$$

由于 V 关于 xOz，yOz 面对称，故 $\iiint\limits_{V} x\,\mathrm{d}v = \iiint\limits_{V} y\,\mathrm{d}v = 0$，从而

$$
\begin{aligned}
I &= 2\iiint_{V} z\,\mathrm{d}v - b^2\iint_{D_{xy}}\mathrm{d}x\mathrm{d}y = 2\int_0^b z\cdot\pi\left(\frac{a}{b}z\right)^2\mathrm{d}z - b^2a^2\pi \\
&= \frac{1}{2}a^2b^2\pi - a^2b^2\pi = -\frac{1}{2}a^2b^2\pi.
\end{aligned}
$$

对于沿任意闭曲面的曲面积分为零的条件，我们有如下结论：

定理 8.6　设 G 是一个空间单连通区域，$P(x,y,z)$，$Q(x,y,z)$，$R(x,y,z)$ 在 G 内具有连续的一阶偏导数，则下面三条命题等价.

(1) 若 Σ 为 G 内的一个封闭曲面，则 $\oiint\limits_{\Sigma} P\,\mathrm{d}y\mathrm{d}z + Q\mathrm{d}z\mathrm{d}x + R\mathrm{d}x\mathrm{d}y = 0$.

(2) 若 Σ 为 G 内的一个曲面，曲面积分 $\iint\limits_{\Sigma} P\,\mathrm{d}y\mathrm{d}z + Q\mathrm{d}z\mathrm{d}x + R\mathrm{d}x\mathrm{d}y$ 与 Σ 无关，只与 Σ 的边界曲线有关.

(3) 在 G 内恒有：$\dfrac{\partial P}{\partial x} + \dfrac{\partial Q}{\partial y} + \dfrac{\partial R}{\partial z} = 0$.

证明略.

8.6.2　斯托克斯公式

斯托克斯(Stokes)公式揭示了曲面 Σ 上的曲面积分与沿着 Σ 的边界曲线 L 的曲线积分之间的联系.

定理 8.7（斯托克斯公式）　设 L 为分段光滑的空间有向闭曲线，Σ 是以 L 为边界的分片光滑的有向曲面. L 的正向与 Σ 的侧符合右手规则，$P(x,y,z)$，$Q(x,y,z)$，$R(x,y,z)$ 在包含 L 的曲面 Σ 上具有一阶连续的偏导数，则有

$$
\iint_{\Sigma}\left(\frac{\partial R}{\partial y} - \frac{\partial Q}{\partial z}\right)\mathrm{d}y\mathrm{d}z + \left(\frac{\partial P}{\partial z} - \frac{\partial R}{\partial x}\right)\mathrm{d}z\mathrm{d}x + \left(\frac{\partial Q}{\partial x} - \frac{\partial P}{\partial y}\right)\mathrm{d}x\mathrm{d}y
$$

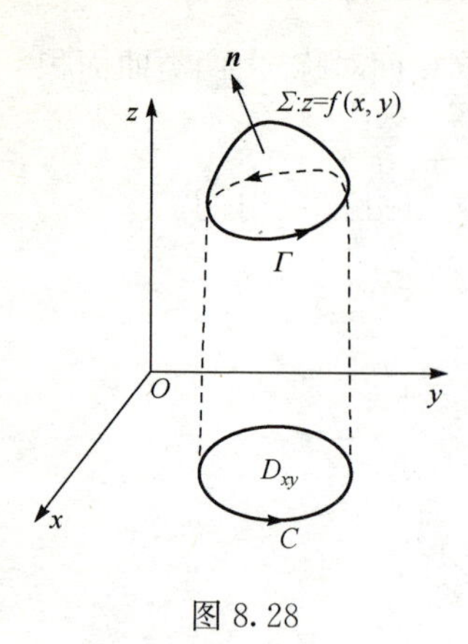

图 8.28

$$=\oint_L P\mathrm{d}x+Q\mathrm{d}y+R\mathrm{d}z.$$

证　先假定 Σ 与平行与 z 轴的直线相交不多于一点，并设 Σ 为曲面 $z=z(x,y)$ 的上侧，Σ 的正向边界曲线 L 在 xOy 面上的投影为平面有向曲线 C，C 所围成的闭区域为 D_{xy}，如图 8.28 所示. 因 $P(x,y,z(x,y))$ 在曲线 C 上点 (x,y) 的值 $P(x,y,z)$ 与其在曲线 L 上对应于点 (x,y,z) 处的值一样，并且两曲线上对应小弧段在 x 上投影也一样，因此有

$$\oint_L P(x,y,z)\mathrm{d}x=\oint_C P(x,y,z(x,y))\mathrm{d}x.$$

再利用格林公式，并注意到 $\frac{\partial}{\partial y}P(x,y,z(x,y))=\frac{\partial P}{\partial y}+\frac{\partial P}{\partial z}\cdot z_y$，因此有

$$\oint_C P(x,y,z(x,y))\mathrm{d}x=-\iint_{D_{xy}}\left(\frac{\partial P}{\partial y}+\frac{\partial P}{\partial z}\cdot z_y\right)\mathrm{d}x\mathrm{d}y.$$

因为有向曲面 $\Sigma: z=z(x,y)$ 的法向量的方向余弦为

$$\cos\alpha=\frac{-z_x}{\sqrt{1+z_x^2+z_y^2}},\quad \cos\beta=\frac{-z_y}{\sqrt{1+z_x^2+z_y^2}},\quad \cos\gamma=\frac{1}{\sqrt{1+z_x^2+z_y^2}}$$

故 $z_y=-\frac{\cos\beta}{\cos\alpha}$. 将 z_y 的表达式代入上面等式右端的二重积分，则得

$$\begin{aligned}-\iint_{D_{xy}}\left(\frac{\partial P}{\partial y}+\frac{\partial P}{\partial z}\cdot z_y\right)\mathrm{d}x\mathrm{d}y&=-\iint_{\Sigma}\left(\frac{\partial P}{\partial y}+\frac{\partial P}{\partial z}\cdot z_y\right)\cos\gamma\mathrm{d}S\\&=\iint_{\Sigma}\left(\frac{\partial P}{\partial z}\frac{\cos\beta}{\cos\gamma}-\frac{\partial P}{\partial y}\right)\cos\gamma\mathrm{d}S\\&=\iint_{\Sigma}\left(\frac{\partial P}{\partial z}\cos\beta\mathrm{d}S-\frac{\partial P}{\partial y}\cos\gamma\mathrm{d}S\right)\\&=\iint_{\Sigma}\left(\frac{\partial P}{\partial z}\mathrm{d}z\mathrm{d}x-\frac{\partial P}{\partial y}\mathrm{d}x\mathrm{d}y\right),\end{aligned}$$

从而得

$$\oint_L P(x,y,z)\mathrm{d}x=\iint_{\Sigma}\left(\frac{\partial P}{\partial z}\mathrm{d}z\mathrm{d}x-\frac{\partial P}{\partial y}\mathrm{d}x\mathrm{d}y\right).$$

如果 Σ 取下侧，L 也相应地改变方向，则上式两端同时改变符号，上式仍然成立. 如果 Σ 与平行于 z 轴的直线的交点多于一个，那么可作辅助曲线把曲面分成几部分，使之满足条件，在各部分曲面上应用上述公式并相加，由于沿辅助曲线而方向相反的两个曲线积分相加时正好抵消，所以对这样的曲面，上述公式也成立.

同理可证

$$\oint_L Q\mathrm{d}y=\iint_{\Sigma}\left(\frac{\partial Q}{\partial x}\mathrm{d}x\mathrm{d}y-\frac{\partial Q}{\partial z}\mathrm{d}y\mathrm{d}z\right),$$

$$\oint_L R\mathrm{d}z=\iint_{\Sigma}\left(\frac{\partial R}{\partial y}\mathrm{d}y\mathrm{d}z-\frac{\partial R}{\partial x}\mathrm{d}z\mathrm{d}x\right),$$

把上述三式相加即得斯托克斯公式：

$$\iint_{\Sigma}\left(\frac{\partial R}{\partial y}-\frac{\partial Q}{\partial z}\right)\mathrm{d}y\mathrm{d}z+\left(\frac{\partial P}{\partial z}-\frac{\partial R}{\partial x}\right)\mathrm{d}z\mathrm{d}x+\left(\frac{\partial Q}{\partial x}-\frac{\partial P}{\partial y}\right)\mathrm{d}x\mathrm{d}y=\oint_L P\mathrm{d}x+Q\mathrm{d}y+R\mathrm{d}z.$$

注　为便于记忆，常把斯托克斯公式写成

$$\iint_{\Sigma}\begin{vmatrix}\mathrm{d}y\mathrm{d}z & \mathrm{d}z\mathrm{d}x & \mathrm{d}x\mathrm{d}y\\ \dfrac{\partial}{\partial x} & \dfrac{\partial}{\partial y} & \dfrac{\partial}{\partial z}\\ P & Q & R\end{vmatrix}=\oint_L P\mathrm{d}x+Q\mathrm{d}y+R\mathrm{d}z,$$

其中把$\dfrac{\partial}{\partial y}$与 R 的“积”理解为$\dfrac{\partial R}{\partial y}$，$\dfrac{\partial}{\partial z}$与 Q 的“积”理解为$\dfrac{\partial Q}{\partial z}$等.

关于空间曲线积分在什么条件下与路径无关的问题，有以下结论.

定理 8.8　设 G 是一个空间单连通区域，函数 $P(x,y,z)$，$Q(x,y,z)$，$R(x,y,z)$ 在 G 内具有一阶连续偏导数，则下列各命题是等价的.

(1) $\dfrac{\partial P}{\partial y}=\dfrac{\partial Q}{\partial x}$，$\dfrac{\partial Q}{\partial z}=\dfrac{\partial R}{\partial y}$，$\dfrac{\partial R}{\partial x}=\dfrac{\partial P}{\partial z}$ 在 G 内恒成立；

(2) $\oint_L P\mathrm{d}x+Q\mathrm{d}y+R\mathrm{d}z=0$ 对 G 内任意闭曲线 L 成立；

(3) $\int_L P\mathrm{d}x+Q\mathrm{d}y+R\mathrm{d}z$ 在 G 内与路径无关；

(4) 在 G 内存在可微函数 $u=u(x,y,z)$，使 $\mathrm{d}u=P\mathrm{d}x+Q\mathrm{d}y+R\mathrm{d}z$.

注　不计常数之差，可用下式求出 $u(x,y,z)$，如图 8.29 所示.

$$\begin{aligned}&u(x,y,z)\\&=\int_{(x_0,y_0,z_0)}^{(x,y,z)}P\mathrm{d}x+Q\mathrm{d}y+R\mathrm{d}z\\&=\int_{x_0}^{x}P(x,y_0,z_0)\mathrm{d}x+\int_{y_0}^{y}Q(x,y,z_0)\mathrm{d}y+\int_{z_0}^{z}R(x,y,z)\mathrm{d}z.\end{aligned}$$

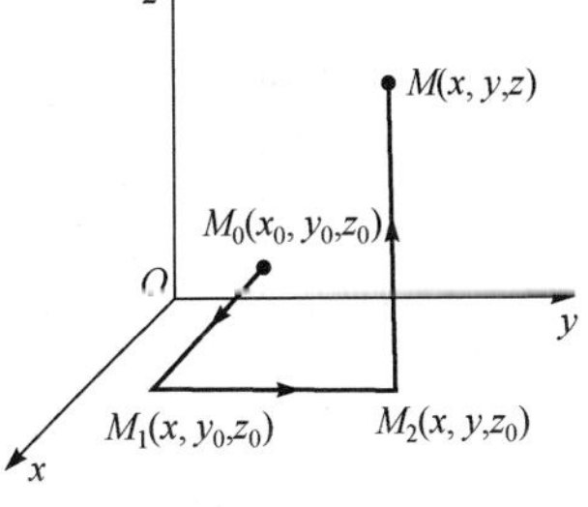

图 8.29

例 8.6.3　计算 $I=\oint_{ABCA}y^2\mathrm{d}x+z^2\mathrm{d}y+x^2\mathrm{d}z$，其中 $A(a,0,0)$，$B(0,a,0)$，$C(0,0,a)$.

解　取 Σ：$x+y+z=a$ 的上侧，则由斯托克斯公式，得

$$I=\iint_{\Sigma}(0-2z)\mathrm{d}y\mathrm{d}z+(0-2x)\mathrm{d}z\mathrm{d}x+(0-2y)\mathrm{d}x\mathrm{d}y$$
$$=-2\iint_{\Sigma}z\mathrm{d}y\mathrm{d}z+x\mathrm{d}z\mathrm{d}x+y\mathrm{d}x\mathrm{d}y.$$

方法一

$$F(x,y,z)=x+y+z-a=0\Rightarrow$$
$$\cos\alpha=\cos\beta=\cos\gamma=\frac{-F_x}{\sqrt{1+F_x^2+F_y^2}}=\frac{1}{\sqrt{3}},$$

则

$$\text{上式}=-\frac{2}{\sqrt{3}}\iint_{\Sigma}(x+y+x)\mathrm{d}S=-\frac{2}{\sqrt{3}}\iint_{\Sigma}a\,\mathrm{d}S$$
$$=-\frac{2a}{\sqrt{3}}\iint_{D_{xy}}\sqrt{1+z_x^2+z_y^2}\mathrm{d}x\mathrm{d}y=-\frac{2a}{\sqrt{3}}\iint_{D_{xy}}\sqrt{3}\mathrm{d}x\mathrm{d}y$$
$$=-2a\iint_{D_{xy}}\mathrm{d}x\mathrm{d}y=-2a\cdot\frac{1}{2}a^2=-a^3.$$

方法二　如例 8.6.3,Σ不是封闭曲面,所以为了利用高斯公式,需补充$\Sigma_1:z=0$,取下侧,$\Sigma_2:x=0$,取其后侧,$\Sigma_3:y=0$ 取其左侧. 三个曲面与 Σ 一起构成一个封闭的曲面,其所围成的区域为 V,在 xOy 面投影为 $D_{xy}:\{(x,y)\mid x+y\leqslant a\}$,则由高斯公式得

$$\text{上式}=-2\left(\oiint_{\Sigma+\Sigma_1+\Sigma_2+\Sigma_3}-\iint_{\Sigma_1}-\iint_{\Sigma_2}-\iint_{\Sigma_3}\right)$$
$$=-2\iiint_V 0\mathrm{d}v+2\iint_{\Sigma_1}(0+0+y)\mathrm{d}x\mathrm{d}y+2\iint_{\Sigma_2}(0+0+z)\mathrm{d}z\mathrm{d}y+2\iint_{\Sigma_3}(0+0+x)\mathrm{d}z\mathrm{d}x$$
$$=3\iint_{\Sigma_1}2y\mathrm{d}x\mathrm{d}y=-3\iint_{D}2y\mathrm{d}x\mathrm{d}y=-3\int_0^a\mathrm{d}x\int_0^{a-x}2y\mathrm{d}y=-a^3.$$

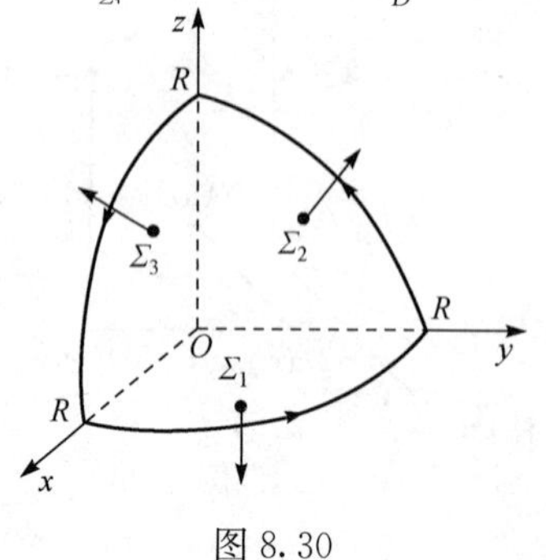

图 8.30

例 8.6.4　求 $I=\oint_L(y^2-z^2)\mathrm{d}x+(z^2-x^2)\mathrm{d}y+(x^2-y^2)\mathrm{d}z$,其中 L 为球 $x^2+y^2+z^2=R^2$,在第一象限内的边界曲线,如图 8.30 所示.

解　取 $\Sigma:x^2+y^2+z^2=R^2$ 的上侧,补充 $\Sigma_1:z=0$,取下侧,$\Sigma_2:x=0$,取其后侧,$\Sigma_3:y=0$取其左侧,则由斯托克斯公式,得

$$
\begin{aligned}
I &= \iint_{\Sigma}(-2y-2z)\mathrm{d}y\mathrm{d}z+(-2z-2x)\mathrm{d}z\mathrm{d}x+(-2x-2y)\mathrm{d}x\mathrm{d}y \\
&= \oiint_{\Sigma+\Sigma_1+\Sigma_2+\Sigma_3} - \iint_{\Sigma_1+\Sigma_2+\Sigma_3} \\
&= \iiint_V 0\mathrm{d}v+\iint_{\Sigma_1}(2x+2y)\mathrm{d}x\mathrm{d}y+\iint_{\Sigma_2}(2y+2z)\mathrm{d}y\mathrm{d}z+\iint_{\Sigma_3}(2z+2x)\mathrm{d}x\mathrm{d}z \\
&= -3\iint_{D_{xy}}(2x+2y)\mathrm{d}x\mathrm{d}y=-4R^3.
\end{aligned}
$$

习 题 8.6

1. 计算$\oiint_{\Sigma}x(y-z)\mathrm{d}y\mathrm{d}z+(z-x)\mathrm{d}z\mathrm{d}x+(x-y)\mathrm{d}x\mathrm{d}y$，其中$\Sigma$是$z^2=x^2+y^2$与$z=h>0$围成表面的外侧.

2. 计算$\oiint_{\Sigma}(x-y)\mathrm{d}x\mathrm{d}y+(y-z)x\mathrm{d}y\mathrm{d}z$，其中$\Sigma$是柱面$x^2+y^2=1$及平面$z=0,z=3$所围成的空间闭区域的整个边界曲面的外侧，如图 8.31 所示.

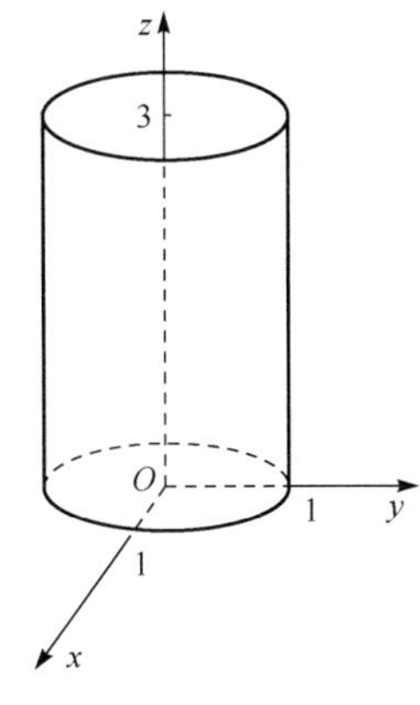

图 8.31

3. 计算$\oint_L y\mathrm{d}x+z\mathrm{d}y+x\mathrm{d}z$，其中$L$是圆周$x^2+y^2+z^2=a^2,x+y+z=0$，若从$x$轴的正向看去，这圆周$L$取逆时针方向.

4. 计算$\oint_L 3y\mathrm{d}x-xz\mathrm{d}y+yz^2\mathrm{d}z$，其中$L$是圆周$x^2+y^2=2z,z=2$，若从$z$轴的正向看去，这圆周$L$取逆时针方向.

8.7　线面积分应用模型实例

8.7.1　通量与散度

由 8.5 节对流量问题的讨论可知，若稳定流动的不可压缩的流体的速度场为

$$\boldsymbol{v}(x,y,z)=P(x,y,z)\boldsymbol{i}+Q(x,y,z)\boldsymbol{j}+R(x,y,z)\boldsymbol{k},$$

Σ为其中的一片光滑有向曲面，函数$P(x,y,z),Q(x,y,z),R(x,y,z)$在$\Sigma$上连续. 设$\boldsymbol{n}=\cos\alpha\boldsymbol{i}+\cos\beta\boldsymbol{j}+\cos\gamma\boldsymbol{k}$为$\Sigma$在点$(x,y,z)$处的单位法向量，则单位时间内穿过$\Sigma$流向指定一侧的流体质量$\Phi$可用第二型曲面积分表示为

$$\Phi=\oiint_{\Sigma}\boldsymbol{v}\cdot\mathrm{d}\boldsymbol{S}=\oiint_{\Sigma}\boldsymbol{v}\cdot\boldsymbol{n}\mathrm{d}S=\oiint_{\Sigma}v_n\mathrm{d}S,$$

其中$v_n=\boldsymbol{v}\cdot\boldsymbol{n}=P\cos\alpha+Q\cos\beta+R\cos\gamma$表示速度向量$\boldsymbol{v}$在有向曲面$\Sigma$的法向量$\boldsymbol{n}$

上的投影.

类似地,若某磁场的磁场强度由

$$\boldsymbol{B}(x,y,z)=P(x,y,z)\boldsymbol{i}+Q(x,y,z)\boldsymbol{j}+R(x,y,z)\boldsymbol{k}$$

确定,Σ 为该磁场中的一片光滑有向曲面,函数 $P(x,y,z)$,$Q(x,y,z)$,$R(x,y,z)$ 在 Σ 上连续.设 $\boldsymbol{n}=\cos\alpha\boldsymbol{i}+\cos\beta\boldsymbol{j}+\cos\gamma\boldsymbol{k}$ 为 Σ 在点(x,y,z)处的单位法向量,则单位时间内通过 Σ 指定一侧的磁通量 Φ 可表示为

$$\Phi=\oiint_{\Sigma}\boldsymbol{B}\cdot\mathrm{d}\boldsymbol{S}=\oiint_{\Sigma}\boldsymbol{B}\cdot\boldsymbol{n}\mathrm{d}S=\oiint_{\Sigma}B_n\mathrm{d}S.$$

又如,若 $\boldsymbol{E}(x,y,z)$ 是一个静电场的场强,Σ 为静电场中的一片光滑有向曲面,设 $\boldsymbol{n}$ 为Σ在点(x,y,z)处的单位法向量,则单位时间内穿过Σ指定一侧的电通量Φ也可表示为

$$\Phi=\oiint_{\Sigma}\boldsymbol{E}\cdot\mathrm{d}\boldsymbol{S}=\oiint_{\Sigma}\boldsymbol{E}\cdot\boldsymbol{n}\mathrm{d}S=\oiint_{\Sigma}E_n\mathrm{d}S.$$

一般地,若某物理量由向量场$\boldsymbol{A}(x,y,z)=P(x,y,z)\boldsymbol{i}+Q(x,y,z)\boldsymbol{j}+R(x,y,z)\boldsymbol{k}$ 给出,Σ 为场内一片光滑有向曲面,则称曲面积分

$$\Phi=\oiint_{\Sigma}\boldsymbol{E}\cdot\mathrm{d}\boldsymbol{S}=\oiint_{\Sigma}\boldsymbol{E}\cdot\boldsymbol{n}\mathrm{d}S=\oiint_{\Sigma}E_n\mathrm{d}S.$$

为该物理量穿过曲面 Σ 向着指定侧的通量.

设流速场 $\boldsymbol{v}(x,y,z)$ 中有一点 M,包含点M的任一闭曲面为ΔS,所占空间区域为 $\Delta\Omega$,其体积为 ΔV,则称极限

$$\lim_{\Delta\Omega\to M}\frac{\oiint\limits_{\Delta S}v\cdot\mathrm{d}S}{\Delta V}$$

为流速场在点 M 的散度,记为 $\mathrm{div}\boldsymbol{v}$.

由定义可知,散度 $\mathrm{div}\boldsymbol{v}$ 为一数量,表示在场中一点处通量对体积的变化率,即该点处源的强度;当 $\mathrm{div}\boldsymbol{v}>0$ 时,表示在该点处有散发通量的正源,当 $\mathrm{div}\boldsymbol{v}<0$ 时,表示在该点处有散发通量的负源,当 $\mathrm{div}\boldsymbol{v}=0$ 时,表示在该点处无源.

由高斯公式,可得散度的数学表达式为

$$\mathrm{div}\boldsymbol{v}=\frac{\partial P}{\partial x}+\frac{\partial Q}{\partial y}+\frac{\partial R}{\partial z}.$$

例如,在点电荷 q 所产生的电场中,已知任意点 M 处的电位移向量为 $\boldsymbol{D}=\frac{q}{4\pi r^2}\boldsymbol{r}$,其中 r 是点电荷q 到点M 的距离,$\boldsymbol{r}$ 是从点电荷q 指向M 的单位向量.以点电荷 q 为中心,以R 为半径的球面为S,求在球面 S 内产生的电通量以及电位移在

任一点 M 的散度.

解　根据第二型曲面积分的定义，球面 S 内产生的电通量为

$$\Phi = \oiint_S \boldsymbol{D} \cdot \mathrm{d}S = \frac{q}{4\pi r^2}\oiint_S \boldsymbol{r} \cdot \mathrm{d}\boldsymbol{S} = \frac{q}{4\pi r^2}\oiint_S \mathrm{d}S = q.$$

取点电荷所在点为坐标原点，此时 $\boldsymbol{D}=\dfrac{q}{4\pi r^2}\boldsymbol{r}$，其中 $\boldsymbol{r}=x\boldsymbol{i}+y\boldsymbol{j}+z\boldsymbol{k}$. 因此

$$D_x=\frac{qx}{4\pi r^2},\quad D_y=\frac{qy}{4\pi r^2},\quad D_z=\frac{qz}{4\pi r^2},$$

所以，

$$\mathrm{div}\boldsymbol{v}=\frac{\partial D_x}{\partial x}+\frac{\partial D_y}{\partial y}+\frac{\partial D_z}{\partial z}=\frac{q}{4\pi r^5}[3r^2-3(x^2+y^2+z^2)]=0.$$

8.7.2　环量与旋度

设有场力

$$F(x,y,z)=P(x,y,z)\boldsymbol{i}+Q(x,y,z)\boldsymbol{j}+R(x,y,z)\boldsymbol{k},$$

$P(x,y,z),Q(x,y,z),R(x,y,z)$ 具有连续的一阶偏导数，$\boldsymbol{l}$ 为力场中一条封闭的有向曲线，那么一质点 M 在场力 $\boldsymbol{F}$ 的作用下，沿 $\boldsymbol{l}$ 正向旋转一周所做的功是多少?

在 $\boldsymbol{l}$ 上取一弧元素 $\mathrm{d}\boldsymbol{l}$，同时又以 $\mathrm{d}\boldsymbol{l}$ 表示其长度，则当质点运动经过 $\mathrm{d}\boldsymbol{l}$ 时，在场力 $\boldsymbol{F}$ 的作用下所做的功近似等于

$$\mathrm{d}W=F_t\mathrm{d}\boldsymbol{l}.$$

若以 $\boldsymbol{\tau}$ 表示 $\boldsymbol{l}$ 的单位切向量，则 $F_t\mathrm{d}\boldsymbol{l}=(\boldsymbol{F}\cdot\boldsymbol{\tau})\mathrm{d}\boldsymbol{l}=\boldsymbol{F}\cdot(\boldsymbol{\tau}\mathrm{d}\boldsymbol{l})=\boldsymbol{F}\cdot\mathrm{d}\boldsymbol{l}$，所以所做的功又可写为

$$\mathrm{d}W=\boldsymbol{F}\cdot\mathrm{d}\boldsymbol{l}.$$

因此，当质点沿封闭曲线 $\boldsymbol{l}$ 按正向运转一周时，场力 $\boldsymbol{F}$ 所做的功为

$$W=\oint_l \boldsymbol{F}\cdot\mathrm{d}\boldsymbol{l}.$$

由此给出环量的定义：设有向量场 $\boldsymbol{A}$，沿场内某一封闭有向曲线的曲线积分

$$\Gamma=\oint_l \boldsymbol{A}\cdot\mathrm{d}\boldsymbol{l},$$

称为向量场 A 沿曲线 l 的环量.

当向量场为流速场 $\boldsymbol{V}$ 时，环量 $\Phi=\oint_l \boldsymbol{V}\cdot\mathrm{d}\boldsymbol{l}$ 表示单位时间内沿闭路 $\boldsymbol{l}$ 正向流动液体的环流量.

设 Σ 是以有向曲线 $\boldsymbol{\Gamma}$ 为边界的有向曲面，$\boldsymbol{\Gamma}$ 与 Σ 的方向符合右手规则. 由斯托克斯公式可知，向量 V 沿有向闭曲线 $\boldsymbol{\Gamma}$ 的环流量还可用 Σ 上的曲面积分来表示，即

$$\oint_{\Gamma} \boldsymbol{V} \cdot \mathrm{d}s = \oint_{\Gamma} P\mathrm{d}x + Q\mathrm{d}y + R\mathrm{d}z$$

$$= \iint_{\Sigma} \left(\frac{\partial R}{\partial y} - \frac{\partial Q}{\partial z}\right)\mathrm{d}y\mathrm{d}z + \left(\frac{\partial P}{\partial z} - \frac{\partial R}{\partial x}\right)\mathrm{d}z\mathrm{d}x + \left(\frac{\partial Q}{\partial x} - \frac{\partial P}{\partial y}\right)\mathrm{d}x\mathrm{d}y,$$

其中等式右端的曲面积分可解释为向量

$$\left(\frac{\partial R}{\partial y} - \frac{\partial Q}{\partial z}\right)\boldsymbol{i} + \left(\frac{\partial P}{\partial z} - \frac{\partial R}{\partial x}\right)\boldsymbol{j} + \left(\frac{\partial Q}{\partial x} - \frac{\partial P}{\partial y}\right)\boldsymbol{k}$$

穿过有向曲面的通量.

设有向量场

$$\boldsymbol{V}(x,y,z) = P(x,y,z)\boldsymbol{i} + Q(x,y,z)\boldsymbol{j} + R(x,y,z)\boldsymbol{k},$$

称向量

$$\left(\frac{\partial R}{\partial y} - \frac{\partial Q}{\partial z}\right)\boldsymbol{i} + \left(\frac{\partial P}{\partial z} - \frac{\partial R}{\partial x}\right)\boldsymbol{j} + \left(\frac{\partial Q}{\partial x} - \frac{\partial P}{\partial y}\right)\boldsymbol{k}$$

为向量场 $\boldsymbol{V}$ 的旋度,记作 $\mathrm{rot}\boldsymbol{V}$,即

$$\mathrm{rot}\boldsymbol{V} = \left(\frac{\partial R}{\partial y} - \frac{\partial Q}{\partial z}\right)\boldsymbol{i} + \left(\frac{\partial P}{\partial z} - \frac{\partial R}{\partial x}\right)\boldsymbol{j} + \left(\frac{\partial Q}{\partial x} - \frac{\partial P}{\partial y}\right)\boldsymbol{k}.$$

为便于记忆,旋度 $\mathrm{rot}\boldsymbol{V}$ 常用行列式表示为

$$\mathrm{rot}\boldsymbol{V} = \begin{vmatrix} \boldsymbol{i} & \boldsymbol{j} & \boldsymbol{k} \\ \dfrac{\partial}{\partial x} & \dfrac{\partial}{\partial y} & \dfrac{\partial}{\partial z} \\ P & Q & R \end{vmatrix}.$$

在引入旋度概念之后,斯托克斯公式可简单地表示为如下的向量形式

$$\iint_{\Sigma} \mathrm{rot}\boldsymbol{V} \cdot \mathrm{d}S = \oint_{\Gamma} A \cdot \mathrm{d}s.$$

从而斯托克斯公式又可叙述为:向量场 $\boldsymbol{V}$ 沿有向闭曲线 Γ 的环流量,等于向量场 $\boldsymbol{V}$ 的旋度 $\mathrm{rot}\boldsymbol{V}$ 穿过 Γ 所张成的有向曲面的通量.

下面,我们从力学角度对旋度 $\mathrm{rot}\boldsymbol{V}$ 的含义作一解释.

设有刚体绕定轴转动,角速度为 ω,M 为钢体上任一点. 以定轴作 z 轴,定轴上任一点 O 作为坐标原点建立直角坐标系. 于是

$$\boldsymbol{w} = \omega\boldsymbol{k} = \{\boldsymbol{0},\boldsymbol{0},\omega\}$$

而点 M 可用向量 $\boldsymbol{r} = \overrightarrow{OM} = (x,y,z)$ 来确定. 由力学知识可知,点 M 的线速度 $\boldsymbol{v}$ 可表示为

$$\boldsymbol{v} = \boldsymbol{w} \times \boldsymbol{r} = \begin{vmatrix} \boldsymbol{i} & \boldsymbol{j} & \boldsymbol{k} \\ 0 & 0 & \omega \\ x & y & z \end{vmatrix} = (-\omega y, \omega x, 0),$$

所以

$$\mathrm{rot}\boldsymbol{V}=\begin{vmatrix} \boldsymbol{i} & \boldsymbol{j} & \boldsymbol{k} \\ \dfrac{\partial}{\partial x} & \dfrac{\partial}{\partial y} & \dfrac{\partial}{\partial z} \\ -\omega y & \omega x & 0 \end{vmatrix}=(0,0,2\omega)=2\boldsymbol{w}.$$

即速度场的旋度恰好等于钢体旋转角速度 $\boldsymbol{w}$ 的两倍. 这就是把向量 $\mathrm{rot}\boldsymbol{V}$ 称为“旋度”的原因. 但对一般的向量场,旋度并无如此明显的物理意义. 实际上,在研究许多物理问题时,旋度的引入只是为了使斯托克斯公式更便于表述,便于使用.

习 题 8.7

1. 设 $\boldsymbol{A}=(2x+3z)\boldsymbol{i}-(xz+y)\boldsymbol{j}+(y^2+2z)\boldsymbol{k}$,$\Sigma$ 是球面

$$(x-3)^2+(y-1)^2+(z-2)^2=1$$

的外侧,求向量 $\boldsymbol{A}$ 穿过 Σ 流向指定侧的通量.

2. 求下列向量场 $\boldsymbol{A}$ 沿闭曲线 Γ 的环流量:

(1) $\boldsymbol{A}=-y\boldsymbol{i}+x\boldsymbol{j}+c\boldsymbol{k}$,($c$ 为常量),Γ 为圆周 $x^2+y^2=1,z=0$;

(2) $\boldsymbol{A}=(x-z)\boldsymbol{i}+(x^3+yz)\boldsymbol{j}-3xy^2\boldsymbol{k}$, Γ 为圆周 $z=2-\sqrt{x^2+y^2}$,$z=0$.

复 习 题 8

A

1. 设 L 为正向圆周 $x^2+y^2=2$ 在第一象限中的部分,则曲线积分 $\int_L x\mathrm{d}y-2y\mathrm{d}x$ 的值为__________.

2. 设 Σ 是圆 $x^2+y^2+z^2=R^2$ 的外侧,则曲线积分 $\oiint_\Sigma(x+y^2+z^3)\mathrm{d}z\mathrm{d}y=$__________.

3. 已知 $I=\oiint_\Sigma z\mathrm{d}x\mathrm{d}y$,其中 Σ 是锥面 $z=\sqrt{x^2+y^2}$ 和 $z=10$ 围成的整个立体的表面内侧,则 $I=$__________.

4. 设 L 是星形线 $x^{\frac{2}{3}}+y^{\frac{2}{3}}=R^{\frac{2}{3}}(R>0)$,则曲线积分 $\oint_L(x^{\frac{4}{3}}+y^{\frac{4}{3}})\mathrm{d}s=$( ).

(A) $2R^{\frac{7}{3}}$ (B) $3R^{\frac{7}{3}}$ (C) $4R^{\frac{7}{3}}$ (D) $5R^{\frac{7}{3}}$

5. 设函数 $f(x)$ 在 $(0,+\infty)$ 上有连续的导数,L 是由点 $A(1,2)$ 到 $B(2,8)$ 的直线段,则曲线积分 $\oint_L\left[2xy-\dfrac{2y}{x^3}f\left(\dfrac{y}{x^2}\right)\right]\mathrm{d}x+\left[\dfrac{1}{x^2}f\left(\dfrac{y}{x^2}\right)+x^2\right]\mathrm{d}y=(\quad)$.

(A) 28 (B) 26 (C) 32 (D) 30

6. 设 L 是上半圆 $y=\sqrt{Rx-x^2}$ 上从点 $A(R,0)$ 到点 $O(0,0)$ 的弧段($R>0$),则曲线积分 $\int_L(\mathrm{e}^x\sin y-ky)\mathrm{d}x+(\mathrm{e}^x\cos y-k)\mathrm{d}y=(\quad)$.

(A) $\dfrac{k\pi}{4}R^2$ (B) $\dfrac{k\pi}{6}R^2$ (C) $\dfrac{k\pi}{8}R^2$ (D) $\dfrac{k\pi}{10}R^2$

7. 设 $\varphi(y)$ 有连续导数,在围绕原点的任意分段光滑简单闭曲线 L 上,曲线积分 $\oint_L\dfrac{\varphi(y)\mathrm{d}x+2xy\mathrm{d}y}{2x^2+y^4}$ 的值恒为一常数.

(1) 证明:对右半平面 $x>0$ 内任意分段光滑简单闭曲线 C,有

$$\oint_C\frac{\varphi(y)\mathrm{d}x+2xy\mathrm{d}y}{2x^2+y^4}=0;$$

(2) 求 $\varphi(y)$.

8. 计算曲面积分

$$I=\iint_\Sigma 2x^3\mathrm{d}y\mathrm{d}z+2y^3\mathrm{d}z\mathrm{d}x+3(z^2-1)\mathrm{d}x\mathrm{d}y,$$

其中 Σ 是曲面 $z=1-x^2-y^2(z\geqslant 0)$ 的上侧.

9. 计算 $\oint_L\sqrt{2y^2+z^2}\mathrm{d}s$,其中 L 为 $x^2+y^2+z^2=R^2$ 与 $x=y$ 之交线.

10. 计算空间曲线积分 $\oint_L y^2\mathrm{d}s$,其中 L 为球面 $x^2+y^2+z^2=a^2$ 与平面 $x+y+z=0$ 的交线.

11. 计算 $I=\iint_\Sigma z^2x\mathrm{d}y\mathrm{d}z+x^2y\mathrm{d}z\mathrm{d}x+(y^2z+3)\mathrm{d}x\mathrm{d}y$,其中 Σ 是半球面 $z=\sqrt{4-x^2-y^2}$ 的上侧.

12. 计算 $I=\iint_\Sigma x^3\mathrm{d}y\mathrm{d}z+x^2y\mathrm{d}z\mathrm{d}x+x^2z\mathrm{d}x\mathrm{d}y$,其中 Σ 为柱体 $0\leqslant z\leqslant b$,$x^2+y^2\leqslant a^2$ 的边界外表面.

13. 计算 $\oiint_\Sigma\sqrt{x^2+y^2+z^2}(x\mathrm{d}y\mathrm{d}z+y\mathrm{d}z\mathrm{d}x+z\mathrm{d}x\mathrm{d}y)$,其中 Σ 为曲面 $x^2+y^2+z^2=R^2$ 的外侧.

14. 计算 $I=\oiint_\Sigma\dfrac{x}{r^3}\mathrm{d}y\mathrm{d}z+\dfrac{y}{r^3}\mathrm{d}z\mathrm{d}x+\dfrac{z}{r^3}\mathrm{d}x\mathrm{d}y$,其中 $r=\sqrt{x^2+y^2+z^2}$,Σ 为球

面 $x^2+y^2+z^2=a^2$ 的外侧.

B

1. 质点 P 沿着以 AB 为直径的下半圆周,从点 $A(1,2)$运动到点 $B(1,2)$的过程中受变力 $\boldsymbol{F}$ 的作用,$\boldsymbol{F}$ 的大小等于点 P 与原点 O 之间的距离,其方向垂直于线段 OP 且与 y 轴正向的夹角小于$\frac{\pi}{2}$,求变力 $\boldsymbol{F}$ 对质点 P 所做的功.

2. 利用高斯公式推证阿基米德原理:浸没在液体中的物体所受液体的压力的合力(即浮力)的方向铅直向上、其大小等于这物体所排开的液体的重力.

第 9 章　常微分方程及其应用

自然界中物质的运动和变化规律、往往受已知条件中限制不能直接找到其函数关系,但却可以找到含有自变量、未知函数以及未知函数导数的关系式,这样的关系式就称为微分方程. 微分方程有着深刻而生动的实际背景,它从生产实践和科学技术中产生,而又成为现代科学技术中分析问题和解决问题的一个强有力的工具. 微分方程的概念,解法和相关理论很多,本章仅介绍一些简单的微分方程的解法以及它们在实际中的初步应用.

9.1　微分方程的基本概念

9.1.1　案例引入

客观世界中许多自然现象所满足的规律已为人们所熟悉,并可直接由微分方程描述,下面给出来自不同领域的四个具体例子.

引例 1(几何问题)　已知平面曲线上每一点的切线斜率等于该点横坐标的二倍,且曲线通过点(1,2),求此曲线的方程 $y=y(x)$.

显然,直接找出曲线的方程是困难的,但由导数的几何意义及已知条件,可知所求曲线应满足方程

$$\frac{\mathrm{d}y}{\mathrm{d}x}=2x \quad (\text{或 } \mathrm{d}y=2x\mathrm{d}x). \tag{9.1}$$

式(9.1)反映了曲线上每一点的特征,它是所求函数 $y=y(x)$必须满足的条件.

引例 2(物理问题)　设质量为 m 的物体,在时刻 $t=0$ 时自由下落,在空气中阻力与物体下落的速度成正比,试分析此物体的运动规律.

将质量为 m 的物体视为一个质点 M,设 $s(t)$为 t 时刻质点 M 下落的距离,则质点下落的规律为 $s=s(t)$,而质点 M 下落的速度为

$$v=\frac{\mathrm{d}s}{\mathrm{d}t}$$

加速度为

$$a=\frac{\mathrm{d}v}{\mathrm{d}t}=\frac{\mathrm{d}^2s}{\mathrm{d}t^2}$$

质点的运动规律应服从牛顿(Newton)第二定律:质点的质量乘以加速度等于所受力的总和,即 $F=ma$,其中 F 表示外力总和. 由于质点 M 所受力 mg(g 表示重力

加速度）以及空气阻力$-k\dfrac{ds}{dt}$（其中 k 为一正的比例系数，负号表示阻力的方向与速度的方向相反），于是有

$$m\frac{d^2s}{dt^2}=-k\frac{ds}{dt}+mg. \tag{9.2}$$

引例 3（化学问题）　考虑一物质 A 经化学反应，全部生成另一种物质 B，设 A 的初始质量为 10kg，在 1h 内生成 B 物质 3kg，试求物质 B 的质量所满足的方程及初始条件.

这是一化学问题，它遵循质量作用定律：化学反应的速度跟参与反应的物质的有效质量或浓度成正比.

设 m 表示在 t 时刻所生成 B 物质的质量，则 $M_A=10-m$ 是 t 时刻 A 物质参与反应的有效质量. 按上述定律有

$$\frac{dM_A}{dt}=-kM_A\quad\left(k>0,\frac{dM_A}{dt}<0,\text{因 } M_A \text{ 减少}\right),$$

所以得物质 B 的质量 $m(t)$ 应满足的方程及初始条件为

$$\begin{cases}\dfrac{dm}{dt}=k(10-m),\\ m(0)=0,m(1)=3.\end{cases} \tag{9.3}$$

引例 4（R-L 电路问题）　如图 9.1 所示的 R-L 电路，它由电感 L，电阻 R 和电源 E 串联而成. 设 $t=0$ 时电路中没有电流，当开关 K 合上后，求电流 $I(t)$ 应满足的方程及初始条件，这里假定 R,L,E 都是常数.

我们应用关于电路的基尔霍夫（Kirchhoff）第二定律来建立方程，即在闭合回路中，所有支路上的电压的代数和为零.

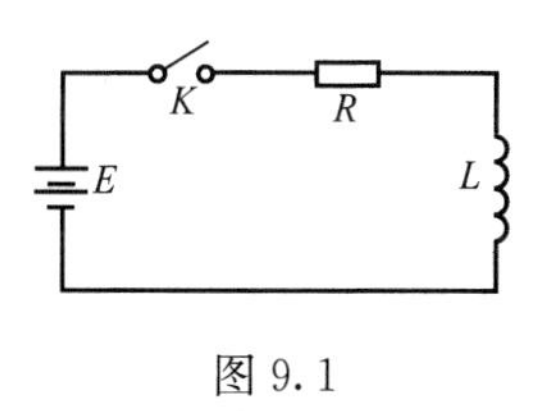

图 9.1

当电流为 I 时，经过电阻 R 的电压降为 RI，经过电感 L 的电压降为 $L\dfrac{dI}{dt}$，由基尔霍夫第二定律得

$$E=RI+L\frac{dI}{dt}.$$

所以得到电流 $I(t)$ 应满足的方程及初始条件为

$$\begin{cases}\dfrac{dI}{dt}=-\dfrac{R}{L}I+\dfrac{E}{L},\\ I(0)=0.\end{cases} \tag{9.4}$$

在上面四个引例中，尽管问题的背景不同，但抽象出的方程却具有共同的特点，即都是以函数为未知元，并且含有该函数导数（微分）的方程，这样的方程称为**微分方程**.

9.1.2 微分方程的概念

在引例中所建立的方程

$$\frac{dy}{dx}=2x,\quad m\frac{d^2s}{dt^2}=-k\frac{ds}{dt}+mg,\quad \frac{dm}{dt}=k(10-m),\quad \frac{dI}{dt}=-\frac{R}{L}I+\frac{E}{L}$$

都含有未知函数的导数,称它们为微分方程.一般地,在一个方程中,未知量是一个函数,而且方程表示的是这个未知函数导数(或微分)和自变量的关系,我们就称这个方程为**微分方程**.未知函数是一元函数的,称为常**微分方程**;未知函数是多元函数的,称为**偏微分方程**.本章仅讨论常微分方程,以后简称为**微分方程**或者**方程**.

微分方程中所出现的未知函数的最高阶导数的阶数,称为这个**微分方程的阶**.引例1建立的是一阶微分方程,引例2建立的是二阶微分方程.一般地,n 阶隐式微分方程的形式为

$$F(x,y,y',\cdots,y^{(n)})=0.$$

注意:上式中 $y^{(n)}$ 是必须出现的,而 $x,y,y',\cdots,y^{(n-1)}$ 等变量则可以不出现,如

$$y^{(n)}+1=0$$

为 n 阶微分方程.

如果能从方程中解出最高阶导数,则 n 阶微分方程具有显式形式:

$$y^{(n)}=f(x,y,y',\cdots,y^{(n-1)}).$$

以后讨论的微分方程都是具有已解出最高阶导数的方程或能解出最高阶导数的方程,且右端的函数 f 在所讨论的范围内连续.

9.1.3 微分方程的解

由前面的引例可以看到,在研究某些实际问题时,首先要建立微分方程,然后找出满足微分方程的函数,这个函数就称为该微分方程的解.确切地说,如果函数 $y=y(x)$ 代入微分方程后,能使它成为恒等式,则称函数 $y=y(x)$ 为该微分方程的解.

例如,函数 $y=e^x$ 是微分方程

$$y'=y$$

的解.这是因为 $y=e^x$,$y'=e^x$,代入上式就得到恒等式 $e^x\equiv e^x$.

同样可以验证 $y=-e^x$ 及 $y=Ce^x$(C 是任意常数)也是这个微分方程的解.

又如函数 $y=\sin x$ 是微分方程

$$y''+y=0$$

的解.这是因为 $y=\sin x$,$y'=\cos x$,$y''=-\sin x$,代入上式也可得到恒等式.

同样可以验证 $y=\cos x$ 及 $y=C_1\sin x+C_2\cos x$(C_1 与 C_2 是任意常数)也是这个微分方程的解.

如果微分方程的解中含有任意常数，且其中独立的任意常数的个数与微分方程的阶数相同，这样的解称为微分方程的**通解**；这里所说的任意常数是独立的，是指它们不能合并而使得任意常数的个数减少. 例如，$y=C_1\sin x+C_2\cos x$ 是二阶微分方程 $y''+y=0$ 的通解. 不难验证，$y=C\sin x$，$y=(C_1+2C_2)\sin x$ 虽然是二阶方程 $y''+y=0$ 的解，但不是通解. 这是因为前者只含有一个任意常数，后者的两个任意常数 C_1 与 C_2 可以合并成为一个任意常数，即可令 $C=C_1+2C_2$.

通解中含有任意常数，反映了该方程所描述的某一运动过程的一般变化规律，要完全确定地反映客观事物的规律性，必须确定这些常数值. 为此，要根据问题的实际情况，找出确定这些常数的条件. 例如，引例 3 中的 $m(0)=0$，$m(1)=3$ 和引例 4 中的 $I(0)=0$，便是这样的条件. 这种附加条件称为**定解条件**，最常见的反映初始状态的定解条件，称为**初始条件**. 确定了通解中的任意常数以后，就得到微分方程的**特解**. 特解是一个确定的函数. 例如，$y=e^x$，$y=-e^x$ 都是微分方程 $y'=y$ 的特解；$y=\sin x$，$y=\cos x$ 都是微分方程 $y''+y=0$ 的特解.

求微分方程满足初始条件的特解问题称为**初值问题**.

含有任意常数的通解曲线称为**积分曲线族**，微分方程特解的图形是一条曲线，称为微分方程的**积分曲线**.

一阶微分方程的初值问题，记作

$$\begin{cases} y'=f(x,y), \\ y(x_0)=y_0, \end{cases}$$

几何意义就是求微分方程的通过点 (x_0,y_0) 的那条积分曲线.

二阶微分方程的初值问题，记作

$$\begin{cases} y''=f(x,y,y'), \\ y(x_0)=y_0,y'(x_0)=y_1, \end{cases}$$

几何意义就是求微分方程的通过点 (x_0,y_0) 且在该点处的切线斜率为 y_1 的那条积分曲线.

例 9.1.1　验证：函数 $y=xe^x$ 是二阶微分方程 $y''-2y'+y=0$ 的解.

证　求出所给函数的一阶和二阶导数

$$y'=(1+x)e^x,$$
$$y''=(2+x)e^x.$$

代入原方程的左端，得

$$(2+x)e^x-2(1+x)e^x+xe^x\equiv 0.$$

所以，函数 $y=xe^x$ 是二阶微分方程 $y''-2y'+y=0$ 的解.

例 9.1.2　求初值问题

$$\begin{cases} y''+4y=0, \\ y\left(\frac{\pi}{8}\right)=0,y\left(\frac{\pi}{6}\right)=1 \end{cases}$$

的解,已知其通解为 $y(x)=C_1\sin 2x+C_2\cos 2x$.

解 将初始条件 $y\left(\frac{\pi}{8}\right)=0, y\left(\frac{\pi}{6}\right)=1$ 代入通解中,得到方程组

$$\begin{cases}\frac{\sqrt{2}}{2}C_1+\frac{\sqrt{2}}{2}C_2=0,\\ \frac{\sqrt{3}}{2}C_1+\frac{1}{2}C_2=1.\end{cases}$$

解此方程组,得 $C_1=-C_2=\sqrt{3}+1$. 将其代入 $y(x)$ 得

$$y(x)=(\sqrt{3}+1)(\sin 2x-\cos 2x),$$

即为此初值问题的解.

习 题 9.1

1. 指出下列方程中哪些是微分方程,若是微分方程则指出该微分方程的阶数.

(1) $y^3-2y=x$;　　(2) $y'''-2y=x$;

(3) $x\mathrm{d}y+(y+3)\mathrm{d}x=0$;　　(4) $x^4y^{(4)}+2y'+x^2y=0$;

(5) $\frac{\mathrm{d}y}{\mathrm{d}x}=\frac{\sqrt{1-y^2}}{\sqrt{1-x^2}}$;　　(6) $L\frac{\mathrm{d}^2Q}{\mathrm{d}t^2}+R\frac{\mathrm{d}Q}{\mathrm{d}t}+\frac{Q}{C}=0$.

2. 验证下列各题中的函数是所给微分方程的解.

(1) $xy'=2y, y=5x^2$;

(2) $y''+y=0, y=3\sin x-4\cos x$;

(3) $y''-(r_1+r_2)y'+r_1r_2y=0, y=C_1\mathrm{e}^{r_1x}+C_2\mathrm{e}^{r_2x}$.

3. 求初值问题

$$\begin{cases}y''+y=x,\\ y(0)=1,\\ y'(0)=3\end{cases}$$

的解,已知其通解为 $y=C_1\cos x+C_2\sin x+x$.

4. 用微分方程表示下列问题.

(1) 在 xOy 平面上任一点 $P(x,y)$ 的切线均与过坐标原点 O 与该点 P 的直线垂直,求具有此性质的曲线方程所满足的微分方程;

(2) 一个质量为 m 的质点在水中由静止开始下沉,设下沉时水的阻力与速度成正比,试求质点运动规律所满足的微分方程及初始条件.

9.2　一阶微分方程

一阶微分方程的一般形式为

$$F(x,y,y')=0,$$

若上式关于 y' 可解出,则方程可写成

$$y'=f(x,y),$$

一阶微分方程有时候也可写成如下的对称形式

$$P(x,y)\mathrm{d}x+Q(x,y)\mathrm{d}y=0.$$

本节将讨论几种特殊类型的一阶微分方程的初等解法,主要是将微分方程的求解问题化为积分问题.

9.2.1　可分离变量的微分方程　齐次方程

1. 可分离变量的微分方程

形如

$$\frac{\mathrm{d}y}{\mathrm{d}x}=f(x)g(y) \tag{9.5}$$

的方程称为**可分离变量的微分方程**,其中 $f(x)$,$g(y)$ 分别是 x,y 的连续函数.

如果 $g(y)\neq0$,可将方程改写为

$$\frac{\mathrm{d}y}{g(y)}=f(x)\mathrm{d}x.$$

这样,方程两端分别都只包含了一个变量及其微分,即分离了变量. 两端积分,得到

$$\int\frac{\mathrm{d}y}{g(y)}=\int f(x)\mathrm{d}x.$$

记 $G(y)$ 表示 $\dfrac{1}{g(y)}$ 的一个原函数,$F(x)$ 表示 $f(x)$ 的一个原函数,C 为任意常数,则

$$G(y)=F(x)+C$$

就是微分方程的隐式通解.

实际上,$g(y)=0$ 的根 $y-y_0$ 也是方程的解.

例 9.2.1　求微分方程 $\dfrac{\mathrm{d}y}{\mathrm{d}x}=3x^2y$ 的通解.

解　这是可分离变量的方程,分离变量后得

$$\frac{\mathrm{d}y}{y}=3x^2\mathrm{d}x\quad(y\neq0),$$

两端积分

$$\int \frac{\mathrm{d}y}{y} = \int 3x^2 \mathrm{d}x$$

得

$$\ln|y| = x^3 + C_1,$$

$$|y| = \mathrm{e}^{x^3 + C_1},$$

从而

$$y = \pm \mathrm{e}^{C_1} \mathrm{e}^{x^3}.$$

令 $C = \pm \mathrm{e}^{C_1}$ 得

$$y = C\mathrm{e}^{x^3}.$$

注意到上式的 C 不能为零,这是因为在分离变量的过程中假定了 $y \neq 0$. 事实上,$y=0$也是原微分方程的解.因此,若在 $y=C\mathrm{e}^{x^3}$ 中取 $C=0$ 可把解 $y=0$ 包含进去,故原方程的通解为

$$y = C\mathrm{e}^{x^3} \quad (\text{其中 } C \text{ 为任意常数}).$$

为简便,以后遇到类似的情况可同样处理,不再赘述.上述两端积分后也可简化为

$$\ln|y| = x^3 + \ln|C|,$$

故通解为

$$y = C\mathrm{e}^{x^3} \quad (\text{其中 } C \text{ 为任意常数}).$$

例 9.2.2　求微分方程

$$\mathrm{e}^x \cos y \mathrm{d}x + (\mathrm{e}^x + 1) \sin y \mathrm{d}y = 0$$

满足初始条件 $y(0) = \frac{\pi}{4}$ 的特解.

解　将原方程改写为

$$-(\mathrm{e}^x + 1) \sin y \mathrm{d}y = \mathrm{e}^x \cos y \mathrm{d}x,$$

分离变量得

$$-\tan y \mathrm{d}y = \frac{\mathrm{e}^x}{1 + \mathrm{e}^x} \mathrm{d}x,$$

两端积分得

$$\ln\cos y = \ln(1 + \mathrm{e}^x) + \ln C = \ln C(1 + \mathrm{e}^x),$$

从而原方程的通解为

$$\cos y = C(1 + \mathrm{e}^x) \quad (C \text{ 为任意常数}).$$

将初始条件 $y(0) = \frac{\pi}{4}$ 代入得 $C = \frac{\sqrt{2}}{4}$,故特解为

$$(1 + \mathrm{e}^x) \sec y = 2\sqrt{2}.$$

例 9.2.3　根据 9.1 节引例 4 的 R-L 电路问题,求出电流 I 随时间 t 的变化规律.

解　由前面对 R-L 电路问题的讨论可知，电流 $I(t)$ 应满足的方程及初始条件为

$$\begin{cases}\dfrac{\mathrm{d}I}{\mathrm{d}t}=-\dfrac{R}{L}I+\dfrac{E}{L},\\ I(0)=0.\end{cases}$$

对微分方程分离变量得

$$\frac{\mathrm{d}I}{I-\dfrac{E}{R}}=-\frac{R}{L}\mathrm{d}t,$$

两端积分得

$$\ln\left|I-\frac{E}{R}\right|=-\frac{R}{L}t+\ln|C|,$$

即

$$I-\frac{E}{R}=C\mathrm{e}^{-\frac{R}{L}t}.$$

故所求方程的通解为

$$I=\frac{E}{R}+C\mathrm{e}^{-\frac{R}{L}t}\quad (C\text{ 为任意常数}),$$

代入初始条件 $I(0)=0$ 得 $C=-\dfrac{E}{R}$. 故所求电流 I 随时间 t 的变化规律为

$$I=\frac{E}{R}(1-\mathrm{e}^{-\frac{R}{L}t}).$$

例 9.2.4　镭的衰变速度与它的现存量成正比，经过 1600 年以后，只余下原始量 R_0 的一半. 试求镭的量 R 与时间 t 的函数关系.

解　镭的现存量为 $R=R(t)$，依题意得

$$\frac{\mathrm{d}R}{\mathrm{d}t}=kR\quad (k\text{ 为比例常数}),$$

分离变量，两端积分得

$$\frac{\mathrm{d}R}{R}=k\mathrm{d}t,\quad \ln R=kt+C,$$

代入初始条件 $R(0)=R_0$ 得 $C=\ln R_0$，又因为 $R(1600)=\dfrac{R_0}{2}$，故

$$\ln R_0-\ln 2=1600k+\ln R_0,$$

求得

$$k=-\frac{\ln 2}{1600}.$$

故镭的量 R 与时间 t 的函数关系为

$$\ln R=-\frac{\ln 2}{1600}t+\ln R_0 \text{ 或 } R=R_0\mathrm{e}^{-\frac{\ln 2}{1200}t}.$$

2. 齐次方程

如果一阶微分方程$\frac{\mathrm{d}y}{\mathrm{d}x}=\varphi(x,y)$,$\varphi(x,y)$可以写成 $\varphi(x,y)=f\left(\frac{y}{x}\right)$,方程$\frac{\mathrm{d}y}{\mathrm{d}x}=f\left(\frac{y}{x}\right)$称为**齐次方程**.

例如,微分方程

$$(x^2+4y^2)\mathrm{d}x-3xy\mathrm{d}y=0$$

是齐次方程,因为原方程可以化为

$$\frac{\mathrm{d}y}{\mathrm{d}x}=\frac{x^2+4y^2}{3xy}=\frac{1+4\left(\frac{y}{x}\right)^2}{3\left(\frac{y}{x}\right)}=f\left(\frac{y}{x}\right).$$

对齐次方程可引入新的未知函数,令 $u=\frac{y}{x}$,即 $y=xu$,有$\frac{\mathrm{d}y}{\mathrm{d}x}=u+x\frac{\mathrm{d}u}{\mathrm{d}x}$,代入方程$\frac{\mathrm{d}y}{\mathrm{d}x}=f\left(\frac{y}{x}\right)$得

$$u+x\frac{\mathrm{d}u}{\mathrm{d}x}=f(u),$$

此方程为可分离变量的方程.

若 $f(u)-u\neq 0$,分离变量,两端积分可得

$$\ln|x|=\int\frac{\mathrm{d}u}{f(u)-u}.$$

若 $\phi(u)$是$\frac{1}{f(u)-u}$的一个原函数,则有

$$\ln|x|=\phi(u)+\ln|C|,$$

即

$$x=C\mathrm{e}^{\phi(u)}=C\mathrm{e}^{\phi\left(\frac{y}{x}\right)}.$$

如果 $f(u)-u=0$ 有根 $u=u_0$,则 $y=u_0x$ 也是原方程的解.

例 9.2.5 求微分方程

$$(y^2-2xy)\mathrm{d}x+x^2\mathrm{d}y=0$$

的通解.

解 将方程改为

$$\frac{\mathrm{d}y}{\mathrm{d}x}=2\left(\frac{y}{x}\right)-\left(\frac{y}{x}\right)^2,$$

这是齐次方程,作变换,令 $u=\frac{y}{x}$,即 $y=xu$,有$\frac{\mathrm{d}y}{\mathrm{d}x}=u+x\frac{\mathrm{d}u}{\mathrm{d}x}$,代入上式得

$$u+x\frac{\mathrm{d}u}{\mathrm{d}x}=2u-u^2, \tag{9.6}$$

分离变量得

$$\left(\frac{1}{u}-\frac{1}{u-1}\right)\mathrm{d}u=\frac{\mathrm{d}x}{x},\quad u\neq 0,1,$$

两端积分得

$$\ln\left|\frac{u}{u-1}\right|=\ln|Cx|,$$

即

$$u=\frac{Cx}{Cx-1}.$$

代回原变量,得通解

$$y=\frac{Cx^2}{Cx-1},C\text{ 为任意常数}.$$

此外,$u=0$ 和 $u=1$ 是方程(9.6)的解,即 $y=0$ 和 $y=x$ 也是原方程的解. 如果在通解中允许 $C=0$,则 $y=0$ 已包含在通解中,但 $y=x$ 不包含于其中.

例 9.2.6　求微分方程

$$y\frac{\mathrm{d}x}{\mathrm{d}y}=x+y\mathrm{e}^{-\frac{x}{y}}$$

满足初始条件 $y(0)=1$ 的特解.

解　将方程改为

$$\frac{\mathrm{d}x}{\mathrm{d}y}=\frac{x}{y}+\mathrm{e}^{-\frac{x}{y}},$$

这是齐次方程,作变换,令 $u=\frac{x}{y}$,即 $x=yu$,有$\frac{\mathrm{d}x}{\mathrm{d}y}=u+y\frac{\mathrm{d}u}{\mathrm{d}y}$,代入上式得

$$u+y\frac{\mathrm{d}u}{\mathrm{d}y}=u+\mathrm{e}^{-u},$$

分离变量得

$$\mathrm{e}^u\mathrm{d}u=\frac{\mathrm{d}y}{y},$$

两端积分得

$$\mathrm{e}^u=\ln|y|+C.$$

代回原变量,得通解

$$e^{\frac{x}{y}}=\ln|y|+C.$$

将初始条件 $y(0)=1$ 代入得 $C=1$,故所求方程的特解为

$$e^{\frac{x}{y}}=\ln|y|+1.$$

例 9.2.7 设有连接点 $O(0,0)$ 和 $A(1,1)$ 的一段向上凸的曲线弧 OA,对于 OA 上任一点 $P(x,y)$,曲线弧 OP 与直线段 OP 所围图形的面积为 x^2(图 9.2),求曲线弧 OA 的方程.

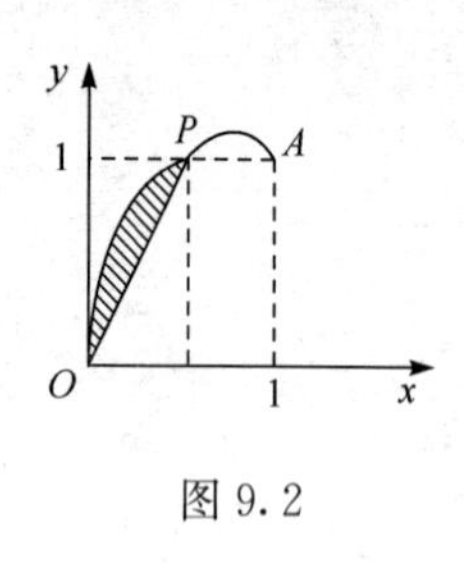

图 9.2

解 设曲线弧的方程为 $y=f(x)$. 依题意,有

$$\int_0^x f(x)\mathrm{d}x-\frac{1}{2}xf(x)=x^2,$$

上式两端对 x 求导

$$f(x)-\frac{1}{2}f(x)-\frac{1}{2}xf'(x)=2x,$$

整理得微分方程

$$y'=\frac{y}{x}-4.$$

令 $u=\frac{y}{x}$,即 $y=xu$,有 $\frac{\mathrm{d}y}{\mathrm{d}x}=u+x\frac{\mathrm{d}u}{\mathrm{d}x}$,代入上式得

$$\frac{\mathrm{d}u}{\mathrm{d}x}=-\frac{4}{x}.$$

积分得

$$u=-4\ln x+C,$$

代回原变量,得通解

$$y=x(-4\ln x+C).$$

又因曲线过点 $A(1,1)$,故 $C=1$. 于是得曲线弧的方程为

$$y=x(1-4\ln x).$$

9.2.2 一阶线性微分方程　伯努利方程

1. 一阶线性微分方程

形如

$$\frac{\mathrm{d}y}{\mathrm{d}x}+P(x)y=Q(x) \tag{9.7}$$

的方程称为**一阶线性微分方程**. 它的特点是:在方程中未知函数及其一阶导数都是线性的(即一次的),其中 $P(x)$,$Q(x)$ 为已知函数.

若 $Q(x)\equiv 0$,则称方程(9.7)为**一阶齐次线性微分方程**;如果 $Q(x)$ 不恒等于

零,则称方程(9.7)为**一阶非齐次线性微分方程**.

为了求出一阶非齐次线性微分方程的通解,我们先来求它所对应的齐次线性方程

$$\frac{\mathrm{d}y}{\mathrm{d}x}+P(x)y=0 \tag{9.8}$$

的通解,方程(9.8)是可分离变量的,分离变量得

$$\frac{\mathrm{d}y}{y}=-P(x)\mathrm{d}x,$$

两端积分,得

$$\ln|y|=-\int P(x)\mathrm{d}x+\ln|C|,$$

即

$$y=C\mathrm{e}^{-\int P(x)\mathrm{d}x}. \tag{9.9}$$

这是对应的一阶齐次线性微分方程(9.9)的通解公式.

现在使用常数变易法来求一阶非齐次线性微分方程(9.7)的通解,这种方法是把方程(9.8)的通解(9.9)中的任意常数C换成x的一个待定函数$u(x)$,如能找到$u(x)$,使$u(x)\mathrm{e}^{-\int P(x)\mathrm{d}x}$满足方程(9.7),则$u(x)\mathrm{e}^{-\int P(x)\mathrm{d}x}$就是方程(9.7)的通解.因此,令

$$y=u(x)\mathrm{e}^{-\int P(x)\mathrm{d}x}. \tag{9.10}$$

假设式(9.10)是一阶非齐次线性微分方程(9.7)的解,代入方程(9.7),得

$$u'(x)\mathrm{e}^{-\int P(x)\mathrm{d}x}-u(x)P(x)\mathrm{e}^{-\int P(x)\mathrm{d}x}+P(x)u(x)\mathrm{e}^{-\int P(x)\mathrm{d}x}=Q(x),$$

整理得

$$u'(x)=Q(x)\mathrm{e}^{\int P(x)\mathrm{d}x},$$

两端积分,得

$$u(x)=\int Q(x)\mathrm{e}^{\int P(x)\mathrm{d}x}\mathrm{d}x+C,$$

将上式代入式(9.10),便得一阶非齐次线性微分方程(9.7)的通解公式

$$y=\mathrm{e}^{-\int P(x)\mathrm{d}x}\left[\int Q(x)\mathrm{e}^{\int P(x)\mathrm{d}x}\mathrm{d}x+C\right] \tag{9.11}$$

或

$$y=C\mathrm{e}^{-\int P(x)\mathrm{d}x}+\mathrm{e}^{-\int P(x)\mathrm{d}x}\int Q(x)\mathrm{e}^{\int P(x)\mathrm{d}x}\mathrm{d}x.$$

上式右端第一项是对应的齐次线性微分方程(9.8)的通解,第二项是非齐次线性微分方程(9.7)的一个特解.由此可知,一阶非齐次线性微分方程的通解等于对

应的齐次线性方程的通解与非齐次线性微分方程的特解之和.

例 9.2.8 求微分方程

$$\frac{\mathrm{d}y}{\mathrm{d}x}-\frac{2y}{x+1}=(x+1)^{\frac{5}{2}}$$

的通解.

解 这是一阶非齐次线性微分方程. 令

$$P(x)=-\frac{2}{x+1},\quad Q(x)=(x+1)^{\frac{5}{2}},$$

代入一阶非齐次线性微分方程的通解公式

$$\begin{aligned}y&=\mathrm{e}^{-\int P(x)\mathrm{d}x}\left[\int Q(x)\mathrm{e}^{\int P(x)\mathrm{d}x}\mathrm{d}x+C\right]\\&=\mathrm{e}^{\int\frac{2}{x+1}\mathrm{d}x}\left[\int(x+1)^{\frac{5}{2}}\mathrm{e}^{\int(-\frac{2}{x+1})\mathrm{d}x}\mathrm{d}x+C\right]\\&=\mathrm{e}^{\ln(x+1)^2}\left[\int(x+1)^{\frac{5}{2}}\mathrm{e}^{-\ln(x+1)^2}\mathrm{d}x+C\right]\\&=(x+1)^2\left[\int(x+1)^{\frac{1}{2}}\mathrm{d}x+C\right]\\&=(x+1)^2\left[\frac{2}{3}(x+1)^{\frac{3}{2}}+C\right].\end{aligned}$$

注 也可根据常数变易法的步骤求一阶非齐次线性微分方程的通解.

例 9.2.9 有一个电路如图 9.3 所示,其中电源电动势为 $E=E_m\sin\omega t$(E_m,ω 都是常数),电阻 R 和电感 L 都是常量,求电流 $i(t)$.

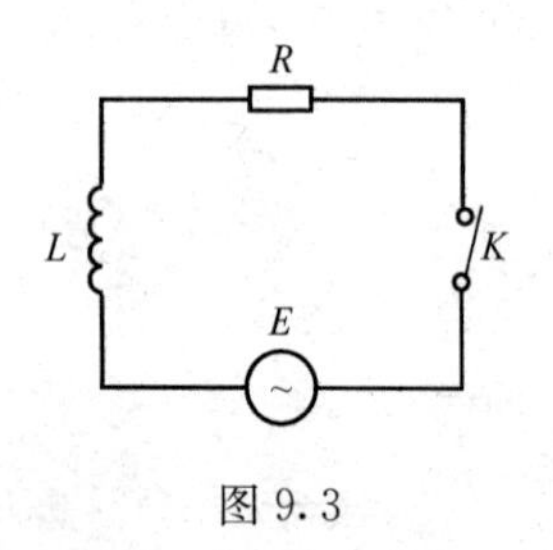

图 9.3

解 由电学知道,当电流变化时,L 上有感应电动势 $-L\frac{\mathrm{d}i}{\mathrm{d}t}$. 由回路电压定律得出

$$E-L\frac{\mathrm{d}i}{\mathrm{d}t}-iR=0,$$

即

$$\frac{\mathrm{d}i}{\mathrm{d}t}+\frac{R}{L}i=\frac{E}{L}.$$

把 $E=E_m\sin\omega t$ 代入上式,得

$$\frac{\mathrm{d}i}{\mathrm{d}t}+\frac{R}{L}i=\frac{E_m}{L}\sin\omega t,\tag{9.12}$$

这是一阶非齐次线性微分方程. 此外,还应满足初始条件 $i(0)=0$.

应用一阶非齐次线性微分方程的通解公式求通解,这里 $P(t)=\frac{R}{L}$,

$Q(t)=\frac{E_m}{L}\sin\omega t$,代入公式(9.11)得

$$i(t)=\mathrm{e}^{-\frac{R}{L}t}\left[\int \frac{E_m}{L}\mathrm{e}^{\frac{R}{L}t}\sin\omega t\,\mathrm{d}t+C\right].$$

应用分部积分法，得

$$\int \mathrm{e}^{\frac{R}{L}t}\sin\omega t\,\mathrm{d}t=\frac{\mathrm{e}^{\frac{R}{L}t}}{R^2+\omega^2L^2}(RL\sin\omega t-\omega L^2\cos\omega t),$$

将上式代入前式并化简，得方程(9.12)的通解

$$i(t)=\frac{E_m}{R^2+\omega^2L^2}(R\sin\omega t-\omega L\cos\omega t)+C\mathrm{e}^{-\frac{R}{L}t},\quad C \text{ 为任意常数}.$$

由初始条件 $i(0)=0$，得

$$C=\frac{\omega LE_m}{R^2+\omega^2L^2},$$

因此，所求函数 $i(t)$ 为

$$i(t)=\frac{\omega LE_m}{R^2+\omega^2L^2}\mathrm{e}^{-\frac{R}{L}t}+\frac{E_m}{R^2+\omega^2L^2}(R\sin\omega t-\omega L\cos\omega t).$$

为了便于说明 $i(t)$ 所反映的物理现象，下面把 $i(t)$ 中第二项的形式稍加改变.

$$\text{令 } \cos\varphi=\frac{R}{\sqrt{R^2+\omega^2L^2}},\quad \sin\varphi=\frac{\omega L}{\sqrt{R^2+\omega^2L^2}},$$

于是 $i(t)$ 可写成

$$i(t)=\frac{\omega LE_m}{R^2+\omega^2L^2}\mathrm{e}^{-\frac{R}{L}t}+\frac{E_m}{R^2+\omega^2L^2}\sin(\omega t-\varphi),$$

其中 $\varphi=\arctan\dfrac{\omega L}{R}$.

当 t 增大时，上式右端第一项(称为暂态电流)逐渐衰减而趋于零；第二项(称为稳态电流)是正弦函数，它的周期和电动势的周期相同、而相角落后 $\arctan\dfrac{\omega L}{R}$.

2. 伯努利(Bernoulli)方程

形如

$$\frac{\mathrm{d}y}{\mathrm{d}x}+P(x)y=Q(x)y^n\quad (n\neq 0,1)\tag{9.13}$$

的方程称为**伯努利方程**. 当 $n=0$ 时，该方程是一阶线性微分方程；当 $n=1$ 时，该方程是可分离变量的微分方程.

当 $n\neq 0,1$ 时，可通过变量代换 $z=y^{1-n}$ 化为一阶线性微分方程. 事实上，以 y^n 除方程(9.13)的两端，得

$$y^{-n}\frac{\mathrm{d}y}{\mathrm{d}x}+P(x)y^{1-n}=Q(x)\tag{9.14}$$

令 $z=y^{1-n}$,则

$$\frac{dz}{dx}=(1-n)y^{-n}\frac{dy}{dx},$$

从而

$$y^{-n}\frac{dy}{dx}=\frac{1}{1-n}\frac{dz}{dx},$$

代入方程(9.14),整理得

$$\frac{dz}{dx}+(1-n)P(x)z=(1-n)Q(x).$$

这是关于未知函数 z 的一阶线性微分方程,求出通解后,把 z 换回 y^{1-n} 即得到原方程的通解.

例 9.2.10　求微分方程

$$\frac{dy}{dx}-\frac{4}{x}y=x\sqrt{y}$$

的通解.

解　这是 $n=\frac{1}{2}$ 的伯努利方程,以$\sqrt{y}$除以方程两端($y\neq0$),得

$$y^{-\frac{1}{2}}\frac{dy}{dx}-\frac{4}{x}y^{\frac{1}{2}}=x,$$

令 $z=y^{\frac{1}{2}}$,则$\frac{dz}{dx}=\frac{1}{2}y^{-\frac{1}{2}}\frac{dy}{dx}$,代入方程得

$$\frac{dz}{dx}-\frac{2}{x}z=\frac{x}{2}.$$

这是一阶非齐次线性微分方程,利用通解公式求得其通解为

$$z=x^2\left(\frac{1}{2}\ln|x|+C\right).$$

把 z 换回 y^{1-n} 得

$$y=x^4\left(\frac{1}{2}\ln|x|+C\right)^2.$$

此外,方程还有解 $y=0$.

9.2.3　利用变量代换求解一阶微分方程

对于齐次方程$\frac{dy}{dx}=f\left(\frac{y}{x}\right)$,我们通过变量代换 $y=xu$,将它化为可分离变量的微分方程;对于伯努利方程$\frac{dy}{dx}+P(x)y=Q(x)y^n$($n\neq0,1$),通过变量代换

$z=y^{1-n}$，将它化为一阶线性微分方程. 由此可见，利用变量代换，把一个微分方程化为变量可分离的方程，或化为已经知其求解步骤的方程，这是解微分方程最常用的方法.

例 9.2.11　求微分方程

$$\frac{\mathrm{d}y}{\mathrm{d}x}=(x+y)^2$$

的通解.

解　令 $x+y=u$，则 $y=u-x$，$\frac{\mathrm{d}y}{\mathrm{d}x}=\frac{\mathrm{d}u}{\mathrm{d}x}-1$，代入原方程得

$$\frac{\mathrm{d}u}{\mathrm{d}x}=1+u^2,$$

这是可分离变量的方程，分离变量，两端积分得

$$\arctan u=x+C,$$

把 u 换回 $x+y$，整理得原方程的通解为

$$y=\tan(x+C)-x.$$

例 9.2.12　求微分方程

$$\frac{\mathrm{d}y}{\mathrm{d}x}=\frac{1}{x\sin^2(xy)}-\frac{y}{x}$$

的通解.

解　令 $z=xy$，则 $\frac{\mathrm{d}z}{\mathrm{d}x}=y+x\frac{\mathrm{d}y}{\mathrm{d}x}$，代入原方程，整理得

$$\frac{\mathrm{d}z}{\mathrm{d}x}=\frac{1}{\sin^2 z},$$

这是可分离变量的微分方程，分离变量，两端积分得

$$2z-\sin 2z=4x+C,$$

把 z 换回 xy，整理得原方程的隐式通解为

$$2xy-\sin(2xy)=4x+C.$$

习 题 9.2

1. 求下列可分离变量方程或齐次方程的解.

(1) $\sqrt{1-x^2}\,y'=\sqrt{1-y^2}$；　　(2) $xy'-y\ln y=0$；

(3) $y'=\mathrm{e}^{5x-2y}$，$y(0)=0$；　　(4) $y'\tan x-y=a$，$y\left(\frac{\pi}{2}\right)=0$；

(5) $x\frac{\mathrm{d}y}{\mathrm{d}x}=y\ln\frac{y}{x}$；　　(6) $xy'-y-\sqrt{y^2-x^2}=0$；

(7) $y'=\dfrac{y^2-2xy-x^2}{y^2+2xy-x^2}, y(1)=1$； (8) $y'=\dfrac{x}{y}+\dfrac{y}{x}, y(1)=2$.

2. 求下列一阶线性微分方程或伯努利方程的解.

(1) $y'+y\cos x=\mathrm{e}^{-\sin x}$； (2) $y\ln y\mathrm{d}x+(x-\ln y)\mathrm{d}y=0$；

(3) $xy'+y=\mathrm{e}^x, y(1)=\mathrm{e}$； (4) $y'+\dfrac{2-3x^2}{x^3}y=1, y(1)=0$；

(5) $\dfrac{\mathrm{d}y}{\mathrm{d}x}+y=y^2(\cos x-\sin x)$； (6) $x\mathrm{d}y-[y+xy^3(1+\ln x)]\mathrm{d}x=0$；

(7) $3xy'-y=3xy^4\ln x, y(1)=1$； (8) $\dfrac{\mathrm{d}y}{\mathrm{d}x}=6\dfrac{y}{x}-xy^2, y(1)=1$.

3. 用适当的变量代换求下列方程的解.

(1) $y'=\dfrac{1}{x-y}+1$； (2) $xy'+y=y(\ln x+\ln y)$；

(3) $\dfrac{\mathrm{d}y}{\mathrm{d}x}=\dfrac{1}{x^2}(\mathrm{e}^y+3x)$ ； (4) $xy'\ln x\sin y+\cos y(1-x\cos y)=0$.

4. 若 $f(x)$ 为连续函数，且满足

$$f(x)=1+\int_0^x[\sin t\cos t-f(t)\cos t]\mathrm{d}t,$$

求函数 $f(x)$.

5. 质量为 1g 的质点受外力作用做直线运动，这外力和时间成正比，和质点运动的速度成反比. 在 $t=10\mathrm{s}$ 时，速度等于 50cm/s，外力为 $4g\cdot\mathrm{cm/s^2}$，问从运动开始经过了 1min 后的速度是多少?

6. 设有一个由电阻 $R=10\Omega$(欧)、电感 $L=2\mathrm{H}$(亨)和电源电压 $E=20\sin 5t\mathrm{V}$(伏)串联组成的电路. 当开关 K 合上后，电路中有电流通过. 求电流 i 与时间 t 的函数关系.

7. 如图 9.4 所示，有一条宽为 550m 的直流河，河岸线记作 OA 和 BC. 小船从河岸 OA 出发划向对岸 BC，船头始终与河岸 BC 垂直. 已知船速为 5m/s，由于河床自 OA 岸向 BC 岸、自上游向下游均匀倾斜，河中任一点 $P(x,y)$ 处的水流速度与该点到河岸 OA 距离 x 及船顺流而下的距离 y 之和成正比(比例系数为0.02).

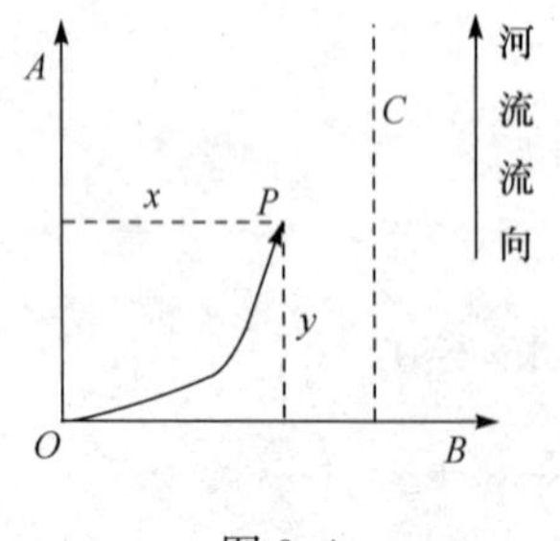

图 9.4

(1) 求小船的航行路线；

(2) 若 O 点是河岸 OA 的渡口，欲在河岸 BC 也建立一渡口，建在哪里最佳?

9.3　可降阶的高阶微分方程

二阶及二阶以上的微分方程，称为高阶微分方程，
对于这类微分方程，没有较为普遍的解法. 但对于有些高阶微分方程，可以通过代换化成较低阶可以求解的方程，下面介绍三类容易降阶的高阶微分方程的求解方法.

9.3.1　$y^{(n)}=f(x)$型

微分方程

$$y^{(n)}=f(x) \tag{9.15}$$

的右端仅含有自变量 x. 容易看出，每积分一次，方程降一阶，因此，两边积分，就得到 $n-1$ 阶微分方程

$$y^{(n-1)}=\int f(x)\mathrm{d}x+C_1,$$

同理可得

$$y^{(n-2)}=\int\left[\int f(x)\mathrm{d}x+C_1\right]\mathrm{d}x+C_2,$$

以此法继续进行，连续作 n 次积分，得含有 n 个任意常数的通解.

例 9.3.1　求微分方程

$$y'''=\mathrm{e}^{2x}-\cos x$$

的通解.

解　对所给方程连续作三次积分，得

$$y''=\int(\mathrm{e}^{2x}-\cos x)\mathrm{d}x+C=\frac{1}{2}\mathrm{e}^{2x}-\sin x+C_1,$$

$$y'=\int\left(\frac{1}{2}\mathrm{e}^{2x}-\sin x+C_1\right)\mathrm{d}x+C_2=\frac{1}{4}\mathrm{e}^{2x}+\cos x+C_1x+C_2,$$

$$y=\frac{1}{8}\mathrm{e}^{2x}+\sin x+C_1x^2+C_2x+C_2\quad\left(C_1=\frac{C}{2}\right).$$

这是所求的通解.

例 9.3.2　试求 $y''=x$ 的经过点 $M(0,1)$ 且在此点与直线 $y=\frac{x}{2}+1$ 相切的积分曲线.

解　由于直线 $y=\frac{x}{2}+1$ 在点 $M(0,1)$ 处的切线斜率为$\frac{1}{2}$，依题设知，所求积分曲线是初值问题

$$\begin{cases} y''=x, \\ y(0)=1, y'(0)=\dfrac{1}{2} \end{cases}$$

的解. 由 $y''=x$,积分得

$$y'=\frac{x^2}{2}+C_1.$$

代入 $y'(0)=\frac{1}{2}$,得 $C_1=\frac{1}{2}$,即有

$$y'=\frac{x^2}{2}+\frac{1}{2}.$$

两端再积分,得

$$y=\frac{x^3}{6}+\frac{x}{2}+C_2,$$

再代入 $y(0)=1$,得 $C_2=1$,于是所求积分曲线的方程为

$$y=\frac{x^3}{6}+\frac{x}{2}+1.$$

9.3.2　$y''=f(x,y')$型

微分方程

$$y''=f(x,y') \tag{9.16}$$

的右端不显含未知函数 y. 作变量代换,令 $y'=p$,则

$$y''=\frac{dp}{dx}=p',$$

代入方程(9.16),得

$$p'=f(x,p).$$

这是一个以 p 为未知函数,x 为自变量的一阶微分方程. 设其通解为

$$p=\varphi(x,C_1),$$

由于 $y'=p$,则有

$$\frac{dy}{dx}=\varphi(x,C_1),$$

两端积分,得到方程(9.16)的通解为

$$y=\int\varphi(x,C_1)dx+C_2.$$

例 9.3.3　求微分方程

$$y''=\frac{2x}{1+x^2}dx$$

满足初始条件 $y(0)=1, y'(0)=3$ 的特解.

解　所给方程是 $y''=f(x,y')$ 型的,作变量代换,令 $y'=p$,代入方程并分离变量后,有

$$\frac{\mathrm{d}p}{p}=\frac{2x}{1+x^2}\mathrm{d}x,$$

两端积分,得

$$\ln|p|=\ln(1+x^2)+C,$$

即

$$p=y'=C_1(1+x^2)\quad(C_1=\pm \mathrm{e}^C).$$

由初始条件 $y'(0)=3$,得

$$C_1=3,$$

所以

$$y'=3(1+x^2),$$

两端再积分,得

$$y=x^3+3x+C_2.$$

又由初始条件 $y(0)=1$,得

$$C_2=1,$$

于是所求特解为

$$y=x^3+3x+1.$$

例 9.3.4　设有一根均匀、柔软且两端固定的绳索,它仅受重力作用自然下垂,问绳索在平衡状态下的曲线形状.

解　设曲线的方程为 $y=y(x)$,任取曲线上一点 $M(x,y)$,AM 弧长为 s,AM 段绳索受三个力作用.并假定绳索的线密度为 ρ,重力为 P,则

$$P=\rho sg\quad(g \text{ 为重力加速度}).$$

A 点水平张力为 H,M 点的切线方向张力为 T,当绳索在平衡状态下有

$$\begin{cases}T\sin\alpha=\rho sg,\\T\cos\alpha=H,\end{cases}$$

两式相除,得

$$\tan\alpha=\frac{\rho g}{H}s.$$

由于 $\tan\alpha=y'=\frac{\rho g}{H}s$,则

$$y''=\frac{\rho g}{H}\frac{\mathrm{d}s}{\mathrm{d}x}=\frac{\rho g}{H}\sqrt{1+y'^2},$$

令 $\frac{\rho g}{H}=\frac{1}{a}(a>0)$,设原点到 A 的距离 $|OA|=a$,那么曲线 $y=y(x)$ 是初值问题

$$\begin{cases} y''=\dfrac{1}{a}\sqrt{1+y'^2}, \\ y(0)=a, y'(0)=0 \end{cases}$$

的解.

方程不显含有 y,可令 $y'=p$,则有 $y''=p'$,代入方程后得

$$p'=\frac{1}{a}\sqrt{1+p^2},$$

分离变量,两端积分得

$$\ln(p+\sqrt{1+p^2})=\frac{x}{a}+C_1,$$

由初始条件 $y'(0)=0$,得

$$C_1=0,$$

所以

$$\ln(p+\sqrt{1+p^2})=\frac{x}{a},$$

从而有

$$p+\sqrt{1+p^2}=e^{\frac{x}{a}},$$

求得

$$p=\frac{1}{2}\left(e^{\frac{x}{a}}-e^{-\frac{x}{a}}\right)=\mathrm{sh}\,\frac{x}{a}.$$

所以

$$y'=\frac{1}{2}\left(e^{\frac{x}{a}}-e^{-\frac{x}{a}}\right)=\mathrm{sh}\,\frac{x}{a},$$

两端再积分,得

$$y=\frac{a}{2}\left(e^{\frac{x}{a}}+e^{-\frac{x}{a}}\right)+C_2=a\,\mathrm{ch}\,\frac{x}{a}+C_2.$$

又由初始条件 $y(0)=a$,得

$$C_2=0,$$

于是该绳索的形状可由曲线方程

$$y=\frac{a}{2}\left(e^{\frac{x}{a}}+e^{-\frac{x}{a}}\right)=a\,\mathrm{ch}\,\frac{x}{a}$$

来表示,这类曲线称为悬链线.

9.3.3 $y''=f(y,y')$型

微分方程

$$y''=f(y,y') \tag{9.17}$$

的右端不显含自变量 x. 作变量代换，令 $y'=p$，利用复合函数求导法则把 y'' 化成对 y 的导数，即

$$y''=\frac{\mathrm{d}p}{\mathrm{d}x}=\frac{\mathrm{d}p}{\mathrm{d}y}\frac{\mathrm{d}y}{\mathrm{d}x}=p\frac{\mathrm{d}p}{\mathrm{d}y},$$

代入方程(9.17)，得

$$p\frac{\mathrm{d}p}{\mathrm{d}y}=f(y,p).$$

这是一个以 p 为未知函数，y 为自变量的一阶微分方程. 设其通解为

$$y'=p=\varphi(y,C_1),$$

分离变量，两端积分得方程(9.17)的通解为

$$\int\frac{\mathrm{d}y}{\varphi(y,C_1)}=x+C_2.$$

例 9.3.5　求微分方程

$$1+(y')^2=2yy''$$

的通解.

解　所给方程是 $y''=f(y,y')$ 型的，作变量代换，令 $y'=p$，$y''=p\frac{\mathrm{d}p}{\mathrm{d}y}$ 代入方程，分离变量得

$$\frac{2p}{1+p^2}\mathrm{d}p=\frac{1}{y}\mathrm{d}y,$$

两端积分，得

$$\ln(1+p^2)=\ln|y|+\ln|C_1|,$$

从而

$$p=\pm\sqrt{C_1y-1}.$$

还原为原变量，得

$$y'=\pm\sqrt{C_1y-1},$$

分离变量，两端积分得原方程的通解为

$$C_1y=\frac{C_1^2}{4}(x+C_2)^2+1.$$

例 9.3.6　一单位质量的质点沿 x 轴运动，所受力为 $F(x)=-\sin x$. 若质点最初位置在原点，初速度 $v_0=2$，证明：当时间 $t\to+\infty$ 时质点趋于一个极限位置，并求出此极限位置.

解　设在时刻 t，质点的位置函数为 $x=x(t)$，加速度为 $a=\frac{\mathrm{d}^2x}{\mathrm{d}t^2}$，所受力为 $F(x)=-\sin x$，由牛顿第二定律得

$$\frac{\mathrm{d}^2x}{\mathrm{d}t^2}=-\sin x,$$

方程不显含自变量 t,令 $\frac{dx}{dt}=p$,则 $\frac{d^2x}{dt^2}=\frac{dp}{dt}=\frac{dp}{dx}\frac{dx}{dt}=p\frac{dp}{dx}$,代入原方程得

$$p\frac{dp}{dx}=-\sin x,$$

这是可分离变量方程,其通解为

$$\frac{p^2}{2}=\cos x+C_1,$$

即

$$\left(\frac{dx}{dt}\right)^2=2(\cos x+C_1).$$

由初始条件 $v_0=x'(0)=2$,得

$$C_1=1,$$

所以

$$\frac{dx}{dt}=\sqrt{2(\cos x+1)}=2\cos\frac{x}{2},$$

分离变量,得

$$\sec\frac{x}{2}dx=2dt,$$

两端积分得通解

$$\tan\left(\frac{x}{4}+\frac{\pi}{4}\right)=C_2e^t.$$

又由初始条件 $x(0)=0$,得

$$C_2=1,$$

于是特解为

$$\tan\left(\frac{x}{4}+\frac{\pi}{4}\right)=e^t,$$

也即

$$x(t)=4\left(\arctan e^t-\frac{\pi}{4}\right),$$

因此

$$\lim_{t\to+\infty}x(t)=\lim_{t\to+\infty}4\left(\arctan e^t-\frac{\pi}{4}\right)=\pi,$$

当时间 $t\to+\infty$ 时质点趋于极限位置 π 处.

习 题 9.3

1. 求下列微分方程的解.

(1) $y''=x+\sin x$;　　　　(2) $y''=1+y'^2$;

(3) $xy''+y'=0$；　　(4) $y''-ay'^2=0, y(0)=0, y'(0)=-1$.

2. 设有一质量为 m 的物体，在空中由静止开始下落，如果空气阻力为 $R=c^2v^2$（其中 c 为常数，v 为物体运动的速度），试求物体下落的距离 s 与时间 t 的函数关系.

9.4　二阶常系数齐次线性微分方程

在微分方程理论中，线性微分方程是非常值得重视的一部分内容. 这不仅因为线性微分方程的一般理论已被研究得十分清楚，而且线性微分方程是研究非线性微分方程的基础，它在物理、力学和工程技术中也有着广泛的应用.

一个 n 阶微分方程，如果其中的未知函数及各阶导数都是一次的，则称它为 n 阶线性微分方程，它的一般形式是

$$y^{(n)}+p_1(x)y^{(n-1)}+p_2(x)y^{n-2}+\cdots+p_{n-1}(x)y'+p_n(x)y=f(x), \quad (9.18)$$

其中 $p_i(x)(i=1,2,\cdots,n)$，$f(x)$ 都是自变量为 x 的已知函数，$f(x)$ 称为方程的自由项.

如果 $f(x)\equiv 0$，则方程(9.18)称为 n 阶齐次线性微分方程；如果 $f(x)\neq 0$，则方程(9.18)称为 n **阶非齐次线性微分方程**.

例如，$(2e^x+1)y'''+xy'=e^x$ 是三阶非齐次线性微分方程，而 $(2e^x+1)y'''+xy'=0$ 是三阶齐次线性微分方程.

在一个线性微分方程中，如果未知函数及其各阶导数的系数都是常数，则称为**常系数线性微分方程**，这类方程在实际中经常遇到.

为方便起见，本节仅就二阶线性方程解的性质与结构、解法进行讨论.

二阶齐次线性微分方程的一般形式为

$$\frac{d^2y}{dx^2}+P(x)\frac{dy}{dx}+Q(x)y=0. \quad (9.19)$$

9.4.1　二阶齐次线性微分方程解的性质和结构

定理 9.1　如果函数 $y_1(x)$，$y_2(x)$ 是方程(9.19)的两个特解，那么

$$y=C_1y_1(x)+C_2y_2(x)$$

也是方程(9.2)的解，其中 C_1、C_2 是任意常数.

将 $y=C_1y_1(x)+C_2y_2(x)$ 代入方程(9.19)即可证明，读者可自己证明.

二阶齐次线性方程的这个性质表明它的解符合叠加原理. 这个性质可以推广到 n 阶齐次线性微分方程.

问题 1　根据定理 9.1，如果知道一个二阶齐次线性微分方程的两个特解 $y_1(x)$ 和 $y_2(x)$，就可以构造出无穷多个解

$$y=C_1y_1(x)+C_2y_2(x),$$

此式包含了两个任意常数，而方程又是二阶的，那么它是否是方程(9.19)的通解呢?

答案是不一定，如对 $y_1(x)=\sin 2x$，$y_2(x)=\sin x\cos x$，由于

$$y=C_1y_1(x)+C_2y_2(x)=C_1\sin 2x+C_2\sin x\cos x$$

$$=\left(C_1+\frac{C_2}{2}\right)\sin 2x=C_3\sin 2x,$$

其中 $C_3=\left(C_1+\frac{C_2}{2}\right)$，所以上式不能构成一个二阶方程的通解.

而对 $y_1(x)=e^x$，$y_2(x)=e^{-x}$，由于

$$y=C_1y_1(x)+C_2y_2(x)=C_1e^x+C_2e^{-x}$$

中的两个任意常数 C_1，C_2 相互独立，所以上式能构成一个二阶方程的通解.

问题 2 一个二阶齐次线性微分方程无穷多个解不一定是通解，那么在什么情况下才能由两个特解构造出它的通解呢?

为了解决这个问题，我们先引入函数线性相关与线性无关的概念.

设 $y_1(x)$，$y_2(x)$，…，$y_n(x)$为定义在区间 I 上的 n 个函数，如果存在不全为零的常数 k_1，k_2，…k_n，使得在区间 I 内恒有

$$k_1y_1+k_2y_2+\cdots+k_ny_n\equiv 0$$

成立，那么称这 n 个函数在区间 I 上**线性相关**，否则称**线性无关**.

例如，函数 1，$\cos 2x$，$\sin^2x$ 在整个数轴上线性相关，因为取 $k_1=1$，$k_2=-1$，$k_3=-2$就有恒等式

$$1-\cos 2x-2\sin^2x\equiv 0.$$

又如，函数 1，x，x^2 在任何区间内都是线性无关，因为当且仅当 k_1，k_2，k_3 全为零时，才有

$$k_1+k_2x+k_3x^2\equiv 0.$$

判断两个函数 $y_1(x)$和 $y_2(x)$线性相关或线性无关的方法：若$\frac{y_2(x)}{y_1(x)}=$常数，则$y_1(x)$和 $y_2(x)$线性相关；若$\frac{y_2(x)}{y_1(x)}\neq$常数，则 $y_1(x)$和 $y_2(x)$线性无关. 用两个线性无关的函数可构造出方程(9.19)的通解.

定理 9.2 如果函数 $y_1(x)$，$y_2(x)$是方程(9.19)的两个线性无关的特解，那么

$$y=C_1y_1(x)+C_2y_2(x)$$

就是方程(9.19)的通解，其中 C_1，C_2 是任意常数.

例如，在 9.1 节中我们已知 $y=\sin x$，$y=\cos x$ 是二阶齐次线性微分方程 $y''+y=0$的两个特解，而

$$\frac{\sin x}{\cos x}=\tan x\neq 常数,$$

所以,函数 $y=C_1\sin x+C_2\cos x$ 是方程 $y''+y=0$ 的通解.

9.4.2　二阶常系数齐次线性微分方程的解法

二阶常系数齐次线性微分方程的一般形式为

$$y''+py'+qy=0, \tag{9.20}$$

其中 p,q 均为实常数.

由前面的讨论可知,要求方程(9.20)的通解,只要能求出它的两个线性无关的特解,由定理 9.2 便可得出它的通解.那么,如何寻求方程(9.20)的两个线性无关的特解呢?

从方程(9.20)的结构来看,它的特点是 y,y',y'' 各乘上常数因子后相加等于零.如果能找到一个函数 y,它和它的导数 y',y'' 之间只相差一个常数因子,这样的函数就有可能是方程(9.20)的解.

指数函数有这个特点,因此用 $y=e^{rx}$ 来尝试,看能否选取适当的 r,使 $y=e^{rx}$ 是方程(9.20)的解.

假设 $y=e^{rx}$ 是方程(9.20)的解,将 $y=e^{rx}$ 求导,得到

$$y'=re^{rx},\quad y''=r^2e^{rx},$$

把 y,y',y'' 代入方程(9.20),得

$$r^2e^{rx}+rpe^{rx}+qe^{rx}=0,$$

即

$$(r^2+pr+q)e^{rx}=0.$$

由于 $e^{rx}\neq 0$,所以有

$$r^2+pr+q=0. \tag{9.21}$$

显然,对于一元二次方程(9.21)的每一个根 r,都对应方程(9.20)的一个解 $y=e^{rx}$,这样就把方程(9.20)的求解问题转化为代数方程(9.21)的求根问题.我们把代数方程(9.21)称为微分方程(9.20)的**特征方程**.

特征方程(9.21)中 r^2,r 的系数和常数项恰好依次是微分方程(9.20)中 y'',y' 和 y 的系数.

特征方程(9.21)的两个根 r_1 和 r_2 可用公式

$$r_{1,2}=\frac{-p\pm\sqrt{p^2-4q}}{2}$$

求出,它们有三种不同的情形,相应地,微分方程(9.20)的通解也有三种不同的情形.

(1) 当 $p^2-4q>0$ 时,特征方程(9.21)有两个互不相等的实根 r_1 和 r_2:

$$r_1=\frac{-p+\sqrt{p^2-4q}}{2},\quad r_2=\frac{-p-\sqrt{p^2-4q}}{2}$$

此时

$$y_1=e^{r_1x},\quad y_2=e^{r_2x}$$

是微分方程(9.20)的两个特解,并且

$$\frac{y_2}{y_1}=\frac{e^{r_2x}}{e^{r_1x}}=e^{(r_2-r_1)x}\quad (r_1\neq r_2)$$

不是一个常数,故 y_1 与 y_2 线性无关,所以微分方程(9.20)的通解为

$$y=C_1e^{r_1x}+C_2e^{r_2x},\quad C_1,C_2\text{ 为任意常数}.$$

(2) 当 $p^2-4q=0$ 时,特征方程(9.21)有两个相等的实根 $r_1=r_2=-\frac{p}{2}$,此时只能得到微分方程(9.20)的一个特解 $y_1=e^{r_1x}$. 为了得出它的通解,还需要找出一个与 y_1 线性无关的特解 y_2. 为此设$\frac{y_2}{y_1}=u(x)$,即 $y_2=e^{r_1x}u(x)$,下面来求 $u(x)$.

对 y_2 求导可得

$$y_2'=e^{r_1x}(u'+r_1u),$$
$$y''_2=e^{r_1x}(u''+2r_1u'+r_1^2u).$$

将 y_2,y_2'和 y''_2 代入微分方程(9.20),可得

$$e^{r_1x}[u''+2r_1u'+r_1^2u+p(u'+r_1u)+qu]=0,$$

约去 e^{r_1x},整理可得

$$u''+2\left(r_1+\frac{p}{2}\right)u'+(r_1^2+pr_1+q)u=0.$$

由于 r_1 是特征方程(9.21)的二重根. 因此

$$r_1+\frac{p}{2}=0,\quad r_1^2+pr_1+q=0,$$

于是得

$$u''=0,$$

积分两次,可得

$$u=k_1x+k_2.$$

因为这里只要得到一个不为常数的解,所以不妨选取 $u=x$,由此得到微分方程(9.20)的另一个特解

$$y_2=xe^{r_1x}.$$

所以微分方程(9.20)的通解为

$$y=(C_1+C_2x)e^{r_1x},\quad C_1,C_2 \text{ 为任意常数}.$$

(3) 当 $p^2-4q<0$ 时，特征方程(9.21)有一对共轭复根 $r_1=\alpha+i\beta$ 和 $r_2=\alpha-i\beta$，其中

$$\alpha=\frac{-p}{2},\quad \beta=\frac{\sqrt{4q-p^2}}{2}\neq 0$$

此时

$$y_1=e^{(\alpha+i\beta)x},\quad y_2=e^{(\alpha-i\beta)x}$$

是微分方程(9.20)的两个特解，但它们是复值函数形式. 为了得出实值函数形式，先利用欧拉公式 $e^{i\theta}=\cos\theta+i\sin\theta$ 把 y_1,y_2 改写为

$$y_1=e^{(\alpha+i\beta)x}=e^{\alpha x}e^{i\beta x}=e^{\alpha x}(\cos\beta x+i\sin\beta x),$$
$$y_2=e^{(\alpha-i\beta)x}=e^{\alpha x}e^{-i\beta x}=e^{\alpha x}(\cos\beta x-i\sin\beta x).$$

复值函数 y_1 与 y_2 之间成共轭关系，因此，取它们的和除以 2 就得到它们的实部；取它们的差除以 2i 就得到它们的虚部. 由于微分方程(9.20)的解符合叠加原理，所以实值函数

$$\bar{y}_1=\frac{1}{2}(y_1+y_2)=e^{\alpha x}\cos\beta x,$$

$$\bar{y}_2=\frac{1}{2i}(y_1-y_2)=e^{\alpha x}\sin\beta x$$

还是微分方程(9.20)的解，且 $\dfrac{\bar{y}_2}{\bar{y}_1}=\dfrac{e^{\alpha x}\cos\beta x}{e^{\alpha x}\sin\beta x}=\cot\beta x$ 不是常数，所以微分方程(9.20)的通解为

$$y=e^{\alpha x}(C_1\cos\beta x+C_2\sin\beta x),\quad C_1,C_2 \text{ 为任意常数}.$$

综上所述，二阶常系数齐次线性微分方程

$$y''+py'+qy=0$$

的通解可按下述步骤求得.

第一步　写出微分方程(9.20)的特征方程

$$r^2+pr+q=0.$$

第二步　求出特征方程的两个根 r_1 和 r_2.

第三步　根据特征方程的两个根的不同情形，按照表 9.1 写出微分方程(9.20)的通解.

表 9.1　微分方程(9.20)(角解的形式)

特征方程的根	微分方程的通解
两个不等的实根 r_1 和 r_2	$y=C_1e^{r_1x}+C_2e^{r_2x}$,$C_1$,$C_2$ 为任意常数
两个相等的实根 $r_1=r_2$	$y=(C_1+C_2x)e^{r_1x}$,C_1,C_2 为任意常数
一对共轭复根 $r_{1,2}=\alpha\pm i\beta$	$y=e^{\alpha x}(C_1\cos\beta x+C_2\sin\beta x)$,$C_1$,$C_2$ 为任意常数

例 9.4.1　求下列微分方程的通解.

(1) $y''+y'-2y=0$;

(2) $4\dfrac{d^2x}{dt^2}-20\dfrac{dx}{dt}+25x=0$;

(3) $y''+6y'+13y=0$.

解　(1) 所给方程的特征方程为

$$r^2+r-2=0,$$

其根 $r_1=1,r_2=-2$ 是两个不相等的实根.因此所求方程的通解为

$$y=C_1e^x+C_2e^{-3x},C_1,C_2 \text{ 为任意常数.}$$

(2) 所给方程的特征方程为

$$4r^2-20r+25=0,$$

其根 $r_1=r_2=\dfrac{5}{2}$是两个相等的实根.因此所求方程的通解为

$$y=(C_1+C_2t)e^{\frac{5}{2}t},C_1,C_2 \text{ 为任意常数.}$$

(3) 所给方程的特征方程为

$$r^2+6r+13=0,$$

其根 $r_{1,2}=-3\pm 2i$ 是一对共轭复根.因此所求方程的通解为

$$y=e^{-3x}(C_1\cos 2x+C_2\sin 2x),C_1,C_2 \text{ 为任意常数.}$$

例 9.4.2　某飞机在机场降落时,为了减少滑行距离,在触地的瞬间,飞机尾部张开减速伞以增大阻力,使飞机迅速减速并停下.现有一质量为 9000kg 的飞机,着陆时的水平速度为 700km/h,经测试,减速伞打开后飞机所受的总阻力与飞机的速度成正比(比例系数为 $k=6.0\times10^6$),问从着陆点算起飞机滑行的最长距离是多少?

解　由题设知 $m=9000$kg,$v_0=700$km/h.设触地后时刻 t 飞机的滑行距离为 $s(t)$,由牛顿第二定律

$$m\frac{d^2s}{dt^2}=-k\frac{ds}{dt},$$

即

$$\frac{d^2s}{dt^2}+\frac{k}{m}\frac{ds}{dt}=0,$$

且满足初始条件 $s(0)=0, s'(0)=v_0$.

此方程为二阶常系数齐次线性微分方程,其特征方程为

$$r^2+\frac{k}{m}r=0,$$

其根 $r_1=0, r_2=-\frac{k}{m}$ 是两个不相等的实根. 因此所求方程的通解为

$$s(t)=C_1+C_2\mathrm{e}^{-\frac{k}{m}t}, C_1, C_2 \text{ 为任意常数}.$$

由初始条件 $s(0)=0, s'(0)=v_0$,得

$$C_1=-C_2=\frac{mv_0}{k},$$

故

$$s(t)=\frac{mv_0}{k}\left(1-\mathrm{e}^{-\frac{k}{m}t}\right),$$

因此

$$\lim_{t\to+\infty}s(t)=\frac{mv_0}{k}=1.05(\mathrm{km}),$$

所以从着陆点算起飞机滑行的最长距离是 1.05km.

例 9.4.3　如图 9.5 所示的电路中先将开关 K 拨向 A,达到稳定状态后再将开关 K 拨向 B,求电压 $u_C(t)$ 及电流 $i(t)$. 已知 $E=20\mathrm{V}, C=0.5\times10^{-6}\mathrm{F}, L=0.1\mathrm{H}, R=2000\Omega$.

解　由基尔霍夫回路电压定律,得

$$L\frac{\mathrm{d}i}{\mathrm{d}t}+\frac{q}{C}+Ri=0.$$

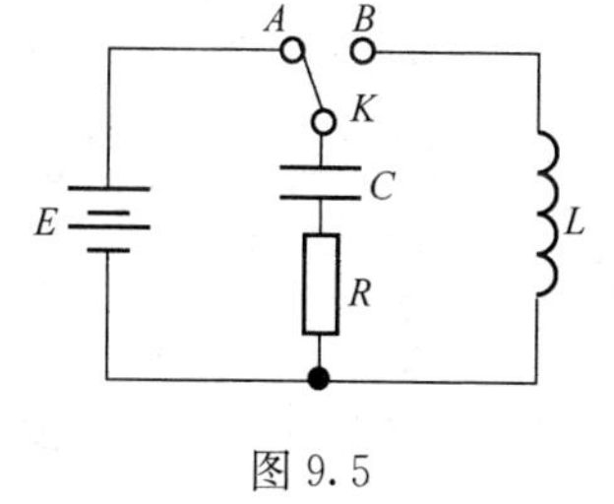

图 9.5

因 $\frac{q}{C}=u_C$,即 $q=Cu_C, i=\frac{\mathrm{d}q}{\mathrm{d}t}=C\frac{\mathrm{d}u_C}{\mathrm{d}t}$,则 $\frac{\mathrm{d}i}{\mathrm{d}t}=C\frac{\mathrm{d}^2u_C}{\mathrm{d}t^2}$.

于是有

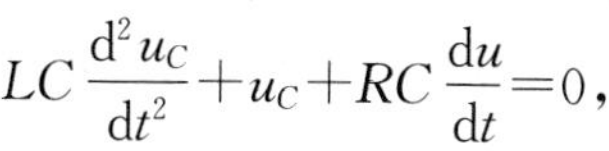

$$LC\frac{\mathrm{d}^2u_C}{\mathrm{d}t^2}+u_C+RC\frac{\mathrm{d}u}{\mathrm{d}t}=0,$$

即

$$\frac{\mathrm{d}^2u_C}{\mathrm{d}t^2}+\frac{R}{L}\frac{\mathrm{d}u_C}{\mathrm{d}t}+\frac{1}{LC}u_C=0,$$

且满足

$$u_C(0)=20,\quad u_C'(0)=0.$$

已知$\frac{R}{L}=2\times10^4$，$\frac{1}{LC}=2\times10^7$，故微分方程为

$$\frac{\mathrm{d}^2u_C}{\mathrm{d}t^2}+2\times10^4\frac{\mathrm{d}u_C}{\mathrm{d}t}+2\times10^7u_C=0,$$

其特征方程为

$$r^2+2\times10^4r+2\times10^7=0.$$

解得

$$r_1\approx-1.9\times10^4,\quad r_2\approx-10^3.$$

故所求微分方程的通解为

$$u_C=C_1\mathrm{e}^{-1.9\times10^4t}+C_2\mathrm{e}^{-10^3t},C_1,C_2\text{ 为任意常数},$$

且有

$$u_C'=-1.9\times10^4C_1\mathrm{e}^{-1.9\times10^4t}-10^3C_2\mathrm{e}^{-10^3t},$$

代入初始条件$u_C(0)=20$，$u_C'(0)=0$，得

$$\begin{cases}C_1+C_2=20,\\-1.9\times10^4C_1-10^3C_2=0,\end{cases}$$

解得

$$C_1=-\frac{10}{9},\quad C_2=\frac{190}{9}.$$

故

$$u_C(t)=\frac{10}{9}(19\mathrm{e}^{-10^3t}-\mathrm{e}^{-1.9\times10^4t}),$$

$$i(t)=Cu_C'=\frac{19}{18}\times10^{-2}(\mathrm{e}^{-1.9\times10^4t}-\mathrm{e}^{-10^3t}).$$

习 题 9.4

1. 求下列微分方程的解.

(1) $y''-4y'=0$；　(2) $y''+y'-2y=0$；

(3) $y''-4y'+5y=0$；　(4) $y''-3y'+2y=0$，$y(0)=2$，$y'(0)=-3$；

(5) $y''+4y'+4y=0$，$y(2)=4$，$y'(2)=0$.

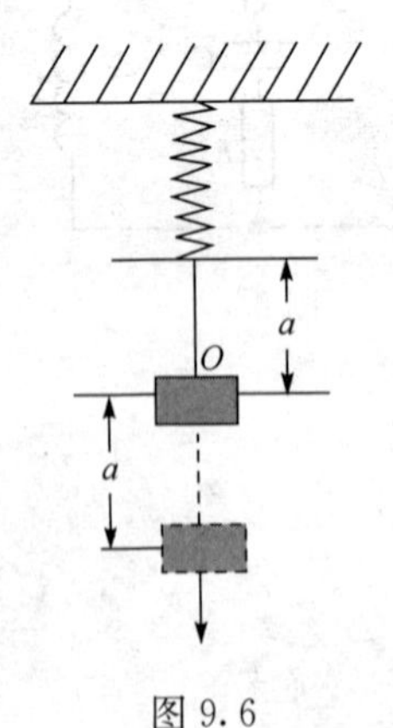

图 9.6

2. 如图 9.6 所示，一个质量为 m 的重物悬挂在上端固定的竖直的弹簧的下端，使弹簧伸长 a(单位:m)，此时弹簧下端位于 O 点，将重物又拉下 am 后再放手. 求重物相对于 O 的位置函数(假定物体只受重力和弹性力作用).

9.5　二阶常系数非齐次线性微分方程

二阶非齐次线性微分方程的一般形式为

$$\frac{d^2y}{dx^2}+P(x)\frac{dy}{dx}+Q(x)y=f(x), \tag{9.22}$$

其中 $P(x)$,$Q(x)$和 $f(x)$为自变量为 x 的函数. 对应的二阶齐次线性微分方程为

$$\frac{d^2y}{dx^2}+P(x)\frac{dy}{dx}+Q(x)y=0.$$

9.5.1　二阶非齐次线性微分方程解的性质和结构

定理 9.3　如果函数 $y_1(x)$,$y_2(x)$是方程(9.22)的两个特解,则

$$y=y_1(x)-y_2(x)$$

是对应的二阶齐次线性微分方程的解.

将 $y=y_1(x)-y_2(x)$代入方程(9.22)即可证明,读者可自己证明.

定理 9.4　设 $y^*(x)$为二阶非齐次线性微分方程(9.22)的一个特解,$Y(x)$是与方程(9.22)对应的齐次方程的通解,那么

$$y=Y(x)+y^*(x) \tag{9.23}$$

是二阶非齐次线性微分方程(9.22)的通解.

将 y 代入方程(9.22)可证明 $y=Y(x)+y^*(x)$是二阶非齐次线性微分方程(9.22)的解,然后再根据 y 中有两个线性无关的特解可证 y 是方程(9.22)的通解,具体步骤读者可自己写出.

定理 9.5　设函数 $y_1(x)$,$y_2(x)$分别是二阶非齐次线性微分方程

$$\frac{d^2y}{dx^2}+P(x)\frac{dy}{dx}+Q(x)y=f_1(x),$$

$$\frac{d^2y}{dx^2}+P(x)\frac{dy}{dx}+Q(x)y=f_2(x)$$

的解,则

$$y=y_1(x)+y_2(x)$$

是二阶非齐次线性微分方程

$$\frac{d^2y}{dx^2}+P(x)\frac{dy}{dx}+Q(x)y=f_1(x)+f_2(x)$$

的解.

证明略.

定理 9.5 通常称为线性微分方程的解的叠加原理. 定理 9.4 和定理 9.5 可推广到 n 阶非齐次线性方程,这里不再赘述.

9.5.2 二阶常系数非齐次线性微分方程的解法

二阶常系数非齐次线性微分方程的一般形式为

$$y''+py'+qy=f(x), \tag{9.24}$$

其中 p,q 均为实常数,$f(x)$为 x 的连续函数. 对应的二阶常系数齐次线性微分方程为

$$y''+py'+qy=0.$$

由定理 9.4 可知,可按如下步骤求二阶常系数非齐次线性微分方程的通解.

第一步 求方程(9.24)对应的齐次方程的通解

$$Y(x)=C_1y_1(x)+C_2y_2(x), C_1, C_2 \text{ 为任意常数};$$

第二步 求方程(9.24)本身的一个特解 $y^*(x)$;

第三步 写出方程(9.24)的通解 $y=Y(x)+y^*(x)$.

由于二阶常系数齐次线性微分方程的通解求解问题已经得到解决,所以这里只需要讨论二阶常系数非齐次线性微分方程的一个特解 $y^*(x)$的方法.

下面只介绍微分方程(9.24)右端函数 $f(x)$为两种常见特殊类型的求特解 $y^*(x)$的待定系数法. 这种方法将求解微分方程的问题转化为代数问题来处理,不用积分就可求出特解 $y^*(x)$,因而比较简便.

类型 Ⅰ $f(x)=P_m(x)e^{\lambda x}$ 型

$f(x)=P_m(x)e^{\lambda x}$,其中 λ 是常数,$P_m(x)$是已知的 m 次多项式:

$$P_m(x)=a_0x^m+a_1x^{m-1}+\cdots+a_m.$$

微分方程(9.24)的特解 $y^*(x)$就是使其成为恒等式的函数. 怎样的函数能使它成为恒等式呢? 因为方程右端 $f(x)$是多项式 $P_m(x)$和指数函数 $e^{\lambda x}$ 的乘积,而多项式函数和指数函数的乘积的导数仍然是多项式函数和指数函数的乘积,所以,我们推测 $y^*(x)=Q(x)e^{\lambda x}$(其中 $Q(x)$是某个多项式,次数和系数待定)可能是方程(9.24)的特解. 把 $y^*(x)$, $y^{*\prime}(x)$, $y^{*\prime\prime}(x)$代入方程(9.24),然后考虑能否选取适当的多项式 $Q(x)$,使 $y^*(x)=Q(x)e^{\lambda x}$ 满足方程(9.24),为此将

$$y^*(x)=Q(x)e^{\lambda x},$$

$$y^{*\prime}(x)=[\lambda Q(x)+Q'(x)]e^{\lambda x},$$

$$y^{*\prime\prime}(x)=[\lambda^2Q(x)+2\lambda Q'(x)+Q''(x)]e^{\lambda x}$$

代入微分方程(9.24),并消去 $e^{\lambda x}$,可得

$$Q''(x)+(2\lambda+p)Q'(x)+(\lambda^2+p\lambda+q)Q(x)=P_m(x) \tag{9.25}$$

(i) 如果 λ 不是方程(9.24)对应齐次微分方程的特征方程

$$r^2+pr+q=0$$

的根,即 $\lambda^2+p\lambda+q\neq 0$,由于 $P_m(x)$是一个 m 次多项式,要使(9.25)的两端恒等,

那么可令 $Q(x)$ 为另一个 m 次多项式 $Q_m(x)$：

$$Q_m(x)=b_0x^m+b_1x^{m-1}+\cdots+b_m,$$

其中 $b_0,b_1,\cdots,b_m$ 为待定常数. 将 $Q_m(x)$ 代入(9.25)，并比较两端 x 的同次幂的系数可解得

$$b_0,b_1,\cdots,b_m,$$

进而得到所求的特解为

$$y^*(x)=Q_m(x)e^{\lambda x}.$$

(ii) 如果 λ 是方程(9.24)对应齐次微分方程的特征方程

$$r^2+pr+q=0$$

的单根，即 $\lambda^2+p\lambda+q=0$，但 $2\lambda+p\neq0$，要使(9.25)的两端恒等，那么 $Q'(x)$ 必须是一个 m 次多项式，此时可令

$$Q(x)=xQ_m(x),$$

并可用同样的方法来确定 $Q_m(x)$ 的系数 $b_0,b_1,\cdots,b_m$.

(iii) 如果 λ 是方程(9.24)对应齐次微分方程的特征方程

$$r^2+pr+q=0$$

的重根，即 $\lambda^2+p\lambda+q=0$，且 $2\lambda+p=0$，要使式(9.25)的两端恒等，那么 $Q''(x)$ 必须是一个 m 次多项式，此时可令

$$Q(x)=x^2Q_m(x),$$

并可用同样的方法来确定 $Q_m(x)$ 的系数.

综上所述，我们有如下结论.

如果 $f(x)=P_m(x)e^{\lambda x}$，则二阶常系数非齐次线性微分方程(9.24)的特解可设为

$$y^*(x)=x^kQ_m(x)e^{\lambda x},$$

其中 $Q_m(x)$ 是与 $P_m(x)$ 同次(m 次)的多项式. 若 λ 不是特征方程的根，取 $k=0$；若 λ 是特征方程的单根，取 $k=1$；若 λ 是特征方程的重根，取 $k=2$.

例 9.5.1　求微分方程

$$y''-5y'+6y=xe^{2x}$$

的通解.

解　对应的齐次微分方程为

$$y''-5y'+6y=0,$$

其特征方程为

$$r^2-5r+6=0,$$

其根 $r_1=2,r_2=3$ 是两个不相等的实根. 因此对应齐次微分方程的通解为

$$Y=C_1e^{2x}+C_2e^{3x},C_1,C_2\text{ 为任意常数}.$$

自由项 $f(x)=xe^{2x}$ 属于 $P_m(x)e^{\lambda x}$，取 $m=1,\lambda=2$. 显然 $\lambda=2$ 是特征方程的单

根,因此,方程特解的一般形式可设为

$$y^*(x)=x(Ax+B)e^{2x}.$$

对 $y^*(x)$求导有

$$y^{*\prime}(x)=[2Ax^2+2(A+B)x+B]e^{2x},$$

$$y^{*\prime\prime}(x)=2[2Ax^2+2(2A+B)x+(A+B)]e^{2x},$$

将 $y^*(x),y^{*\prime}(x),y^{*\prime\prime}(x)$代入所给方程,消去 e^{2x},整理得

$$-2Ax+2A-B=x,$$

比较等式两端 x 的同次幂系数,得

$$A=-\frac{1}{2},\quad B=-1.$$

于是微分方程的一个特解为

$$y^*(x)=-x\left(\frac{1}{2}x+1\right)e^{2x}.$$

所求微分方程的通解为

$$y=Y+y^*(x)=C_1e^{2x}+C_2e^{3x}-x\left(\frac{1}{2}x+1\right)e^{2x}.$$

例 9.5.2　求微分方程

$$y''+y'+y=x^2$$

的一个特解.

解　对应的齐次微分方程为

$$y''+y'+y=0,$$

其特征方程为

$$r^2+r+1=0,$$

其根 $r_{1,2}=-\frac{1}{2}\pm\frac{\sqrt{3}}{2}\mathrm{i}$ 是一对共轭复根.

自由项 $f(x)=x^2$ 属于 $P_m(x)e^{\lambda x}$,取 $m=2,\lambda=0$. 显然 $\lambda=0$ 不是特征方程的根,因此,方程特解的一般形式可设为

$$y^*(x)=Ax^2+Bx+C.$$

对 $y^*(x)$求导有

$$y^{*\prime}(x)=2Ax+B,\quad y^{*\prime\prime}(x)=2A,$$

将 $y^*(x),y^{*\prime}(x),y^{*\prime\prime}(x)$代入所给方程,整理得

$$Ax^2+(2A+B)x+(2A+B+C)=x^2,$$

比较等式两端 x 的同次幂系数,得

$$A=1,\quad B=-2,\quad C=0.$$

于是微分方程的一个特解为

$$y^*(x)=x^2-2x.$$

例 9.5.3　求微分方程

$$y''-2y'+y=e^x$$

满足初始条件 $y(0)=1,y'(0)=0$ 的特解.

解　对应的齐次微分方程为

$$y''-2y'+y=0,$$

其特征方程为

$$r^2-2r+1=0,$$

其根 $r_1=r_2=1$ 是两个相等的实根. 因此对应齐次微分方程的通解为

$$Y=(C_1+C_2x)e^x, C_1, C_2 \text{ 为任意常数.}$$

自由项 $f(x)=e^x$ 属于 $P_m(x)e^{\lambda x}$,取 $m=0,\lambda=1$. 显然 $\lambda=1$ 是特征方程的重根,因此,方程特解的一般形式可设为

$$y^*(x)=Ax^2e^x.$$

对 $y^*(x)$ 求导有

$$y^{*\prime}(x)=(Ax^2+2Ax)e^x,$$

$$y^{*\prime\prime}(x)=(Ax^2+4Ax+2A)e^x,$$

将 $y^*(x),y^{*\prime}(x),y^{*\prime\prime}(x)$ 代入所给方程,消去 e^x,求得

$$A=\frac{1}{2}.$$

于是微分方程的一个特解为

$$y^*(x)=\frac{1}{2}x^2e^x.$$

所求微分方程的通解为

$$y=Y+y^*(x)=(C_1+C_2x)e^x+\frac{1}{2}x^2e^x, C_1, C_2 \text{ 为任意常数.}$$

对 y 求导,得

$$y'=C_2e^x+(C_1+C_2x)e^x+xe^x+\frac{1}{2}x^2e^x.$$

由初始条件 $y(0)=1,y'(0)=0$,代入可得

$$C_1=1,\quad C_2=-1.$$

所以,满足初始条件的特解为

$$y=(1-x)e^x+\frac{1}{2}x^2e^x.$$

类型Ⅱ　$f(x)=e^{\lambda x}[P_l(x)\cos\omega x+P_n(x)\sin\omega x]$型

$f(x)=e^{\lambda x}[P_l(x)\cos\omega x+P_n(x)\sin\omega x]$,其中 $\lambda,\omega(\omega\neq 0)$ 是常数,$P_l(x)$,

$P_n(x)$分别是 x 的 l 次和 n 次多项式(可以有一个为零).

可以证明:二阶常系数非齐次线性方程 $y''+py'+qy=f(x)$的特解具有形式

$$y^*=x^k e^{\lambda x}[R_m^{(1)}(x)\cos\omega x+R_m^{(2)}(x)\sin\omega x],$$

其中 $R_m^{(1)}(x)$与 $R_m^{(2)}(x)$是系数待定的 m 次多项式,$m=\max\{l,n\}$. 当$\lambda+i\omega$ 不是特征方程 $r^2+pr+q=0$ 的根时,取 $k=0$;当 $\lambda+i\omega$ 是特征方程 $r^2+pr+q=0$ 的根时,取 $k=1$.

例 9.5.4　写出下列微分方程的特解形式.

(1) $y''+4y=xe^{-x}\cos 2x$;

(2) $y''+4y=\sin 2x$.

解　(1)所给方程是二阶常系数非齐次线性微分方程,自由项 $f(x)=xe^{-x}\cos 2x$ 属于 $e^{\lambda x}[P_l(x)\cos\omega x+P_n(x)\sin\omega x]$. 取 $\lambda=-1,\omega=2,P_l(x)=x,P_n(x)=0$ 的情形. 对应齐次方程为

$$y''+4y=0,$$

其特征方程为 $r^2+4=0$,其根为 $r_{1,2}=\pm 2i$,由于 $\lambda+i\omega$ 不是特征方程的根,所以,方程特解的一般形式可设为

$$y^*(x)=e^{-x}[(Ax+B)\cos 2x+(Cx+D)\sin 2x].$$

(2) 所给方程是二阶常系数非齐次线性微分方程,自由项 $f(x)=\sin 2x$ 属于 $e^{\lambda x}[P_l(x)\cos\omega x+P_n(x)\sin\omega x]$. 取 $\lambda=0,\omega=2,P_l(x)=0,P_n(x)=1$ 的情形. 对应齐次方程的根为 $r_{1,2}=\pm 2i$,由于 $\lambda+i\omega$ 是特征方程的根,所以,方程特解的一般形式可设为

$$y^*(x)=x(A\cos 2x+B\sin 2x).$$

例 9.5.5　求微分方程

$$y''+2y'+y=x\sin x$$

满足初始条件 $y(0)=0,y'(0)=1$ 的特解.

解　所给方程是二阶常系数非齐次线性微分方程,自由项 $f(x)=x\sin x$ 属于 $e^{\lambda x}[P_l(x)\cos\omega x+P_n(x)\sin\omega x]$. 取 $\lambda=0,\omega=1,P_l(x)=0,P_n(x)=x$ 的情形.

对应齐次方程为

$$y''+2y'+y=0,$$

特征方程为 $r^2+2r+1=0$,其根为 $r_{1,2}=-1$,对应齐次方程的通解为

$$Y=(C_1+C_2x)e^{-x}, C_1,C_2 \text{ 为任意常数}.$$

由于 $\lambda+i\omega$ 不是特征方程的根,所以,方程特解的一般形式可设为

$$y^*(x)=(Ax+B)\cos x+(Cx+D)\sin x.$$

对 $y^*(x)$求导有

$$y^{*\prime}(x)=(Cx+A+D)\cos x+(C-B-Ax)\sin x,$$

$$y^{*\prime\prime}(x)=(2C-B-Ax)\cos x-(Cx+D+2A)\sin x,$$

将 $y^*(x), y^{*\prime}(x), y^{*\prime\prime}(x)$ 代入所给方程，整理得

$$2(Cx+A+C+D)\cos x-2(Ax+A+B-C)\sin x=x\sin x.$$

比较等号两边的 $\sin x, \cos x$ 系数，得

$$\begin{cases}-2Ax-2A-2B+C=x,\\ 2Cx+2A+2C+2D=0,\end{cases}$$

解得

$$A=-\frac{1}{2},\quad B=\frac{1}{2},\quad C=0,\quad D=\frac{1}{2}.$$

于是微分方程的一个特解为

$$y^*(x)=\frac{1}{2}(1-x)\cos x+\frac{1}{2}\sin x.$$

所求微分方程的通解为

$$y=Y+y^*(x)=(C_1+C_2x)\mathrm{e}^{-x}+\frac{1}{2}(1-x)\cos x+\frac{1}{2}\sin x, C_1, C_2 \text{ 为任意常数}.$$

对 y 求导，得

$$y'=C_2\mathrm{e}^{-x}-(C_1+C_2x)\mathrm{e}^{-x}-\frac{1}{2}(1-x)\sin x.$$

由初始条件 $y(0)=0, y'(0)=1$，代入可得

$$C_1=-\frac{1}{2},\quad C_2=\frac{1}{2}.$$

所以，满足初始条件的特解为

$$y=\frac{1}{2}[(x-1)\mathrm{e}^{-x}+\sin x+\cos x-x].$$

习题 9.5

1. 求下列微分方程的解.

(1) $y''+4y=8$；　(2) $y''+y=x\mathrm{e}^{-x}$；

(3) $y''-6y'+9y=(x+1)\mathrm{e}^{3x}$；　(4) $y''-2y'+5y=\mathrm{e}^{x}\sin 2x$；

(5) $y''+y=\mathrm{e}^{x}+\cos x$；　(6) $y''-y=\sin^2 x$；

(7) $y''-3y'+2y=5, y(0)=1, y'(0)=2$；

(8) $y''+4y+3\sin 3x=0, y(\pi)=y'(\pi)=1$.

2. 设函数 $f(x)$ 连续且满足

$$f(x)=\mathrm{e}^{x}+\sin x-\int_0^x (x-t)f(t)\mathrm{d}t,$$

求函数 $f(x)$.

3. 一链条悬挂在一钉子上，起动时一端离开钉子 8m，另一端离开钉子 12m，

分别在以下两种情况下求链条滑下来所需要的时间：

(1) 若不计钉子对链条所产生的摩擦力；

(2) 若摩擦力为链条 1m 长的质量.

9.6　常微分方程模型应用举例

9.6.1　死亡时间判定模型

某地发生一起谋杀案,刑侦人员测得尸体温度为 30℃,此时是下午 4 点整. 假设该人被谋杀前的体温为 37℃,被杀两个小时后尸体温度为 35℃,周围空气的温度为 20℃,试推断谋杀是何时发生的?

模型假设

(1) 假设尸体的温度按牛顿冷却定律开始下降,即尸体冷却的速度与尸体温度和空气温度之差成正比;

(2) 假设案件发生后两个小时内周围空气的温度保持 20℃不变;

(3) 假设尸体的温度函数为 $T(t)$(t 从谋杀时计,T 的单位为℃).

模型分析与建立

由牛顿冷却定律,尸体的冷却速度$\frac{dT}{dt}$与尸体温度 T 和空气温度之差成正比,设比例系数为 λ($\lambda>0$ 为常数),则有

$$\frac{dT}{dt}=-\lambda(T-20) \tag{9.26}$$

由于人被谋杀前的体温为 37℃,则 $T(0)=37$.

模型求解

微分方程(9.26)为可分离变量微分方程,分离变量

$$\frac{dT}{T-20}=-\lambda dt,$$

两端积分

$$\int\frac{dT}{T-20}=-\lambda\int dt,$$

得微分方程(9.26)通解

$$T-20=Ce^{-\lambda t}.$$

将初始条件 $T(0)=37$ 代入通解,得 $C=17$,于是方程特解为

$$T=20+17e^{-\lambda t}.$$

又两个小时后尸体温度为 35℃,则

$$35=20+17e^{-2\lambda},$$

求得 $k\approx 0.063$，于是得到尸体的温度函数为

$$T=20+17e^{-0.063t}. \tag{9.27}$$

最后，将 $T=30$ 代入式(9.27)有

$$e^{-0.063t}=\frac{10}{17},$$

即得 $t\approx 8.4$(h).

从而可以大概判断尸体被发现时，谋杀已发生了 8.4 小时，即发生在上午 7 点 36 分左右.

9.6.2　人口增长模型

假设世界人口的增长率(变化率)与当时的人口成正比，试建立世界人口增长的数学模型.研究较长时期后此模型是否符合实际，如果不符合实际，如何修改模型?

模型假设

(1) 设 $x(t)$表示 t 时刻的人口数，且 $x(t)$连续可微(尽管人口的增加和减少是离散的，但在人口数量很大的情况下，作为连续量来处理仍能很好地符合客观情况)；

(2) 人口的增长率 r 是常数(增长率=出生率−死亡率)；

(3) 人口数量的变化是封闭的，即人口数量的增加与减少只取决于人口中个体的生育和死亡，且每一个体都具有同样的生育能力和死亡率.

模型分析与建立

由假设，t 时刻到 $t+\Delta t$ 时刻人口增量为

$$x(t+\Delta t)-x(t)=rx(t)\Delta t,$$

于是有

$$\begin{cases}\dfrac{dx}{dt}=rx,\\ x(0)=x_0,\end{cases} \tag{9.28}$$

其解为

$$x(t)=x_0e^{rt}. \tag{9.29}$$

这个解很简单，但需要考察它是否符合实际情况，我们来看看全世界人口增长的情况.

考虑 200 多年来人口的实际情况，1960～1970 年世界人口的平均年增长率为 2%，1961 年世界人口总数为 3.06×10^9，代入式(9.29)得

$$x(t)=3.06\times 10^9\times e^{0.02(t-1961)}. \tag{9.30}$$

根据 1700～1961 年间世界人口统计数据，发现这些数据与式(9.30)的计算结

果相符合,因为在这期间全球人口大约每 35 年增加 1 倍,而用式(9.30)算出每 34.6 年增加 1 倍.

但是,根据式(9.30),当 $t=2670$ 年时,$x(t)=4.4\times10^{15}$,即 4400 万亿,这相当于地球上每平方米要容纳至少 20 人.

显然,用这一模型进行预测的结果远高于实际人口增长,似乎应把它抛弃掉.但是,因为这个公式与过去的事实是非常相符的,所以不能轻率地就将它抛弃.误差的原因是对增长率 r 估计过高,因此我们需要对增长率 r 进行修正.

地球上的资源是有限的,它只能提供一定数量的生命生存所需的条件.随着人口数量的增加,自然资源、环境条件等对人口再增长的限制作用将越来越显著.如果在人口较少时,可以把增长率 r 看成常数,那么当人口增加到一定数量后,就应当视 r 为一个随着人口的增加而减少的量,即将增长率 r 表示为人口 $x(t)$ 的函数 $r(x)$,且 $r(x)$ 为 x 的减函数.可假设 $r(x)$ 为 x 的线性函数,即

$$r(x)=r-sx\quad(s>0),\tag{9.31}$$

这里 r 表示人口很少时(理论上是 $x=0$)的增长率.为了确定系数 s 的意义,引入自然资源和环境条件所能容纳的最大人口数量 x_m,当 $x=x_m$ 时人口不再增长,即 $r(x_m)=0$,代入式(9.31)得 $s=r/x_m$,于是

$$r(x)=r\left(1-\frac{x}{x_m}\right).\tag{9.32}$$

将式(9.32)代入式(9.28)得

$$\begin{cases}\dfrac{\mathrm{d}x}{\mathrm{d}t}=r\left(1-\dfrac{x}{x_m}\right)x,\\ x(0)=x_0.\end{cases}\tag{9.33}$$

这是一个可分离变量的方程,其解为

$$x(t)=\frac{x_m}{1+\left(\dfrac{x_m}{x_0}-1\right)\mathrm{e}^{-rt}}.\tag{9.34}$$

由式(9.33)计算可得

$$\frac{\mathrm{d}^2x}{\mathrm{d}t^2}=r^2\left(1-\frac{x}{x_m}\right)\left(1-\frac{2x}{x_m}\right)x.\tag{9.35}$$

人口总数 $x(t)$ 有如下规律:

(1) $\lim\limits_{t\to+\infty}x(t)=x_m$,即无论人口初值 x_0 如何,人口总数都以 x_m 为极限;

(2) 当 $0<x_0<x_m$ 时,$\dfrac{\mathrm{d}x}{\mathrm{d}t}=r\left(1-\dfrac{x}{x_m}\right)x>0$,这说明 $x(t)$ 是单调增加的.又由式(9.35)知,当 $x<\dfrac{x_m}{2}$ 时,$\dfrac{\mathrm{d}^2x}{\mathrm{d}t^2}>0$,$x=x(t)$ 为凹函数;当 $x>\dfrac{x_m}{2}$ 时,$\dfrac{\mathrm{d}^2x}{\mathrm{d}t^2}<0$,

$x=x(t)$为凸函数；

(3) 人口变化率$\frac{dx}{dt}$在$x=\frac{x_m}{2}$时取到最大值，即人口总数达到极限值一半以前是加速生长时期，经过这一点后，生长速率会逐渐变小，最终达到零.

9.6.3　放射性废料的处理模型

美国原子能委员会以往处理浓缩的放射性废料的方法，一直是把它们装入密封的圆桶里，然后扔到水深为90m的海里，一些生态学家和科学家担心圆桶下沉海底时与海底碰撞而发生破裂，从而造成核污染. 美国原子能委员会分辩说这是不可能的.

为此工程师们进行了碰撞试验，发现当圆桶下沉速度超过12.2m/s与海底相撞时，圆桶就可能发生破裂. 已知圆桶的质量$m=239.46$kg，体积$V=0.2058\text{m}^3$，海水密度$\rho=1035.71\text{kg/m}^3$，需要计算一下圆桶沉到海底时的速度是多少？若圆桶速度小于12.2m/s就说明这种方法是安全可靠的，否则就要禁止使用这种方法来处理放射性废料.

模型假设

(1) 假设圆桶在运输过程中不会发生破裂；

(2) 假设圆桶方位对于阻力影响甚小可以忽略不计；

(3) 假设水的阻力与速度大小成正比，其正比例系数$k=0.6$.

模型分析与建立

首先要找出圆桶的运动规律，由于圆桶在运动过程中受到本身的重力以及水的浮力H和水的阻力f的作用，所以根据牛顿运动定律得到圆桶受到的合力F满足

$$F=G-H-f \tag{9.36}$$

又因为$F=ma=m\frac{dv}{dt}=m\frac{d^2s}{dt^2}$，$G=mg$，$H=\rho gV$以及$f=kv=k\frac{ds}{dt}$，所以圆桶的位移和速度分别满足下面的微分方程：

$$m\frac{d^2s}{dt^2}=mg-\rho gV-k\frac{ds}{dt}, \tag{9.37}$$

$$m\frac{dv}{dt}=mg-\rho gV-kv. \tag{9.38}$$

根据方程(9.37)，加上初始条件$\left.\frac{d^2s}{dt^2}\right|_{t=0}=s|_{t=0}=0$，求得位移函数为

$$s(t)=-171510.9924+429.7444t+171510.9924e^{-0.0025056t}. \tag{9.39}$$

由方程(9.38)，加上初始条件$v_{t=0}=0$，求得速度函数为

$$v(t)=429.7444-429.7444\mathrm{e}^{-0.0025056t}. \tag{9.40}$$

由 $s(t)=90\text{m}$,求得圆桶到达水深 90m 的海底需要时间 $t=12.9994\text{s}$,再代入方程(9.40),可得圆桶到达海底的速度 $v=13.7720\text{m/s}$.

圆桶到达海底的速度已超过 12.2m/s,可以得出这种处理废料的方法不合理. 因此,应禁止美国原子能委员会用这种方法来处理放射性废料.

9.6.4 鱼雷击舰问题

一敌舰在某海域内沿正北方向航行时,我方战舰恰好位于敌舰的正西方向 1n mile处. 我舰向敌舰发射制导鱼雷,敌舰速度为 0.42n mile/min,鱼雷速度为敌舰速度的 2 倍. 试问敌舰航行多远时将被击中?

模型假设

(1) 假设海水流动对鱼雷和敌舰的速度影响不计;

(2) 鱼雷对敌舰的打击过程中,敌舰没有发现鱼雷的危险,即敌舰未作出防守的行动;

(3) 鱼雷有足够的动力击中敌舰.

模型分析与建立

建立直角坐标系(图 9.7),设敌舰为动点 P,鱼雷为动点 Q,点 Q 的初始位置为 $Q_0(1,0)$,点 P 的初始位置为 $O(0,0)$.

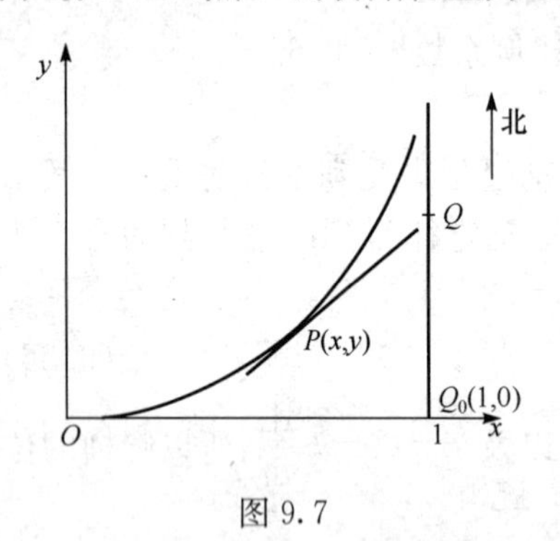

图 9.7

设敌舰的速度为常数 v_0,追击曲线为 $y=y(x)$. 即在时刻 t 鱼雷的位置在点 $P(x,y)$处,这时敌舰的位置在点 $Q(1,v_0t)$处. 由于鱼雷在追击过程中始终指向敌舰,而鱼雷运动方向是沿曲线的切线方向,所以有

$$\frac{\mathrm{d}y}{\mathrm{d}x}=\frac{v_0t-y}{1-x}\text{或}\ v_0t-y=(1-x)\frac{\mathrm{d}y}{\mathrm{d}x}.$$

两边同时对 x 求导,得

$$v_0\frac{\mathrm{d}t}{\mathrm{d}x}-\frac{\mathrm{d}y}{\mathrm{d}x}=(1-x)\frac{\mathrm{d}^2y}{\mathrm{d}x^2}-\frac{\mathrm{d}y}{\mathrm{d}x},$$

即

$$v_0\frac{\mathrm{d}t}{\mathrm{d}x}=(1-x)\frac{\mathrm{d}^2y}{\mathrm{d}x^2}. \tag{9.41}$$

由于鱼雷的速度为 $2v_0$,即

$$\sqrt{\left(\frac{\mathrm{d}x}{\mathrm{d}t}\right)^2+\left(\frac{\mathrm{d}y}{\mathrm{d}t}\right)^2}=2v_0,$$

因为$\frac{dx}{dt}>0$,所以,$\frac{dx}{dt}\sqrt{1+\left(\frac{dy}{dx}\right)^2}=2v_0$,即

$$\frac{dt}{dx}=\frac{1}{2v_0}\sqrt{1+\left(\frac{dy}{dx}\right)^2}. \tag{9.42}$$

将式(9.42)代入式(9.41)得曲线 $y=y(x)$满足的微分方程模型

$$\begin{cases} y''=\frac{\sqrt{1+(y')^2}}{2(1-x)}, & 0<x<1, \\ y(0)=0, y'(0)=0, \end{cases}$$

方程不显含有 y,可令 $y'=p$,则有 $y''=p'$,代入方程后得

$$\begin{cases} p'=\frac{\sqrt{1+p^2}}{2(1-x)}, \\ p(0)=0, \end{cases}$$

分离变量,两端积分后代入初始条件得

$$\ln(p+\sqrt{1+p^2})=-\frac{1}{2}\ln(1-x),$$

即

$$p+\sqrt{1+p^2}=\frac{1}{\sqrt{1-x}},$$

而

$$\frac{1}{p+\sqrt{1+p^2}}=-p+\sqrt{1+p^2}=\sqrt{1-x},$$

上两式相减得

$$\frac{dy}{dx}=p=\frac{1}{2}\left(\frac{1}{\sqrt{1-x}}-\sqrt{1-x}\right),$$

两端积分后代入 $y(0)=0$ 后得

$$y=\frac{1}{3}\sqrt{(1-x)^3}-\sqrt{1-x}+\frac{2}{3}.$$

这就是鱼雷追击曲线的方程. 因为鱼雷击中敌舰时,它的横坐标 $x-1$,代入曲线方程得 $y=\frac{2}{3}$. 所以,敌舰航行至$\frac{2}{3}$n mile 处时将被击中,这段航程所需时间是 95.2381s.

习 题 9.6

1. 设物体 A 从点(0,1)出发,以速度大小为常数 v 沿 y 轴正向运动. 物体 B

从点$(-1,0)$与A同时出发,速度大小为$2v$,方向始终指向A.试建立物体B的运动轨迹所满足的微分方程,并写出初始条件.

复习题9

A

1. 填空题.

(1) 微分方程$(y')^3y''-4y=x^2$是__________阶微分方程.

(2) 微分方程$xy'-4y=x^2\sqrt{y}$的通解是__________.

(3) 微分方程$y'=\dfrac{1}{2x-y^2}$的通解是__________.

(4) 方程$y''-y=e^x+xe^{-x}$的特解形式为__________.

2. 求下列微分方程的通解.

(1) $\dfrac{dy}{dx}=\dfrac{x-e^{-x}}{y+e^y}$;

(2) $y^2+x^2\dfrac{dy}{dx}=xy\dfrac{dy}{dx}$;

(3) $\dfrac{dy}{dx}=x^2-\dfrac{y}{x}$;

(4) $\dfrac{dy}{dx}+\dfrac{1}{3}y=\dfrac{1}{3}(1-2x)y^4$;

(5) $xdy-ydx=(x^2+y)^2dx$;

(6) $yy''-\dfrac{1}{2}(2y')^2=0$;

(7) $y''+6y'+13=0$;

(8) $y''+4y=x\cos x$.

3. 求下列微分方程满足所给初始条件的特解.

(1) $\dfrac{dy}{dx}=y(y-1),y(0)=1$;

(2) $\dfrac{dy}{dx}=\dfrac{y}{x}\ln\dfrac{y}{x},y(1)=1$;

(3) $\dfrac{dy}{dx}-y\tan x=\sec x,y(0)=0$;

(4) $y''-10y'+9y=e^{2x},y(0)=\dfrac{6}{7},y'(0)=\dfrac{33}{7}$.

4. 可导函数$f(x)$满足

$$f(x)\cos x+2\int_0^x f(t)\sin t\,dt=x+1,$$

求$f(x)$.

5. 已知二阶非齐次线性微分方程$y''+P(x)y'+Q(x)y=f(x)$的三个特解$y_1^*=x-(x^2+1),y_2^*=3e^x-(x^2+1),y_3^*=2x-e^x-(x^2+1)$,求该方程满足初始

条件 $y(0)=0, y'(0)=0$ 的特解.

B

1. 一重为 $P=4\mathrm{N}$ 的物体挂在弹簧下端,它使弹簧的长度增大 1cm. 假定弹簧的上端有一机械装置,使其产生铅直调合振动 $y=2\sin 30t(\mathrm{cm})$,并在初始时刻 $t=0$ 时,重物处于静止状态,试求该物体的运动规律.

第 10 章　无穷级数及其应用

通过前面几章的介绍,我们知道初等函数的有限次运算还是初等函数,不可能构成新的函数,而现实世界中的问题又不可能完全用初等函数刻画,因此需要研究函数的无限次运算.无穷级数正是对函数进行无限次运算的一种重要表现形式.它是加法从有限到无限的推广,在微积分学中占有重要地位.我们可以用无穷级数表示函数,研究函数的性质,求解微分方程和进行数值计算.它在解决自然科学、工程技术、经济管理等各种实际问题中,有着十分广泛的应用.本章首先讨论常数项级数,然后讨论函数项级数中的幂级数和傅里叶级数.

10.1　常数项级数的概念与性质

引例 1　一个小球从 am 高的空中竖直落到光滑的地面,若每次距地面 hm 高落下时反弹的高度为 hrm,其中 $0<r<1$,求小球上下运动所走过的总路程 S.

解　小球上下运动走过的总路程等于每次触地后走过的路程之和.

第一次触地后走了 am;

第二次触地后走了 $2ar$m;

第三次触地后走了 $2ar^2$m;

……

因而总路程为

$$a+2ar+2ar^2+\cdots+2ar^{n-1}+\cdots\quad(\text{其中 } 0<r<1).$$

这就是一个无穷个数相加的运算,那么它的和存在吗?若存在,怎样求出这个和呢?

事实上,在中学我们就已经知道

$$0.\dot{3}=\frac{3}{10}+\frac{3}{10^2}+\cdots+\frac{3}{10^n}+\cdots=\frac{1}{3}.$$

这说明$\frac{1}{3}$这个确定的数可以表示为无限多个数相加的形式,反过来,无限多个数相加等于一个确定的数.这似乎不可思议,但又确是事实.显然,任意无限多个数相加不一定是一个确定的数.可见从有限和到无限和有可能产生质的飞跃.

10.1.1　常数项级数的概念

定义 10.1　给定数列 $u_1,u_2,\cdots,u_n,\cdots$,将其各项依次无限累加,记为

$$\sum_{n=1}^{\infty} u_n = u_1 + u_2 + \cdots + u_n + \cdots,$$

称这个无限累加的式子为常数项无穷级数，简称为常数项级数，其中 u_n 称为常数项级数的一般项，也称为通项.

对于这个定义要注意：

(1) $\sum\limits_{n=1}^{\infty} u_n$ 纯粹是一个记号，它的和是否存在尚待考察，这与以前定义的加法不同；

(2) 对于给定的无穷级数，写出通项是十分重要的，如无穷级数

$$\frac{1}{1\cdot 3}+\frac{1}{3\cdot 5}+\frac{1}{5\cdot 7}+\cdots=\sum_{n=1}^{\infty}\frac{1}{(2n-1)(2n+1)},$$

$$\frac{1}{2}+\frac{1\cdot 3}{2\cdot 4}+\frac{1\cdot 3\cdot 5}{2\cdot 4\cdot 6}+\cdots=\sum_{n=1}^{\infty}\frac{1\cdot 3\cdot 5\cdot \cdots \cdot (2n-1)}{2\cdot 4\cdot 6\cdot \cdots \cdot 2n}.$$

对于一个无穷级数 $\sum\limits_{n=1}^{\infty} u_n$，如何判断它的和是否存在呢？如果按照通常的办法，从头到尾一个不漏地相加，这是无法实现的. 因此，我们总是从有限和出发，观察它们的变化规律，利用极限来实现无穷多项相加，为此引入部分和数列的概念.

设 $\sum\limits_{n=1}^{\infty} u_n = u_1 + u_2 + \cdots + u_n + \cdots$，作数列

$$S_1 = u_1,$$
$$S_2 = u_1 + u_2,$$
$$\cdots\cdots$$
$$S_n = u_1 + u_2 + \cdots + u_n,$$
$$\cdots\cdots$$

称数列 $\{S_n\}$ 为无穷级数 $\sum\limits_{n=1}^{\infty} u_n$ 的前 n 项和数列，也称为部分和数列.

定义 10.2　如果级数 $\sum\limits_{n=1}^{\infty} u_n$ 的部分和数列 $\{S_n\}$ 有极限 S，即

$$\lim_{n\to\infty} S_n = S,$$

则称级数 $\sum\limits_{n=1}^{\infty} u_n$ 收敛，否则称级数 $\sum\limits_{n=1}^{\infty} u_n$ 发散.

对于这个定义，需要明确两点.

(1) $\sum\limits_{n=1}^{\infty} u_n$ 收敛等价于部分和数列 $\{S_n\}$ 有极限. 这表明既然无穷级数收敛是利用部分和数列有极限来定义的，那么，反过来，也可以利用无穷级数的收敛性来计算数列的极限. 这是因为，如果要求数列 $\{a_n\}$ 的极限，可令

$$u_1=a_1, u_2=a_2-a_1, \cdots, u_n=a_n-a_{n-1} \quad (n=2,3,\cdots),$$

于是有

$$a_n = a_1 + (a_2 - a_1) + \cdots + (a_n - a_{n-1}) = \sum_{i=1}^{n} u_i = S_n.$$

故$\lim\limits_{n\to\infty} a_n = \lim\limits_{n\to\infty} S_n = \sum\limits_{n=1}^{\infty} u_n$,因此无穷级数与数列可以相互转化.

(2) 当$\sum\limits_{n=1}^{\infty} u_n$ 收敛时,记 $R_n = S - S_n = u_{n+1} + u_{n+2} + \cdots$. 显然 R_n 仍为一个无穷级数,称 R_n 为$\sum\limits_{n=1}^{\infty} u_n$ 的余项. 值得注意的是收敛级数才有余项,发散级数是没有余项的. 工程上常常要研究$|R_n|$的绝对值的大小,从而估计用 S_n 近似代替$\sum\limits_{n=1}^{\infty} u_n$ 时所产生的误差量级. 如原级数是收敛的,即使很难求出级数的和,也可以用部分和来逼近它,并且由于$\lim\limits_{n\to\infty} R_n = \lim\limits_{n\to\infty}(S-S_n) = 0$,所以这种逼近可以达到任意高的精确度. 由上面两点可见,判断级数的敛散性是级数理论中的一个重要问题. 下面举出一些用定义来判断无穷级数敛散性的例子.

例 10.1.1　讨论等比级数$\sum\limits_{n=1}^{\infty} aq^{n-1}$ 的敛散性,其中 $a\neq 0$,q 称为等比级数的公比,在级数收敛的情况下,求出级数的和.

解　若$|q|\neq 1$,则等比级数前 n 项的和为

$$S_n=a+aq+aq^2+\cdots+aq^{n-1}=\frac{a(1-q^n)}{1-q}.$$

当$|q|<1$ 时,因为$\lim\limits_{n\to\infty} q^n=0$,所以有

$$\lim_{n\to\infty} s_n=\frac{a}{1-q},$$

级数收敛且 $s=\dfrac{a}{1-q}$.

当$|q|>1$ 时,因为$\lim\limits_{n\to\infty} q^n=\infty$　所以有 $\lim\limits_{n\to\infty} s_n=\infty$,因此级数发散.

当$|q|=1$ 时,有两种情况:

$q=1$ 时,$S_n=na\to\infty$ 因此级数发散;

$q=-1$ 时,$S_n=a-a+a-\cdots+(-1)^{n-1}a$,显然当 n 为奇数时,$S_n=a$,当 n 为偶数时,$S_n=0$,由于 $a\neq 0$,故当 $n\to\infty$时,S_n的极限不存在,因此级数发散.

综上可得

$$\sum_{n=1}^{\infty} aq^{n-1} = \begin{cases} \dfrac{a}{1-q}, & |q|<1, \\ \text{发散}, & |q|\geqslant 1. \end{cases}$$

由此可知,引例 1 中小球上下运动走过的路程

$$S = a + 2ar + 2ar^2 + \cdots + 2ar^{n-1} + \cdots$$
$$= \sum_{n=1}^{\infty} 2ar^{n-1}$$
$$= \frac{a}{1-r} \quad (0 < r < 1).$$

例 10.1.2　判别级数$\sum_{n=1}^{\infty} \frac{1}{(3n-2)(3n+1)}$的敛散性.

解　因为通项 $u_n=\frac{1}{(3n-2)(3n+1)}$,所以部分和

$$S_n = \frac{1}{3}\left[\left(1-\frac{1}{4}\right)+\left(\frac{1}{4}-\frac{1}{7}\right)+\cdots+\left(\frac{1}{3n-2}-\frac{1}{3n+1}\right)\right]$$
$$=\frac{1}{3}\left(1-\frac{1}{3n+1}\right),$$

$\lim\limits_{n\to\infty}S_n=\frac{1}{3}$,所以此级数收敛.

例 10.1.3　判别级数$\sum_{n=1}^{\infty} \ln\frac{n+1}{n}$的敛散性.

解　因为通项

$$u_n=\ln\frac{n+1}{n}=\ln(n+1)-\ln n,$$

所以部分和

$$S_n = (\ln 2-\ln 1)+(\ln 3-\ln 2)+\cdots+(\ln(n+1)-\ln n)$$
$$=\ln(n+1).$$

从而 $\lim\limits_{n\to\infty}S_n=\infty$,原级数发散.

例 10.1.4　判别调和级数$\sum_{n=1}^{\infty}\frac{1}{n}$的敛散性.

解　因为当 $x>0$ 时,$x>\ln(1+x)$,所以当 $n=1,2,\cdots$时,$\frac{1}{n}>\ln\left(1+\frac{1}{n}\right)$故

$$1+\frac{1}{2}+\frac{1}{3}+\cdots+\frac{1}{n}>\ln(1+1)+\ln\left(1+\frac{1}{2}\right)+\ln\left(1+\frac{1}{3}\right)+\cdots+\ln\left(1+\frac{1}{n}\right),$$

即原级数的前 n 项和

$$S_n > \ln 2+\ln\frac{3}{2}+\ln\frac{4}{3}+\cdots+\ln\frac{n+1}{n}$$
$$=\ln\left(2\cdot\frac{3}{2}\cdot\frac{4}{3}\cdot\cdots\cdot\frac{n+1}{n}\right)=\ln(n+1).$$

当 $n \to \infty$ 时,$\ln(n+1) \to \infty$,所以$\lim\limits_{n\to\infty} S_n = \infty$. 从而调和级数$\sum\limits_{n=1}^{\infty} \frac{1}{n}$ 发散.

10.1.2 常数项级数的性质

由级数收敛与发散的概念,可得出常数项级数的下列基本性质.

性质 10.1 当 $k \neq 0$ 时,级数$\sum\limits_{n=1}^{\infty} u_n$ 与级数$\sum\limits_{n=1}^{\infty} ku_n$ 有相同的敛散性.

证 设$\sum\limits_{n=1}^{\infty} u_n$ 的前 n 项和为 S_n,$\sum\limits_{n=1}^{\infty} ku_n$ 的前 n 项和为 Γ_n ,则

$$S_n = u_1 + u_2 + \cdots + u_n,$$
$$\Gamma_n = ku_1 + ku_2 + \cdots + ku_n = k(u_1 + u_2 + \cdots + u_n) = kS_n,$$

从而 $\lim\limits_{n\to\infty} \Gamma_n = \lim\limits_{n\to\infty} kS_n$,若$\sum\limits_{n=1}^{\infty} u_n$ 收敛,即$\lim\limits_{n\to\infty} S_n = S$,则$\lim\limits_{n\to\infty} \Gamma_n = k \lim\limits_{n\to\infty} S_n = kS$,所以$\sum\limits_{n=1}^{\infty} ku_n$ 收敛;若$\sum\limits_{n=1}^{\infty} u_n$ 发散,$\lim\limits_{n\to\infty} S_n$ 不存在,则$\lim\limits_{n\to\infty} \Gamma_n = \lim\limits_{n\to\infty} kS_n$ 也不存在,所以$\sum\limits_{n=1}^{\infty} ku_n$ 发散.

如已知等比级数$\sum\limits_{n=1}^{\infty} \frac{1}{2^{n-1}}$ 收敛,由性质 10.1,$\sum\limits_{n=1}^{\infty} \frac{100}{2^{n-1}}$ 也收敛. 又已知调和级数$\sum\limits_{n=1}^{\infty} \frac{1}{n}$ 发散,由性质 10.1,$\sum\limits_{n=1}^{\infty} \frac{1}{100n}$ 也发散.

性质 10.2 设级数$\sum\limits_{n=1}^{\infty} u_n$ 与$\sum\limits_{n=1}^{\infty} v_n$ 均收敛,其和分别为 S 和 Γ,则级数$\sum\limits_{n=1}^{\infty} (u_n \pm v_n)$ 也收敛,其和为 $S \pm \Gamma$.

证 设$\sum\limits_{n=1}^{\infty} u_n$,$\sum\limits_{n=1}^{\infty} v_n$ 与$\sum\limits_{n=1}^{\infty} (u_n \pm v_n)$ 的前 n 项和分别为 S_n,Γ_n 与 T_n,则它们之间的关系是

$$\begin{aligned} \tau_n &= (u_1 \pm v_1) + (u_2 \pm v_2) + \cdots + (u_n \pm v_n) \\ &= (u_1 + u_2 + \cdots + u_n) \pm (v_1 + v_2 + \cdots + v_n) = S_n \pm \Gamma_n. \end{aligned}$$

因为$\sum\limits_{n=1}^{\infty} u_n$ 与$\sum\limits_{n=1}^{\infty} v_n$ 均收敛,所以可设$\lim\limits_{n\to\infty} S_n = S$,$\lim\limits_{n\to\infty} \Gamma_n = \Gamma$,由极限的四则运算法则

$$\lim_{n\to\infty} T_n = \lim_{n\to\infty} S_n \pm \lim_{n\to\infty} \Gamma_n = S \pm \Gamma.$$

从而$\sum\limits_{n=1}^{\infty} (u_n \pm v_n)$ 收敛,其和为 $S \pm \Gamma$.

需要注意的是:若级数$\sum\limits_{n=1}^{\infty} u_n$ 收敛,而级数$\sum\limits_{n=1}^{\infty} v_n$ 发散,则级数$\sum\limits_{n=1}^{\infty} (u_n \pm v_n)$ 必

发散;而当级数$\sum\limits_{n=1}^{\infty}u_n$和$\sum\limits_{n=1}^{\infty}v_n$均发散时,$\sum\limits_{n=1}^{\infty}(u_n\pm v_n)$可能收敛也可能发散. 前者可利用性质 10.2 反证,后者请读者通过举例说明.

例 10.1.5　求级数$\sum\limits_{n=1}^{\infty}\left[(-1)^{n-1}\left(\frac{7}{8}\right)^n+\frac{1}{4^n}\right]$的和.

解　$\sum\limits_{n=1}^{\infty}(-1)^{n-1}\left(\frac{7}{8}\right)^n$和$\sum\limits_{n=1}^{\infty}\frac{1}{4^n}$都是公比$|q|$小于 1 的等比级数,其和分别为

$$S_1=\frac{\frac{7}{8}}{1+\frac{7}{8}}=\frac{7}{15},$$

$$S_2=\frac{\frac{1}{4}}{1-\frac{1}{4}}=\frac{1}{3},$$

因此$\sum\limits_{n=1}^{\infty}\left[(-1)^{n-1}\left(\frac{7}{8}\right)^n+\frac{1}{4^n}\right]=\frac{7}{15}+\frac{1}{3}=\frac{4}{5}$.

例 10.1.6　讨论级数$\sum\limits_{n=1}^{\infty}\left[\frac{(-1)^{n-1}}{2^n}+\frac{1}{3n}\right]$的敛散性.

解　显然级数$\sum\limits_{n=1}^{\infty}\frac{(-1)^{n-1}}{2^n}$是公比$|q|=\frac{1}{2}<1$的等比级数,收敛. 由例 10.1.4 和性质 10.1 可知级数$\frac{1}{3}\sum\limits_{n=1}^{\infty}\frac{1}{n}$发散,故原级数发散.

反证:如果原级数收敛,因为

$$\frac{1}{3n}=\left[\frac{(-1)^{n-1}}{2^n}+\frac{1}{3n}\right]-\frac{(-1)^{n-1}}{2^n},$$

那么根据性质 10.2,则级数$\sum\limits_{n=1}^{\infty}\frac{1}{3n}$也收敛,此与$\sum\limits_{n=1}^{\infty}\frac{1}{3n}$发散矛盾,故原级数发散.

性质 10.3　在一个级数的前面加上或去掉有限项,此级数的收敛性不变,但对于收敛级数会改变原级数的和.

证　即证$\sum\limits_{n=k+1}^{\infty}u_n$与$\sum\limits_{n=1}^{\infty}u_n$的敛散性相同.

设级数$\sum\limits_{n=1}^{\infty}u_n$和去掉了前$k$项的级数$\sum\limits_{n=k+1}^{\infty}u_n$的前$n$项和分别为$S_n$和$\Gamma_n$则

$$\Gamma_n=u_{k+1}+u_{k+2}+\cdots+u_{k+n},$$
$$S_{k+n}=u_1+u_2+\cdots+u_k+u_{k+1}+u_{k+2}+\cdots+u_{k+n},$$

所以

$$\Gamma_n = S_{k+n} - S_k, \lim_{n\to\infty}\Gamma_n = \lim_{n\to\infty}(S_{k+n} - S_k)$$

这里 k 与 n 无关，S_k 为定数，所以当 $n\to\infty$ 时，σ_n 与 S_{k+n} 或同时有极限，或同时没有极限，当它们极限存在时，有 $\Gamma = \lim_{n\to\infty}\Gamma_n = \lim_{n\to\infty}(S_{k+n} - S_k) = S - S_k$，故 $\sum_{n=k+1}^{\infty} u_n$ 与 $\sum_{n=1}^{\infty} u_n$ 的敛散性相同.

类似地可证明在级数前面加上有限项也不改变级数的敛散性. 但在级数收敛的情况下，两个级数的和不一定相等.

性质 10.4　对收敛级数加括号后所形成的新级数仍收敛于原级数的和.

证　设收敛级数 $\sum_{n=1}^{\infty} u_n$ 的和为 S，对 $\sum_{n=1}^{\infty} u_n$ 按照某一规律加括号后的级数为 $\sum_{n=1}^{\infty} v_n$，其中

$$v_1 = u_1 + u_2 + \cdots + u_{k_1},$$
$$v_2 = u_{k_1+1} + u_{k_1+2} + \cdots + u_{k_2},$$
$$\cdots\cdots$$
$$v_n = u_{k_{n-1}+1} + u_{k_{n-1}+2} + \cdots + u_{k_n},$$
$$\cdots\cdots.$$

并设级数 $\sum_{n=1}^{\infty} u_n$ 与 $\sum_{n=1}^{\infty} v_n$ 的部分和分别为 S_n 与 Γ_n，于是有

$$\Gamma_1 = S_{k_1}, \Gamma_2 = S_{k_2}, \cdots, \Gamma_n = S_{k_n}, \cdots.$$

由 $\sum_{n=1}^{\infty} u_n$ 收敛，可知 $\lim_{n\to\infty} S_n = S$，而数列 $\{S_{k_n}\}$ 是数列 $\{S_n\}$ 的子数列，从而其所有子数列的极限存在并等于 S. 所以

$$\lim_{n\to\infty}\Gamma_n = \lim_{n\to\infty} S_{k_n} = S,$$

即加括号后的级数收敛于原级数的和.

对于性质 10.4，有三点值得注意.

(1) 对收敛级数加括号不影响收敛性，但对发散级数加括号可能改变其发散性.

例如，$a - a + a - \cdots + (-1)^n a + \cdots$ 发散，但 $(a-a)+(a-a)+\cdots+(a-a)+\cdots$ 收敛.

(2) 对收敛级数去括号有可能影响收敛性，如上例.

(3) 若加括号后的级数发散，则原级数必发散，如若不然，原级数收敛，则由性质 10.4 加括号后级数收敛，与已知加括号后级数发散矛盾.

10.1.3　级数收敛的必要条件

定理 10.1　设级数$\sum\limits_{n=1}^{\infty} u_n$ 收敛,则$\lim\limits_{n\to\infty} u_n = 0$.

证　设级数$\sum\limits_{n=1}^{\infty} u_n$ 的部分为 S_n,则一般项 u_n 与部分和有如下关系

$$u_n = S_n - S_{n-1}.$$

由于$\sum\limits_{n=1}^{\infty} u_n$ 收敛,所以$\lim\limits_{n\to\infty} S_n = S$,$\lim\limits_{n\to\infty} S_{n-1} = S$,于是有

$$\lim_{n\to\infty} u_n = \lim_{n\to\infty}(S_n - S_{n-1}) = \lim_{n\to\infty} S_n - \lim_{n\to\infty} S_{n-1} = S - S = 0.$$

由此有以下结论.

(1) $\lim\limits_{n\to\infty} u_n = 0$ 时,$\sum\limits_{n=1}^{\infty} u_n$ 不一定收敛. 即$\lim\limits_{n\to\infty} u_n = 0$ 是级数$\sum\limits_{n=1}^{\infty} u_n$ 收敛的必要而不充分的条件.

例如,$\sum\limits_{n=1}^{\infty} \dfrac{1}{n}$,虽然$\lim\limits_{n\to\infty} u_n = \lim\limits_{n\to\infty} \dfrac{1}{n} = 0$,但$\sum\limits_{n=1}^{\infty} \dfrac{1}{n}$ 发散.

又如例 10.1.3,$\sum\limits_{n=1}^{\infty} \ln \dfrac{n+1}{n}$,虽然$\lim\limits_{n\to\infty} u_n = \lim\limits_{n\to\infty} \ln\left(1 + \dfrac{1}{n}\right) = 0$,但原级数发散.

(2) $\lim\limits_{n\to\infty} u_n \neq 0$,则$\sum\limits_{n=1}^{\infty} u_n$ 必发散,所以$\lim\limits_{n\to\infty} u_n \neq 0$ 是$\sum\limits_{n=1}^{\infty} u_n$ 发散的充分条件.

例如,$\sum\limits_{n=1}^{\infty} \dfrac{n}{2n+1}$,$\sum\limits_{n=1}^{\infty} 2^n \sin \dfrac{1}{2^n}$,$\sum\limits_{n=1}^{\infty} \sin \dfrac{n\pi}{6}$ 均因为$\lim\limits_{n\to\infty} u_n \neq 0$ 而发散.

例 10.1.7　判定级数$\sum\limits_{n=1}^{\infty} \left(\dfrac{1}{1 + \dfrac{1}{n}}\right)^n$ 的敛散性.

解　由题知 $u_n = \left(\dfrac{1}{1 + \dfrac{1}{n}}\right)^n$,$\lim\limits_{n\to\infty} u_n = \lim\limits_{n\to\infty} \dfrac{1}{\left(1 + \dfrac{1}{n}\right)^n} = \dfrac{1}{e} \neq 0$,故原级数发散.

习 题 10.1

1. 写出下列级数的通项.

(1) $\dfrac{1}{2} - \dfrac{2}{3} + \dfrac{3}{4} - \dfrac{4}{5} + \dfrac{5}{6} - \cdots$;

(2) $1 - \dfrac{1}{2^2} + \dfrac{1}{3^2} - \cdots + (-1)^{n-1} \dfrac{1}{n^2} + \cdots$;

(3) $\frac{\sqrt{x}}{2}+\frac{x}{2\cdot 4}+\frac{x\sqrt{x}}{2\cdot 4\cdot 6}+\frac{x^2}{2\cdot 4\cdot 6\cdot 8}+\cdots$;

(4) $-a+\frac{a^2}{3}-\frac{a^3}{5}+\frac{a^4}{7}-\frac{a^5}{9}+\cdots$.

2. 写出下列级数的前 5 项.

(1) $\sum_{n=1}^{\infty}\frac{1+n}{1+n^2}$;　　(2) $\sum_{n=1}^{\infty}\frac{n!}{n^n}$.

3. 已知级数$\sum_{n=1}^{\infty}u_n$ 的部分和$S_n=\frac{2n}{n+1}$,求 u_2 和 u_n.

4. 写出下列级数的部分和 S_n,并判别其敛散性.

(1) $\frac{1}{1\cdot 3}+\frac{1}{2\cdot 4}+\frac{1}{3\cdot 5}+\frac{1}{4\cdot 6}+\cdots$;　　(2) $\sum_{n=1}^{\infty}\frac{1}{(5n-4)(5n+1)}$.

5. 判别下列级数的敛散性.

(1) $\sum_{n=1}^{\infty}(\sqrt{n+1}-\sqrt{n})$;　　(2) $\sum_{n=1}^{\infty}\frac{1}{\sqrt{n+1}+\sqrt{n}}$;

(3) $\sum_{n=1}^{\infty}\left[\left(-\frac{1}{3}\right)^{n-1}+\frac{1}{n(n+2)}\right]$;　　(4) $-\frac{3}{4}+\frac{3^2}{4^2}-\frac{3^3}{4^3}+\cdots$;

(5) $\sum_{n=1}^{\infty}\left(\frac{1}{3^n}-\frac{1}{100n}\right)$;　　(6) $\sum_{n=1}^{\infty}\left(\frac{1}{n}-\frac{1}{n+2}\right)$.

6. 思考下列各题.

(1) 若级数$\sum_{n=1}^{\infty}u_n$ 收敛,问$\sum_{n=1}^{\infty}u_{n+100}$,$\sum_{n=1}^{\infty}\frac{1}{u_n}$ 是否收敛?为什么?

(2) 若级数$\sum_{n=1}^{\infty}u_n$ 发散,问$\sum_{n=1}^{\infty}u_{n+100}$,$\sum_{n=1}^{\infty}\frac{1}{u_n}$ 是否发散?为什么?

7. 若$\sum_{n=1}^{\infty}u_n(u_n>0)$的部分和为 S_n,$v_n=\frac{1}{S_n}$,且$\sum_{n=1}^{\infty}v_n$ 收敛,问$\sum_{n=1}^{\infty}u_n$ 的收敛性如何?

8. 判断级数$\sum_{n=1}^{\infty}2^{n-1}$ 的敛散性,下面给出了一种做法,你认为是否正确?为什么?

解:设 $S=\sum_{n=1}^{\infty}2^{n-1}=1+2+2^2+2^3+\cdots=1+2(1+2+2^2+2^3+\cdots)=1+2S$,移项得 $S=-1$,故$\sum_{n=1}^{\infty}2^{n-1}$ 收敛.

10.2　正项级数判敛

由 10.1 节可知，一个无穷级数是否收敛，取决于其部分和数列是否有极限. 对于收敛级数，当项数 n 充分大时，部分和 S_n 可以作为级数和 S 的近似值，而且随着 n 的增大，这种近似程度越来越好. 但是求一个级数的部分和数列 $\{S_n\}$ 的极限是比较困难的，所以我们不总是用级数收敛的定义去判断一个级数的敛散性，而常常根据级数自身的特性推导出一些判别级数敛散性的方法.

本节讨论正项级数判敛的方法.

定义 10.3　若 $u_n \geqslant 0(n=1,2,\cdots)$，则称级数

$$\sum_{n=1}^{\infty} u_n = u_1 + u_2 + \cdots + u_n + \cdots$$

为正项级数.

10.2.1　正项级数收敛的充要条件

定理 10.2　设 $\sum\limits_{n=1}^{\infty} u_n$ 是正项级数，则 $\sum\limits_{n=1}^{\infty} u_n$ 收敛的充要条件是它的部分和数列 $\{S_n\}$ 有上界.

证　因为 $\sum\limits_{n=1}^{\infty} u_n$ 是正项级数，所以 $u_n \geqslant 0(n=1,2,\cdots)$，于是数列 $\{S_n\}$ 是单调不减的数列，即

$$S_1 \leqslant S_2 \leqslant \cdots \leqslant S_n \leqslant \cdots.$$

必要性. 若级数 $\sum\limits_{n=1}^{\infty} u_n$ 收敛，则 $\lim\limits_{n\to\infty} S_n = S$，根据有极限的数列必有界可知，数列 $\{S_n\}$ 有上界.

充分性. 若数列 $\{S_n\}$ 有上界，由有上界的单调增加数列必有极限可知，$\{S_n\}$ 的极限存在，因此级数 $\sum\limits_{n=1}^{\infty} u_n$ 收敛.

例 10.2.1　判别级数 $\dfrac{1}{2+1}+\dfrac{1}{2^2+1}+\cdots+\dfrac{1}{2^n+1}+\cdots$ 的敛散性.

解　$\sum\limits_{n=1}^{\infty} \dfrac{1}{2^n+1}$ 为正项级数，其前 n 项和数列

$$S_n = \frac{1}{2+1}+\frac{1}{2^2+1}+\cdots+\frac{1}{2^n+1} < \frac{1}{2}+\frac{1}{2^2}+\cdots+\frac{1}{2^n}$$

$$=\frac{\frac{1}{2}\left(1-\frac{1}{2^n}\right)}{1-\frac{1}{2}}=1-\frac{1}{2^n}<1.$$

因此前 n 项和数列 $\{S_n\}$ 有上界，由定理 10.2，可知原级数收敛.

下面将逐一介绍正项级数判敛的比较判别法、比值判别法和根值判别法.

10.2.2　比较判别法

定理 10.3　设 $\sum_{n=1}^{\infty}u_n$ 和 $\sum_{n=1}^{\infty}v_n$ 都是正项级数，且 $u_n \leqslant v_n(n=1,2,\cdots)$，则有以下结论.

(1) 若级数 $\sum_{n=1}^{\infty}v_n$ 收敛，则级数 $\sum_{n=1}^{\infty}u_n$ 收敛；

(2) 若级数 $\sum_{n=1}^{\infty}u_n$ 发散，则级数 $\sum_{n=1}^{\infty}v_n$ 发散.

证　设级数 $\sum_{n=1}^{\infty}u_n$ 与 $\sum_{n=1}^{\infty}v_n$ 的部分和分别为 S_n 与 Γ_n，由于 $\sum_{n=1}^{\infty}u_n$ 与 $\sum_{n=1}^{\infty}v_n$ 均为正项级数，且 $u_n \leqslant v_n(n=1,2,\cdots)$，则有

$$S_n=u_1+u_2+\cdots+u_n\leqslant v_1+v_2+\cdots+v_n=\Gamma_n.$$

(1) 若级数 $\sum_{n=1}^{\infty}v_n$ 收敛，由定理 10.2 可知 $\{\Gamma_n\}$ 有上界，而 $0\leqslant S_n\leqslant \Gamma_n(n=1,2,\cdots)$，可知 $\{S_n\}$ 有上界，所以再由定理 10.2 知 $\sum_{n=1}^{\infty}u_n$ 收敛.

(2) 若级数 $\sum_{n=1}^{\infty}u_n$ 发散，可知部分和数列 $\{S_n\}$ 无界，即 $\lim\limits_{n\to+\infty}S_n=+\infty$，由 $0\leqslant S_n\leqslant \Gamma_n(n=1,2,\cdots)$ 可知，数列 $\{\Gamma_n\}$ 无界，因此 $\sum_{n=1}^{\infty}v_n$ 发散.

例 10.2.2　判别级数 $\sum_{n=1}^{\infty}\frac{1}{1+a^n}(a>0)$ 的敛散性.

解　当 $a\leqslant 1$ 时，由于 $u_n=\frac{1}{1+a^n}\geqslant\frac{1}{2}=v_n$，当 $n\to\infty$ 时，$\lim\limits_{n\to\infty}v_n=\lim\limits_{n\to\infty}\frac{1}{2}\neq 0$，$\sum_{n=1}^{\infty}\frac{1}{2}$ 发散，由比较判别法，$\sum_{n=1}^{\infty}\frac{1}{1+a^n}$ 发散；

当 $a>1$ 时，由于 $u_n=\frac{1}{1+a^n}<\frac{1}{a^n}=\left(\frac{1}{a}\right)^n=v_n$，而 $\sum_{n=1}^{\infty}\left(\frac{1}{a}\right)^n$ 收敛 $\left(公比 q=\frac{1}{a}<1\right)$，所以由比较判别法，原级数收敛.

例 10.2.3　判别级数 $\sum\limits_{n=1}^{\infty} \dfrac{4+(-1)^n}{3^n}$ 的敛散性.

解　$u_n = \dfrac{4+(-1)^n}{3^n} \leqslant \dfrac{5}{3^n} = v_n$. 由于 $\sum\limits_{n=1}^{\infty} v_n = 5\sum\limits_{n=1}^{\infty} \dfrac{1}{3^n}$，其中 $\sum\limits_{n=1}^{\infty} \dfrac{1}{3^n}$ 为公比 $q = \dfrac{1}{3} < 1$ 的收敛的等比级数，所以 $\sum\limits_{n=1}^{\infty} v_n$ 收敛，从而由比较判别法，原级数收敛.

例 10.2.4　证明：p 级数 $\sum\limits_{n=1}^{\infty} \dfrac{1}{n^p}(p>0)$ 当 $p \leqslant 1$ 时发散，$p>1$ 时收敛.

证　当 $p=1$ 时，$\sum\limits_{n=1}^{\infty} \dfrac{1}{n^p} = \sum\limits_{n=1}^{\infty} \dfrac{1}{n}$ 发散.

当 $0<p<1$ 时，由于 $n^p<n$，所以 $\dfrac{1}{n^p} > \dfrac{1}{n}$，已知 $\sum\limits_{n=1}^{\infty} \dfrac{1}{n}$ 发散，由比较判别法 $\sum\limits_{n=1}^{\infty} \dfrac{1}{n^p}$ 发散.

当 $p>1$ 时，对 $\sum\limits_{n=1}^{\infty} \dfrac{1}{n^p}(p>0)$ 加括号，则

$$\begin{aligned}
&1+\frac{1}{2^p}+\frac{1}{3^p}+\cdots+\frac{1}{n^p}+\cdots \\
&=1+\left(\frac{1}{2^p}+\frac{1}{3^p}\right)+\left(\frac{1}{4^p}+\frac{1}{5^p}+\cdots+\frac{1}{7^p}\right)+\left(\frac{1}{8^p}+\frac{1}{9^p}+\cdots+\frac{1}{15^p}\right)+\cdots \\
&<1+2\cdot\frac{1}{2^p}+2^2\cdot\frac{1}{2^{2p}}+2^3\,\frac{1}{2^{3p}}+\cdots+2^n\cdot\frac{1}{2^{np}}+\cdots \\
&=1+\frac{1}{2^{p-1}}+\frac{1}{2^{2(p-1)}}+\frac{1}{2^{3(p-1)}}+\cdots+\frac{1}{2^{n(p-1)}}+\cdots,
\end{aligned}$$

此为公比 $q=\dfrac{1}{2^{p-1}}<1(p>1)$ 的收敛的等比级数，根据比较判别法 $\sum\limits_{n=1}^{\infty} \dfrac{1}{n^p}(p>1)$ 收敛.

综上所述，对于 p 级数，有如下结论：

$\sum\limits_{n=1}^{\infty} \dfrac{1}{n^p}$ 当 $0<p\leqslant 1$ 时发散，$p>1$ 时收敛.

例 10.2.5　判别级数 $\sum\limits_{n=1}^{\infty} \dfrac{\sqrt{n+1}-\sqrt{n}}{n}$ 的敛散性.

解　因为 $u_n = \dfrac{\sqrt{n+1}-\sqrt{n}}{n} = \dfrac{1}{n(\sqrt{n+1}+\sqrt{n})} < \dfrac{1}{2n\sqrt{n}} = \dfrac{1}{2n^{\frac{3}{2}}}$，而 $\sum\limits_{n=1}^{\infty} \dfrac{1}{n^{\frac{3}{2}}}$ 是 $p=\dfrac{3}{2}>1$ 的收敛的 p 级数，由比较判别法知原级数收敛.

例 10.2.6 判别级数$\sum\limits_{n=1}^{\infty}\dfrac{1}{\sqrt{4n^2+10}}$的敛散性.

解 $u_n=\dfrac{1}{\sqrt{4n^2+10}}>\dfrac{1}{\sqrt{9n^2}}=\dfrac{1}{3n}=v_n$,而$\sum\limits_{n=1}^{\infty}v_n=\sum\limits_{n=1}^{\infty}\dfrac{1}{3n}$发散,所以由比较判别法,原级数发散.

注意本题虽然易见 $u_n=\dfrac{1}{\sqrt{4n^2+10}}<\dfrac{1}{2n}$,但是不能由$\sum\limits_{n=1}^{\infty}\dfrac{1}{2n}$发散得出$\sum\limits_{n=1}^{\infty}\dfrac{1}{\sqrt{4n^2+10}}$的敛散性.

当级数的通项比较复杂的时候,比较判别法用起来很不方便,应用定理 10.3 可以推出更为方便的比较判别法的极限形式.

定理 10.4 设$\sum\limits_{n=1}^{\infty}u_n$与$\sum\limits_{n=1}^{\infty}v_n$都是正项级数,则有以下结论.

(i) 若$\lim\limits_{n\to\infty}\dfrac{u_n}{v_n}=l(0<l+\infty)$,则级数$\sum\limits_{n=1}^{\infty}u_n$与$\sum\limits_{n=1}^{\infty}v_n$同时收敛或同时发散.

(ii) 若$\lim\limits_{n\to\infty}\dfrac{u_n}{v_n}=0$,且级数$\sum\limits_{n=1}^{\infty}v_n$收敛,则$\sum\limits_{n=1}^{\infty}u_n$收敛.

(iii) 若$\lim\limits_{n\to\infty}\dfrac{u_n}{v_n}=+\infty$,且级数$\sum\limits_{n=1}^{\infty}v_n$发散,则$\sum\limits_{n=1}^{\infty}u_n$发散.

例 10.2.7 判别级数$\sum\limits_{n=1}^{\infty}\dfrac{1}{\sqrt{2n^3-n}}$的敛散性.

解 由于$\lim\limits_{n\to\infty}\dfrac{u_n}{v_n}=\lim\limits_{n\to\infty}\dfrac{\dfrac{1}{\sqrt{2n^3-n}}}{\dfrac{1}{\sqrt{n^3}}}=\dfrac{1}{\sqrt{2}}$,而$\sum\limits_{n=1}^{\infty}v_n=\sum\limits_{n=1}^{\infty}\dfrac{1}{\sqrt{n^3}}$收敛,从而由定理 10.4 的第(i)个结论知原级数收敛.

例 10.2.8 判别级数$\sum\limits_{n=1}^{\infty}n^2\left(1-\cos\dfrac{1}{n}\right)$的敛散性.

解 方法一 因为$\lim\limits_{n\to\infty}u_n=\lim\limits_{n\to\infty}n^2\left(1-\cos\dfrac{1}{n}\right)=\lim\limits_{n\to\infty}n^2\cdot\dfrac{1}{2n^2}=\dfrac{1}{2}\neq 0$ $\left(其中 n\to\infty 时 1-\cos\dfrac{1}{n}\sim\dfrac{1}{2n^2}\right)$,所以原级数发散.

方法二 用比较判别法的极限形式.

$$\lim_{n\to\infty}\frac{u_n}{v_n}=\lim_{n\to\infty}\frac{n^2\left(1-\cos\frac{1}{n}\right)}{\frac{1}{n}}=\lim_{n\to\infty}n^3\cdot\frac{1}{2n^2}=+\infty.$$

由于$\sum\limits_{n=1}^{\infty}\frac{1}{n}$发散，所以根据定理 10.4 的第(iii)个结论，原级数发散.

例 10.2.9　判别级数$\sum\limits_{n=1}^{\infty}\ln\left(1+\frac{1}{n}\right)$的敛散性.

解　由比较判别法的极限形式

$$\lim_{n\to\infty}\frac{u_n}{v_n}=\lim_{n\to\infty}\frac{\ln\left(1+\frac{1}{n}\right)}{\frac{1}{n}}=\lim_{n\to\infty}n\ln\left(1+\frac{1}{n}\right)=\lim_{n\to\infty}\ln\left(1+\frac{1}{n}\right)^n=\ln e=1.$$

调和级数$\sum\limits_{n=1}^{\infty}\frac{1}{n}$发散，根据定理 10.4 的第(i)个结论，$\sum\limits_{n=1}^{\infty}\ln\left(1+\frac{1}{n}\right)$发散.

10.2.3　比值判别法

定理 10.5（达朗贝尔判别法）　设级数$\sum\limits_{n=1}^{\infty}u_n$是正项级数，如果

$$\lim_{n\to\infty}\frac{u_{n+1}}{u_n}=\rho\quad(0\leqslant\rho<+\infty),$$

则　(i) 当$\rho<1$时，$\sum\limits_{n=1}^{\infty}u_n$收敛；

(ii) 当$\rho>1$时，$\sum\limits_{n=1}^{\infty}u_n$发散；

(iii) 当$\rho=1$时，$\sum\limits_{n=1}^{\infty}u_n$可能收敛，也可能发散.

证　因为$\lim\limits_{n\to\infty}\frac{u_{n+1}}{u_n}=\rho$，所以对任给的$\varepsilon>0$，存在正整数$N>0$，当$n>N$时，

$$\left|\frac{u_{n+1}}{u_n}-\rho\right|<\varepsilon,$$

$$\rho-\varepsilon<\frac{u_{n+1}}{u_n}<\rho+\varepsilon.$$

(i) 当$\rho<1$时，取适当小的$\varepsilon>0$，使得$\rho+\varepsilon=r<1$，由极限定义可知，存在正整数N，当$n>N$时，有$\frac{u_{n+1}}{u_n}<\rho+\varepsilon=r<1$，因此

$$u_{N+1}<ru_N,u_{N+2}<ru_{N+1}<r^2u_N,\cdots$$

依此类推,于是

$$u_{N+1}+u_{N+2}+\cdots<ru_N+r^2u_N+\cdots+r^nu_N+\cdots$$

右端是一个 $r<1$ 的收敛的等比级数,由比较判别法 $\sum\limits_{n=N+1}^{\infty}u_n$ 收敛,故原级数 $\sum\limits_{n=1}^{\infty}u_n$ 也收敛.

(ii) 当 $\rho>1$ 时,取适当小的 $\varepsilon>0$,使得 $\rho-\varepsilon>1$,由极限定义可知存在正整数 N,当 $n>N$ 时,有

$$1<\rho-\varepsilon<\frac{u_{n+1}}{u_n}.$$

因此

$$u_{n+1}>u_n \quad (n=N+1,N+2,\cdots),$$

从而可知级数 $\sum\limits_{n=1}^{\infty}u_n$ 的一般项不趋于零,因此级数 $\sum\limits_{n=1}^{\infty}u_n$ 发散.

(iii) 当 $\rho=1$ 时,级数可能收敛,也可能发散.

例如,p 级数 $\sum\limits_{n=1}^{\infty}\frac{1}{n^p}$,$\lim\limits_{n\to\infty}\frac{u_{n+1}}{u_n}=\lim\limits_{n\to\infty}\left(\frac{n}{n+1}\right)^p=1$,对任何 p 成立,然而已知 $0<p\leqslant 1$,级数发散,而 $p>1$ 时级数收敛. 可见 $\rho=1$ 时要具体判别.

对于比值极限判别法有三点需要说明.

达朗贝尔判别法也称比值判别法.

(1) 对正项级数 $\sum\limits_{n=1}^{\infty}u_n$,若 $\lim\limits_{n\to\infty}\frac{u_{n+1}}{u_n}=\rho<1$,则级数必收敛,但当级数收敛时,推不出 $\lim\limits_{n\to\infty}\frac{u_{n+1}}{u_n}=\rho<1$;

(2) 由定理的证明可知凡用比值法得出 $\sum\limits_{n=1}^{\infty}u_n$ 发散时,必有 $\lim\limits_{n\to\infty}u_n\neq 0$;

(3) 当由比值法得到 $\sum\limits_{n=1}^{\infty}u_n$ 收敛时,则得到正项级数估计误差的公式,即

$$r_N=S-S_N=u_{N+1}+u_{N+2}+\cdots+u_{N+k}+\cdots<ru_N+r^2u_N+\cdots=\frac{ru_N}{1-r}.$$

例 10.2.10　利用比值判别法判别 $\sum\limits_{n=1}^{\infty}\frac{3^n\cdot n^n}{n!}$ 的敛散性.

解　$\lim\limits_{n\to\infty}\frac{u_{n+1}}{u_n}=\lim\limits_{n\to\infty}\frac{3^{n+1}(n+1)^{n+1}}{(n+1)!}\cdot\frac{n!}{3^n\cdot n^n}=\lim\limits_{n\to\infty}\frac{3(n+1)^n}{n^n}=\lim\limits_{n\to\infty}3\left(1+\frac{1}{n}\right)^n=3e>1$. 由比值判别法知原级数发散.

例 10.2.11　判别级数 $\sum\limits_{n=1}^{\infty}\frac{n\cdot\cos^2\frac{n}{3}\pi}{2^n}(n=1,2,\cdots)$ 的敛散性.

解　由于$\dfrac{n\cos^2\dfrac{n}{3}\pi}{2^n}\leqslant\dfrac{n}{2^n}$，记 $u_n=\dfrac{n}{2^n}$，则

$$\lim_{n\to\infty}\frac{u_{n+1}}{u_n}=\lim_{n\to\infty}\frac{\dfrac{n+1}{2^{n+1}}}{\dfrac{n}{2^n}}=\lim_{n\to\infty}\left(\frac{1}{2}\cdot\frac{n+1}{n}\right)=\frac{1}{2}<1,$$

所以，根据比值判别法知$\sum\limits_{n=1}^{\infty}u_n$ 收敛，再由比较判别法知正项级数$\sum\limits_{n=1}^{\infty}\dfrac{n\cdot\cos^2\dfrac{n}{3}\pi}{2^n}$收敛.

一般地，当级数的通项 u_n 中含有 $n!$ 或关于 n 的因子连乘时，用比值判别法较为简洁有效.

例 10.2.12　判别级数$\sum\limits_{n=1}^{\infty}\dfrac{x^{2n}}{n^2}(x\neq 0)$的敛散性.

解

$$\begin{aligned}\lim_{n\to\infty}\frac{u_{n+1}}{u_n}&=\lim_{n\to\infty}\frac{x^{2(n+1)}}{(n+1)^2}\cdot\frac{n^2}{x^{2n}}\\&=\lim_{n\to\infty}\left(\frac{n}{n+1}\right)^2x^2\\&=x^2.\end{aligned}$$

由比值判别法可知当 $x^2<1$ 即 $|x|<1$ 时，级数收敛；当 $x^2>1$ 即 $|x|>1$ 时，级数发散；当 $|x|=1$ 时，定理失效. 我们将 $|x|=1$ 代入原级数得$\sum\limits_{n=1}^{\infty}\dfrac{1}{n^2}$，此为 p 级数且 $p=2>1$，所以收敛. 故该级数在 $|x|\leqslant 1$ 时收敛；$|x|>1$ 时发散.

例 10.2.13　判别级数$\sum\limits_{n=1}^{\infty}\dfrac{(a+1)(2a+1)\cdots(na+1)}{(b+1)(2b+1)\cdots(nb+1)}(a>0,b>0)$的敛散性.

解　由比值判别法得

$$\lim_{n\to\infty}\frac{u_{n+1}}{u_n}=\lim_{n\to\infty}\frac{(a+1)(2a+1)\cdots(na+1)[(n+1)a+1]}{(b+1)(2b+1)\cdots(nb+1)[(n+1)b+1]}\cdot\frac{(b+1)(2b+1)\cdots(nb+1)}{(a+1)(2a+1)\cdots(na+1)}$$

$$=\lim_{n\to\infty}\frac{(n+1)a+1}{(n+1)b+1}=\lim_{n\to\infty}\frac{a+\dfrac{1}{n+1}}{b+\dfrac{1}{n+1}}=\frac{a}{b},$$

因此当$\dfrac{a}{b}<1$，即 $a<b$ 时级数收敛；当$\dfrac{a}{b}>1$ 即 $a>b$ 时，级数发散；当 $a=b$ 时，原级

数的通项 $u_n=1$，所以$\lim\limits_{n\to\infty}u_n\neq 0$，发散.

例 10.2.14　判别级数$\sum\limits_{n=1}^{\infty}\dfrac{1}{2n(2n-1)}$的敛散性.

解　由比值判别法得

$$\lim_{n\to\infty}\frac{u_{n+1}}{u_n}=\lim_{n\to\infty}\frac{\dfrac{1}{2(n+1)(2n+1)}}{\dfrac{1}{2n(2n-1)}}=\lim_{n\to\infty}\frac{2n(2n-1)}{(2n+2)(2n+1)}=1.$$

所以，比值判别法失效，改用比较判别法：

$$u_n=\frac{1}{2n(2n-1)}=\frac{1}{4n^2-2n}<\frac{1}{4n^2-2n^2}=\frac{1}{2n^2},$$

$\sum\limits_{n=1}^{\infty}\dfrac{1}{n^2}$是 $p=2>1$ 的收敛级数，所以$\dfrac{1}{2}\sum\limits_{n=1}^{\infty}\dfrac{1}{n^2}$收敛，由比较判别法，原级数收敛.

例 10.2.15　证明级数

$$1+\frac{1}{1}+\frac{1}{1\cdot 2}+\frac{1}{1\cdot 2\cdot 3}+\cdots+\frac{1}{1\cdot 2\cdot 3\cdot\cdots\cdot(n-1)}+\cdots$$

收敛，并估计用级数的部分和 S_n 近似代替和 S 时所产生的误差 r_n.

证　级数的一般项 $u_n=\dfrac{1}{(n-1)!}(n=1,2,\cdots)$利用比值法

$$\lim_{n\to\infty}\frac{u_{n+1}}{u_n}=\lim_{n\to\infty}\frac{\dfrac{1}{n!}}{\dfrac{1}{(n-1)!}}=\lim_{n\to\infty}\frac{(n-1)!}{n!}=\lim_{n\to\infty}\frac{1}{n}=0<1.$$

所以级数收敛. 由定理 10.5 证明后的第(3)点说明可知以下结果.

用这个级数的前 n 项之和 S_n 来代替和 S 所产生的绝对误差为

$$\begin{aligned}|r_n|&=\frac{1}{n!}+\frac{1}{(n+1)!}+\frac{1}{(n+2)!}+\cdots\\&=\frac{1}{n!}\left(1+\frac{1}{n+1}+\frac{1}{(n+1)(n+2)}+\cdots\right)\\&<\frac{1}{n!}\left(1+\frac{1}{n}+\frac{1}{n^2}+\cdots\right)\\&=\frac{1}{n!}\frac{1}{1-\dfrac{1}{n}}=\frac{1}{(n-1)(n-1)!}.\end{aligned}$$

如取 $n=r_9$，则 $S\approx 1+1+\dfrac{1}{1\cdot 2}+\dfrac{1}{1\cdot 2\cdot 3}+\cdots+\dfrac{1}{8!}\approx 2.718282$，

$$|r_9|<\frac{1}{(9-1)(9-1)!}=\frac{1}{8\cdot 8!}=\frac{1}{322560}\approx 3.1\times 10^{-6}$$

在以后内容中可以看到上述级数即 $\sum_{n=1}^{\infty}\frac{1}{n!}=\mathrm{e}$.

10.2.4　根值判别法

定理 10.6（柯西判别法）　设级数 $\sum_{n=1}^{\infty}u_n$ 是正项级数，如果

$$\lim_{n\to\infty}\sqrt[n]{u_n}=\rho\quad(0\leqslant\rho<+\infty),$$

则　(i) 当 $\rho<1$ 时，级数 $\sum_{n=1}^{\infty}u_n$ 收敛；

(ii) 当 $\rho>1$ 时，级数 $\sum_{n=1}^{\infty}u_n$ 发散；

(iii) 当 $\rho=1$ 时，级数 $\sum_{n=1}^{\infty}u_n$ 可能收敛，也可能发散.

定理 10.6 的证明与定理 10.5 的证明类似，从略. 柯西判别法也称根值判别法.

例 10.2.16　判别级数 $\sum_{n=1}^{\infty}\left(\frac{n}{3n-1}\right)^{2n-1}$ 的敛散性

解　由于

$$\begin{aligned}\lim_{n\to\infty}\sqrt[n]{u_n}&=\lim_{n\to\infty}\left(\frac{n}{3n-1}\right)^{\frac{2n-1}{n}}\\&=\lim_{n\to\infty}\left(\frac{1}{3-\frac{1}{n}}\right)^{2-\frac{1}{n}}\\&=\frac{1}{9}<1.\end{aligned}$$

所以根据定理 10.6，原级数收敛.

例 10.2.17　判别 $\sum_{n-1}^{\infty}2^{-n-(-1)^n}$ 的敛散性.

解　不妨先用比值判别法试一下，因为 $u_n=2^{-n-(-1)^n}$，所以

$$\lim_{n\to\infty}\frac{u_{n+1}}{u_n}=\lim_{n\to\infty}\frac{2^{n+(-1)^n}}{2^{n+1+(-1)^{n+1}}}=\lim_{n\to\infty}2^{-1+2(-1)^n}=\begin{cases}2, & n\text{ 为偶数},\\ \frac{1}{8}, & n\text{ 为奇数}.\end{cases}$$

$\lim_{n\to\infty}\frac{u_{n+1}}{u_n}$ 不存在，比值判别法失效.

若用根值判别法,则

$$\lim_{n\to\infty}\sqrt[n]{u_n}=\lim_{n\to\infty}\sqrt[n]{2^{-n-(-1)^n}}=\lim_{n\to\infty}2^{-1-\frac{(-1)^n}{n}}=\frac{1}{2}<1$$

所以级数 $\sum_{n=1}^{\infty}2^{-n-(-1)^n}$ 收敛.

由上可见,根值判别法优于比值判别法.

习 题 10.2

1. 用比较判别法判别级数的敛散性.

(1) $\sum_{n=1}^{\infty}\ln\left(1+\frac{1}{\sqrt{n}}\right)$;　　(2) $\sum_{n=1}^{\infty}\left(1-\cos\frac{\pi}{n}\right)$;

(3) $\sum_{n=1}^{\infty}3^n\sin\frac{\pi}{5^n}$;　　(4) $\sum_{n=1}^{\infty}\frac{1}{\sqrt{n(n+1)}}$;

(5) $\sum_{n=1}^{\infty}\frac{2}{3^n-2n}$;　　(6) $\sum_{n=1}^{\infty}\frac{1}{(n+1)(n+4)}$.

2. 用比值判别法判别下列级数的敛散性.

(1) $\sum_{n=1}^{\infty}\frac{n^2}{2^n}$;　　(2) $\sum_{n=1}^{\infty}\frac{n!}{n^n}$;

(3) $\sum_{n=1}^{\infty}\frac{x^n}{n!}(x\geqslant 0)$;　　(4) $\sum_{n=1}^{\infty}n\cdot\tan\frac{\pi}{2^{n+1}}$;

(5) $\sum_{n=1}^{\infty}na^n(a>0)$;　　(6) $\sum_{n=1}^{\infty}\frac{x^n}{(1+x)(1+x^2)\cdots(1+x^n)}(x>0)$.

3. 用根值判别法判别下列级数的敛散性.

(1) $\sum_{n=1}^{\infty}\left(\frac{n+1}{\alpha n-1}\right)^n$;　　(2) $\sum_{n=1}^{\infty}\left(\cos\frac{\alpha}{n}\right)^{n^3}(\alpha\neq 0)$;

(3) $\sum_{n=1}^{\infty}\left(\frac{na}{n+1}\right)^n(a>0)$;　　(4) $\sum_{n=1}^{\infty}\left(\frac{b}{a_n}\right)^n$, $a_n\to a(n\to\infty)$, a_n,b,a 均为正数.

4. 用适当的方法判定下列级数的敛散性.

(1) $\sum_{n=1}^{\infty}\sqrt{\frac{n+1}{n}}$;　　(2) $\sum_{n=1}^{\infty}\left(1-\frac{1}{n}\right)^{n^2}$;

(3) $\sum_{n=1}^{\infty}\frac{1}{2^n}\left(1+\frac{1}{n}\right)^{n^2}$;　　(4) $\sum_{n=1}^{\infty}\frac{1}{3n^2+5}$.

5. 若正项级数 $\sum_{n=1}^{\infty}a_n$ 收敛,证明:

(1) 级数 $\sum_{n=1}^{\infty}\frac{\sqrt{a_n}}{n}$ 收敛;

(2) 级数$\sum_{n=1}^{\infty}\frac{a_n}{1+a_n}$收敛;

(3) $\sum_{n=1}^{\infty}a_n^2$收敛,反之不成立.

10.3　变号级数判敛

级数的各项为任意实数的常数项级数称为变号级数. 交错级数是一种特殊的变号级数.

10.3.1　交错级数

定义 10.4　设$u_n>0(n=1,2,\cdots)$,则称形如

$$\sum_{n=1}^{\infty}(-1)^{n-1}u_n=u_1-u_2+u_3-\cdots+(-1)^{n-1}u_n+\cdots$$

的级数为交错级数.

定理 10.7(莱布尼兹定理)　如果交错级数$\sum_{n=1}^{\infty}(-1)^{n-1}u_n$满足

(i) $u_n\geqslant u_{n+1}(n=1,2,\cdots)$;

(ii) $\lim\limits_{n\to\infty}u_n=0$.

则交错级数$\sum_{n=1}^{\infty}(-1)^{n-1}u_n$收敛,且其和$S\leqslant u_1$,其余项$|R_n|\leqslant u_{n+1}$.

证　由条件(i),对任意的$n=1,2,\cdots$,有$u_n\geqslant u_{n+1}$,所以

$$S_{2n}=(u_1-u_2)+(u_3-u_4)+\cdots+(u_{2n-1}-u_{2n})\geqslant 0,$$

这表明部分和数列$\{S_n\}$的子数列$\{S_{2n}\}$随着n的增大单调增加;又

$$S_{2n}=u_1-(u_2-u_3)-(u_4-u_5)-\cdots-(u_{2n-2}-u_{2n-1})-u_{2n}\leqslant u_1,$$

可知数列$\{S_{2n}\}$有上界.

根据单调递增且有上界的数列必有极限的结论,如果设其极限值为S,则

$$\lim_{n\to\infty}S_{2n}=S.$$

另一方面,由于$S_{2n+1}=S_{2n}+u_{2n+1}$,由条件(ii)知$\lim\limits_{n\to\infty}u_{2n+1}=0$,从而有

$$\lim_{n\to\infty}S_{2n+1}=\lim_{n\to\infty}S_{2n}+\lim_{n\to\infty}u_{2n+1}=S+0=S,$$

即数列$\{S_n\}$的子数列$\{S_{2n+1}\}$也收敛于S.

由于级数的前偶数项和与前奇数和趋于同一极限S,所以$\lim\limits_{n\to\infty}S_n=S$,从而级数$\sum_{n=1}^{\infty}(-1)^{n-1}u_n$收敛,且其和$S\leqslant u_1$. 余项

$$R_n=S-S_n=(-1)^n u_{n+1}+(-1)^{n+1}u_{n+2}+\cdots$$

$$=(-1)^n(u_{n+1}-u_{n+2}+u_{n+3}-u_{n+4}+\cdots),$$

其绝对值为

$$|R_n|=u_{n+1}-u_{n+2}+u_{n+3}-u_{n+4}+\cdots.$$

上式右端又是一个交错级数,它也满足定理的条件(i),(ii),所以其和满足 $|R_n|\leqslant u_{n+1}$.

例 10.3.1 判别交错级数 $\sum\limits_{n=1}^{\infty}(-1)^{n-1}\dfrac{1}{n}$ 的收敛性.

解 由于 $u_n=\dfrac{1}{n}>\dfrac{1}{n+1}=u_{n+1}$,$\lim\limits_{n\to\infty}u_n=\lim\limits_{n\to\infty}\dfrac{1}{n}=0$,所以由莱布尼兹判别法,知原级数收敛.

例 10.3.2 判别级数 $\sum\limits_{n=1}^{\infty}(-1)^n\dfrac{\sqrt{2n}}{n+100}$ 的敛散性.

解 记 $u_n=\dfrac{\sqrt{2n}}{n+100}$,显然 $\lim\limits_{n\to\infty}u_n=\lim\limits_{n\to\infty}\dfrac{\sqrt{2n}}{n+100}=0$. 为了判定 u_n 与 u_{n+1} 的大小 $(n=1,2,\cdots)$,设

$$f(x)=\frac{\sqrt{2x}}{x+100}\quad(x>0),$$

$$f'(x)=\frac{100-x}{\sqrt{2x}(x+100)^2},$$

当 $x>100$ 时,$f'(x)<0$. 故 $f(x)$ 单调减少. 从而当 $n>100$ 时,有 $u_n=f(n)>f(n+1)=u_{n+1}$.

根据莱布尼兹定理 $\sum\limits_{n=101}^{\infty}(-1)^n\dfrac{\sqrt{2n}}{n+100}$ 收敛,所以由级数的性质 10.3 原级数 $\sum\limits_{n=1}^{\infty}(-1)^n\dfrac{\sqrt{2n}}{n+100}$ 收敛.

例 10.3.3 判别级数 $\dfrac{1}{\sqrt{2}-1}-\dfrac{1}{\sqrt{2}+1}+\dfrac{1}{\sqrt{3}-1}-\dfrac{1}{\sqrt{3}+1}+\cdots$ 的敛散性.

解 此为交错级数,但其通项不易表示. 观察级数的各项可知

$$\frac{1}{\sqrt{2}-1}>\frac{1}{\sqrt{2}+1},\frac{1}{\sqrt{2}+1}<\frac{1}{\sqrt{3}-1},\frac{1}{\sqrt{3}-1}>\frac{1}{\sqrt{3}+1},\cdots$$

可见级数的项不具有单调递减的性质,所以不能用莱布尼兹定理.

为判别级数的敛散性,考虑加括号后的级数 $\sum\limits_{n=2}^{\infty}\left(\dfrac{1}{\sqrt{n}-1}-\dfrac{1}{\sqrt{n}+1}\right)$,由于

$$\sum_{n=2}^{\infty}\left(\frac{1}{\sqrt{n}-1}-\frac{1}{\sqrt{n}+1}\right)=\sum_{n=2}^{\infty}\frac{\sqrt{n}+1-\sqrt{n}+1}{(\sqrt{n}-1)(\sqrt{n}+1)}$$

$$=\sum_{n=2}^{\infty}\frac{2}{n-1}=2\left(1+\frac{1}{2}+\frac{1}{3}+\cdots+\frac{1}{n}+\cdots\right)$$

发散,根据加括号后的级数发散,原级数必发散的性质,可知级数$\frac{1}{\sqrt{2}-1}-\frac{1}{\sqrt{2}+1}+\frac{1}{\sqrt{3}-1}-\frac{1}{\sqrt{3}+1}+\cdots$发散.

10.3.2　绝对收敛与条件收敛

前面已经讨论了交错级数的敛散性,下面讨论任意变号级数的敛散性.

定义 10.5　设级数$\sum_{n=1}^{\infty}u_n$(u_n为实数)为任意项级数,则称级数$\sum_{n=1}^{\infty}|u_n|$为级数$\sum_{n=1}^{\infty}u_n$的绝对值级数.

显然,级数$\sum_{n=1}^{\infty}u_n$的绝对值级数为正项级数,并且有以下结论.

定理 10.8　如果级数$\sum_{n=1}^{\infty}|u_n|$收敛,则级数$\sum_{n=1}^{\infty}u_n$收敛.

证　因为　$0\leqslant|u_n|+u_n\leqslant 2|u_n|$,已知$\sum_{n=1}^{\infty}|u_n|$收敛,由级数的性质 10.1 知$2\sum_{n=1}^{\infty}|u_n|$也收敛,所以由比较判别法知级数$\sum_{n=1}^{\infty}(|u_n|+u_n)$收敛,而

$$u_n=(u_n+|u_n|)-|u_n|$$

这表明级数$\sum_{n=1}^{\infty}u_n$可表示为两个收敛级数的差,由级数的性质 10.2 可知级数$\sum_{n=1}^{\infty}u_n$收敛.

需要指出的是,当级数$\sum_{n=1}^{\infty}u_n$收敛时,绝对值级数$\sum_{n=1}^{\infty}|u_n|$不一定收敛. 例如,级数$\sum_{n=1}^{\infty}\frac{(-1)^{n-1}}{n}$收敛,但$\sum_{n=1}^{\infty}\left|\frac{(-1)^{n-1}}{n}\right|=\sum_{n=1}^{\infty}\frac{1}{n}$发散.

定义 10.6　设$\sum_{n=1}^{\infty}u_n$为任意项级数,

若级数$\sum_{n=1}^{\infty}|u_n|$收敛,则称级数$\sum_{n=1}^{\infty}u_n$绝对收敛;

若级数$\sum_{n=1}^{\infty}|u_n|$发散,而$\sum_{n=1}^{\infty}u_n$收敛,则称级数$\sum_{n=1}^{\infty}u_n$条件收敛.

由定义 10.6 可知,级数$\sum_{n=1}^{\infty}(-1)^{n-1}\frac{1}{n}$条件收敛.

根据定理 10.8,在判断一个级数 $\sum_{n=1}^{\infty} u_n$ 是否收敛时,一般地,应该首先利用正项级数的判敛法,来判别其绝对值级数 $\sum_{n=1}^{\infty} |u_n|$ 是否收敛,若绝对值级数 $\sum_{n=1}^{\infty} |u_n|$ 收敛,则级数 $\sum_{n=1}^{\infty} u_n$ 绝对收敛;若绝对值级数 $\sum_{n=1}^{\infty} |u_n|$ 发散,再用其他判别法(如莱布尼兹判别法、级数的性质等)来判别级数的敛散性,此时若 $\sum_{n=1}^{\infty} u_n$ 收敛,则级数 $\sum_{n=1}^{\infty} u_n$ 条件收敛.

例 10.3.4　判别级数 $\sum_{n=1}^{\infty} \frac{\sin n}{n^2}$ 的敛散性.

解　因为 $\left|\frac{\sin n}{n^2}\right| \leqslant \frac{1}{n^2}$,而 $\sum_{n=1}^{\infty} \frac{1}{n^2}$ 收敛,由比较判别法 $\sum_{n=1}^{\infty} \left|\frac{\sin n}{n^2}\right|$ 收敛,从而原级数绝对收敛.

例 10.3.5　判别级数 $\sum_{n=2}^{\infty} (-1)^n \frac{1}{n-\ln n}$ 的敛散性,若收敛是条件收敛还是绝对收敛?

解　首先考察绝对值级数 $\sum_{n=2}^{\infty} \left|(-1)^n \frac{1}{n-\ln n}\right|$,因为

$$|u_n| = \frac{1}{n-\ln n} > \frac{1}{n},$$

而调和级数 $\sum_{n=2}^{\infty} \frac{1}{n}$ 发散,所以绝对值级数 $\sum_{n=2}^{\infty} \left|(-1)^n \frac{1}{n-\ln n}\right| = \sum_{n=1}^{\infty} \frac{1}{n-\ln n}$ 发散,又对于原级数 $\sum_{n=2}^{\infty} (-1)^n \frac{1}{n-\ln n}$ 有

$$\lim_{n\to\infty} u_n = \lim_{n\to\infty} \frac{1}{n-\ln n} = \lim_{n\to\infty} \frac{1}{n\left(1-\frac{\ln n}{n}\right)} = 0,$$

$$u_n - u_{n+1} = \frac{1}{n-\ln n} - \frac{1}{(n+1)-\ln(n+1)} = \frac{n+1-\ln(n+1)-n+\ln n}{(n-\ln n)[(n+1)-\ln(n+1)]}$$

$$= \frac{1-\ln\left(1+\frac{1}{n}\right)}{(n-\ln n)[(n+1)-\ln(n+1)]} > 0,$$

即 $u_n > u_{n+1}$. 所以根据莱布尼兹判别法,原级数 $\sum_{n=2}^{\infty} (-1)^{n-1} \frac{1}{n-\ln n}$ 收敛,且为条件收敛.

例 10.3.6　判别级数$\sum\limits_{n=1}^{\infty}\dfrac{(-1)^{n-1}n^3}{3^n}$的敛散性，若收敛是条件收敛还是绝对收敛?

解　对原级数逐项取绝对值得$\sum\limits_{n=1}^{\infty}\left|(-1)^{n-1}\dfrac{n^3}{3^n}\right|$利用比值判别法：

$$\lim_{n\to\infty}\frac{|u_{n+1}|}{|u_n|}=\lim_{n\to\infty}\frac{\dfrac{(n+1)^3}{3^{n+1}}}{\dfrac{n^3}{3^n}}=\lim_{n\to\infty}\frac{3^n}{3^{n+1}}\left(\frac{n+1}{n}\right)^3=\frac{1}{3}<1.$$

所以绝对值级数$\sum\limits_{n=1}^{\infty}\left|(-1)^{n-1}\dfrac{n^3}{3^n}\right|$收敛，原级数$\sum\limits_{n=1}^{\infty}(-1)^{n-1}\dfrac{n^3}{3^n}$绝对收敛.

例 10.3.7　判别级数$\sum\limits_{n=1}^{\infty}(-1)^n\dfrac{1}{n^p}$的敛散性.

解　(i) 当$p\leqslant 0$时，因为$\lim\limits_{n\to\infty}(-1)^n\dfrac{1}{n^p}\neq 0$，所以级数$\sum\limits_{n=1}^{\infty}(-1)^n\dfrac{1}{n^p}$发散.

(ii) 当$0<p\leqslant 1$时，因为$\left|(-1)^n\dfrac{1}{n^p}\right|=\dfrac{1}{n^p}\geqslant\dfrac{1}{n}$，而级数$\sum\limits_{n=1}^{\infty}\dfrac{1}{n}$发散，所以绝对值级数$\sum\limits_{n=1}^{\infty}\left|(-1)^n\dfrac{1}{n^p}\right|$发散. 而原级数$\sum\limits_{n=1}^{\infty}(-1)^n\dfrac{1}{n^p}$为交错级数，它满足

$$\lim_{n\to\infty}u_n=\lim_{n\to\infty}\frac{1}{n^p}=0,$$

$$u_n=\frac{1}{n^p}\geqslant\frac{1}{(n+1)^p}=u_{n+1}\quad(n=1,2,\cdots).$$

由莱布尼兹判别法$\sum\limits_{n=1}^{\infty}(-1)^n\dfrac{1}{n^p}$收敛，此时级数为条件收敛.

(iii) 当$p>1$时，因为$\left|(-1)^n\dfrac{1}{n^p}\right|=\dfrac{1}{n^p}$，级数$\sum\limits_{n=1}^{\infty}\dfrac{1}{n^p}$收敛，所以原级数$\sum\limits_{n=1}^{\infty}(-1)^n\dfrac{1}{n^p}$绝对收敛. 从而有

$$\sum_{n=1}^{\infty}(-1)^n\frac{1}{n^p}\begin{cases}\text{发散}, & p\leqslant 0,\\ \text{条件收敛}, & 0<p\leqslant 1,\\ \text{绝对收敛}, & p>1.\end{cases}$$

例 10.3.8　判别级数$\sum\limits_{n=1}^{\infty}(-1)^{n-1}\ln\left(1+\dfrac{1}{\sqrt{n}}\right)$的敛散性.

解　对原级数逐项取绝对值，记$|u_n|=\left|(-1)^{n-1}\ln\left(1+\dfrac{1}{\sqrt{n}}\right)\right|=\ln\left(1+\dfrac{1}{\sqrt{n}}\right)$，

取级数 $v_n=\dfrac{1}{\sqrt{n}}$，应用比较判别法的极限形式，由于 $\lim\limits_{n\to\infty}\dfrac{|u_n|}{v_n}=\lim\limits_{n\to\infty}\dfrac{\ln\left(1+\dfrac{1}{\sqrt{n}}\right)}{\dfrac{1}{\sqrt{n}}}=1$，

而 $\sum\limits_{n=1}^{\infty}\dfrac{1}{\sqrt{n}}$ 发散，所以 $\sum\limits_{n=1}^{\infty}|u_n|$ 也发散，故原级数不是绝对收敛的.

又因为 $\ln\left(1+\dfrac{1}{\sqrt{n}}\right)>\ln\left(1+\dfrac{1}{\sqrt{n+1}}\right)$，且 $\lim\limits_{n\to\infty}\ln\left(1+\dfrac{1}{\sqrt{n}}\right)=0$，由莱布尼兹判别法知原级数收敛，且条件收敛.

例 10.3.9　判定级数 $\sum\limits_{n=2}^{\infty}\dfrac{(-1)^n}{\sqrt{n+(-1)^n}}$ 的敛散性.

解　$|u_n|=\left|\dfrac{(-1)^n}{\sqrt{n+(-1)^n}}\right|=\dfrac{1}{\sqrt{n+(-1)^n}}>\dfrac{1}{\sqrt{n+1}}>\dfrac{1}{\sqrt{n+n}}=\dfrac{1}{\sqrt{2}\sqrt{n}}$，

而 $\dfrac{1}{\sqrt{2}}\sum\limits_{n=2}^{\infty}\dfrac{1}{\sqrt{n}}$ 发散 $\left(p=\dfrac{1}{2}<1\right)$，由比较判别法知 $\sum\limits_{n=2}^{\infty}|u_n|$ 发散.

设 $\{S_n\}$ 为原级数的前 n 项和数列，则

$$S_{2n}=\sum_{k=2}^{2n+1}\frac{(-1)^k}{\sqrt{k+(-1)^k}}=\frac{1}{\sqrt{3}}-\frac{1}{\sqrt{2}}+\frac{1}{\sqrt{5}}-\frac{1}{\sqrt{4}}+\cdots+\frac{1}{\sqrt{2n+1}}-\frac{1}{\sqrt{2n}},$$

$$S_{2n}=\left(\frac{1}{\sqrt{3}}-\frac{1}{\sqrt{2}}\right)+\left(\frac{1}{\sqrt{5}}-\frac{1}{\sqrt{4}}\right)+\cdots+\left(\frac{1}{\sqrt{2n+1}}-\frac{1}{\sqrt{2n}}\right).$$

上述括号内每一项都小于 0，所以随着 n 的增加，$\{S_{2n}\}$ 单调递减.

又 $S_{2n}>\left(\dfrac{1}{\sqrt{4}}-\dfrac{1}{\sqrt{2}}\right)+\left(\dfrac{1}{\sqrt{6}}-\dfrac{1}{\sqrt{4}}\right)+\cdots+\left(\dfrac{1}{\sqrt{2n+2}}-\dfrac{1}{\sqrt{2n}}\right)=-\dfrac{1}{\sqrt{2}}+\dfrac{1}{\sqrt{2n+2}}>-\dfrac{1}{\sqrt{2}}$，$\{S_{2n}\}$ 有下界，故 $\lim\limits_{n\to\infty}S_{2n}=S$.

又 $S_{2n+1}=S_{2n}+\dfrac{1}{\sqrt{2n+2}}$，$\lim\limits_{n\to\infty}S_{2n+1}=\lim\limits_{n\to\infty}\left(S_{2n}+\dfrac{1}{\sqrt{2n+2}}\right)=S$，于是原级数的前奇数项和数列与前偶数项和数列的极限都存在并且相等，所以对于任意 n，都有 $\lim\limits_{n\to\infty}S_n=S$ 故原级数收敛，条件收敛.

10.3.3　绝对收敛级数的两个性质

绝对收敛的级数有许多性质，是条件收敛级数所不具备的. 这里介绍其中的两个性质.

定理 10.9（绝对收敛级数的可交换性）　绝对收敛级数不因改变项的位置而

改变它的和.

对于条件收敛级数,定理 10.9 的结论不成立.

例如,$\sum_{n=1}^{\infty}(-1)^{n-1}\frac{1}{n}$ 是条件收敛级数,设其和为 S,即

$$S=1-\frac{1}{2}+\frac{1}{3}-\frac{1}{4}+\frac{1}{5}-\frac{1}{6}+\frac{1}{7}-\frac{1}{8}+\cdots,$$

应用常数项级数的基本性质 10.1,两端同乘以 $\frac{1}{2}$ 得

$$\frac{1}{2}S=\frac{1}{2}-\frac{1}{4}+\frac{1}{6}-\frac{1}{8}+\cdots.$$

上述两式相加可得

$$\frac{3}{2}S=1+\frac{1}{3}-\frac{1}{2}+\frac{1}{5}+\frac{1}{7}-\frac{1}{4}+\cdots.$$

显然右端的级数是由原级数改变项的位置得来的,其和为 $\frac{3}{2}S$,再也不是原来的和 S 了. 可见对于条件收敛的级数,不能随意调换项的位置,而绝对收敛的级数就不存在这个问题.

定理 10.10(绝对收敛级数的乘法)　设级数 $\sum_{n=1}^{\infty}u_n$ 与 $\sum_{n=1}^{\infty}v_n$ 都绝对收敛,其和分别为 S 和 Γ,则

$$\begin{aligned}&\left(\sum_{n=1}^{\infty}u_n\right)\cdot\left(\sum_{n=1}^{\infty}v_n\right)\\&=u_1v_1+(u_1v_2+u_2v_1)+\cdots+(u_1v_n+u_2v_{n-1}+\cdots+u_nv_1)+\cdots\\&=\sum_{n=1}^{\infty}\sum_{l=1}^{n}u_lv_{n-l+1}\end{aligned}$$

也是绝对收敛的,其和为 $S\Gamma$.

对于条件收敛级数,定理 10.10 的结论也不成立.

习 题 10.3

1. 判别下列级数的敛散性,若收敛是条件收敛还是绝对收敛?

(1) $\sum_{n=1}^{\infty}(-1)^n\frac{n}{n^2+1}$;　(2) $\sum_{n=1}^{\infty}(-1)^n\arctan\frac{1}{\sqrt{n}}$;

(3) $\sum_{n=1}^{\infty}(-1)^{n-1}\frac{1}{(2n-1)^2}$;　(4) $\sum_{n=1}^{\infty}(-1)^{n+1}\frac{n}{3^{n+1}}$;

(5) $\sum_{n=1}^{\infty}(-1)^n\sqrt{\frac{(n+1)(n+2)}{(n-1)(n+3)}}$;　(6) $\sum_{n=1}^{\infty}\frac{(-1)^{n-1}2^{n^2}}{n!}$.

2. 证明:级数$\sum_{n=2}^{\infty}\frac{(-1)^{n-1}}{\sqrt{n}+(-1)^n}$发散.

3. 设$\sum_{n=1}^{\infty}u_n^2$收敛,证明:$\sum_{n=1}^{\infty}\frac{u_n}{n}$也收敛.

4. 证明:级数$\sum_{n=1}^{\infty}\sin\left(n+\frac{k}{n}\right)\pi$($k$为某个自然数)条件收敛.

5. 讨论级数$\sum_{n=1}^{\infty}\frac{1}{n\cdot 3^n}(a+1)^n$($a$为常数)的敛散性.

10.4 幂 级 数

10.4.1 函数项级数的一般概念

定义10.7 给定区间I上的一个函数列

$$u_1(x),u_2(x),\cdots,u_n(x),\cdots,$$

将其依次无限累加的式子

$$\sum_{n=1}^{\infty}u_n(x)=u_1(x)+u_2(x)+\cdots+u_n(x)+\cdots$$

称为定义在I上的一个函数项级数,$u_n(x)$称为这个函数项级数的通项.

对任给的$x_0\in I$,级数$\sum_{n=1}^{\infty}u_n(x_0)$为一个常数项级数,可见函数项级数实际上是定义在区间I上的一族常数项级数.

对函数项级数不能笼统地谈收敛或者发散,因为一般地,对定义区间I上每一点,函数项级数并不是都收敛或都发散,而是对I上有些点级数收敛,对另一些点级数发散.

定义 10.8 设$x_0\in I$,如果级数$\sum_{n=1}^{\infty}u_n(x_0)$收敛,则称$x_0$为函数项级数$\sum_{n=1}^{\infty}u_n(x)$的收敛点;如果级数$\sum_{n=1}^{\infty}u_n(x_0)$发散,则称$x_0$为函数项级数$\sum_{n=1}^{\infty}u_n(x)$的发散点.全体收敛点的集合称为函数项级数的收敛域,而全体发散点的集合称为函数项级数的发散域.

定义 10.9 给定函数项级数$\sum_{n=1}^{\infty}u_n(x)$,称$u_1(x),u_1(x)+u_2(x),\cdots,u_1(x)+u_2(x)+\cdots+u_n(x),\cdots$为函数项级数的前$n$项和数列,记为$\{S_n(x)\}$.

定义 10.10 给定函数项级数$\sum_{n=1}^{\infty}u_n(x)$,设其收敛域为$D$,若

$$\lim_{n\to\infty}S_n(x)=S(x),\quad \forall x\in D,$$

则称 $S(x)$ 为函数项级数 $\sum\limits_{n=1}^{\infty}u_n(x)$ 的和函数，也称函数项级数 $\sum\limits_{n=1}^{\infty}u_n(x)$ 收敛于 $S(x)$.

$$R_n(x)=S(x)-S_n(x)=\sum_{i=n+1}^{\infty}u_i(x)$$

称为函数项级数 $\sum\limits_{n=1}^{\infty}u_n(x)$ 的余项，在收敛域上，$\lim\limits_{n\to\infty}R_n(x)=0$.

例 10.4.1　求函数项级数 $\sum\limits_{n=1}^{\infty}x^n$ 的收敛域、和函数

解　$\sum\limits_{n=0}^{\infty}x^n=1+x+x^2+\cdots+x^n+\cdots,x\in(-\infty,+\infty)$. 这是一个公比 $q=x$ 的等比级数，其前 n 项和数列

$$S_n(x)=1+x+x^2+\cdots+x^{n-1}=\frac{1-x^n}{1-x},\quad |x|\neq 1.$$

当 $|x|<1$ 时，$\lim\limits_{n\to\infty}S_n(x)=\dfrac{1}{1-x}$；

当 $|x|>1$ 时，$\lim\limits_{n\to\infty}S_n(x)=\infty$；

当 $x=1$ 时，$S_n=1+1+\cdots+=n,\lim\limits_{n\to\infty}S_n=\infty$；

当 $x=-1$ 时，$S_n=1-1+1-\cdots+(-1)^{n-1},\lim\limits_{n\to\infty}S_n$ 不存在.

综上对于函数项级数 $\sum\limits_{n=0}^{\infty}x^n$，当 $|x|<1$ 时收敛，当 $|x|\geqslant 1$ 时发散，收敛域为 $(-1,1)$，和函数为 $\dfrac{1}{1-x}$，发散域为 $(-\infty,-1]\cup[1,+\infty)$.

例 10.4.2　求 $\sum\limits_{n=1}^{\infty}\dfrac{nx^2}{n^4+x^{2n}}$ 的收敛域.

解　显然 $x\in(-\infty,+\infty)$，因为 $u_n(x)=\dfrac{nx^2}{n^4+x^{2n}}<\dfrac{nx^2}{n^4}=\dfrac{x^2}{n^3}$，对任何 x，$x^2\sum\limits_{n=1}^{\infty}\dfrac{1}{n^3}$ 收敛，所以由比较判别法原级数收敛，其收敛域为 $(-\infty,+\infty)$.

10.4.2　幂级数及其收敛区间

幂级数是一种简单而又重要的函数项级数，它的一般形式为

$$\sum_{n=0}^{\infty}a_n(x-x_0)^n=a_0+a_1(x-x_0)+a_2(x-x_0)^2+\cdots+a_n(x-x_0)^n+\cdots,$$

其中 x_0 是某个定数，$a_0,a_1,\cdots,a_n,\cdots$ 为幂级数的系数. 当 $x=x_0$ 时，上述幂级数恒收敛于 a_0.

若作代换 $t = x - x_0$,则有 $\sum_{n=0}^{\infty} a_n t^n$,所以可以仅讨论形如

$$\sum_{n=0}^{\infty} a_n x^n = a_0 + a_1 x + a_2 x^2 + \cdots + a_{n-1} x^{n-1} + \cdots, \quad x \in (-\infty, +\infty) \tag{10.1}$$

的幂级数. 显然它在 $x=0$ 时恒收敛于 a_0.

下面讨论幂级数的收敛问题和怎样求幂级数的收敛域.

定理 10.11 (阿贝尔(Abel)定理) 如果幂级数 $\sum_{n=0}^{\infty} a_n x^n$ 在 $x = x_0$ 点($x_0 \neq 0$)收敛,则当 $|x| < |x_0|$ 时,幂级数 $\sum_{n=0}^{\infty} a_n x^n$ 绝对收敛;如果幂级数 $\sum_{n=0}^{\infty} a_n x^n$ 在 $x = x_0$ 点发散,则当 $|x| > |x_0|$ 时,幂级数 $\sum_{n=0}^{\infty} a_n x^n$ 发散.

证 设 $\sum_{n=0}^{\infty} a_n x_0^n$ 收敛,由级数收敛的必要条件知 $\lim\limits_{n\to\infty} a_n x_0^n = 0$,于是存在常数 $M \geqslant 0$,使得 $|a_n x_0^n| \leqslant M (n = 0,1,2,\cdots)$,且

$$|a_n x^n| = \left| a_n x_0^n \frac{x^n}{x_0^n} \right| = |a_n x_0^n| \left| \frac{x}{x_0} \right|^n \leqslant M \left| \frac{x}{x_0} \right|^n.$$

当 $|x| < |x_0|$ 时,有 $\left| \frac{x}{x_0} \right| < 1$,所以等比级数 $\sum_{n=0}^{\infty} M \left| \frac{x}{x_0} \right|^n$ 收敛,由比较判别法 $\sum_{n=0}^{\infty} |a_n x^n|$ 收敛,从而幂级数 $\sum_{n=0}^{\infty} a_n x^n$ 绝对收敛.

如果 $\sum_{n=0}^{\infty} a_n x_0^n$ 发散,以下证明对任意的 $|x| > |x_0|$,幂级数 $\sum_{n=0}^{\infty} a_n x^n$ 均发散. 反证:设有点 x_1,满足 $|x_1| > |x_0|$ 且 $\sum_{n=0}^{\infty} a_n x_1^n$ 收敛,则由前面所证,因为 $|x_0| < |x_1|$,所以 $\sum_{n=0}^{\infty} a_n x_0^n$ 收敛. 此与已知 $\sum_{n=0}^{\infty} a_n x_0^n$ 发散矛盾. 这样就证明了定理 10.11 的第二个结论.

定理 10.11 说明,幂级数的收敛区间是整齐的. 如果幂级数在 $x=x_0$($x_0 \neq 0$)点收敛,则对开区间 $(-|x_0|, |x_0|)$ 内的任何 x,幂级数都收敛;如果幂级数在 $x=x_0$ 点发散,则对闭区间 $[-|x_0|, |x_0|]$ 外的任何 x,幂级数都发散,所以我们可得到如下推论.

推论 10.1 如果幂级数 $\sum_{n=0}^{\infty} a_n x^n$ 不是处处发散的,也不是处处收敛的,则存在一个完全确定的正数 R,使得

(i) 当 $|x| < R$ 时,幂级数绝对收敛;

(ii) 当$|x|>R$时，幂级数发散；

(iii) 当$|x|=R$时，幂级数可能收敛，也可能发散.

这个确定的正数R称为幂级数$\sum_{n=0}^{\infty}a_nx^n$的收敛半径，$(-R,R)$称为幂级数的收敛区间. 如果幂级数$\sum_{n=0}^{\infty}a_nx^n$仅在$x=0$收敛，规定收敛半径$R=0$. 如果幂级数$\sum_{n=0}^{\infty}a_nx^n$对一切$x$值均收敛，规定收敛半径$R=+\infty$. 而$x=\pm R$的收敛性需要作具体判别(图 10.1).

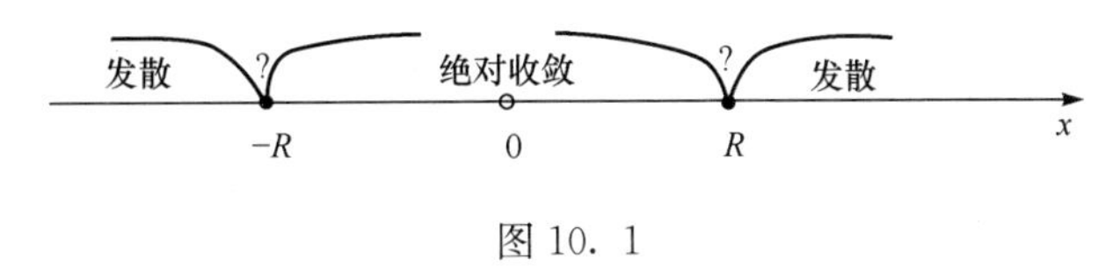

图 10. 1

根据幂级数在$x=\pm R$处的收敛情况，幂级数的收敛域可以表示为下列四种情况之一：

$$(-R,R),(-R,R],[-R,R),[-R,R].$$

下面介绍求幂级数的收敛半径的方法.

定理 10.12　给定幂级数$\sum_{n=0}^{\infty}a_nx^n$，其中$a_n$，$a_{n+1}$是幂级数相邻两项的系数，如果$\lim\limits_{n\to\infty}\left|\dfrac{a_{n+1}}{a_n}\right|=\rho$(或$\lim\limits_{n\to\infty}\sqrt[n]{|a_n|}=\rho$)，则

(i) 当$\rho\neq 0$时，$R=\dfrac{1}{\rho}$；

(ii) 当$\rho=0$时，$R=+\infty$；

(iii) 当$\rho=+\infty$时，$R=0$.

证　对$\sum_{n=0}^{\infty}a_nx^n$逐项取绝对值得$\sum_{n=0}^{\infty}|a_nx^n|$，利用比值判别法有

$$\lim_{n\to\infty}\frac{|a_{n+1}x^{n+1}|}{|a_nx^n|}=\lim_{n\to\infty}\left|\frac{a_{n+1}}{a_n}\right||x|=\rho|x|.$$

(i) 如果$\rho\neq 0$，则当$\rho|x|<1$，即$|x|<\dfrac{1}{\rho}$时，幂级数$\sum_{n=0}^{\infty}|a_nx^n|$收敛，所以$\sum_{n=0}^{\infty}a_nx^n$绝对收敛；当$\rho|x|>1$即$|x|>\dfrac{1}{\rho}$时，$\sum_{n=0}^{\infty}|a_nx^n|$发散，由于是用比值判别法得到的发散，所以$|a_nx^n|$不趋于零，从而$a_nx^n$也不趋于零，故$\sum_{n=0}^{\infty}a_nx^n$发

散,于是收敛半径 $R=\dfrac{1}{\rho}$.

(ii) 如果 $\rho=0$,则对一切 $x\in(-\infty,+\infty)$,均有 $\rho|x|=0<1$,幂级数 $\sum\limits_{n=0}^{\infty}|a_nx^n|$ 收敛,所以 $\sum\limits_{n=0}^{\infty}a_nx^n$ 绝对收敛,于是收敛半径 $R=+\infty$.

(iii) 如果 $\rho=+\infty$,那么对于除 $x=0$ 外的一切 x,$\rho|x|>1$,幂级数 $\sum\limits_{n=0}^{\infty}|a_nx^n|$ 发散,由于是用比值判别法得到的发散,所以 $|a_nx^n|$ 不趋于零,从而 a_nx^n 也不趋于零,故 $\sum\limits_{n=0}^{\infty}a_nx^n$ 仅在 $x=0$ 点收敛,于是收敛半径 $R=0$.

综上,得到求幂级数 $\sum\limits_{n=0}^{\infty}a_nx^n$ 的收敛半径、收敛区间、收敛域的步骤.

第一步　求幂级数的收敛半径,先求 $\rho=\lim\limits_{n\to\infty}\left|\dfrac{a_{n+1}}{a_n}\right|$,得收敛半径 $R=\dfrac{1}{\rho}$;

第二步　写出收敛区间 $(-R,R)$;

第三步　讨论级数 $\sum\limits_{n=0}^{\infty}a_n(-R)^n$ 与 $\sum\limits_{n=0}^{\infty}a_nR^n$ 的敛散性,写出收敛域,如 $\sum\limits_{n=0}^{\infty}a_n(-R)^n$ 收敛,$\sum\limits_{n=0}^{\infty}a_nR^n$ 发散,则收敛域为 $[-R,R)$.

例 10.4.3　求幂级数 $\sum\limits_{n=0}^{\infty}\dfrac{x^n}{n!}$ 的收敛半径、收敛域.

解　由于 $a_n=\dfrac{1}{n!}$,于是 $\rho=\lim\limits_{n\to\infty}\left|\dfrac{a_{n+1}}{a_n}\right|=\lim\limits_{n\to\infty}\dfrac{\dfrac{1}{(n+1)!}}{\dfrac{1}{n!}}=0$,所以收敛半径 $R=+\infty$,收敛域为 $(-\infty,+\infty)$.

例 10.4.4　求幂级数 $\sum\limits_{n=1}^{\infty}\dfrac{(2x+1)^n}{n}$ 的收敛半径、收敛区间、收敛域.

解　方法一　由于 $\sum\limits_{n=1}^{\infty}\dfrac{(2x+1)^n}{n}=\sum\limits_{n=1}^{\infty}\dfrac{2^n\left(x+\dfrac{1}{2}\right)^n}{n}$,所以原级数可以表示为 $\sum\limits_{n=1}^{\infty}\dfrac{2^nt^n}{n}\left(\text{其中 } t=x+\dfrac{1}{2}\right)$,记 $a_n=\dfrac{2^n}{n}$,由于 $\rho=\lim\limits_{n\to\infty}\left|\dfrac{a_{n+1}}{a_n}\right|=\lim\limits_{n\to\infty}\dfrac{\dfrac{2^{n+1}}{n+1}}{\dfrac{2^n}{n}}=\lim\limits_{n\to\infty}\dfrac{2n}{n+1}=2$,所以收敛半径 $R=\dfrac{1}{\rho}=\dfrac{1}{2}$,收敛区间为 $-\dfrac{1}{2}<x+\dfrac{1}{2}<\dfrac{1}{2}$,即

$-1<x<0$.

又当 $x=-1$ 时，$\sum_{n=1}^{\infty}\frac{(-2+1)^n}{n}=\sum_{n=1}^{\infty}\frac{(-1)^n}{n}$ 收敛，当 $x=0$ 时，$\sum_{n=1}^{\infty}\frac{1}{n}$ 发散. 所以收敛域为$[-1,0)$.

方法二　直接用比值判别法有

$$\lim_{n\to\infty}\left|\frac{u_{n+1}(x)}{u_n(x)}\right|=\lim_{n\to\infty}\frac{|2x+1|^{n+1}}{n+1}\frac{n}{|2x+1|^n}=|2x+1|,$$

于是当 $|2x+1|<1$ 即 $-1<2x+1<1$，$-1<x<0$ 时，级数绝对收敛，收敛区间为 $(-1,0)$，又如同解法 1，收敛域为$[-1,0)$.

例 10.4.5　求幂级数 $\frac{x}{1\cdot 2}+\frac{x^3}{2\cdot 2^2}+\frac{x^5}{3\cdot 2^3}+\cdots+\frac{x^{2n-1}}{n\cdot 2^n}+\cdots$ 的收敛半径、收敛区间和收敛域.

解　由于级数缺少偶次幂的项，不能用定理 10.12 求幂级数的收敛半径，故直接采用比值判别法求，记 $u_n(x)=\frac{x^{2n-1}}{n\cdot 2^n}$，则

$$\lim_{n\to\infty}\frac{|u_{n+1}(x)|}{|u_n(x)|}=\lim_{n\to\infty}\left|\frac{x^{2(n+1)-1}}{(n+1)2^{n+1}}\frac{n\cdot 2^n}{x^{2n-1}}\right|=\lim_{n\to\infty}\frac{n}{2(n+1)}|x|^2=\frac{|x|^2}{2},$$

所以当 $\frac{1}{2}|x^2|<1$，即 $|x|<\sqrt{2}$ 时，幂级数 $\sum_{n=1}^{\infty}\frac{x^{2n-1}}{n\cdot 2^n}$ 绝对收敛；当 $|x|>\sqrt{2}$ 时，所给幂级数发散，于是收敛半径 $R=\sqrt{2}$，收敛区间为$(-\sqrt{2},\sqrt{2})$.

又当 $x=\sqrt{2}$ 时，原幂级数为 $\sum_{n=1}^{\infty}\frac{\sqrt{2}^{2n-1}}{n\cdot 2^n}=\frac{1}{\sqrt{2}\cdot n}$ 发散，当 $x=-\sqrt{2}$ 时，原幂级数 $\sum_{n=1}^{\infty}\frac{(-\sqrt{2})^{2n-1}}{n\cdot 2^n}=-\sum_{n=1}^{\infty}\frac{1}{\sqrt{2}\cdot n}$ 发散，所以原幂级数的收敛域为$(-\sqrt{2},\sqrt{2})$.

10.4.3　幂级数的运算性质和函数

1. 幂级数的四则运算性质

设幂级数 $\sum_{n=0}^{\infty}a_nx^n$ 在$(-R_1,R_1)$上收敛，幂级数 $\sum_{n=0}^{\infty}b_nx^n$ 在$(-R_2,R_2)$上收敛，若记 $R=\min\{R_1,R_2\}$，则

$$\sum_{n=0}^{\infty}a_nx^n\pm\sum_{n=0}^{\infty}b_nx^n=\sum_{n=0}^{\infty}(a_n\pm b_n)x^n$$

在$(-R,R)$上收敛；

$$\sum_{n=0}^{\infty}a_nx^n\cdot\sum_{n=0}^{\infty}b_nx^n=a_0b_0+(a_0b_1+a_1b_0)x+\cdots+(a_0b_n+a_1b_{n-1}+\cdots$$

$$+a_{n-1}b_1+a_nb_0)x^n+\cdots=\sum_{n=0}^{\infty}\Big(\sum_{k=0}^{n}a_kb_{n-k}\Big)x^n$$

在$(-R,R)$上收敛.

当$b_0\neq 0$时,有

$$\frac{\sum\limits_{n=0}^{\infty}a_nx^n}{\sum\limits_{n=0}^{\infty}b_nx^n}=\sum_{n=0}^{\infty}c_nx^n=c_0+c_1x+c_2x^2+\cdots+c_nx^n+\cdots,$$

其中系数$c_0,c_1,\cdots,c_n,\cdots$可由比较

$$\sum_{n=0}^{\infty}a_nx^n=\Big(\sum_{n=0}^{\infty}b_nx^n\Big)\Big(\sum_{n=0}^{\infty}c_nx^n\Big)$$

两端同次幂的系数求出,即由

$$a_0=b_0c_0,$$
$$a_1=b_0c_1+b_1c_0,$$
$$a_2=b_0c_2+b_1c_1+b_2c_0,$$
$$\cdots\cdots$$

解出$c_0,c_1,\cdots,c_n,\cdots$. 此时幂级数$\sum\limits_{n=0}^{\infty}c_nx^n$的收敛域可能比$(-R,R)$小得多.

2. 幂级数的和函数的分析运算性质

性质 10.5　幂级数$\sum\limits_{n=0}^{\infty}a_nx^n$的和函数$S(x)$在收敛区间$(-R,R)$内连续. 即对收敛区间内任一点$x_0$,均有

$$\lim_{x\to x_0}S(x)=S(x_0)=\sum_{n=0}^{\infty}a_nx_0^n.$$

性质 10.6　幂级数的和函数$S(x)$在其收敛区间$(-R,R)$内可导,且对任意$x\in(-R,R)$,均有逐项求导公式

$$S'(x)=\Big(\sum_{n=0}^{\infty}a_nx^n\Big)'=\sum_{n=0}^{\infty}(a_nx^n)'=\sum_{n=1}^{\infty}na_nx^{n-1},\quad x\in(-R,R).$$

性质 10.7　幂级数的和函数$S(x)$在收敛区间$(-R,R)$内可积,且对任意$x\in(-R,R)$,均有逐项积分公式

$$\int_0^x S(t)\mathrm{d}t=\int_0^x\Big(\sum_{n=0}^{\infty}a_nt^n\Big)\mathrm{d}t=\sum_{n=0}^{\infty}\int_0^x a_nt^n\mathrm{d}t=\sum_{n=0}^{\infty}\frac{a_n}{n+1}x^{n+1},\quad x\in(-R,R).$$

值得注意的是逐项积分和逐项求导后的幂级数的收敛区间与原级数相同,但在收敛区间的端点$x=\pm R$处,敛散性有可能发生改变. 所以逐项积分和逐项求导

后，在 $x=\pm R$ 处级数的敛散性要另行判断.

例 10.4.6　设幂级数

$$\sum_{n=1}^{\infty}(-1)^{n-1}\frac{x^{2n-1}}{2n-1}=x-\frac{x^3}{3}+\frac{x^5}{5}-\cdots+(-1)^{n-1}\frac{x^{2n-1}}{2n-1}+\cdots,$$

求和函数及其收敛域.

解　对原级数逐项取绝对值得 $\sum_{n=1}^{\infty}\left|(-1)^{n-1}\frac{x^{2n-1}}{2n-1}\right|=\sum_{n=1}^{\infty}\frac{|x|^{2n-1}}{2n-1}$. 利用比值判别法

$$\lim_{n\to\infty}\left|\frac{u_{n+1}(x)}{u_n(x)}\right|=\lim_{n\to\infty}\frac{\frac{1}{2(n+1)-1}|x|^{2n+1}}{\frac{1}{2n-1}|x|^{2n-1}}=\lim_{n\to\infty}\frac{2n-1}{2n+1}|x|^2=|x|^2.$$

当 $|x|<1$ 时，$\sum_{n=1}^{\infty}\frac{|x|^{2n-1}}{2n-1}$ 收敛，原级数绝对收敛，所以收敛区间为 $(-1,1)$.

当 $x=1$ 时，原级数 $\sum_{n=1}^{\infty}(-1)^{n-1}\frac{1}{2n-1}$ 满足莱布尼兹定理，级数收敛；$x=-1$ 时，原级数 $\sum_{n=1}^{\infty}\frac{(-1)^n}{2n-1}$ 也收敛. 所以原级数的收敛域为 $[-1,1]$.

设

$$\begin{aligned}S(x)&=\sum_{n=1}^{\infty}(-1)^{n-1}\frac{x^{2n-1}}{2n-1}\\&=x-\frac{x^3}{3}+\frac{x^5}{5}-\cdots+(-1)^{n-1}\frac{x^{2n-1}}{2n-1}+\cdots,\quad x\in[-1,1],\end{aligned}$$

则

$$\begin{aligned}S'(x)&=\sum_{n=1}^{\infty}(-1)^{n-1}x^{2n-2}=1-x^2+x^4-x^6+\cdots+(-1)^{n-1}x^{2n-2}+\cdots\\&=\frac{1}{1+x^2},\end{aligned}$$

因此

$$\int_0^x S'(t)\mathrm{d}t=\int_0^x\frac{1}{1+t^2}\mathrm{d}x,\quad S(t)\Big|_x^0=\arctan t\Big|_x^0,$$

即 $S(x)-S(0)=\arctan x$，注意到 $S(0)=0$，从而

$$S(x)=\sum_{n=1}^{\infty}(-1)^{n-1}\frac{x^{2n-1}}{2n-1}=\arctan x,\quad x\in[-1,1].$$

例 10.4.7　求幂级数 $\sum_{n=1}^{\infty}\frac{1}{n\cdot 2^n}x^{n-1}$ 的和函数及其收敛域.

解　由于$\lim\limits_{n\to\infty}\left|\dfrac{a_{n+1}}{a_n}\right|=\dfrac{1}{2}=\rho$,所以收敛半径$R=\dfrac{1}{\rho}=2$.

当$x=-2$时,$\sum\limits_{n=1}^{\infty}\dfrac{1}{n\cdot 2^n}(-2)^{n-1}=\sum\limits_{n=1}^{\infty}\dfrac{(-1)^{n-1}}{2n}$收敛,当$x=2$时,$\sum\limits_{n=1}^{\infty}\dfrac{1}{n\cdot 2^n}2^{n-1}=\sum\limits_{n=1}^{\infty}\dfrac{1}{2n}$发散,故收敛域为$[-2,2)$.

设$S(x)=\sum\limits_{n=1}^{\infty}\dfrac{1}{n\cdot 2^n}x^{n-1},x\in[-2,2)$,则

$$xS(x)=\sum_{n=1}^{\infty}\frac{1}{n\cdot 2^n}x^n,$$

$$\begin{aligned}[xS(x)]'&=\sum_{n=1}^{\infty}\frac{1}{2^n}x^{n-1}=\frac{1}{2}\sum_{n=1}^{\infty}\left(\frac{x}{2}\right)^{n-1}\\&=\frac{1}{2}\left[1+\frac{x}{2}+\left(\frac{x}{2}\right)^2+\cdots+\left(\frac{x}{2}\right)^{n-1}+\cdots\right]\\&=\frac{1}{2}\frac{1}{1-\frac{x}{2}}=\frac{1}{2-x},\end{aligned}$$

$$\begin{aligned}xS(x)&=\int_0^x[tS(t)]'\mathrm{d}t=\int_0^x\frac{\mathrm{d}x}{2-x}=-\ln(2-x)\Big|_0^x\\&=-\ln(2-x)+\ln 2=-\ln\left(1-\frac{x}{2}\right).\end{aligned}$$

当$x\neq 0$时,$S(x)=-\dfrac{1}{x}\ln\left(1-\dfrac{x}{2}\right)$. 由于

$$\sum_{n=1}^{\infty}\frac{1}{n\cdot 2^n}x^{n-1}=\frac{1}{2}+\frac{1}{2\cdot 2^2}x+\frac{1}{3\cdot 2^3}x^2+\cdots+\frac{1}{n\cdot 2^n}x^{n-1}+\cdots,$$

所以当$x=0$时,$S(0)=\dfrac{1}{2}$. 因此和函数

$$s(x)=\begin{cases}-\dfrac{1}{x}\ln\left(1-\dfrac{x}{2}\right), & x\neq 0,\\ \dfrac{1}{2}, & x=0.\end{cases}$$

由上面两个例子可以看到,运用逐项求导或逐项积分运算求幂级数的和函数,需要对幂级数的通项进行观察或适当变形,以使其尽快转化为一个等比级数的和. 以上两例使用了先求导后积分的方法.

例 10.4.8　求幂级数$\sum\limits_{n=1}^{\infty}(-1)^{n-1}n(x-1)^n$的收敛域、和函数,并由此求

$\sum_{n=1}^{\infty}(-1)^{n-1}\frac{n}{2^n}$ 的和.

解 对原级数逐项取绝对值

$$\sum_{n=1}^{\infty}\left|(-1)^{n-1}n(x-1)^n\right|=\sum_{n=1}^{\infty}n\left|x-1\right|^n.$$

由比值判别法得 $\lim_{n\to\infty}\left|\frac{u_{n+1}(x)}{u_n(x)}\right|=\lim_{n\to\infty}\frac{(n+1)|x-1|^{n+1}}{n|x-1|^n}=|x-1|.$

当$|x-1|<1$,即$-1<x-1<1$,$0<x<2$ 时,级数绝对收敛. 又当 $x=0$ 和 $x=2$时,都因为原级数的$\lim_{n\to\infty}u_n\neq 0$,级数发散,所以收敛域为$(0,2)$. 设

$$S(x)=\sum_{n=1}^{\infty}(-1)^{n-1}n(x-1)^n=(x-1)\sum_{n=1}^{\infty}(-1)^{n-1}n(x-1)^{n-1},\quad x\in(0,2).$$

记

$$\Gamma(x)=\sum_{n=1}^{\infty}(-1)^{n-1}n(x-1)^{n-1},\quad x\in(0,2),$$

两端积分

$$\begin{aligned}\int_1^x\Gamma(t)\mathrm{d}t&=\sum_{n=1}^{\infty}(-1)^{n-1}n\int_1^x(t-1)^{n-1}\mathrm{d}t=\sum_{n=1}^{\infty}(-1)^{n-1}(t-1)^n\Big|_1^x\\&=\sum_{n=1}^{\infty}(-1)^{n-1}(x-1)^n\\&=(x-1)-(x-1)^2+(x-1)^3-\cdots+(-1)^{n-1}(x-1)^n+\cdots\\&=\frac{x-1}{x},\end{aligned}$$

两端求导

$$\Gamma(x)=\left(\int_1^x\Gamma(t)\mathrm{d}t\right)'=\left(\frac{x-1}{x}\right)'=\frac{1}{x^2},$$

因此 $S(x)=(x-1)\Gamma(x)=\frac{x-1}{x^2},x\in(0,2)$.

下面利用和函数,求常数项级数$\sum_{n=1}^{\infty}(-1)^{n-1}\frac{n}{2^n}$ 的和.

比较$\sum_{n=1}^{\infty}(-1)^{n-1}n(x-1)^n$ 与$\sum_{n=1}^{\infty}(-1)^{n-1}\frac{n}{2^n}$ 可知,只需令 $x-1=\frac{1}{2}$,即 $x=\frac{3}{2}$,则

$$\sum_{n=1}^{\infty}(-1)^{n-1}\frac{n}{2^n}=\sum_{n=1}^{\infty}(-1)^{n-1}n(x-1)^n\Big|_{x=\frac{3}{2}}=\left(\frac{x-1}{x^2}\right)_{x=\frac{3}{2}}=\frac{2}{9}$$

即为所求.

例 10.4.9 求常数项级数$\sum_{n=0}^{\infty}\frac{(-1)^n(n^2-n+1)}{2^n}$的和.

解 原级数 $=\sum_{n=2}^{\infty}n(n-1)\left(-\frac{1}{2}\right)^n+\sum_{n=0}^{\infty}\left(-\frac{1}{2}\right)^n$,其中

$$\sum_{n=0}^{\infty}\left(-\frac{1}{2}\right)^n=\frac{1}{1+\frac{1}{2}}=\frac{2}{3}.$$

下面计算第一个级数的和,设 $S(x)=\sum_{n=2}^{\infty}n(n-1)x^n$,对$\sum_{n=0}^{\infty}x^n=\frac{1}{1-x}$两端求两次导数,则

$$\left(\sum_{n=0}^{\infty}x^n\right)'=\sum_{n=0}^{\infty}nx^{n-1}=\frac{1}{(1-x)^2},$$

$$\left(\sum_{n=0}^{\infty}x^n\right)''=\sum_{n=0}^{\infty}n(n-1)x^{n-2}=\frac{2}{(1-x)^3}.$$

所以

$$\begin{aligned}S(x)&=x^2\sum_{n=0}^{\infty}n(n-1)x^{n-2}\\&=\sum_{n=2}^{\infty}n(n-1)x^n=\frac{2x^2}{(1-x)^3}\end{aligned}$$

$$S\left(-\frac{1}{2}\right)=\frac{2x^2}{(1-x)^3}\bigg|_{x=-\frac{1}{2}}=\frac{4}{27},$$

故原级数的和 $S=\frac{4}{27}+\frac{2}{3}=\frac{22}{27}$.

例 10.4.10 求幂级数$\sum_{n=0}^{\infty}\frac{(-1)^nx^{2n+1}}{(2n+1)!}$的和函数.

解 容易求得此幂级数的收敛域为$(-\infty,+\infty)$.设

$$S(x)=\sum_{n=0}^{\infty}\frac{(-1)^n}{(2n+1)!}x^{2n+1}=x-\frac{x^5}{3!}-\cdots+(-1)^n\frac{x^{2n+1}}{(2n+1)!}+\cdots,\quad x\in(-\infty,+\infty).$$

显然 $S(0)=0$,

$$S'(x)=\sum_{n=0}^{\infty}\frac{(-1)^n}{(2n)!}x^{2n}=1-\frac{x^2}{2!}+\frac{x^4}{4!}-\cdots+(-1)^n\frac{x^{2n}}{(2n)!}+\cdots,$$

$$\begin{aligned}S''(x)&=\sum_{n=1}^{\infty}\frac{(-1)^n}{(2n-1)!}x^{2n-1}=-x+\frac{x^3}{3!}-\frac{x^5}{5!}+\cdots+\frac{(-1)^n}{(2n-1)!}x^{2n-1}+\cdots\\&=-S(x).\end{aligned}$$

为了求 $S(x)$,建立以 $S(x)$为未知函数的二阶常系数线性齐次方程

$$S''(x)+S(x)=0.$$

用特征根法求解得 $r^2+1=0, r=\pm i$，

$$S(x)=C_1\cos x+C_2\sin x,\quad S'(x)=-C_1\sin x+C_2\cos x.$$

将 $S(0)=0, S'(0)=1$ 代入可解得　$C_1=0, C_2=1$，所以

$$S(x)=\sum_{n=0}^{\infty}\frac{(-1)^n x^{2n+1}}{(2n+1)!}=\sin x,\quad x\in(-\infty,+\infty).$$

例 10.4.11　若幂级数 $\sum_{n=0}^{\infty}a_n x^n$ 的收敛域为 $(-4,4]$，求幂级数 $\sum_{n=0}^{\infty}a_n x^{2n+1}$ 的收敛域.

解　$\sum_{n=0}^{\infty}a_n x^n$ 的收敛半径为 4，而 $\sum_{n=0}^{\infty}a_n x^{2n+1}=x\sum_{n=0}^{\infty}a_n(x^2)^n$，$x^2=|x|^2<4$，即 $|x|<2$，所以 $\sum_{n=0}^{\infty}a_n x^{2n+1}$ 的收敛半径为 $R=2$.

当 $x=-2$ 时，$\sum_{n=0}^{\infty}a_n(-2)^{2n+1}=2\sum_{n=1}^{\infty}a_n 4^n$ 收敛；当 $x=2$ 时，$\sum_{n=0}^{\infty}a_n 2^{2n+1}=2\sum_{n=0}^{\infty}a_n 4^n$ 收敛，因此，幂级数 $\sum_{n=0}^{\infty}a_n x^{2n+1}$ 的收敛域为 $[-2,2]$.

习 题 10.4

1. 求下列幂级数的收敛半径、收敛区间.

(1) $\sum_{n=1}^{\infty}nx^n$；　　(2) $\sum_{n=0}^{\infty}\frac{2^n}{n+1}x^n$；

(3) $\sum_{n=1}^{\infty}\frac{2n-1}{2^n}x^{2n-2}$；　　(4) $\sum_{n=1}^{\infty}\frac{(n!)^2}{(2n)!}x^n$；

(5) $\sum_{n=0}^{\infty}\frac{x^n}{n+1}$；　　(6) $\sum_{n=1}^{\infty}\frac{(x-5)^n}{\sqrt{n}}$.

2. 求下列幂级数的收敛域与和函数.

(1) $\sum_{n=1}^{\infty}nx^{n-1}$；　　(2) $\sum_{n=1}^{\infty}\frac{x^{n+1}}{n(n+1)}$；

(3) $\sum_{n=1}^{\infty}\frac{n}{2^n}x^{n-1}$；　　(4) $\sum_{n=1}^{\infty}(-1)^n nx^n$；

(5) $\sum_{n=1}^{\infty}(2n+1)x^n$；　　(6) $\sum_{n=0}^{\infty}\frac{n(n+1)}{2}x^{n-1}$.

3. 求级数 $\sum_{n=0}^{\infty}\frac{1}{2n+1}x^{2n+1}$ 的收敛域与和函数，并由此求 $\sum_{n=0}^{\infty}\frac{1}{2n+1}\left(\frac{1}{2}\right)^{2n+1}$ 的和.

10.5 函数展开成幂级数

对已知的幂级数,怎样求它的收敛半径、收敛域以及和函数问题,我们在 10.4 节中进行了讨论. 现在要反过来讨论对于一个给定的函数,是否可以在某个区间上将其展开为形如 $\sum\limits_{n=0}^{\infty} a_n x^n$ 或 $\sum\limits_{n=0}^{\infty} a_n (x-x_0)^n$ 的幂级数问题. 如果可以,对这个函数的研究就可以转化为对这个幂级数的研究. 实际上这是一个求幂级数的和函数的反问题,也就是初等函数的幂级数逼近.

不定积分曾经提到 $\dfrac{\sin x}{x}$, e^{-x^2} 等初等函数的原函数不能用一个解析表达式表示,而在很多学科中这些函数又经常遇到,解决这些函数的积分问题的一个解析方法就是对已知的函数找到某个幂级数,然后对其逐项积分,使其在积分范围内幂级数的和函数就是这个函数,这样利用幂级数在其收敛区间内部逐项积分的性质,就可以求出函数的积分.

那么怎样才能找到这样的幂级数呢,下面梳理一下解决这个问题的思路,建立数学模型.

(1) 问题的提出:设 $f(x)$ 是已知的初等函数,现要求在一定条件下找出一个幂级数使 $f(x)=\sum\limits_{n=0}^{\infty} a_n(x-x_0)^n$,其中 a_n 待定($n=0,1,2,\cdots$).

(2) 确定使上式成立的系数 $a_n(n=0,1,2,\cdots)$的计算公式. 设函数 $f(x)$在 x_0 点的某邻域有任意阶的导数,由幂级数的可微性,在收敛域内

$$f^{(k)}(x)=\left(\sum_{n=0}^{\infty} a_n(x-x_0)^n\right)^{(k)}, k=0,1,2,\cdots,$$

从而

$$f(x)=\sum_{n=0}^{\infty} a_n(x-x_0)^n,\quad f(x_0)=a_0;$$

$$f'(x)=\sum_{n=1}^{\infty} na_n(x-x_0)^{n-1},\quad f'(x_0)=a_1;$$

$$f''(x)=\sum_{n=2}^{\infty} n(n-1)a_n(x-x_0)^{n-2},\quad f''(x_0)=2!a_2;$$

$$\cdots\cdots$$

$$f^{(n)}(x)=n!a_n+(n+1)!a_{n+1}(x-x_0)+\cdots, f^{(n)}(x_0)=n!a_n.$$

一般地有 $a_n=\dfrac{f^{(n)}(x_0)}{n!},\quad n=0,1,2,\cdots$.

(3) 讨论 $f(x)$ 需要具备什么条件才能使上式成立. 可以证明这里需要 $f(x)$ 在点 x_0 的邻域内具有任意阶的导数,以及 $f(x)$ 在 x_0 点处的泰勒公式中的余项 $R_n(x)\to 0(n\to\infty)$ 两个条件.

以上就是函数的幂级数逼近的思想方法,为此,我们引入泰勒级数的概念.

10.5.1　泰勒级数

定义 10.11　设函数 $f(x)$ 在 x_0 的某邻域内有任意阶导数,则级数

$$\sum_{n=0}^{\infty}\frac{f^{(n)}(x_0)}{n!}(x-x_0)^n$$

$$=f(x_0)+\frac{f'(x_0)}{1!}(x-x_0)+\frac{f''(x_0)}{2!}(x-x_0)^2+\cdots+\frac{f^{(n)}(x_0)}{n!}(x-x_0)^n+\cdots$$

称为函数 $f(x)$ 在 x_0 点的**泰勒级数**.

特别地,若 $x_0=0$,则级数

$$\sum_{n=0}^{\infty}\frac{f^{(n)}(0)}{n!}x^n=f(0)+\frac{f'(0)}{1!}x+\frac{f''(0)}{2!}x^2+\cdots+\frac{f^{(n)}(0)}{n!}x^n+\cdots$$

称为函数 $f(x)$ 的**麦克劳林级数**.

显然泰勒级数是一种特殊的幂级数. 因为对一般的幂级数 $\sum\limits_{n=0}^{\infty}a_n(x-x_0)^n$ 而言,对其中的 a_n 没有特殊要求,级数也不一定与某个函数对应. 而泰勒级数中的 $a_n=\dfrac{f^{(n)}(x_0)}{n!}$,且级数要与函数 $f(x)$ 对应,我们将该级数称为函数 $f(x)$ 在 x_0 点的泰勒级数.

下面讨论泰勒级数在什么条件下收敛;在收敛区间内,其和函数是否与 $f(x)$ 相等.

函数展成泰勒级数的充要条件

定理 10.13　设函数 $f(x)$ 在点 x_0 的某邻域 $N(x_0,\delta)$ 内有任意阶导数,则

$$f(x)=f(x_0)+\frac{f'(x_0)}{1!}(x-x_0)+\frac{f''(x_0)}{2!}(x-x_0)^2+\cdots+\frac{f^{(n)}(x_0)}{n!}(x-x_0)^n+\cdots$$

的充要条件是 $f(x)$ 的泰勒公式中的余项 $R_n(x)$ 满足

$$\lim_{n\to\infty}R_n(x)=0,\quad \forall x\in N(x_0,\delta),$$

其中 $R_n(x)=\dfrac{f^{(n+1)}(\xi)}{(n+1)!}(x-x_0)^{n+1}$,$\xi$ 在 x_0 与 x 之间.

证　必要性. 设函数 $f(x)$ 在 $N(x_0,\delta)$ 内可以展开成为泰勒级数,即

$$f(x)=\sum_{n=0}^{\infty}\frac{f^{(n)}(x_0)}{n!}(x-x_0)^n.$$

记 $S_{n+1}(x)=\sum_{k=0}^{n}\frac{f^{(k)}(x_0)}{k!}(x-x_0)^k$,由函数项级数收敛的定义,有

$$\lim_{n\to\infty}S_{n+1}(x)=f(x).$$

由泰勒公式有

$$\lim_{n\to\infty}R_n(x)=\lim_{n\to\infty}[f(x)-S_{n+1}(x)]=f(x)-\lim_{n\to\infty}S_{n+1}(x)=f(x)-f(x)=0.$$

充分性. 因为对 $\forall x\in N(x_0,\delta)$ 均有 $\lim\limits_{n\to\infty}R_n(x)=0$,则由泰勒公式可知

$$f(x)=S_{n+1}(x)+R_n(x),$$

所以

$$\lim_{n\to\infty}S_{n+1}(x)=\lim_{n\to\infty}[f(x)-R_n(x)]=f(x)-\lim_{n\to\infty}R_n(x)=f(x),$$

即泰勒级数在 $N(x_0,\delta)$ 内收敛于 $f(x)$.

定理 10.14 若函数 $f(x)$ 在区间 (x_0-R,x_0+R) 能展开成泰勒级数

$$f(x)=\sum_{n=0}^{\infty}\frac{f^{(n)}(x_0)}{n!}(x-x_0)^n,$$

则展式是唯一的.

证明略.

10.5.2 函数展开成幂级数

1. 直接展开法

由前面的讨论可知,要将 $f(x)$ 展开成 $x-x_0$ 的幂级数,就是将 $f(x)$ 展成泰勒级数,要将 $f(x)$ 展开成 x 的幂级数,就是将 $f(x)$ 展成麦克劳林级数,不失一般性,下面以展成泰勒级数为例归纳一下将函数 $f(x)$ 展成 $x-x_0$ 的幂级数的步骤.

直接展开法的步骤:

(1) 求 $f(x)$ 的各阶导数 $f'(x),f''(x),\cdots,f^{(n)}(x),\cdots$(如果在 $x=x_0$ 处某阶导数不存在,$f(x)$ 就不能展开成 $x-x_0$ 的幂级数);

(2) 求出 $f(x)$ 及其各阶导数在点 x_0 的值 $f(x_0),f'(x_0),f''(x_0),\cdots,f^{(n)}(x_0),\cdots$;

(3) 写出幂级数 $\sum\limits_{n=0}^{\infty}\frac{f^{(n)}(x_0)}{n!}(x-x_0)^n$,并求出它的收敛半径和收敛区间;

(4) 考察在收敛范围内,$\lim\limits_{n\to\infty}R_n(x)=\lim\limits_{n\to\infty}\frac{f^{(n+1)}(\xi)}{(n+1)!}(x-x_0)^{n+1}=0$ 是否成立,如果成立,则对收敛区间的任何 x,均有

$$f(x)=\sum_{n=0}^{\infty}\frac{f^{(n)}(x_0)}{n!}(x-x_0)^n.$$

例 10.5.1 将 $f(x)=e^x$ 展开成 x 的幂级数.

解　由题意即求 $f(x)=e^x$ 的麦克劳林展式,也就是将 $f(x)$在 $x_0=0$ 点展开.因为 $f(x)=e^x, f^{(n)}(x)=e^x, n=1,2,\cdots$,所以

$$f(0)=1,\quad f^{(n)}(0)=1,\quad a_n=\frac{f^{(n)}(0)}{n!}=\frac{1}{n!},\quad n=1,2,\cdots.$$

于是得到函数 $f(x)=e^x$ 的幂级数

$$\sum_{n=0}^{\infty}\frac{x^n}{n!}=1+x+\frac{x^2}{2!}+\cdots+\frac{x^n}{n!}+\cdots,\qquad x\in(-\infty,+\infty).$$

下证 $\lim\limits_{n\to\infty}|R_n(x)|=0$. 因为

$$0\leqslant|R_n(x)|=\left|\frac{f^{(n+1)}(\xi)}{(n+1)!}x^{n+1}\right|=\left|\frac{e^{\xi}}{(n+1)!}x^{n+1}\right|\leqslant\frac{e^{|x|}}{(n+1)!}|x|^{n+1},$$

其中 ξ 是 0 与 x 之间的一个数. 当 x 固定时, $e^{|x|}$ 为一个确定的数, 于是对级数 $\sum\limits_{n=N}^{\infty}\frac{e^{|x|}}{(n+1)!}|x|^{n+1}$ 可由比值判别法得到

$$\lim_{n\to\infty}\left|\frac{u_{n+1}(x)}{u_n(x)}\right|=\lim_{n\to\infty}\frac{n!}{(n+1)!}|x|=\lim_{n\to\infty}\frac{1}{n+1}|x|=0<1,\quad \forall x\in(-\infty,+\infty),$$

从而 $\sum\limits_{n=N}^{\infty}\frac{e^{|x|}}{(n+1)!}|x|^{n+1}$ 收敛,收敛级数的通项趋于 0,即

$$\lim_{n\to\infty}\frac{e^{|x|}}{(n+1)!}|x|^{n+1}=0,$$

由夹逼准则得

$$\lim_{n\to\infty}R_n(x)=0.$$

由定理 10.13,该幂级数收敛于函数 $f(x)=e^x$,即

$$e^x=1+x+\frac{x^2}{2!}+\cdots+\frac{x^n}{n!}+\cdots,\quad x\in(-\infty,+\infty).$$

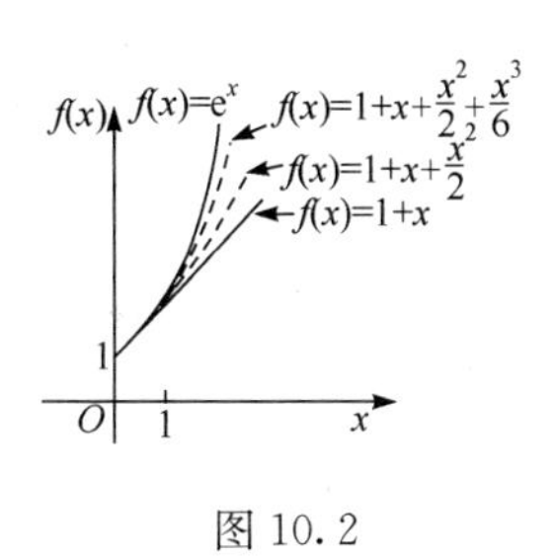

图 10.2

图 10.2 说明在 $x=0$ 附近用幂级数的部分和来近似代替 $f(x)=e^x$ 时,随着项数的增加, $S_n(x)$越来越接近 e^x.

例 10.5.2　将 $f(x)=\sin x$ 展开成 x 的幂级数.

解　$f(x)=\sin x, f^{(n)}(x)=\sin\left(x+\frac{n\pi}{2}\right)$. 将 $x=0$ 代入 $f(x)$和 $f^{(n)}(x)$可得

$$f(0)=0,f'(0)=1,f''(0)=0,f'''(0)=-1,f^{(4)}(0)=0,f^{(5)}(0)=1,f^{(6)}(0)=0,f^{(7)}(0)=-1,\cdots.$$

于是得幂级数

$$x-\frac{x^3}{3!}+\frac{x^5}{5!}-\frac{x^7}{7!}+\cdots+(-1)^n\frac{x^{2n+1}}{(2n+1)!}+\cdots=\sum_{n=0}^{\infty}(-1)^n\frac{x^{2n+1}}{(2n+1)!}.$$

容易求得幂级数的收敛区间为$(-\infty,+\infty)$. 又

$$|R_n(x)|=\left|\frac{f^{(n+1)}(\xi)}{(n+1)!}x^{n+1}\right|=\left|\frac{\sin\left(\xi+\frac{n+1}{2}\pi\right)}{(n+1)!}x^{n+1}\right|$$

$$\leqslant\frac{|x|^{n+1}}{(n+1)!}\to 0,\quad n\to\infty,$$

其中$\left|\sin\left(\xi+\frac{n+1}{2}\pi\right)\right|\leqslant 1$,$x$ 是实数,ξ 介于 0 与 x 之间. 类似于例 10.5.1 可证明 $\lim\limits_{n\to\infty}R_n(x)=0$,根据定理 11.13 有

$$\sin x=x-\frac{x^3}{3!}+\frac{x^5}{5!}-\cdots+\frac{(-1)^n x^{2n+1}}{(2n+1)!}+\cdots,\quad x\in(-\infty,+\infty).$$

例 10.5.3　将 $f(x)=(1+x)^\alpha$ 展开成 x 的幂级数,其中 α 为任意实数.

解　$f(x)=(1+x)^\alpha$

$f'(x)=\alpha(1+x)^{\alpha-1}$;

$f''(x)=\alpha(\alpha-1)(1+x)^{\alpha-2}$;

……

$f^{(n)}(x)=\alpha(\alpha-1)(\alpha-2)\cdots(\alpha-n+1)(1+x)^{\alpha-n},\quad n=1,2,\cdots$

……

于是得幂级数

$$1+\alpha x+\frac{\alpha(\alpha-1)}{2!}x^2+\cdots+\frac{\alpha(\alpha-1)(\alpha-2)\cdots(\alpha-n+1)}{n!}x^n+\cdots$$

$$=1+\sum_{n=1}^{\infty}\frac{\alpha(\alpha-1)(\alpha-2)\cdots(\alpha-n+1)}{n!}x^n.$$

因为

$$\lim_{n\to\infty}\left|\frac{a_{n+1}}{a_n}\right|=\lim_{n\to\infty}\left|\frac{\alpha(\alpha-1)(\alpha-2)\cdots(\alpha-n+1)(\alpha-n)}{\alpha(\alpha-1)(\alpha-2)\cdots(\alpha-n+1)}\cdot\frac{n!}{(n+1)!}\right|$$

$$=\lim_{n\to\infty}\left|\frac{\alpha-n}{n+1}\right|=1=\rho,$$

所以收敛半径 $R=\frac{1}{\rho}=1$,可知幂级数在$(-1,1)$内收敛.

可以证明:当 $\alpha>-1$ 时,在 $x=1$ 处级数收敛,当 $\alpha>0$ 时,在 $x=-1$ 处级数也收敛,且当 $x\in(-1,1)$时,$\lim\limits_{n\to\infty}|R_n(x)|=0$. 从而

$$(1+x)^\alpha=1+\sum_{n=1}^{\infty}\frac{\alpha(\alpha-1)(\alpha-2)\cdots(\alpha-n+1)}{n!}x^n,\quad x\in(-1,1).$$

上式右端的级数称为二项式级数.

2. 间接展开法

通过上面的讨论,我们已经知道以下基本展开式:

$$\frac{1}{1-x}=1+x+x^2+\cdots+x^n+\cdots=\sum_{n=0}^{\infty}x^n,\quad x\in(-1,1)$$

$$\frac{1}{1+x}=1-x+x^2-x^3+\cdots+(-1)^nx^n+\cdots=\sum_{n=0}^{\infty}(-1)^nx^n,\quad x\in(-1,1)$$

$$\mathrm{e}^x=1+x+\frac{x^2}{2!}+\cdots+\frac{x^n}{n!}+\cdots=\sum_{n=0}^{\infty}\frac{x^n}{n!},\quad x\in(-\infty,+\infty)$$

$$\sin x=x-\frac{x^3}{3!}+\frac{x^5}{5!}-\cdots+(-1)^n\frac{x^{2n+1}}{(2n+1)!}+\cdots$$

$$=\sum_{n=0}^{\infty}\frac{(-1)^n}{(2n+1)!}x^{2n+1},\quad x\in(-\infty,+\infty)$$

$$(1+x)^\alpha=1+\alpha x+\frac{\alpha(\alpha-1)}{\alpha!}x^2+\cdots+\frac{\alpha(\alpha-1)(\alpha-2)\cdots(\alpha-n+1)}{n!}x^n+\cdots$$

$$=1+\sum_{n=1}^{\infty}\frac{\alpha(\alpha-1)(\alpha-2)\cdots(\alpha-n+1)}{n!}x^n,\quad x\in(-1,1).$$

利用这些展式，通过运算可间接得到另一些函数的泰勒展式或麦克劳林展式，这就是间接展开.

(1) 逐项积分，逐项求导法

例 10.5.4　求 $f(x)=\cos x$ 的麦克劳林级数

解　
$$\cos x=(\sin x)'$$

$$=\left[x-\frac{x^3}{3!}+\frac{x^5}{5!}+\cdots+\frac{(-1)^nx^{2n+1}}{(2n+1)!}+\cdots\right]'$$

$$=1-\frac{x^2}{2!}+\frac{x^4}{4!}-\cdots+\frac{(-1)^n}{(2n)!}x^{2n}+\cdots$$

$$=\sum_{n=0}^{\infty}\frac{(-1)^n}{(2n)!}x^{2n},\quad x\in(-\infty,+\infty).$$

例 10.5.5　求 $f(x)=\ln(1+x)$的麦克劳林级数.

解　$\frac{1}{1+x}=1-x+x^2-\cdots+(-1)^nx^n+\cdots,x\in(-1,1)$. 而

$$\ln(1+x)=\int_0^x\frac{\mathrm{d}t}{1+t}=\int_0^x[1-t+t^2+\cdots+(-1)^nt^n+\cdots]\mathrm{d}t$$

$$=x-\frac{x^2}{2}+\frac{x^3}{3}-\cdots+(-1)^n\frac{x^{n+1}}{n+1}+\cdots$$

$$=\sum_{n=0}^{\infty}\frac{(-1)^n}{n+1}x^{n+1}.$$

当 $x=-1$ 时，$\sum_{n=0}^{\infty}\frac{(-1)^n}{n+1}x^{n+1}\bigg|_{x=-1}=-1-\frac{1}{2}-\frac{1}{3}-\cdots-\frac{1}{n}-\cdots$，　发散；

当 $x=1$ 时，$\sum\limits_{n=0}^{\infty}\dfrac{(-1)^n}{n+1}x^{n+1}\Big|_{x=1}=1-\dfrac{1}{2}+\dfrac{1}{3}-\cdots+(-1)^{n-1}\dfrac{1}{n}+\cdots$， 收敛.

所以 $\ln(1+x)=\sum\limits_{n=0}^{\infty}\dfrac{(-1)^n}{n+1}x^{n+1},x\in(-1,1]$.

例 10.5.6 求 $f(x)=\arctan x$ 的麦克劳林级数.

解 由于$\dfrac{1}{1+x^2}=1-x^2+x^4-\cdots+(-1)^nx^{2n}+\cdots,x\in(-1,1)$，所以

$$\arctan x=\int_0^x\frac{\mathrm{d}x}{1+t^2}=\int_0^x(1-t^2+t^4-\cdots+(-1)^nt^{2n}+\cdots)\mathrm{d}t$$

$$=x-\frac{x^3}{3}+\frac{x^5}{5}-\cdots+(-1)^n\frac{x^{2n+1}}{2n+1}+\cdots.$$

当 $x=-1$ 时，上式右端级数$-1+\dfrac{1}{3}-\dfrac{1}{5}+\dfrac{1}{7}-\cdots$， 收敛；

当 $x=1$ 时，上式右端级数 $1-\dfrac{1}{3}+\dfrac{1}{5}-\dfrac{1}{7}+\cdots$， 收敛.

从而有

$$\arctan x=x-\frac{x^3}{3}+\frac{x^5}{5}-\frac{x^7}{7}+\cdots+(-1)^{n-1}\frac{x^{2n-1}}{2n-1}+\cdots,\quad x\in[-1,1].$$

(2) 变量代换法

例 10.5.7 将 $f(x)=\mathrm{e}^{-x^2}$ 展开成 x 的幂级数.

解 因为 $\mathrm{e}^t=\sum\limits_{n=0}^{\infty}\dfrac{t^n}{n!},t\in(-\infty,+\infty)$. 令 $t=-x^2$，于是

$$\mathrm{e}^{-x^2}=\mathrm{e}^t=\sum_{n=0}^{\infty}\frac{t^n}{n!}=\sum_{n=0}^{\infty}\frac{(-x^2)^n}{n!}=\sum_{n=0}^{\infty}(-1)^n\frac{x^{2n}}{n!}$$

$$=1-x^2+\frac{x^4}{2!}-\frac{x^6}{3!}+\cdots+(-1)^n\frac{x^{2n}}{n!}+\cdots,\quad x\in(-\infty,+\infty).$$

例 10.5.8 将 $f(x)=\dfrac{1}{x^2-2x-3}$展开为麦克劳林级数.

解
$$f(x)=\frac{1}{(x-3)(x+1)}=\frac{1}{4}\left(\frac{1}{x-3}-\frac{1}{x+1}\right)$$

$$=-\frac{1}{4}\left(\frac{1}{1+x}+\frac{1}{3}\frac{1}{1-\frac{x}{3}}\right).$$

当 $|x|<1$ 时，因为$\dfrac{1}{1+x}=\sum\limits_{n=0}^{\infty}(-1)^nx^n$，$\dfrac{1}{1-x}=\sum\limits_{n=0}^{\infty}x^n$，在第二项中将 x 用

$\frac{x}{3}$ 代换,所以

$$f(x)=-\frac{1}{4}\left[\sum_{n=0}^{\infty}(-1)^n x^n+\frac{1}{3}\sum_{n=0}^{\infty}\left(\frac{x}{3}\right)^n\right]$$
$$=-\frac{1}{4}\sum_{n=0}^{\infty}\left[(-1)^n+\frac{1}{3^{n+1}}\right]x^n,$$

其收敛区间为$-1<x<1$ 和$-1<\frac{x}{3}<1$ 中之较小者,即 $x\in(-1,1)$.

例 10.5.9 将函数 $f(x)=\ln\frac{1}{2+2x+x^2}$在 $x_0=-1$ 处展开为泰勒级数.

解 注意到 $\ln(1+x)=\sum_{n=0}^{\infty}\frac{(-1)^n}{n+1}x^{n+1},x\in(-1,1]$. 作变量代换,令 $x+1=t,x=t-1$,则

$$f(x)=\ln\frac{1}{2+2x+x^2}=-\ln[(x+1)^2+1]=-\ln(1+t^2)$$
$$=-\sum_{n=0}^{\infty}\frac{(-1)^n}{n+1}t^{2n+2}$$
$$=-\sum_{n=0}^{\infty}\frac{(-1)^n}{n+1}(x+1)^{2n+2}=\sum_{n=0}^{\infty}\frac{(-1)^{n+1}}{n+1}(x+1)^{2n+2},$$

由$-1<x+1\leqslant 1$ 解得 $-2<x\leqslant 0$.

(3) 四则运算法

例 10.5.10 将 $f(x)=e^x\ln(1+x)$展开成 x 的幂级数.

解 $e^x=\sum_{n=0}^{\infty}\frac{x^n}{n!}=1+x+\frac{x^2}{2!}+\cdots+\frac{x^n}{n!}+\cdots,x\in(-\infty,+\infty)$,

$\ln(1+x)=\sum_{n=0}^{\infty}(-1)^n\frac{x^{n+1}}{n+1}=x-\frac{x^2}{2}+\frac{x^3}{3}-\cdots+(-1)^n\frac{x^{n+1}}{n+1}+\cdots$,
$x\in(-1,1]$.

利用幂级数的乘法公式可得

$$e^x\ln(1+x)=x+\frac{1}{2}x^2+\frac{1}{3}x^3+\frac{1}{2}x^4+\frac{3}{40}x^5+\cdots,\quad x\in(-1,1].$$

关于幂级数的间接展开法,有时是很灵活的,很多情况下,几种方法要综合使用.

例 10.5.11 求幂级数$\sum_{n=1}^{\infty}\frac{2n+1}{n!}x^{2n}$的和函数.

解 利用$\sum_{n=0}^{\infty}\frac{x^n}{n!}=e^x,x\in(-\infty,+\infty)$,则原级数

$$\begin{aligned}\sum_{n=1}^{\infty}\frac{2n+1}{n!}x^{2n}&=\sum_{n=1}^{\infty}\frac{2}{(n-1)!}x^{2n}+\sum_{n=1}^{\infty}\frac{x^{2n}}{n!}\\&=2\sum_{n=0}^{\infty}\frac{x^{2n+2}}{n!}+\sum_{n=0}^{\infty}\frac{x^{2n}}{n!}-1\\&=2x^2\sum_{n=0}^{\infty}\frac{(x^2)^n}{n!}+\sum_{n=0}^{\infty}\frac{(x^2)^n}{n!}-1\\&=2x^2e^{x^2}+e^{x^2}-1\\&=(2x^2+1)e^{x^2}-1.\end{aligned}$$

例 10.5.12　设 $f(x)$可在任一点 x_0展开为泰勒级数,试求 $f(x+x_0)$的麦克劳林级数.

解　由于 $f(x)$可在任一点 x_0展开为泰勒级数,所以

$$f(x)=\sum_{n=0}^{\infty}\frac{f^{(n)}(x_0)}{n!}(x-x_0)^n,\quad x\in(x_0-R,x_0+R).$$

设 $g(x)=f(x+x_0)$,则函数 $f(x+x_0)$的麦克劳林级数为

$$f(x+x_0)=\sum_{n=0}^{\infty}\frac{g^{(n)}(0)}{n!}x^n.$$

利用复合函数求导公式得

$$g^{(n)}(x)=f^{(n)}(x+x_0)\cdot 1.$$

所以 $g^{(n)}(0)=f^{(n)}(x_0)$. 从而

$$f(x+x_0)=\sum_{n=0}^{\infty}\frac{g^{(n)}(0)}{n!}x^n=\sum_{n=1}^{\infty}\frac{f^{(n)}(x_0)}{n!}x^n,\quad x\in(-R,R)$$

为所求.

幂级数由于其形式简单,并且有很好的四则运算和分析运算性质,所以常用于近似计算和一些函数的表示. 下面举两个简单例子.

例 10.5.13　求 $f(x)=\sin x$ 在 $-\frac{\pi}{4}\leqslant x\leqslant\frac{\pi}{4}$上的一个三次近似多项式,并估计近似式的误差.

解　$\sin x=x-\frac{x^3}{3!}+\frac{x^5}{5!}-\frac{x^7}{7!}+\cdots\approx x-\frac{x^3}{3!}$,

$$|R_3(x)|=\left|\frac{x^5}{5!}-\frac{x^7}{7!}+\cdots\right|,\quad x\in\left[-\frac{\pi}{4},\frac{\pi}{4}\right].$$

当 $-\frac{\pi}{4}\leqslant x\leqslant\frac{\pi}{4}$时,余项 $R_3(x)$是交错级数,且满足莱布尼兹定理,于是由莱布尼兹定理的结论,其误差 $|R_n(x)|$不超过余项中的第一项的绝对值.

$$|R_3(x)|\leqslant\frac{|x|^5}{5!}\leqslant\frac{1}{5!}\left(\frac{\pi}{4}\right)^5<\frac{1}{5!}(0.786)^5<0.003=3\times10^{-3}.$$

因此在$\left[-\frac{\pi}{4},\frac{\pi}{4}\right]$上，用三次多项式$x-\frac{x^3}{3!}$近似$\sin x$时，所产生的截断误差不超过$3\times10^{-3}$.

在不定积分中，有些函数的原函数不能用初等函数表示，但是它却可以用幂级数来表示. 这样就拓展了函数的类型.

例 10.5.14　用幂级数表示函数$S(x)=\int_0^x\frac{\sin t}{t}\mathrm{d}t$.

解　因为$\int_0^x\frac{\sin t}{t}\mathrm{d}t$不能用初等函数来表示，即我们找不到一个初等函数，使其可以作为$\int_0^x\frac{\sin t}{t}\mathrm{d}t$的原函数，于是将$\frac{\sin t}{t}$展开成幂级数，利用逐项积分方法，用幂级数来表示$S(x)$.

$$\begin{aligned}S(x)&=\int_0^x\frac{\sin t}{t}\mathrm{d}t=\int_0^x\left(\frac{1}{t}\sum_{n=0}^{\infty}\frac{(-1)^n}{(2n+1)!}t^{2n+1}\right)\mathrm{d}t=\int_0^x\left(\sum_{n=0}^{\infty}\frac{(-1)^n}{(2n+1)!}t^{2n}\right)\mathrm{d}t\\&=\sum_{n=0}^{\infty}\frac{(-1)^n}{(2n+1)!}\int_0^x t^{2n}\mathrm{d}t=\sum_{n=0}^{\infty}\frac{(-1)^n}{(2n+1)(2n+1)!}x^{2n+1}\\&=x-\frac{x^3}{3\cdot3!}+\frac{x^5}{5\cdot5!}-\frac{x^7}{7\cdot7!}+\cdots,\quad x\in(-\infty,+\infty).\end{aligned}$$

习 题 10.5

1. 将下列函数展开成x的幂级数，并写出收敛域.

(1) $f(x)=\ln(1-x)$；　　(2) $f(x)=\sin\frac{x}{2}$；

(3) $f(x)=\cos^2x$；　　(4) $f(x)=\frac{1}{(1-x)^2}$；

(5) $f(x)=\frac{1}{(1-x)(1-2x)}$；　　(6) $f(x)=x\arctan x-\ln(1+x^2)$.

2. 将$f(x)=\ln x$展开成$x-1$的幂级数，并写出收敛域.

3. 将$f(x)=\frac{1}{x}$展开成$x-3$的幂级数，并写出收敛域.

4. 将$f(x)=\frac{1}{x^2+3x+2}$展开成$x+4$的幂级数.

5. 将$f(x)=\frac{\mathrm{d}}{\mathrm{d}x}\left(\frac{\mathrm{e}^x-\mathrm{e}}{x-1}\right)$展开成$(x-1)$的幂级数，并写出收敛域.

6. 用幂级数表示函数$\Phi(x)=\frac{1}{\sqrt{2\pi}}\int_0^x\mathrm{e}^{-\frac{t^2}{2}}\mathrm{d}t$.

10.6 傅里叶级数

在自然界中许多变量的变化过程都具有周期性,如心脏的跳动、肺的呼吸、交流电的变化、弹簧的振动等. 描绘这些变化规律的函数多为周期函数,为了精确表示这些事物变化的关系以及对变化本质特征进行分析,我们要来研究这些函数的级数逼近问题.

10.6.1 三角级数和三角函数系的正交性

在电子技术中我们常常会遇到周期为 T 的一些信号(图 10.3). 它们呈现出一种较复杂的周期运动. 要对波形图进行定量分析,就必须首先确定函数的表达式. 由于这些波形往往不能用初等函数表示,而采用级数逼近是一个很好的方法. 注意到波形具有周期性,所以用来逼近的级数也应具有同样的周期. 如何构建和确定这样的级数是对信号作定量分析时常会遇到的问题.

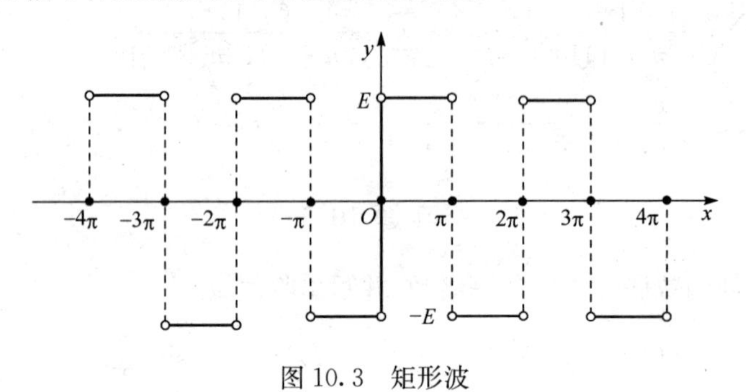

图 10.3 矩形波

下面将这个问题抽象为数学问题,建立数学模型.

(1) 为了讨论方便,假设波形函数 $f(x)$ 是以 2π 为周期的周期函数;

(2) 取正弦函数 $A_n\sin(n\omega t+\varphi_n)$ 为级数的通项,因为它是最简单的以 2π 为周期的简谐振动函数,无穷多个简谐振动的叠加可以表示为无穷级数

$$\begin{aligned}&\sum_{n=0}^{\infty}A_n\sin(n\omega t+\varphi_n)\\=&A_0\sin\varphi_0+A_1\sin(\omega t+\varphi_1)+A_2\sin(2\omega t+\varphi_2)+\cdots+A_n\sin(n\omega t+\varphi_n).\end{aligned}$$

令 $\omega t=x$, 则 $A_n\sin(n\omega t+\varphi_n)=A_n\sin\varphi_n\cos nx+A_n\cos\varphi_n\sin nx$, 记 $a_n=A_n\sin\varphi_n$, $b_n=A_n\cos\varphi_n$, $A_0\sin\varphi_0=\dfrac{a_0}{2}$, 其中 a_n,b_n 与 x 无关 $(n=1,2,\cdots)$, 称此级数为三角级数,记为

$$\frac{a_0}{2}+\sum_{n=1}^{\infty}(a_n\cos nx+b_n\sin nx).$$

三角级数是用于逼近周期函数的非常好的函数，该级数在收敛域内是周期为 2π 的函数，它与所研究的波形图的周期保持一致.

(3) 假设以 2π 为周期的函数 $f(x)$ 在 $[-\pi,\pi]$ 上可积，并且在某个范围内与上述三角级数相对应，即 $f(x) \sim \dfrac{a_0}{2} + \sum\limits_{n=1}^{\infty}(a_n\cos nx + b_n\sin nx)$，那么接下来的问题就是 $f(x)$ 应满足怎样的条件才能使右端的级数在某个范围内收敛于 $f(x)$ 本身？此时三角级数中的系数 $a_0, a_n, b_n (n=1,2,\cdots)$ 与 $f(x)$ 的关系如何？如果这两个问题都得到了解决，那么用三角级数去逼近函数 $f(x)$ 就成为可能.

以上就是研究用傅里叶级数逼近周期函数的基本思想方法.

上述级数中出现的函数序列 $\{1,\cos x,\sin x,\cos 2x,\sin 2x,\cdots,\cos nx,\sin nx,\cdots\}$ 称为三角函数系. 三角函数系的两个非常重要的性质就是周期性与正交性.

三角函数系以 2π 为周期，为方便计算，常取这个周期区间为 $[-\pi,\pi]$. 三角函数系的正交性是指其中任何两个不同的函数的乘积在区间 $[-\pi,\pi]$ 上的积分等于零.

$$\int_{-\pi}^{\pi}\sin nx\,dx = 0,\quad n=1,2,\cdots,$$

$$\int_{-\pi}^{\pi}\cos nx\,dx = 0,\quad n=1,2,\cdots,$$

$$\int_{-\pi}^{\pi}\sin mx\cos nx\,dx = 0,\quad m,n=1,2,\cdots,$$

$$\int_{-\pi}^{\pi}\sin mx\sin nx\,dx = 0,\quad m,n=1,2,\cdots,m\neq n,$$

$$\int_{-\pi}^{\pi}\cos mx\cos nx\,dx = 0,\quad m,n=1,2,\cdots,m\neq n.$$

之所以称为正交性，是由于解析几何中相互垂直的向量的数量积为零，而在三角函数系中，如果把每一个函数看成一个“向量”，而定义两个“向量” f,g 的“数量积”为 $f\cdot g = \int_{-\pi}^{\pi} f\cdot g\,dx$，则这个数量积就是上面的积分式，因而可以将其视作几何中向量的数量积的推广.

而这个“数量积”为零，也就引申为向量的正交. 三角函数系的正交性是极其重要的性质.

同时，我们还要看到，在这个函数系中，任意一个函数的平方在 $[-\pi,\pi]$ 上的积分不等于零，即

$$\int_{-\pi}^{\pi}1^2\,dx = 2\pi,$$

$$\int_{-\pi}^{\pi}\cos^2 nx\,dx = \pi,\quad n=1,2,\cdots$$

$$\int_{-\pi}^{\pi}\sin^2 nx\,dx = \pi,\quad n=1,2,\cdots.$$

10.6.2 傅里叶级数

要将函数 $f(x)$展开成三角级数,首先要确定三角级数的一系列系数 a_0,a_n, b_n,($n=1,2,3,\cdots$),然后讨论由这样的一系列系数构成的三角级数的收敛性.如果级数收敛,再进一步考虑它的和函数与函数 $f(x)$是否相同,如果在某个范围内两个函数相同,则在这个范围内函数 $f(x)$可以展开成这个三角级数.

设 $f(x)$是周期为 2π 的周期函数,并且能够展开为三角级数

$$f(x)=\frac{a_0}{2}+\sum_{n=1}^{\infty}(a_n\cos nx+b_n\sin nx),$$

那么系数 a_0,a_n,b_n($n=1,2,3,\cdots$)与函数 $f(x)$之间存在着怎样的关系呢?

假定上述等式两端可逐项积分,首先求 a_0.在$[-\pi,\pi]$上积分,

$$\int_{-\pi}^{\pi}f(x)\mathrm{d}x=\frac{a_0}{2}\int_{-\pi}^{\pi}\mathrm{d}x+\sum_{n=1}^{\infty}\left[a_k\int_{-\pi}^{\pi}\cos kx\,\mathrm{d}x+b_k\int_{-\pi}^{\pi}\sin kx\,\mathrm{d}x\right].$$

由三角函数系的正交性可知,等式右端除第一项外,其余各项积分均为零,所以

$$\int_{-\pi}^{\pi}f(x)\mathrm{d}x=\frac{a_0}{2}2\pi=a_0\pi,$$

整理得

$$a_0=\frac{1}{\pi}\int_{-\pi}^{\pi}f(x)\mathrm{d}x,$$

然后求 a_n,对等式两边乘以 $\cos nx$ 后,再在$[-\pi,\pi]$上逐项积分,则得

$$\int_{-\pi}^{\pi}f(x)\cos nx\,\mathrm{d}x=\int_{-\pi}^{\pi}\frac{a_0}{2}\cos nx\,\mathrm{d}x+\sum_{n=1}^{\infty}\left[a_k\int_{-\pi}^{\pi}\cos kx\cos nx\,\mathrm{d}x+b_k\int_{-\pi}^{\pi}\sin kx\cos nx\,\mathrm{d}x\right].$$

由三角函数系的正交性可知,等式右端除第二个积分式中 $k=n$ 这一项外,其余各项积分均为零,所以

$$\int_{-\pi}^{\pi}f(x)\cos nx\,\mathrm{d}x=a_n\int_{-\pi}^{\pi}\cos^2 nx\,\mathrm{d}x=a_n\pi,$$

即

$$a_n=\frac{1}{\pi}\int_{-\pi}^{\pi}f(x)\cos nx\,\mathrm{d}x,\quad n=1,2,\cdots.$$

类似地,对等式两边乘以 $\sin nx$,并在$[-\pi,\pi]$上积分可得

$$b_n=\frac{1}{\pi}\int_{-\pi}^{\pi}f(x)\sin nx\,\mathrm{d}x,\quad n=1,2,\cdots.$$

综上有

$$a_0=\frac{1}{\pi}\int_{-\pi}^{\pi}f(x)\mathrm{d}x,$$

$$a_n=\frac{1}{\pi}\int_{-\pi}^{\pi}f(x)\cos nx\,\mathrm{d}x,\quad n=1,2,\cdots,$$

$$b_n=\frac{1}{\pi}\int_{-\pi}^{\pi}f(x)\sin nx\,\mathrm{d}x,\quad n=1,2,\cdots.$$

如果上述积分均存在，则所确定的系数 $a_0,a_n,b_n(n=1,2,3,\cdots)$称为函数 $f(x)$的傅里叶系数. 以傅里叶系数为系数的三角级数

$$\frac{a_0}{2}+\sum_{n=1}^{\infty}(a_n\cos nx+b_n\sin nx)$$

称为**傅里叶级数**(简称**傅氏级数**).

10.6.3 函数展开成傅里叶级数

任何一个以 2π 为周期的函数 $f(x)$，只要傅氏系数存在，总可以求出它的傅里叶级数. 但是这个傅里叶级数是否一定收敛？如果收敛，它是否一定收敛于函数 $f(x)$？因此要解决的一个基本问题就是 $f(x)$在怎样的条件下，它的傅里叶级数必收敛，且在什么范围内收敛于 $f(x)$？下面不加证明地叙述关于傅里叶级数收敛的一个充分条件.

定理 10.15 (收敛定理，狄利克雷充分条件)　设 $f(x)$以 2π 为周期，如果它在一个周期内连续或只有有限个第一类间断点，在一个周期内至多只有有限个极值点，则 $f(x)$的傅里叶级数在$[-\pi,\pi]$上收敛，且其和函数为

$$S(x)=\begin{cases}f(x), & x\text{ 是 }f(x)\text{的连续点},\\ \dfrac{f(x-0)+f(x+0)}{2}, & x\text{ 是 }f(x)\text{的间断点}.\end{cases}$$

显然，狄利克雷定理中的条件比泰勒定理中的条件弱得多，一般地，工程技术中所遇到的周期函数都满足狄利克雷条件，所以都能展开成傅里叶级数.

推论 10.2　如果函数 $f(x)$在$[-\pi,\pi]$上满足狄利克雷条件，则 $f(x)$的傅氏级数在 $x=\pm\pi$ 处的和函数 $S(x)=\dfrac{f(-\pi+0)+f(\pi-0)}{2}$.

例 10.6.1　设 $f(x)$是周期为 2π 的周期函数，它在$[-\pi,\pi]$上的表达式为

$$f(x)=\begin{cases}-1, & -\pi\leqslant x<0,\\ 1, & 0\leqslant x<\pi,\end{cases}$$

将 $f(x)$展开为傅里叶级数.

解　如图 10.4 所示，所给函数满足收敛定理的条件，它在点 $x=k\pi(k=0,\pm1,\pm2,\cdots)$处不连续，在其他点处处连续，从而由收敛定理可知 $f(x)$的傅里叶级

数收敛,并且当 $x=k\pi$ 时收敛于

$$\frac{1}{2}[f(x-0)+f(x+0)]=\frac{1}{2}(-1+1)=0.$$

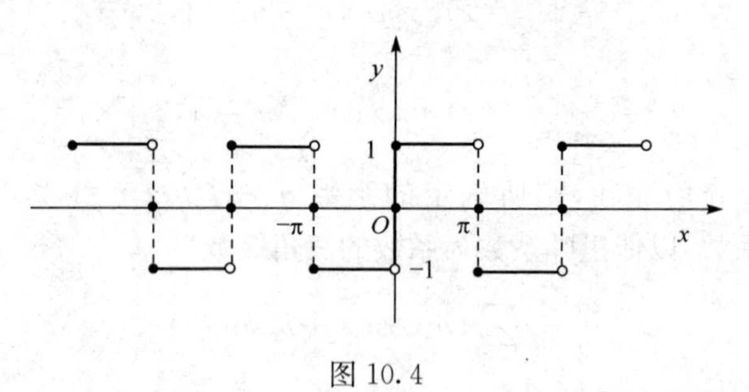

图 10.4

当 $x\neq k\pi$ 时,级数收敛于 $f(x)$,傅里叶系数计算如下:

$$\begin{aligned}a_n &= \frac{1}{\pi}\int_{-\pi}^{\pi} f(x)\cos nx\,\mathrm{d}x\\ &= \frac{1}{\pi}\int_{-\pi}^{0}(-1)\cos nx\,\mathrm{d}x+\frac{1}{\pi}\int_{0}^{\pi}1\cdot\cos nx\,\mathrm{d}x=0,\quad n=1,2,\cdots,\end{aligned}$$

$$\begin{aligned}b_n &= \frac{1}{\pi}\int_{-\pi}^{\pi} f(x)\sin nx\,\mathrm{d}x=\frac{1}{\pi}\int_{-\pi}^{0}(-1)\sin nx\,\mathrm{d}x+\frac{1}{\pi}\int_{0}^{\pi}1\cdot\sin nx\,\mathrm{d}x\\ &= \frac{1}{\pi}\left(\frac{\cos nx}{n}\right)\Bigg|_{-\pi}^{0}+\frac{1}{\pi}\left(-\frac{\cos nx}{n}\right)\Bigg|_{0}^{\pi}=\frac{1}{n\pi}[1-\cos n\pi-\cos n\pi(-1)^n]\\ &= \frac{2}{n\pi}[1-(-1)^n]\\ &= \begin{cases}\dfrac{4}{n\pi}, & n=1,3,5,\cdots,\\ 0, & n=2,4,6,\cdots.\end{cases}\end{aligned}$$

于是 $f(x)$ 的傅里叶级数展开式为

$$\begin{aligned}f(x) &= \sum_{n=1}^{\infty}\frac{4}{(2n-1)\pi}\sin(2n-1)x\\ &= \frac{4}{\pi}\left[\sin x+\frac{1}{3}\sin 3x+\cdots+\frac{1}{2n-1}\sin(2n-1)x+\cdots\right]\\ &\qquad (-\infty<x<\infty;x\neq 0,\pm\pi,\pm 2\pi,\cdots).\end{aligned}$$

例 10.6.2 设 $f(x)$ 是周期为 2π 的周期函数,它在 $[-\pi,\pi)$ 上的表达式为

$$f(x)=\begin{cases}0, & -\pi\leqslant x<0,\\ x, & 0\leqslant x<\pi,\end{cases}$$

将 $f(x)$ 展开成傅里叶级数.

解 如图 10.5 所示,函数满足收敛定理的条件,它在点 $x=(2k+1)\pi(k=0,$

$\pm1,\pm2,\cdots$)处不连续,因此,$f(x)$的傅里叶级数在 $x=(2k+1)\pi$ 处收敛于

$$\frac{1}{2}[f(x-0)+f(x+0)]=\frac{1}{2}(\pi-0)=\frac{\pi}{2}$$

在连续点 $x(x\neq(2k+1)\pi)$处级数收敛于 $f(x)$.

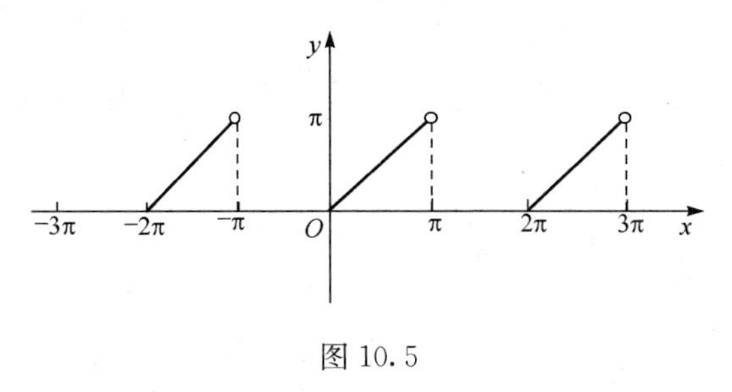

图 10.5

傅里叶系数计算如下:

$$a_0=\frac{1}{\pi}\int_{-\pi}^{\pi}f(x)\mathrm{d}x=\frac{1}{\pi}\int_{0}^{\pi}x\mathrm{d}x=\frac{\pi}{2},$$

$$\begin{aligned}
a_n&=\frac{1}{\pi}\int_{-\pi}^{\pi}f(x)\cos nx\,\mathrm{d}x\\
&=\frac{1}{\pi}\int_{0}^{\pi}x\cos nx\,\mathrm{d}x\\
&=\frac{1}{\pi}\left(\frac{x\sin nx}{n}+\frac{\cos nx}{n^2}\right)\Bigg|_0^{\pi}=\frac{1}{n^2\pi}(\cos n\pi-1)\\
&=\begin{cases}\dfrac{-2}{n^2\pi}, & n=1,3,5,\cdots,\\ 0, & n=2,4,6,\cdots,\end{cases}
\end{aligned}$$

$$\begin{aligned}
b_n&=\frac{1}{\pi}\int_{-\pi}^{\pi}f(x)\sin nx\,\mathrm{d}x\\
&=\frac{1}{\pi}\int_{0}^{\pi}x\sin nx\,\mathrm{d}x\\
&=\frac{1}{\pi}\left(-\frac{x\cos nx}{n}+\frac{\sin nx}{n^2}\right)\Bigg|_0^{\pi}\\
&=-\frac{\cos n\pi}{n}\\
&=\frac{(-1)^{n-1}}{n},\quad n=1,2,\cdots.
\end{aligned}$$

$f(x)$的傅里叶级数展开式为

$$f(x)=\frac{\pi}{4}+\sum_{n=1}^{\infty}\left[\frac{-2}{(2n-1)^2\pi}\cos(2n-1)x+\frac{(-1)^{n-1}}{n}\sin nx\right]$$

$$=\frac{\pi}{4}-\frac{2}{\pi}\cos x+\sin x-\frac{2}{3^2\pi}\cos 3x-\frac{1}{2}\sin 2x-\frac{2}{5^2\pi}\cos 5x+\frac{1}{3}\sin 3x+\cdots$$

$(-\infty<x<+\infty;x\neq\pm\pi,\pm3\pi,\cdots)$.

例 10.6.3 如图 10.6 所示,设 $f(x)$是以 2π 为周期的函数,它在$[-\pi,\pi]$上的定义为

$$f(x)=\begin{cases}-1, & -\pi<x\leqslant 0,\\ 1+x^2, & 0<x\leqslant\pi,\end{cases}$$

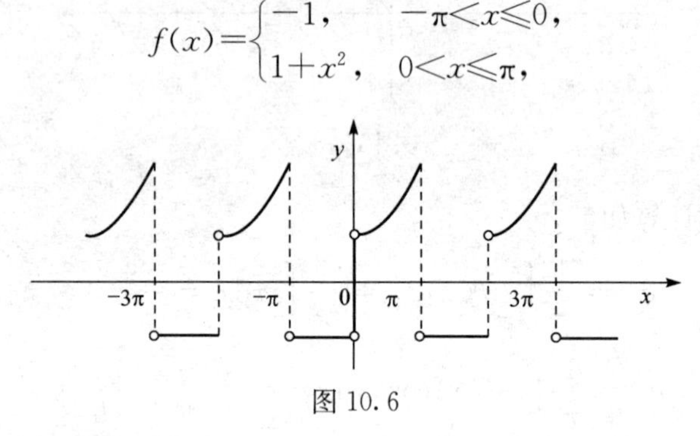

图 10.6

求 $f(x)$的傅里叶级数分别在 $x=0,x=1$ 及 $x=\pm\pi$ 处的和及 $f(x)$的傅里叶级数在$[-\pi,\pi]$上的和函数.

解 设函数 $f(x)$的傅里叶级数的和函数为 $S(x)$,$f(x)$在$(-\pi,\pi]$上满足狄利克雷收敛定理的条件,级数收敛. $x=0$ 为 $f(x)$的间断点,$x=1$ 为连续点,$x=\pm\pi$为区间$(-\pi,\pi]$的端点,由收敛定理有

$$S(0)=\frac{f(0^-)+f(0^+)}{2}=\frac{-1+1}{2}=0,$$

$$S(1)=f(1)=2,$$

$$S(\pm\pi)=\frac{f(-\pi+0)+f(\pi-0)}{2}=\frac{-1+1+\pi^2}{2}=\frac{\pi^2}{2}.$$

10.6.4 正弦级数和余弦级数

当 $f(x)$为奇函数时,$f(x)\cos nx$ 是奇函数,$f(x)\sin nx$ 是偶函数,故傅里叶系数为

$$a_n=0(n=0,1,2,\cdots),$$

$$b_n=\frac{2}{\pi}\int_0^{\pi}f(x)\sin nx\,\mathrm{d}x\quad(n=1,2,\cdots).$$

因此,奇函数的傅里叶级数是只含有正弦项的正弦级数$\sum\limits_{n=1}^{\infty}b_n\sin nx$.

当 $f(x)$为偶函数时,$f(x)\cos nx$ 是偶函数,$f(x)\sin nx$ 是奇函数,故傅里叶系数为

$$a_n = \frac{2}{\pi}\int_0^{\pi} f(x)\cos nx\,\mathrm{d}x,\quad n=0,1,2,\cdots,$$

$$b_n = 0,\quad n=1,2,\cdots.$$

因此,偶函数的傅里叶级数是只含有余弦项的余弦级数$\frac{a_0}{2}+\sum_{n=1}^{\infty}a_n\cos nx$.

例 10.6.4 设 $f(x)$是周期为 2π 的周期函数,它在$[-\pi,\pi)$上的表达式为 $f(x)=x$,将 $f(x)$展开成傅里叶级数.

解 如图 10.7 所示,所给函数满足收敛定理的条件,它在点 $x=(2k+1)\pi$ $(k=0,\pm1,\pm2,\cdots)$不连续,其傅里叶级数收敛于

$$\frac{1}{2}[f(-\pi+0)+f(\pi-0)]=\frac{1}{2}[-\pi+\pi]=0,$$

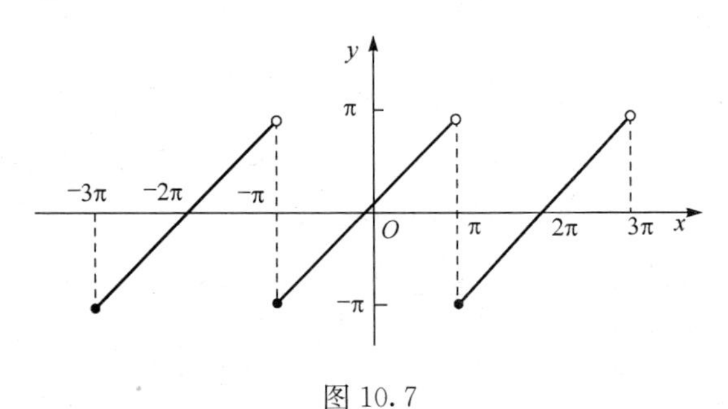

图 10.7

当 $x\neq(2k+1)\pi$ 时,$f(x)$处处连续,其傅里叶级数收敛于 $f(x)$本身. 由于 $f(x)$是周期为 2π 的奇函数,所以有

$$a_n=0,\quad n=0,1,2,\cdots,$$

而

$$b_n = \frac{2}{\pi}\int_0^{\pi} f(x)\sin nx\,\mathrm{d}x = \frac{2}{\pi}\int_0^{\pi} x\sin nx\,\mathrm{d}x = \frac{2}{\pi}\left(-\frac{x\cos nx}{n}+\frac{\sin nx}{n^2}\right)\Bigg|_0^{\pi}$$

$$=-\frac{2}{n}\cos n\pi = \frac{2}{n}(-1)^{n+1},\quad n=1,2,3,\cdots.$$

$f(x)$的傅里叶级数展开式为

$$f(x) = 2\sum_{n=1}^{\infty}\frac{(-1)^{n+1}}{n}\sin nx$$

$$= 2\left[\sin x-\frac{1}{2}\sin 2x+\frac{1}{3}\sin 3x-\cdots+(-1)^{n+1}\frac{1}{n}\sin nx+\cdots\right]$$

$(-\infty<x<\infty, x\neq\pm\pi,\pm3\pi,\cdots)$.

例 10.6.5 将周期函数 $f(x)=|\sin x|$(图 10.8)展开为傅里叶级数.

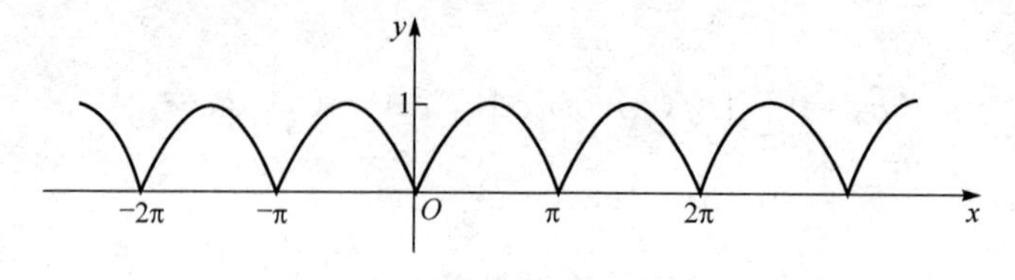

图 10.8

解 所给函数满足狄利克雷充分条件,故能展为傅里叶级数,因为 $f(x)$为偶函数,所以 $b_n=0(n=1,2,\cdots)$,由系数公式

$$a_0=\frac{2}{\pi}\int_0^{\pi}f(x)\mathrm{d}x=\frac{2}{\pi}\int_0^{\pi}\sin x\mathrm{d}x=\frac{4}{\pi},$$

$$\begin{aligned}a_n&=\frac{2}{\pi}\int_0^{\pi}f(x)\cos nx\,\mathrm{d}x=\frac{2}{\pi}\int_0^{\pi}\sin x\cos nx\,\mathrm{d}x\\&=\frac{1}{\pi}\int_0^{\pi}[\sin(n+1)x-\sin(n-1)x]\mathrm{d}x\\&=\frac{1}{\pi}\left(-\frac{\cos(n+1)x}{n+1}+\frac{\cos(n-1)x}{n-1}\right)\Bigg|_0^{\pi}\quad(n\neq 1)\\&=\begin{cases}-\dfrac{4}{[(2k)^2-1]\pi}, & n=2k,\\ 0, & n=2k+1.\end{cases}\end{aligned}$$

因为 $n\neq1$,所以 a_1 要单独计算

$$a_1=\frac{2}{\pi}\int_0^{\pi}f(x)\cos x\mathrm{d}x=\frac{2}{\pi}\int_0^{\pi}\sin x\cos x\mathrm{d}x=0.$$

函数 $f(x)$在整个数轴上连续,故

$$\begin{aligned}f(x)&=\frac{4}{\pi}\left(\frac{1}{2}-\frac{1}{3}\cos2x-\frac{1}{15}\cos4x-\frac{1}{35}\cos6x-\cdots\right)\\&=\frac{2}{\pi}\left[1-2\sum_{n=1}^{\infty}\frac{\cos2nx}{4n^2-1}\right]\quad(-\infty<x+\infty).\end{aligned}$$

10.6.5 周期延拓

以上我们讨论的是以 2π 为周期的函数的傅里叶级数展开问题. 如果 $f(x)$只在$[-\pi,\pi]$上有定义,并且满足定理条件,而在其他区间没有定义,那么可以在区间$[-\pi,\pi]$外补充函数 $f(x)$的定义,将它延拓为周期为 2π 的周期函数 $F(x)$,延拓时,在$(-\pi,\pi)$内,保持 $F(x)=f(x)$,然后将 $F(x)$展开成傅里叶级数,延拓后的周期函数 $F(x)$的傅里叶级数在$(-\pi,\pi)$内收敛于 $f(x)$,这就是周期延拓的概念.

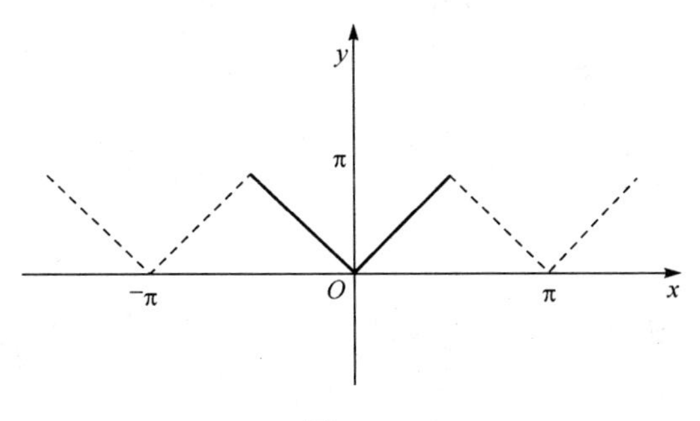

图 10.9

例 10.6.6　将定义在$[-\pi,\pi]$上的函数 $f(x)=|x|$展开成傅里叶级数.

解　如图 10.9 所示,所给函数在区间$[-\pi,\pi]$上满足收敛定理的条件,将$f(x)$延拓为以 2π 为周期的周期函数 $F(x)$.

$$F(x)=f(x)=\begin{cases}-x & -\pi\leqslant x<0,\\ x, & 0\leqslant x<\pi,\end{cases}\quad T=2\pi,$$

则 $F(x)$在$(-\infty,\infty)$连续,傅里叶系数为

$$a_0=\frac{1}{\pi}\int_{-\pi}^{\pi}f(x)\mathrm{d}x=\frac{1}{\pi}\int_{-\pi}^{0}(-x)\mathrm{d}x+\frac{1}{\pi}\int_{0}^{\pi}x\mathrm{d}x=\pi,$$

$$\begin{aligned}a_n&=\frac{1}{\pi}\int_{-\pi}^{\pi}f(x)\cos nx\,\mathrm{d}x=\frac{1}{\pi}\int_{-\pi}^{0}(-x)\cos nx\,\mathrm{d}x+\frac{1}{\pi}\int_{0}^{\pi}x\cos nx\,\mathrm{d}x\\&=\frac{2}{n^2\pi}(\cos n\pi-1)\\&=\begin{cases}-\dfrac{4}{n^2\pi}, & n=1,3,5,\cdots,\\ 0, & n=2,4,6,\cdots,\end{cases}\end{aligned}$$

$$\begin{aligned}b_n&=\frac{1}{\pi}\int_{-\pi}^{\pi}f(x)\sin nx\,\mathrm{d}x\\&=\frac{1}{\pi}\int_{-\pi}^{0}(-x)\sin nx\,\mathrm{d}x+\frac{1}{\pi}\int_{0}^{\pi}x\sin nx\,\mathrm{d}x=0,\quad n=1,2,\cdots.\end{aligned}$$

于是 $F(x)$的傅里叶级数为

$$F(x)=\frac{\pi}{2}-\frac{4}{\pi}\sum_{n=1}^{\infty}\frac{1}{(2n-1)^2}\cos(2n-1)x=\frac{\pi}{2}-\frac{4}{\pi}\left(\cos x+\frac{1}{3^2}\cos 3x+\frac{1}{5^2}\cos 5x+\cdots\right),\quad x\in(-\infty,\infty),$$

而 $f(x)$的傅里叶级数展开式为

$$f(x)=\frac{\pi}{2}-\frac{4}{\pi}\left(\cos x+\frac{1}{3^2}\cos 3x+\frac{1}{5^2}\cos 5x+\cdots\right),\quad x\in[-\pi,\pi].$$

令 $x=0$,则 $0=\frac{\pi}{2}-\frac{4}{\pi}\left(1+\frac{1}{3^2}+\frac{1}{5^2}+\cdots+\frac{1}{(2n-1)^2}+\cdots\right)$,所以

$$1+\frac{1}{3^2}+\frac{1}{5^2}+\cdots+\frac{1}{(2n-1)^2}+\cdots=\frac{\pi^2}{8}.$$

设 $\sigma_1=\sum_{n=1}^{\infty}\frac{1}{n^2}$,$\sigma_2=\sum_{n=1}^{\infty}\frac{(-1)^{n-1}}{n^2}$,$\sigma_3=\sum_{n=1}^{\infty}\frac{1}{(2n-1)^2}$,$\sigma_4=\sum_{n=1}^{\infty}\frac{1}{(2n)^2}$.

注意到以上四个数项级数都收敛,且

$$\sigma_1=\sigma_3+\sigma_4,\quad \sigma_2=\sigma_3-\sigma_4.$$

因为 $\sigma_4=\frac{1}{4}\sum_{n=1}^{\infty}\frac{1}{n^2}=\frac{1}{4}\sigma_1$,所以 $\sigma_1=\sigma_3+\frac{\sigma_1}{4}$,即

$$\frac{3}{4}\sigma_1=\sigma_3,\sigma_1=\frac{4}{3}\sigma_3=\frac{4}{3}\times\frac{\pi^2}{8}=\frac{\pi^2}{6}.$$

于是 $\sigma_4=\frac{\pi^2}{24}$,$\sigma_2=\frac{\pi^2}{12}$.

10.6.6 奇延拓与偶延拓

设函数 $f(x)$ 仅在区间 $[0,\pi]$(或 $(0,\pi)$)上有意义并且满足收敛定理的条件,我们在开区间 $(-\pi,0)$ 内补充函数 $f(x)$ 的定义,使它在 $(-\pi,\pi)$ 上成为奇函数或者偶函数然后再作周期延拓,从而得到定义在 $(-\infty,\infty)$ 上的函数 $F(x)$. 这就是奇延拓与偶延拓的概念. 奇延拓得到正弦级数,偶延拓得到余弦级数.

如 $f(x)$ 在 $(0,\pi)$ 上有定义,现要求将 $f(x)$ 在 $[-\pi,\pi]$ 上展开为傅氏余弦级数,那么就应采用偶延拓的方式,使周期延拓函数 $F(x)$ 在 $[-\pi,\pi]$ 上为偶函数,即定义 $F(x)=\begin{cases}f(-x), & -\pi<x<0,\\ f(x), & 0\leqslant x\leqslant\pi,\end{cases}$ 则傅里叶级数系数为

$$b_n=0,\quad n=1,2,\cdots,$$

$$a_0=\frac{2}{\pi}\int_0^{\pi}f(x)\mathrm{d}x,$$

$$a_n=\frac{2}{\pi}\int_0^{\pi}f(x)\cos nx\,\mathrm{d}x,\quad n=1,2,\cdots,$$

其傅里叶余弦级数为 $\frac{a_0}{2}+\sum_{n=1}^{\infty}a_n\cos nx$,收敛性根据收敛定理写出.

类似地可以得到奇延拓.

例 10.6.7 将函数 $f(x)=\begin{cases}1-\frac{x}{2}, & 0\leqslant x\leqslant 2,\\ 0, & 2<x\leqslant\pi\end{cases}$ 在 $[0,\pi]$ 上展开为余弦级数,

解 如图 10.10 所示,$f(x)$ 只在 $[0,\pi]$ 上有定义,求余弦级数就是要对 $f(x)$

作偶延拓.

$$b_n=0,\quad n=1,2,\cdots,$$

$$\begin{aligned}
a_0 &= \frac{2}{\pi}\int_0^{\pi} f(x)\mathrm{d}x \\
&= \frac{2}{\pi}\int_0^{2}\left(1-\frac{x}{2}\right)\mathrm{d}x+\frac{2}{\pi}\int_2^{\pi}0\mathrm{d}x=\frac{2}{\pi},\\
a_n &= \frac{2}{\pi}\int_0^{\pi} f(x)\cos nx\,\mathrm{d}x \\
&= \frac{2}{\pi}\int_0^{2}\left(1-\frac{x}{2}\right)\cos nx\,\mathrm{d}x \\
&= \frac{2}{\pi}\frac{\sin nx}{n}\bigg|_0^2-\frac{1}{\pi}\left(\frac{x\sin nx}{n}+\frac{\cos nx}{n^2}\right)\bigg|_0^2 \\
&= \frac{2}{\pi}\left(\frac{\sin n}{n}\right)^2,\quad n=1,2,\cdots.
\end{aligned}$$

于是有

$$f(x)=\frac{1}{\pi}+\frac{2}{\pi}\sum_{n=1}^{\infty}\left(\frac{\sin n}{n}\right)^2\cos nx,\quad x\in[0,\pi].$$

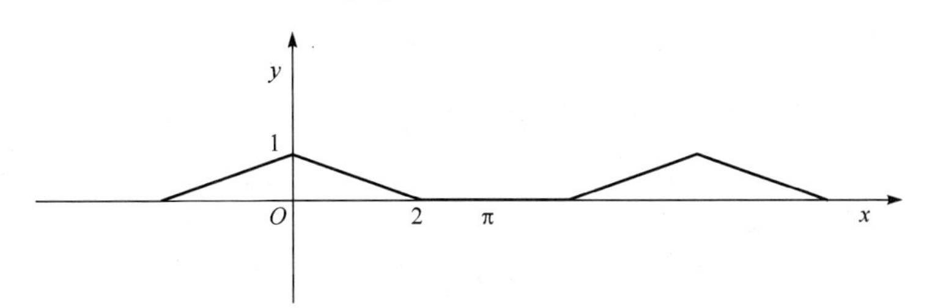

图 10.10

例 10.6.8　证明：$\dfrac{\pi-x}{2}=\displaystyle\sum_{n=1}^{\infty}\frac{\sin nx}{n},\quad x\in(0,\pi]$.

证　由题意设 $f(x)=\dfrac{\pi-x}{2}$，$x\in(0,\pi]$，等式右端为正弦级数，所以对 $f(x)$ 作奇延拓，则

$$a_n=0,\quad n=0,1,2,\cdots,$$

$$\begin{aligned}
b_n &= \frac{2}{\pi}\int_0^{\pi} f(x)\sin nx\,\mathrm{d}x \\
&= \frac{2}{\pi}\int_0^{\pi}\frac{\pi-x}{2}\sin nx\,\mathrm{d}x
\end{aligned}$$

$$= \frac{-\cos nx}{n}\Big|_0^{\pi} + \left(\frac{x\cos nx}{n\pi} - \frac{\sin nx}{n^2\pi}\right)\Big|_0^{\pi}$$

$$= \frac{1}{n}, \quad n = 1,2,\cdots.$$

所以，$\frac{\pi - x}{2} = \sum_{n=1}^{\infty} \frac{\sin nx}{n}, \quad x \in (0,\pi]$.

10.6.7 以 2l 为周期的函数的傅里叶级数

对于以 $2l$ 为周期的函数 $f(x)$，可以先将 $f(x)$ 变换为周期为 2π 的周期函数，然后再展开成傅里叶级数. 作线性变换如下：

令 $x=\frac{l}{\pi}t$，$f(x)=f\left(\frac{l}{\pi}t\right)=F(t)$，则 $F(t)$ 是以 2π 为周期的周期函数. 因为

$$F(t+2\pi)=f\left[\frac{l}{\pi}(t+2\pi)\right]=f\left(\frac{l}{\pi}t+2l\right)=f\left(\frac{l}{\pi}t\right)=F(t).$$

当 $F(t)$ 满足收敛定理的条件时，$F(t)$ 可展开成傅里叶级数

$$F(t) = \frac{a_0}{2} + \sum_{n=1}^{\infty}(a_n\cos nt + b_n\sin nt),$$

即

$$f(x) = \frac{a_0}{2} + \sum_{n=1}^{\infty}\left(a_n\cos\frac{n\pi x}{l} + b_n\sin\frac{n\pi x}{l}\right),$$

其中

$$a_n = \frac{1}{l}\int_{-l}^{l} f(x)\cos\frac{n\pi x}{l}\mathrm{d}x, \quad n = 0,1,2,\cdots,$$

$$b_n = \frac{1}{l}\int_{-l}^{l} f(x)\sin\frac{n\pi x}{l}\mathrm{d}x, \quad n = 1,2,\cdots.$$

特别地，当 $f(x)$ 为奇函数时，

$$f(x) = \sum_{n=1}^{\infty} b_n\sin\frac{n\pi x}{l},$$

其中 $b_n = \frac{2}{l}\int_0^l f(x)\sin\frac{n\pi x}{l}\mathrm{d}x, \quad n = 1,2,\cdots$.

当 $f(x)$ 为偶函数时，

$$f(x) = \frac{a_0}{2} + \sum_{n=1}^{\infty} a_n\cos\frac{n\pi x}{l},$$

其中 $a_n = \frac{2}{l}\int_0^l f(x)\cos\frac{n\pi x}{l}\mathrm{d}x, \quad n = 0,1,2,\cdots$.

例 10.6.9 设 $f(x)$ 是周期为 4 的周期函数，它在 $[-2,2)$ 上的表达式为

$$f(x)=\begin{cases}0, & -2\leqslant x<0,\\ k, & 0\leqslant x<2,\end{cases}$$

常数 $k\neq 0$,将 $f(x)$ 展开成傅里叶级数.

解　由于 $T=4=2l$,所以 $l=2$,由任意周期区间上的函数的傅里叶系数公式有

$$a_0=\frac{1}{2}\int_0^2 k\mathrm{d}x=k,$$

$$a_n=\frac{1}{2}\int_0^2 k\cos\frac{n\pi x}{2}\mathrm{d}x$$

$$=\frac{k}{n\pi}\left(\sin\frac{n\pi x}{2}\right)\Big|_0^2=0,\quad n\neq 0,$$

$$b_n=\frac{1}{2}\int_0^2 k\sin\frac{n\pi x}{2}\mathrm{d}x$$

$$-\frac{k}{n\pi}\left(\cos\frac{n\pi x}{2}\right)\Big|_0^2$$

$$=\frac{k}{n\pi}(1-\cos n\pi)$$

$$=\begin{cases}\dfrac{2k}{n\pi}, & n=1,3,5,\cdots,\\ 0, & n=2,4,6,\cdots.\end{cases}$$

由收敛定理,函数 $f(x)$ 的傅里叶级数收敛,

$$f(x)=\frac{k}{2}+\frac{2k}{\pi}\left(\sin\frac{\pi}{2}x+\frac{1}{3}\sin\frac{3\pi}{2}x+\frac{1}{5}\sin\frac{5\pi}{2}x+\cdots\right),$$

$-\infty<x<+\infty,x\neq 0,\pm 2,\pm 4,\cdots$

当 $x=0,\pm 2,\pm 4,\cdots$,级数收敛于 $\dfrac{k}{2}$,如图 10.11所示.

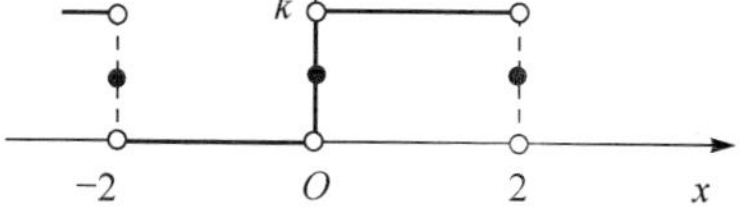

图 10.11

习 题 10.6

1. 写出函数 $f(x)=\begin{cases}-1, & -\pi\leqslant x<0,\\ 1, & 0\leqslant x\leqslant \pi\end{cases}$ 在[π,π]上的傅里叶级数的和函数.

2. 设 $f(x)$ 是以 2π 为周期的周期函数,它在$[-\pi,\pi]$上的表达式为 $f(x)=x^2$,将 $f(x)$ 展开成傅里叶级数.

3. 设 $f(x)$ 是以 2π 为周期的周期函数,将 $f(x)=\mathrm{e}^x(-\pi\leqslant x\leqslant\pi)$ 展开成傅里

叶级数.

4. 将函数

$$f(x)=\begin{cases}-\dfrac{\pi}{2}, & -\pi\leqslant x<-\dfrac{\pi}{2},\\ x, & -\dfrac{\pi}{2}\leqslant x<\dfrac{\pi}{2},\\ \dfrac{\pi}{2}, & \dfrac{\pi}{2}\leqslant x\leqslant\pi\end{cases}$$

展开成傅里叶级数,并写出和函数.

5. 将函数 $f(x)=\cos\dfrac{x}{2}(-\pi\leqslant x\leqslant\pi)$展开成傅里叶级数.

6. 将 $f(x)=2x^2(0\leqslant x\leqslant\pi)$展开成余弦级数.

7. 将 $f(x)=x+1(0\leqslant x\leqslant\pi)$展开成正弦级数.

8. 将 $f(x)=x^2$ 在$[-1,1]$上展开成以 2 为周期的傅里叶级数.

9. 设 $f(x)=\begin{cases}x, & 0\leqslant x<1,\\ 2-x, & 1\leqslant x<2\end{cases}$以 2 为周期,在$(-\infty,+\infty)$上将 $f(x)$展开成傅里叶级数,并求$\dfrac{1}{1^2}+\dfrac{1}{3^2}+\dfrac{1}{5^2}+\cdots+\dfrac{1}{(2k-1)^2}+\cdots$的和.

10. 设 $f(x)$ 是以 2π 为周期的分段连续函数,又设 $f(x)$ 是奇函数且满足 $f(x)=f(\pi-x)$,试求 $f(x)$ 的傅里叶系数 $b_{2n}=\dfrac{1}{\pi}\int_{-\pi}^{\pi}f(x)\sin 2nx\,\mathrm{d}x$ 的值$(n=1,2,3,\cdots)$.

11. 利用展开式 $x=2\sum\limits_{n=1}^{\infty}(-1)^{n+1}\dfrac{\sin nx}{n}(0\leqslant x<\pi)$,求函数 x^2 在$[0,\pi)$上的余弦级数.

10.7 无穷级数模型应用举例

无穷级数模型应用是广泛的,下面举几个实际的例子.

例 10.7.1 美丽雪花的面积及周长的计算.

瑞典数学家黑尔格·冯·柯克(Koch)在 1904 年首先考虑一种集合图形,就是所谓的“柯克曲线”,因其形状类似雪花而称为“雪花曲线”.

雪花到底是什么形状呢?

首先画一等边三角形,把边长为原来$\dfrac{1}{3}$的小等边三角形放在原来三角形的三个边的中部,由此得到一个六角星;再将六角星的每个角上的小三角形按上述同样方法变成一个小六角星……如此一直进行下去,就得到了雪花的形状,如图 10.12

所示,但是美丽雪花的面积及周长应该如何计算呢?

从雪花曲线的形成可以想到,它的周长是无限的,而面积是有限的.

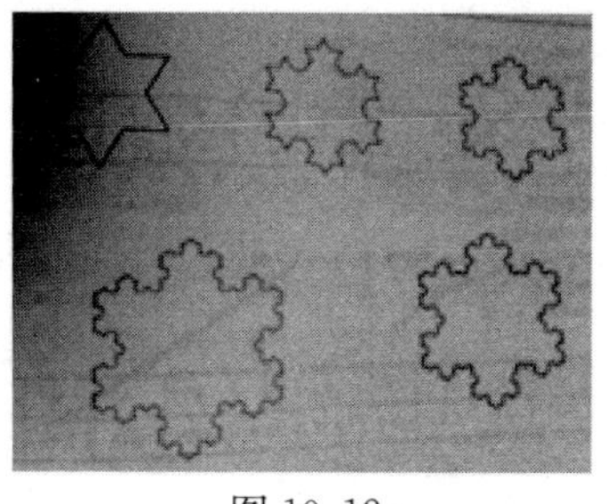

图 10.12

解　雪花的面积和周长可以分别用无穷级数和无穷数列表示,在雪花曲线产生过程中,假设初始三角形的边长为 1,则各图形的边数依次为

$$3,3\cdot 4,3\cdot 4^2,3\cdot 4^3,\cdots,3\cdot 4^{n-1},\cdots,$$

各图形的边长依次为

$$1,\frac{1}{3},\frac{1}{3^2},\frac{1}{3^3},\cdots,\frac{1}{3^{n-1}}.$$

各图形的周长依次为

$$L_0=1\cdot 3=3,$$

$$L_1=\frac{4}{3}\cdot L_0=4,$$

$$L_2=\left(\frac{4}{3}\right)^2\cdot L_0,$$

$$\cdots\cdots$$

$$\lim_{n\to\infty}L_n=\lim_{n\to\infty}\left(\frac{4}{3}\right)^n\cdot L_0=\infty.$$

初始面积

$$S_0=\frac{1}{2}\cdot 1\cdot\frac{\sqrt{3}}{2}=\frac{\sqrt{3}}{4}$$

$$S_1=S_0+\frac{1}{9}\cdot 3=S_0+\frac{1}{3}$$

$$\cdots\cdots$$

$$\begin{aligned}S_n&=S_{n-1}+3\left\{4^{n-2}\left[\left(\frac{1}{9}\right)^{n-1}S_0\right]\right\}\\&=S_0\left\{1+\left[\frac{1}{3}+\frac{1}{3}\left(\frac{4}{9}\right)+\frac{1}{3}\left(\frac{4}{9}\right)^2+\cdots+\frac{1}{3}\left(\frac{4}{9}\right)^{n-2}\right]\right\}\\&=S_0+\frac{S_0}{3}\sum_{n=0}^{\infty}\left(\frac{4}{9}\right)^k,\end{aligned}$$

$$\lim_{n\to\infty}S_n=S_0\left(1+\frac{\frac{1}{3}}{1-\frac{4}{9}}\right)=S_0\left(1+\frac{3}{5}\right)=\frac{8}{5}S_0,$$

即雪花曲线所围成的面积为原三角形面积的$\frac{8}{5}$倍.

Mathematica 计算程序

计算周长程序:

```
L0 =3;
f[n]:= (4/3)^n * 10
Table[f[n], {n, 0, 10}];
TableForm[% ] // N
```

运行结果如下:

变化次数	0	1	2	3	4	5	6	7	8	9	10
周长近似	3	4	5.33	7.11	9.48	12.6	16.9	22.5	30.1	41.1	53.3

计算面积程序

```
S0 = Sqrt[3]/4;
S[n_] := (1 +  (1/3) Sum[(4/9)^k, {k, 0, n}]) * S0
Table[S[n], {n, 0, 10}];
TableForm[% ] // N
```

运行结果如下:

变化次数	0	1	2	3	4	5	6	7	8	9	10
面积近似	0.57	0.6	0.67	0.6	0.69	0.69	0.69	0.69	0.69	0.69	0.69

近似计算数据证实柯克雪花的周长是无限的,面积是有限的.

例 10.7.2 (药物的残留量问题)　设某患者由于病情需要长期服用一种药物,其体内药量需维持在 0.2mg,若体内药物每天有 15%通过各种渠道排泄掉,问该患者每天的服药量应该为多少?

解　设该患者每天服 $x$mg 的药,那么患者体内

第一天的药物残留量为 $x$mg;

第二天的药物残留量为 $x+\frac{85}{100}x=x\left(1+\frac{85}{100}\right)$mg;

第三天的药物残留量为 $x+x\left(1+\frac{85}{100}\right)\frac{85}{100}=x\left[1+\frac{85}{100}+\left(\frac{85}{100}\right)^2\right]$mg;

……

第 n 天的药物残留量为 $x\left[1+\frac{85}{100}+\left(\frac{85}{100}\right)^2+\cdots+\left(\frac{85}{100}\right)^{n-1}\right]$mg.

由题意,当 $n\to\infty$时患者体内药物残留量为

$$x\left[1+\frac{85}{100}+\left(\frac{85}{100}\right)^2+\cdots+\left(\frac{85}{100}\right)^{n-1}+\cdots\right]=\sum_{n=1}^{\infty}\left(\frac{85}{100}\right)^{n-1}x=0.2.$$

此为一个等比级数，且公比 $q=\frac{85}{100}<1$，故

$$\frac{x}{1-\frac{85}{100}}=0.2,$$

解得

$$x=0.2\times\frac{15}{100}=\frac{3}{100}=0.03\text{mg},$$

即患者每天服药量应为 0.03mg.

例 10.7.3（现金流量的现值问题）　某银行准备实行一种新的存款与付款方式，若某人在银行存入一笔钱，希望在第 n 年年末取出 n^2 元($n=1,2,\cdots$)，并且永远按此规律提取，问事先需要存入多少本金？

解　本问题是财务管理中不等额现金流量现值的计算问题.

设本金为 A 元，年利率为 p，按复利的计算方法，第一年年末的本利和(即本金与利息之和)为 $A(1+p)$，第二年年末的本利和为 $A(1+p)+A(1+p)p=A(1+p)^2$，…，第 n 年年末的本利和为 $A(1+p)^n$($n=1,2,\cdots$)，假定存 n 年的本金为 A_n，即第 n 年年末的本利和应为 $A_n(1+p)^n$($n=1,2,\cdots$).

为保证该存款人的要求得以实现，即第 n 年年末提取 n^2 元，那么必须要求第 n 年年末的本利和最少应等于 n^2，从而

$$A_n(1+p)^n=n^2\quad(n=1,2,\cdots),$$

也就是 A_n，p 应当满足下述条件：

$$A_1(1+p)=1, A_2(1+p)^2=2^2=4, A_3(1+p)^3=3^2=9,\cdots, A_n(1+p)^n=n^2,\cdots.$$

因此，第 n 年年末要提取 n^2 元时，事先应存入的本金 $A_n=n^2(1+p)^{-n}$，如果这种提款的方式要永远继续下去，则事先需要存入的本金总数应等于

$$\sum_{n=1}^{\infty}n^2(1+p)^{-n}=\frac{1}{1+p}+\frac{4}{(1+p)^2}+\frac{9}{(1+p)^3}+\cdots+\frac{n^2}{(1+p)^n}+\cdots.$$

由正项级数的比值判别法，得

$$\lim_{n\to\infty}\frac{u_{n+1}}{u_n}=\lim_{n\to\infty}\frac{(n+1)^2}{(1+p)^{n+1}}\frac{(1+p)^n}{n^2}=\frac{1}{1+p}<1.$$

所以级数收敛，为求得需要存入的本金总数，就要计算这个无穷级数的和.

由于对上述常数项级数 $\sum_{n=1}^{\infty}\frac{n^2}{(1+p)^n}$ 求和比较困难，所以我们作一个幂级数 $\sum_{n=1}^{\infty}n^2x^n$，先求出这个幂级数的和函数，再利用和函数求在 $x=\frac{1}{1+p}$ 时，常数项级

数$\sum\limits_{n=1}^{\infty}\dfrac{n^2}{(1+p)^n}$的和.

设$S(x)=\sum\limits_{n=1}^{\infty}n^2x^n$,则

$$S(x)=x\sum_{n=1}^{\infty}n^2x^{n-1}=x\left(\sum_{n=1}^{\infty}n^2\int_0^x t^{n-1}\mathrm{d}t\right)'=x\left(\sum_{n=1}^{\infty}nx^n\right)'.$$

因为

$$\sum_{n=1}^{\infty}nx^n=x\sum_{n=1}^{\infty}nx^{n-1}=x\left(\sum_{n=1}^{\infty}n\int_0^x t^{n-1}\mathrm{d}t\right)'=x\left(\sum_{n=1}^{\infty}x^n\right)'=x\left(\frac{x}{1-x}\right)'=\frac{x}{(1-x)^2}.$$

所以

$$S(x)=x\left(\sum_{n=1}^{\infty}nx^n\right)'=x\cdot\left(\frac{x}{(1-x)^2}\right)'=\frac{x+x^2}{(1-x)^3},\quad x\in(-1,1).$$

将$x=\dfrac{1}{1+p}$代入上式两端,注意到$x=\dfrac{1}{1+p}\in(-1,1)$,则

$$S\left(\frac{1}{1+p}\right)=\sum_{n=1}^{\infty}n^2x^n\bigg|_{x=\frac{1}{1+p}}=\frac{x+x^2}{(1-x)^3}\bigg|_{x=\frac{1}{1+p}}=\frac{2p^2+3p+2}{p^3}.$$

这就是事先需要存入的本金数.

如果年利率为10%,可算得需事先存入本金2310元;如果年利率为5%,可算得需要事先存入本金17220元.

例 10.7.4　求满足微分方程$\dfrac{\mathrm{d}y}{\mathrm{d}x}=y+\dfrac{1}{1+x}$,$y(0)=1$的函数$y(x)$关于$x=0$的四次幂级数逼近值.

解　$\dfrac{\mathrm{d}y}{\mathrm{d}x}=y+\dfrac{1}{1+x}$,$y(0)=1$. 利用级数是我们目前所能采取的用公式近似求解该方程的唯一办法.

设$y(x)=c_0+c_1x+c_2x^2+c_3x^3+c_4x^4+c_5x^5+\cdots$. 由$y(0)=1$,得$c_0=1$.

所以

$$y(x)=1+c_1x+c_2x^2+c_3x^3+c_4x^4+c_5x^5+\cdots,$$

$$\frac{\mathrm{d}y}{\mathrm{d}x}=c_1+2c_2x+3c_3x^2+4c_4x^3+5c_5x^4+\cdots.$$

因为

$$\frac{1}{1+x}=1-x+x^2-x^3+x^4-x^5+\cdots,$$

将以上结果代到方程中,可得

$$c_1+2c_2x+3c_3x^2+4c_4x^3+5c_5x^4+\cdots$$

$$=(1+c_1x+c_2x^2+c_3x^3+c_4x^4+\cdots)+(1-x+x^2-x^3+x^4-\cdots)$$
$$=2+(c_1-1)x+(c_2+1)x^2+(c_3-1)x^3+(c_4+1)x^4+\cdots.$$

比较同次幂的系数,可得

常数项:$c_1=2$,

x 的系数:$2c_2=c_1-1=1$,从而 $c_2=\frac{1}{2}$,

x^2 的系数:$3c_3=c_2+1=\frac{3}{2}$,从而 $c_3=\frac{1}{2}$,

x^3 的系数:$4c_4=c_3-1=-\frac{1}{2}$,从而 $c_4=-\frac{1}{8}$.

所以,当 x 在 0 附近时,解的逼近值为 $y(x)\approx 1+2x+\frac{x^2}{2}+\frac{x^3}{2}-\frac{x^4}{8}$.

例 10.7.5　矩形波是开关往复断开和接通时电流的波形,试用傅里叶级数逼近该波形.

解　如图 10.13 所示,设波形函数为 $f(x)$,则 $f(x)$是以 2 为周期的函数,$T=2l=2,l=1$,它在$(-1,1]$上的定义为

$$f(x)=\begin{cases}0, & -1<x<0,\\ 1, & 0\leqslant x\leqslant 1.\end{cases}$$

$f(x)$在$(-1,1]$上满足狄利克雷条件,故可展开成傅里叶级数. 由系数公式得

$$a_0=\int_{-1}^{1}f(x)\mathrm{d}x=\int_0^1\mathrm{d}x=1,$$

$$a_n=\frac{1}{1}\int_{-1}^{1}f(x)\cos\frac{n\pi}{1}x\mathrm{d}x=\int_0^1\cos n\pi x\mathrm{d}x=\frac{1}{n\pi}\sin n\pi x\Big|_0^1=\frac{1}{n\pi}\sin n\pi x\Big|_0^1=0,$$

$n=1,2,3,\cdots$,

$$b_n=\frac{1}{1}\int_{-1}^{1}f(x)\sin\frac{n\pi}{1}x\mathrm{d}x=\int_0^1\sin n\pi x\mathrm{d}x=\frac{1}{n\pi}(1-\cos n\pi)$$

$$=\begin{cases}\dfrac{2}{n\pi}, & n\text{ 为奇数},\\ 0, & n\text{ 为偶数},\end{cases}\quad n=1,2,3,\cdots.$$

由于 $x=k(k\in\mathbf{Z})$为 $f(x)$的间断点,根据收敛定理,在这些点处级数收敛于该点的左右极限的算术平均值$\frac{1}{2}$.

$$f(x)=\frac{1}{2}+\sum_{n=1}^{\infty}\frac{2}{(2n-1)\pi}\sin(2n-1)\pi x,\quad -\infty<x<+\infty,x\neq k,k\in\mathbf{Z}.$$

如果用傅里叶级数的部分和来近似代替例 10.7.5 中的 $f(x)$,那么随着项数 n 的增加($n=1,2,8$),它们就越来越接近于函数 $f(x)$,如图 10.14 所示.

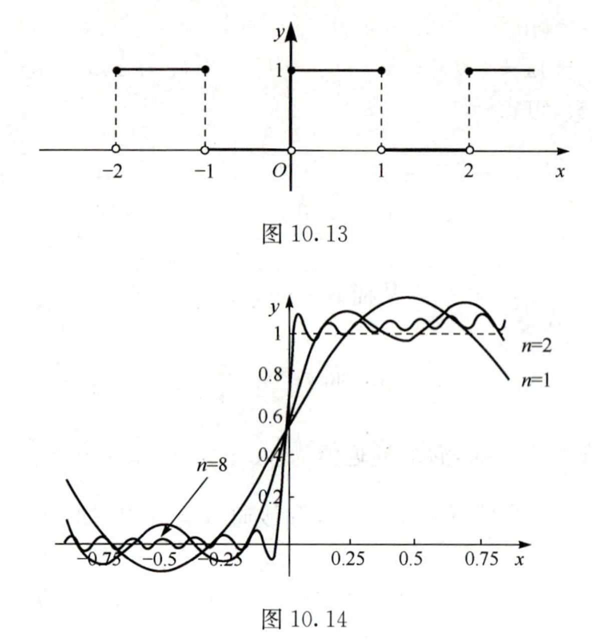

图 10.13

图 10.14

习 题 10.7

1. 在下午一点到两点之间的什么时刻,时钟的分针恰好与时针重合?

2. 设 $f(x)=\begin{cases}-\dfrac{\pi}{4}, & -\pi<x<0,\\ \dfrac{\pi}{4}, & 0\leqslant x<\pi,\end{cases}$ 试求 $f(x)$ 的傅里叶级数,并利用 MATLAB 软件作出函数 $f(x)$ 的级数的部分和 $S_1,S_3,S_5,\cdots$ 的图像.

复习题 10

A

1. 思考题.

(1) 若 $\sum\limits_{n=1}^{\infty}a_n$ 收敛,且 $\lim\limits_{n\to\infty}\dfrac{b_n}{a_n}=1$,问 $\sum\limits_{n=1}^{\infty}b_n$ 是否收敛?

(2) 幂级数的收敛性有什么特点,傅里叶级数收敛性有什么特点?

(3) 设有幂级数 $\sum\limits_{n=0}^{\infty}a_n(x-2)^n$,它在 $x=0$ 处收敛,在 $x=2$ 处发散,这可能吗?

(4) 将一个函数在某一点 x_0 展开成幂级数必须具备什么条件?

(5) 设幂级数 $\sum_{n=0}^{\infty}\frac{a^n}{n}x^n$ 的收敛半径是 R_a，$\sum_{n=0}^{\infty}\frac{b_n}{n}x^n$ 收敛半径是 R_b，那么 $\sum_{n=0}^{\infty}\frac{a^n+b^n}{n}$ 的收敛半径等于什么?

2. 填空题.

(1) 级数 $\sum_{n=1}^{\infty}\frac{\sqrt{n+1}}{n^{\alpha}}(\alpha>0)$ 收敛的充要条件是 α 满足__________;

(2) 设幂级数 $\sum_{n=1}^{\infty}\frac{(x-a)^n}{n}$ 在点 $x=2$ 收敛，则 a 的取值范围是__________;

(3) 级数 $\sum_{n=0}^{\infty}\frac{x^n}{(n+1)!}$ 的和函数是__________;

(4) 级数 $\sum_{n=1}^{\infty}\frac{a^n}{n}$ 绝对收敛的充分条件是__________;

(5) 设 $f(x)=\begin{cases}\frac{1}{\pi}(x+\pi)^2, & -\pi\leqslant x<0,\\ \frac{1}{\pi}x^2, & 0\leqslant x<\pi\end{cases}$ 是以 2π 为周期的周期函数，在 $[-2\pi,\pi]$ 上 $f(x)$ 的傅里叶级数的和函数 $S(x)=$__________.

3. 选择题.

(1) 若 $\lim_{n\to\infty}u_n=0$，则级数 $\sum_{n=1}^{\infty}u_n$(　　).

A. 一定收敛　　B. 一定发散

C. 一定条件收敛　　D. 可能收敛，也可能发散

(2) 若级数 $\sum_{n=1}^{\infty}a_n^2$ 收敛，则级数 $\sum_{n=1}^{\infty}(-1)^n\frac{|a_n|}{n}$(　　).

A. 条件收敛　　B. 绝对收敛

C. 发散　　D. 不能确定收敛性

(3) 若级数 $\sum_{n=1}^{\infty}a_n$ 收敛，则级数(　　).

A. $\sum_{n=1}^{\infty}|a_n|$ 收敛　　B. $\sum_{n=1}^{\infty}(-1)^n a_n$ 收敛

C. $\sum_{n=1}^{\infty}a_n a_{n+1}$ 收敛　　D. $\sum_{n=1}^{\infty}\frac{a_n+a_{n+1}}{2}$ 收敛

(4) 设 $0\leqslant a_n<\frac{1}{n}(n=1,2,\cdots)$，则级数(　　)收敛.

A. $\sum\limits_{n=1}^{\infty} a_n$　　B. $\sum\limits_{n=1}^{\infty}(-1)^n a_n^2$　　C. $\sum\limits_{n=1}^{\infty}\sqrt{a_n}$　　D. $\sum\limits_{n=1}^{\infty}(-1)^n\dfrac{1}{a_n}$

(5) 设 $f(x)=x^2, 0\leqslant x<1$,而傅里叶级数的和函数 $S(x)=\sum\limits_{n=1}^{\infty} b_n\sin n\pi x$ $(-\infty<x<+\infty)$,其中 $b_n=2\int_0^1 f(x)\sin n\pi x\,\mathrm{d}x, n=1,2,\cdots$,则 $S\left(-\dfrac{1}{2}\right)=$(　　).

A. $\dfrac{1}{4}$　　B. $-\dfrac{1}{4}$　　C. 0　　D. 不能确定

4. 解答题.

(1) 判断正项级数 $\sum\limits_{n=1}^{\infty}\dfrac{1}{3^n}\left[\sqrt{2}+(-1)^n\right]^n$ 的敛散性.

(2) 判定交错级数 $\sum\limits_{n=1}^{\infty}(-1)^{n+1}\dfrac{2^{n^2}}{n!}$ 的敛散性.

(3) 设 a 为常数,判断级数 $\sum\limits_{n=1}^{\infty}\left(\dfrac{\sin na}{n^2}-\dfrac{1}{\sqrt{n}}\right)$ 的敛散性.

(4) 求幂级数 $\sum\limits_{n=1}^{\infty}(-1)^{n-1}\dfrac{x^{2n}}{n(2n-1)}$ 的收敛域与和函数.

(5) 将函数 $f(x)=2\sin\dfrac{x}{3}(-\pi\leqslant x\leqslant\pi)$ 展开成傅里叶级数.

5. 证明题.

(1) 设级数 $\sum\limits_{n=1}^{\infty} a_n$ 和 $\sum\limits_{n=1}^{\infty} c_n$ 都收敛,且满足 $a_n\leqslant b_n\leqslant c_n(n=1,2,\cdots)$ 求证级数 $\sum\limits_{n=1}^{\infty} b_n$ 也收敛.

(2) 设正项数列 $\{a_n\}$ 单调减少,且 $\sum\limits_{n=1}^{\infty}(-1)^n a_n$ 发散,求证 $\sum\limits_{n=1}^{\infty}\left(\dfrac{1}{a_n+1}\right)^n$ 收敛.

6. 综合题.

(1) 设 $a_n=\int_0^{\frac{\pi}{4}}\tan^n x\,\mathrm{d}x$.

① 求 $\sum\limits_{n=1}^{\infty}\dfrac{1}{n}(a_n+a_{n+2})$ 的值;　　② 试证:对任意常数 $\lambda>0$, $\sum\limits_{n=1}^{\infty}\dfrac{a_n}{n^\lambda}$ 收敛.

(2) 将 $f(x)=x^2(-\pi\leqslant x\leqslant\pi)$ 展开成傅里叶级数,并利用恒等式 $\dfrac{1}{\pi}\int_{-\pi}^{\pi} f^2(x)\,\mathrm{d}x=\dfrac{a_0^{\ 2}}{2}+\sum\limits_{n=1}^{\infty}(a_n^{\ 2}+b_n^{\ 2})$,其中 a_0, a_n, b_n 为 $f(x)$ 的傅里叶系数证明 $\sum\limits_{n=1}^{\infty}\dfrac{1}{n^4}=\dfrac{\pi^4}{90}$.

B

1. 某银行存款的年利率为 $p=0.05$，并依年复利计算，某基金会希望存款实现第 n 年年末提取 $10+9n$ 万元，且永远按此规律提取，问事先需要存入多少本金？

部分习题参考答案

习 题 6.1

1. 略.

2. (1) $D=\{(x,y)\mid y+2x\leqslant 4\}$;

   (2) $D=\{(x,y)\mid x>0,y>0$ 或 $x<0,y<0\}$.

3. $f(3,2)=\dfrac{12}{13},f(0,4)=0,f(0,0)=0$.

4. (1) 1; (2) $-\dfrac{1}{4}$; (3) 0.

5. 略.

习 题 6.2

1. 略.

2. $f_x(2,0)=0,f_y(3,\pi)=21+2\pi$.

3. (1) $\dfrac{\partial z}{\partial x}=3x^2y-y^3,\dfrac{\partial z}{\partial y}=x^3-3xy^2$;

   (2) $\dfrac{\partial s}{\partial u}=\dfrac{1}{v}-\dfrac{v}{u^2},\dfrac{\partial s}{\partial v}=\dfrac{1}{u}-\dfrac{u}{v^2}$;

   (3) $\dfrac{\partial z}{\partial x}=\dfrac{1}{2x\sqrt{\ln(xy)}},\dfrac{\partial z}{\partial y}=\dfrac{1}{2y\sqrt{\ln(xy)}}$;

   (4) $\dfrac{\partial z}{\partial x}=\dfrac{2}{y}\csc\dfrac{2x}{y},\dfrac{\partial z}{\partial y}=-\dfrac{2x}{y^2}\csc\dfrac{2x}{y}$;

   (5) $\dfrac{\partial u}{\partial x}=\dfrac{y}{z}x^{\frac{y}{z}-1},\dfrac{\partial u}{\partial y}=\dfrac{1}{z}x^{\frac{y}{z}}\cdot\ln x,\dfrac{\partial u}{\partial z}=-\dfrac{y}{z^2}x^{\frac{y}{z}}\cdot\ln x$;

   (6) $\dfrac{\partial z}{\partial x}=y^2(1+xy)^{y-1},\dfrac{\partial z}{\partial y}=(1+xy)^y\left[\ln(1+xy)+\dfrac{xy}{1+xy}\right]$.

4. $\dfrac{\pi}{4}$.

5. $\dfrac{\partial^2 z}{\partial x\partial y}=\cos xy-xy\sin xy=\dfrac{\partial^2 z}{\partial y\partial x}$;

   $\dfrac{\partial^3 z}{\partial x\partial y\partial x}=-2y\sin xy-xy^2\cos xy$;

$\frac{\partial^3 z}{\partial y \partial x \partial y}-2x\sin xy-x^2 y\cos xy$.

6. 略.

习题 6.3

1. 略.

2. $dz=2dx-dy$.

3. (1) $dz=\left(3e^{-y}-\frac{1}{\sqrt{x}}\right)dx-3xe^{-y}dy$;

(2) $dz=-\frac{y}{x^2}e^{\frac{y}{x}}dx+\frac{1}{x}e^{\frac{y}{x}}dy$;

(3) $dz=\frac{1}{1+y}dx+\frac{1-x}{(1+y)^2}dy$;

(4) $dz=\left(ye^{xy}+\frac{1}{x+y}\right)dx+\left(xe^{xy}+\frac{1}{x+y}\right)dy$;

(5) $du=zy^{xz}\ln y dx+xzy^{xz-1}dy+xy^{xz}\ln y dz$.

4. 0.97.

5. $dz=-0.1e$.

习题 6.4

1. $\frac{\partial z}{\partial x}=4x,\frac{\partial z}{\partial y}=4y$.

2. $\frac{\partial z}{\partial x}=\frac{1}{x^2 y}e^{\frac{x^2+y^2}{xy}}(2x^3 y+x^4-y^4)$;$\frac{\partial z}{\partial y}=\frac{1}{xy^2}e^{\frac{x^2+y^2}{xy}}(2xy^3+y^4-x^4)$.

3. $\frac{3-12t^2}{1+(3t-4t^3)^2}$.

4. $2^x(x\ln 2+\sin x\ln 2+\cos x+1)$.

5. (1) $\frac{\partial z}{\partial x}=2xf_1+ye^{xy}f_2,\frac{\partial z}{\partial y}=-2yf_1+xe^{xy}f_2$;

(2) $\frac{\partial u}{\partial x}=\frac{1}{y}f_1,\frac{\partial u}{\partial y}=-\frac{x}{y^2}f_1+\frac{1}{z}f_2,\frac{\partial u}{\partial z}=-\frac{y}{z^2}f_2$;

(3) $\frac{\partial u}{\partial x}=f_1+yf_2+yzf_3,\frac{\partial u}{\partial y}=xf_2+xzf_3,\frac{\partial u}{\partial z}=xyf_3$.

6. $\frac{\partial^2 z}{\partial x^2}=2f'+4x^2 f'',\frac{\partial^2 z}{\partial x\partial y}=4xyf'',\frac{\partial^2 z}{\partial y^2}=2f'+4y^2 f''$.

7. (1) $\frac{\partial^2 z}{\partial x^2}=y^2 f_{11}, \frac{\partial^2 z}{\partial x\partial y}=f_1+y(xf_{11}+f_{12}), \frac{\partial^2 z}{\partial y^2}=x^2 f_{11}+2xf_{12}+f_{22}$;

(2) $\frac{\partial^2 z}{\partial x^2}=f_{11}+\frac{2}{y}f_{12}+\frac{1}{y^2}f_{22}$,

$\frac{\partial^2 z}{\partial x\partial y}=-\frac{x}{y^2}\left(f_{12}+\frac{1}{y}f_{22}\right)-\frac{1}{y^2}f_2$,

$\frac{\partial^2 z}{\partial y^2}=\frac{2x}{y^3}f_2+\frac{x^2}{y^4}f_{22}$;

(3) $\frac{\partial^2 z}{\partial x^2}=2yf_2+y^4 f_{11}+4xy^3 f_{12}+4x^2y^2 f_{22}$,

$\frac{\partial^2 z}{\partial x\partial y}=2yf_1+2xf_2+2xy^3 f_{11}+2x^3 yf_{22}+5x^2y^2 f_{12}$,

$\frac{\partial^2 z}{\partial y^2}=2xf_1+4x^2y^2 f_{11}+4x^3 yf_{12}+x^4 f_{22}$.

8. 略.

9. 略.

习 题 6.5

1. $\frac{y^2-e^x}{\cos y-2xy}$.

2. $\frac{x+y}{x-y}$.

3. $\frac{\partial z}{\partial x}=\frac{y\cos xy-z\sin xz}{x\sin xz-y\sec^2 yz}, \frac{\partial z}{\partial y}=\frac{x\cos xy+z\sec^2 yz}{x\sin xz-y\sec^2 yz}$.

4. $z\frac{\partial z}{\partial x}+y\frac{\partial z}{\partial y}=x$.

5. $\frac{\partial^2 z}{\partial x^2}=\frac{2y^2 ze^z-2xy^3 z-y^2z^2e^z}{(e^z-xy)^3}$.

6. (1) $\frac{dy}{dx}=-\frac{x(6z+1)}{2y(3z+1)}, \frac{dz}{dx}=\frac{x}{3z+1}$;

(2) $\frac{\partial u}{\partial x}=\frac{\sin v}{e^u(\sin v-\cos v)+1}, \frac{\partial u}{\partial y}=\frac{-\cos v}{e^u(\sin v-\cos v)+1}$,

$\frac{\partial v}{\partial x}=\frac{\cos v-e^u}{u[e^u(\sin v-\cos v)+1]}, \frac{\partial v}{\partial y}=\frac{\sin v+e^u}{u[e^u(\sin v-\cos v)+1]}$.

7. 略.

习 题 6.6

1. $\dfrac{81}{\sqrt{5}}$.

2. $-\dfrac{3\sqrt{2}}{2}$.

3. (1) $z=\dfrac{6}{25}\boldsymbol{i}+\dfrac{8}{25}\boldsymbol{j}$； (2) $\boldsymbol{i}+\boldsymbol{j}+\boldsymbol{k}$.

4. $\mathbf{grad}u=2\boldsymbol{i}-4\boldsymbol{j}+\boldsymbol{k}$ 是方向导数取最大值的方向，最大值为 $\sqrt{21}$.

习 题 6.7

1. 极大值 $f(2,-2)=8$.

2. 极小值 $f\left(\dfrac{1}{2},-1\right)=-\dfrac{\mathrm{e}}{2}$.

3. 极大值 $z\left(\dfrac{1}{2},\dfrac{1}{2}\right)=\dfrac{1}{4}$.

4. 最大值 4，最小值 -1.

5. (1) $Q_1=4,Q_2=5,P_1=10,P_2=7$ 时有最大利润 $L=52$；(2) $Q_1=5,Q_2=4$，$P_1=P_2=8$时有最大利润 $L=49$. 实行价格差别策略时总利润要大些.

习 题 6.8

1. 当 $P_1=31.5,P_2=14$ 时，利润最大为 164.25.

2. (1) 需要用 0.75 万元做电台广告，1.25 万元做报纸广告； (2) 要将 1.5 万元广告费全部用于报纸广告.

复习题 6

A

1. 略.

2. (1) B； (2) A； (3) A； (4) B； (5) C.

3. (1) $2\ln 2+1$； (2) $yx^{y-1}f_1+y^x\ln y f_2$； (3) $-\dfrac{2y}{x}f_1+\dfrac{2x}{y}f_2$；

   (4) $4\mathrm{d}x-2\mathrm{d}y$； (5) $2\mathrm{e}\mathrm{d}x+(\mathrm{e}+2)\mathrm{d}y$.

4. (1) $\dfrac{\partial z}{\partial x}=\dfrac{1}{x+y^2},\dfrac{\partial z}{\partial y}=\dfrac{2y}{x+y^2},\mathrm{d}z=\dfrac{1}{x+y^2}\mathrm{d}x+\dfrac{2y}{x+y^2}\mathrm{d}y$；

   (2) $\dfrac{\partial z}{\partial x}=\dfrac{-2y}{(x-y)^2},\dfrac{\partial z}{\partial y}=\dfrac{2x}{(x-y)^2},\mathrm{d}z=\dfrac{-2y}{(x-y)^2}\mathrm{d}x+\dfrac{2x}{(x-y)^2}\mathrm{d}y$；

(3) $\left.\frac{\partial z}{\partial x}\right|_{(1,2)}=16,\left.\frac{\partial z}{\partial y}\right|_{(1,2)}=12,\mathrm{d}z|_{(1,2)}=16\mathrm{d}x+12\mathrm{d}y$;

(4) $\frac{\partial z}{\partial x}=\frac{y^2}{(x^2+y^2)|y|},\frac{\partial z}{\partial y}=-\frac{xy}{(x^2+y^2)|y|}$,

$\mathrm{d}z=\frac{y^2}{(x^2+y^2)|y|}\mathrm{d}x-\frac{xy}{(x^2+y^2)|y|}\mathrm{d}y.$

5. $\frac{\partial^2 z}{\partial x\partial y}=x\mathrm{e}^{2y}f_{uu}+\mathrm{e}^y f_{uy}+x\mathrm{e}^y f_{xu}+f_{xy}+\mathrm{e}^y f_u.$

6. $\frac{\partial z}{\partial y}=-x\sin xy,\frac{\partial z}{\partial x}=2x-y\sin xy.$

7. 极小值 $f\left(0,\frac{1}{\mathrm{e}}\right)=-\frac{1}{\mathrm{e}}.$

8. 最大值为 3,最小值为−2.

9. 最大值 $u(-2,-2,8)=72$,最小值 $u(1,1,2)=6$.

10. (1)$g(x)=\frac{1}{x}-\frac{1-\pi x}{\arctan x}$;　(2) $\lim\limits_{x\to0^+}g(x)=\pi.$

11. $x^2\frac{\partial^2 g}{\partial x^2}-y^2\frac{\partial^2 g}{\partial y^2}=\frac{2y}{x}f'\left(\frac{y}{x}\right).$

12. $\frac{\partial z}{\partial x}=\frac{z}{x+z},\frac{\partial z}{\partial y}=\frac{z^2}{y(x+z)},\frac{\partial^2 z}{\partial x\partial y}=\frac{xz^2}{y(x+z)^3}.$

13. $\frac{\mathrm{d}u}{\mathrm{d}x}=\frac{\partial f}{\partial x}-\frac{y}{x}\frac{\partial f}{\partial y}+\left[1-\frac{\mathrm{e}^x(x-z)}{\sin(x-z)}\right]\frac{\partial f}{\partial z}.$

14. $\frac{\partial^2 g}{\partial x^2}+\frac{\partial^2 g}{\partial y^2}=x^2+y^2.$

15. 略.

16. $f_x(0,0)=f_y(0,0)=0$.

(1) 选 $y=x,(x,y)\to(0,0)$时,$\lim\limits_{\substack{x\to0\\y=x}}f(x,y)=1$;

(2) $x=0$,但 $y\neq0,(x,y)\to(0,0)$时,$\lim\limits_{\substack{x\to0\\y\to0}}f(x,y)=0$.

所以$\lim\limits_{\substack{x\to0\\y\to0}}f(x,y)$不存在,$f(x,y)$在$(0,0)$点不连续.

B

1. 略.

习 题 7.1

1. (1) $0\leqslant I\leqslant 2$;　(2) $\iint\limits_D(x+y)^2\mathrm{d}\sigma\geqslant\iint\limits_D(x+y)^3\mathrm{d}\sigma.$

2. $\iint\limits_D \ln(x+y)^2 \mathrm{d}\sigma \leqslant \iint\limits_D \ln(x+y)\mathrm{d}\sigma$.

3. 令 $f(x,y)=x+y+10$，关键是求 $f(x,y)$ 在 D 上的最大值和最小值，在 D 内部，$f_x=1$，$f_y=1$，因此 $f(x,y)$ 在 D 内部无驻点，最值点一定在边界上取得，作 $F(x,y)=x+y+10+\lambda(x^2+y^2-4)$，由方程组

$$\begin{cases} F'_x=1+2\lambda x=0, \\ F'_y=1+2\lambda y=0, \\ F'_\lambda=x^2+y^2-4=0, \end{cases}$$

解得驻点为$(\sqrt{2},\sqrt{2})$，$(-\sqrt{2},\sqrt{2})$，比较可得最小值 $m=10-2\sqrt{2}$，最大值为 $M=10+2\sqrt{2}$，而 D 的面积为 4π，由估值定理得 $8\pi(5-\sqrt{2})\leqslant I\leqslant 8\pi(5+\sqrt{2})$.

习 题 7.2

1. (1) ① $\int_0^1 \mathrm{d}x\int_0^{x^2} f(x,y)\mathrm{d}y+\int_1^{\sqrt{2}} \mathrm{d}x\int_0^{2-x^2} f(x,y)\mathrm{d}y$， ② $\int_0^4 \mathrm{d}x\int_{\frac{x}{2}}^{\sqrt{x}} f(x,y)\mathrm{d}y$，

③ $\int_0^1 \mathrm{d}y\int_x^1 f(x,y)\mathrm{d}y$， ④ $\int_{-1}^1 \mathrm{d}x\int_0^{\sqrt{1-x^2}} f(x,y)\mathrm{d}y$， ⑤ $\int_0^1 \mathrm{d}y\int_{e^y}^{e} f(x,y)\mathrm{d}x$，

⑥ $\int_{-2}^0 \mathrm{d}x\int_{2x+4}^{4-x^2} f(x,y)\mathrm{d}y$，

(2) $\frac{1}{2}(1-\mathrm{e}^{-4})$；

(3) $\pi-2$.

2. (1) $\frac{3}{4}\pi a^4$；　(2) $\frac{1}{6}a^3\left[\sqrt{2}+\ln(1+\sqrt{2})\right]$.

3. (1) $\frac{\pi}{4}(\mathrm{e}-1)$；　(2) $\frac{\pi}{4}(2\ln 2-1)$；　(3) $\frac{3}{64}\pi^2$.

4. (1) $\frac{9}{4}$；　(2) $\frac{3}{2}+\cos 1+\sin 1-\cos 2-2\sin 2$；　(3) $\frac{1}{3}R^3\left(\pi-\frac{4}{3}\right)$；

(4) $\frac{2}{3}\pi(b^3-a^3)$.

5. $\frac{1}{3}R^3\arctan k$.

6. $\frac{7}{2}$.

7. $\frac{17}{6}$.

8. $\frac{3}{32}\pi a^4$.

习 题 7.3

1. (1) $\int_0^1 dx\int_0^{\frac{1-x}{2}}dy\int_0^{1-x-2y}x dz$；　　(2) $\int_0^{2\pi}d\theta\int_0^{\frac{\pi}{4}}d\varphi\int_0^{\sqrt{2}}f(r^2)r^2\sin\varphi dr$.

2. (1) $\int_0^1 dx\int_0^{1-x}dy\int_0^{xy}f(x,y,z)dz$；　(2) $\int_{-1}^1 dx\int_{-\sqrt{1-x^2}}^{\sqrt{1-x^2}}dy\int_{x^2+2y^2}^{2-x^2}f(x,y,z)dz$.

3. $\frac{1}{364}$.

4. $\frac{1}{48}$.

5. $\frac{\pi}{4}h^2R^2$.

6. $\frac{7}{12}\pi$.

7. $\frac{4}{5}\pi$.

8. (1) $\frac{1}{8}$；(2) $\frac{59}{480}\pi R^5$；(3) 8π　(4) $\frac{4\pi}{15}(A^5-a^5)$.

9. (1) $\frac{32}{3}\pi$；　(2) πa^3.

习 题 7.4

1. $\frac{1}{40}\pi^5$.

2. $\frac{4}{3}$.

3. $\frac{3}{2}$.

4. $k\pi R^3$.

5. $2a^2(\pi-2)$.

6. $\sqrt{2}\pi$.

7. $I=\frac{368}{105}\mu$.

8. $\bar{x}=0,\bar{y}=\dfrac{4b}{3\pi}$.

9. $\bar{x}=\dfrac{35}{48},\bar{y}=\dfrac{35}{54}$.

10. $\left(0,0,\dfrac{3}{4}\right)$.

11. $\dfrac{1}{2}a^2M$($M=\pi a^2h\rho$ 为圆柱体的质量).

复习题 7

A

1. $V=\iint\limits_{\Omega}(3x+2y)\,\mathrm{d}\sigma=\int_a^{2a}\mathrm{d}y\int_{y-a}^{y}(3x+2y)\,\mathrm{d}x=\int_a^{2a}\left(5ay-\dfrac{3}{2}a^2\right)\mathrm{d}y=6a^3$.

2. (1) $\mathrm{e}-\mathrm{e}^{-1}$； (2) $\dfrac{13}{6}$； (3) $\dfrac{\pi}{4}R^4+9\pi R^2$.

3. (1) $I=\int_{-r}^{r}\mathrm{d}x\int_0^{\sqrt{r^2-x^2}}f(x,y)\mathrm{d}y,I=\int_0^{r}\mathrm{d}y\int_{-\sqrt{r^2-y^2}}^{\sqrt{r^2-y^2}}f(x,y)\mathrm{d}x$；

(2)
$$I=\int_{-2}^{-1}\mathrm{d}x\int_{-\sqrt{4-x^2}}^{\sqrt{4-x^2}}f(x,y)\mathrm{d}y+\int_{-1}^{1}\mathrm{d}x\int_{\sqrt{1-x^2}}^{\sqrt{4-x^2}}f(x,y)\mathrm{d}y$$
$$+\int_{-1}^{1}\mathrm{d}x\int_{-\sqrt{4-x^2}}^{-\sqrt{1-x^2}}f(x,y)\mathrm{d}y+\int_{1}^{2}\mathrm{d}x\int_{-\sqrt{4-x^2}}^{\sqrt{4-x^2}}f(x,y)\mathrm{d}y;$$
$$I=\int_{1}^{2}\mathrm{d}y\int_{-\sqrt{4-y^2}}^{\sqrt{4-y^2}}f(x,y)\mathrm{d}x+\int_{-1}^{1}\mathrm{d}y\int_{-\sqrt{4-y^2}}^{-\sqrt{1-y^2}}f(x,y)\mathrm{d}x$$
$$+\int_{-1}^{1}\mathrm{d}y\int_{\sqrt{1-y^2}}^{\sqrt{4-y^2}}f(x,y)\mathrm{d}x+\int_{-2}^{-1}\mathrm{d}y\int_{-\sqrt{4-y^2}}^{\sqrt{4-y^2}}f(x,y)\mathrm{d}x.$$

4. 6π.

5. $\dfrac{1}{2}\left(\ln 2-\dfrac{5}{8}\right)$.

6. (1) $\dfrac{59}{480}\pi R^5$； (2) 0； (3) $\dfrac{250}{3}\pi$.

7. 区域 D 和 D_1 如图所示,有

$$\iint\limits_{D}y\mathrm{d}x\mathrm{d}y=\iint\limits_{D+D_1}y\mathrm{d}x\mathrm{d}y-\iint\limits_{D_1}y\mathrm{d}x\mathrm{d}y.$$
$$\iint\limits_{D+D_1}y\mathrm{d}x\mathrm{d}y=\int_{-2}^{0}\mathrm{d}x\int_0^2y\mathrm{d}y=4.$$

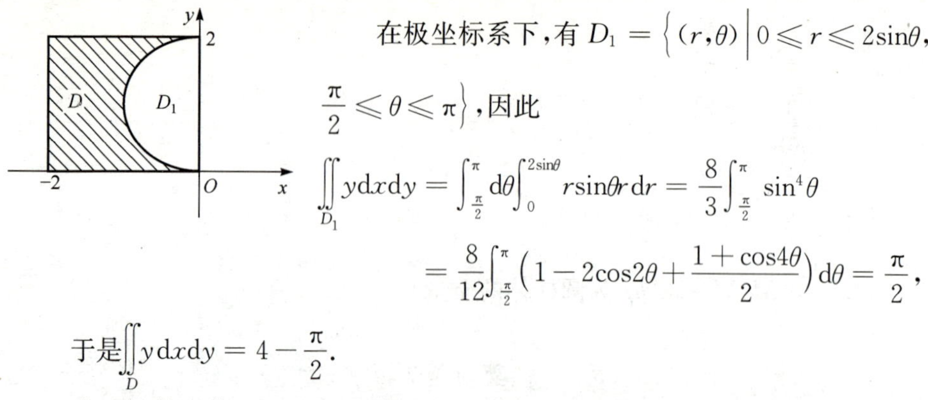

在极坐标系下，有 $D_1=\left\{(r,\theta)\,\middle|\,0\leqslant r\leqslant 2\sin\theta,\ \dfrac{\pi}{2}\leqslant\theta\leqslant\pi\right\}$，因此

$$\iint\limits_{D_1} y\mathrm{d}x\mathrm{d}y=\int_{\frac{\pi}{2}}^{\pi}\mathrm{d}\theta\int_0^{2\sin\theta} r\sin\theta r\,\mathrm{d}r=\frac{8}{3}\int_{\frac{\pi}{2}}^{\pi}\sin^4\theta$$

$$=\frac{8}{12}\int_{\frac{\pi}{2}}^{\pi}\left(1-2\cos2\theta+\frac{1+\cos4\theta}{2}\right)\mathrm{d}\theta=\frac{\pi}{2},$$

于是 $\iint\limits_{D} y\mathrm{d}x\mathrm{d}y=4-\dfrac{\pi}{2}$.

8. 由已知的积分上、下限，可知积分区域的不等式组为

$$\begin{cases}0\leqslant y\leqslant 1,\\ 1-\sqrt{1-y^2}\leqslant x\leqslant 3-y.\end{cases}$$

画出草图，如图，则

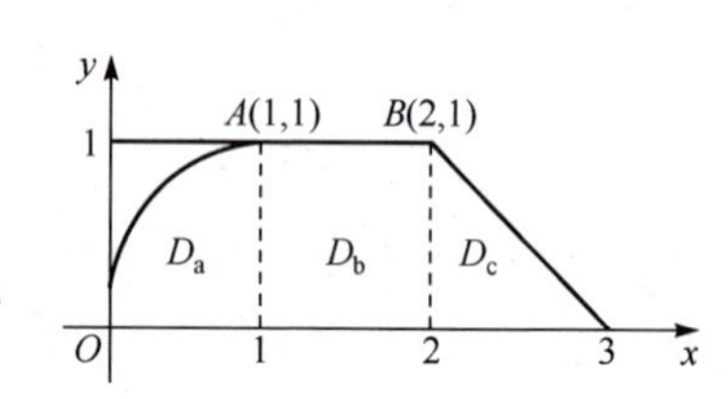

$$I=\int_0^1\mathrm{d}x\int_0^{\sqrt{2x-x^2}} f(x,y)\mathrm{d}y$$

$$+\int_1^2\mathrm{d}x\int_0^1 f(x,y)\mathrm{d}y+\int_2^3\mathrm{d}x\int_0^{3-x} f(x,y)\mathrm{d}y.$$

9. 由于绝对值符号内的函数在 D 内变号，即当 $y\geqslant x^2$ 时，$y-x^2\geqslant 0$；$y<x^2$ 时，$y-x^2<0$，因此用曲线 $y=x^2$ 将 D 分为 D_1 和 D_2 两部分，如图所示.

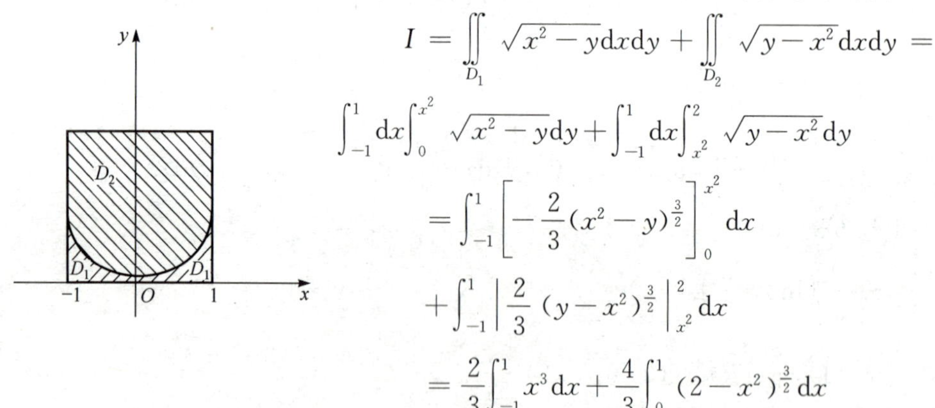

$$I=\iint\limits_{D_1}\sqrt{x^2-y}\,\mathrm{d}x\mathrm{d}y+\iint\limits_{D_2}\sqrt{y-x^2}\,\mathrm{d}x\mathrm{d}y=$$

$$\int_{-1}^1\mathrm{d}x\int_0^{x^2}\sqrt{x^2-y}\,\mathrm{d}y+\int_{-1}^1\mathrm{d}x\int_{x^2}^2\sqrt{y-x^2}\,\mathrm{d}y$$

$$=\int_{-1}^1\left[-\frac{2}{3}(x^2-y)^{\frac{3}{2}}\right]_0^{x^2}\mathrm{d}x$$

$$+\int_{-1}^1\left|\frac{2}{3}(y-x^2)^{\frac{3}{2}}\right|_{x^2}^2\mathrm{d}x$$

$$=\frac{2}{3}\int_{-1}^1 x^3\mathrm{d}x+\frac{4}{3}\int_0^1(2-x^2)^{\frac{3}{2}}\mathrm{d}x$$

$$=\frac{\pi}{16}+\frac{9\sqrt{3}}{64}.$$

10. 平面区域 D 可表示为 D：$\begin{cases}-1\leqslant y\leqslant 1,\\ y\leqslant x\leqslant 1,\end{cases}$ 则

$$I=\iint_D y\left[1+x\mathrm{e}^{\frac{1}{2}(x^2+y^2)}\right]\mathrm{d}x\mathrm{d}y=\iint_D y\mathrm{d}x\mathrm{d}y+\iint_D xy\mathrm{e}^{\frac{1}{2}(x^2+y^2)}\mathrm{d}x\mathrm{d}y,$$

其中

$$\iint_D y\mathrm{d}x\mathrm{d}y=\int_{-1}^1\mathrm{d}y\int_y^1\mathrm{d}x=\int_{-1}^1 y(1-y)\mathrm{d}y=-\frac{2}{3},$$

$$\iint_D xy\mathrm{e}^{\frac{1}{2}(x^2+y^2)}\mathrm{d}x\mathrm{d}y=\int_{-1}^1 y\mathrm{d}y\int_y^1 x\mathrm{e}^{\frac{1}{2}(x^2+y^2)}\mathrm{d}x\mathrm{d}y=\int_{-1}^1 y\left[\mathrm{e}^{\frac{1}{2}(1+y^2)}-\mathrm{e}^{y^2}\right]\mathrm{d}y$$

$$=0\quad（被积函数是 y 的奇函数）,$$

所以 $I=-\dfrac{2}{3}$.

11. 解法 1:利用柱面坐标系,把 Ω 的边界曲面化为 $z=\sqrt{R^2-r^2}$,$z=R-\sqrt{R^2-r^2}$,它们的交线在 xOy 平面上的投影方程为$\begin{cases}r=\dfrac{\sqrt{3}}{2}R,\\ z=0,\end{cases}$于是

$$I=\iiint_\Omega z^2 r\mathrm{d}z\mathrm{d}r\mathrm{d}\theta=\int_0^{2\pi}\mathrm{d}\theta\int_0^{\frac{\sqrt{3}}{2}R}r\mathrm{d}r\int_{R-\sqrt{R^2-r^2}}^{\sqrt{R^2-r^2}}z^2\mathrm{d}z$$

$$=\frac{2}{3}\pi\int_0^{\frac{\sqrt{3}}{2}R}r\left[(R^2-r^2)^{\frac{3}{2}}-(R-\sqrt{R^2-r^2})^3\right]\mathrm{d}r$$

$$=-\frac{2}{3}\pi\left[\frac{2}{5}(R^2-r^2)^{\frac{5}{2}}+2R^3r^2-\frac{3}{4}Rr^4+R(R^2-r^2)^{\frac{3}{2}}\right|_0^{\frac{\sqrt{3}}{2}R}=\frac{59}{480}\pi R^5.$$

解法 2: 利用球面坐标,把 Ω 的边界化为球面坐标,得:$r=R$,$r=2R\cos\varphi$,它们的交线为圆$\begin{cases}r=R,\\ \varphi=\dfrac{\pi}{3},\end{cases}$则

$$I=\iiint_\Omega r^2\cos^2\varphi\cdot r^2\sin\varphi\mathrm{d}r\mathrm{d}\varphi\mathrm{d}\theta$$

$$=\int_0^{2\pi}\mathrm{d}\theta\int_0^{\frac{\pi}{3}}\cos^2\varphi\sin\varphi\mathrm{d}\varphi\int_0^R r^4\mathrm{d}r+\int_0^{2\pi}\mathrm{d}\theta\int_{\frac{\pi}{3}}^{\frac{\pi}{2}}\cos^2\varphi\sin\varphi\mathrm{d}\varphi\int_0^{2R\cos\varphi}r^4\mathrm{d}r$$

$$=\frac{2}{5}\pi R^5\left(-\frac{1}{3}\cos^3\varphi\right)\Big|_0^{\frac{\pi}{3}}+\frac{2\pi}{5}(2R)^5\left(-\frac{1}{8}\cos^8\varphi\right)\Big|_{\frac{\pi}{3}}^{\frac{\pi}{2}}=\frac{59}{480}\pi R^5.$$

解法 3:“先二后一”的方法,用平行于 xOy 的平面横截区域 Ω,得

$$D_z=\begin{cases}\{(x,y)\mid x^2+y^2\leqslant R^2-(z-R)^2\}, & 0\leqslant z\leqslant\dfrac{R}{2},\\ \{(x,y)\mid x^2+y^2\leqslant R^2-z^{20}\}, & \dfrac{R}{2}\leqslant z\leqslant R,\end{cases}$$

$$故\ I=\int_0^{\frac{R}{2}}z^2\mathrm{d}z\iint\limits_{D_z}\mathrm{d}r+\int_{\frac{R}{2}}^{R}z^2\mathrm{d}z\iint\limits_{D_z}\mathrm{d}r$$

$$=\int_0^{\frac{R}{2}}z^2\pi[R^2-(z-R)^2]\mathrm{d}z+\int_{\frac{R}{2}}^{R}z^2\pi(R^2-z^2)\mathrm{d}z$$

$$=\pi\left[\left(\frac{2R}{4}z^4-\frac{1}{5}z^5\right)\Big|_0^{\frac{R}{2}}+\left(\frac{R^2}{3}z^3-\frac{1}{5}z^5\right)\Big|_{\frac{R}{2}}^{R}\right]=\frac{59}{480}\pi R^5.$$

12. 积分区域用不等式组表示为

$$\Omega:\begin{cases}0\leqslant x\leqslant 1,\\ x\leqslant y\leqslant 1,\\ 0\leqslant z\leqslant xy,\end{cases}$$

则

$$I=\int_0^1\mathrm{d}x\int_x^1\mathrm{d}y\int_0^{xy}xy^2z^3\mathrm{d}z=\frac{1}{4}\int_0^1x^5\mathrm{d}x\int_x^1y^6\mathrm{d}y=\frac{1}{28}\int_0^1(x^5-x^{12})\mathrm{d}x=\frac{1}{312}.$$

B

1. $\left(0,0,\frac{5}{4}R\right)$.

2. (1) $\frac{8}{3}a^4$； (2) $\left(0,0,\frac{7}{15}a^2\right)$； (3) $\frac{112}{45}\rho a^6$.

3. 记所考虑的球体为Ω,以Ω的球心为原点O,射线Op_0为正x轴,建立直角坐标系,则点p_0的坐标为$(R,0,0)$,球面方程为$x^2+y^2+z^2=R^2$,体密度为$\mu(x,y,z)=k[(x-R)^2+y^2+z^2]$.设$\Omega$的重心坐标为$(\bar{x},\bar{y},\bar{z})$,由对称性

$$\bar{y}=0,\quad \bar{z}=0,\quad \bar{x}=\frac{\iiint\limits_{\Omega}xk[(x-k)^2+y^2+z^2]\mathrm{d}v}{\iiint\limits_{\Omega}k[(x-k)^2+y^2+z^2]\mathrm{d}v},$$

而

$$\iiint\limits_{\Omega}[(x-k)^2+y^2+z^2]\mathrm{d}v$$

$$=\iiint\limits_{\Omega}[x^2+y^2+z^2]\mathrm{d}v+\iiint\limits_{\Omega}k^2\mathrm{d}v$$

$$=8\int_0^{\frac{\pi}{2}}\mathrm{d}\theta\int_0^{\frac{\pi}{2}}\mathrm{d}\varphi\int_0^R r^2\cdot r^2\sin\varphi\mathrm{d}r+\frac{4}{3}\pi R^5=\frac{4}{5}\pi R^5+\frac{4}{3}\pi R^5=\frac{32}{15}\pi R^5,$$

$$\iiint\limits_{\Omega}x[(x-k)^2+y^2+z^2]\mathrm{d}v$$

$$=-2R\iiint\limits_{\Omega}x^2\mathrm{d}v=-\frac{2}{3}R\iiint\limits_{\Omega}[x^2+y^2+z^2]\mathrm{d}v$$

$$=-\frac{2}{3}R\cdot\frac{4}{5}\pi R^5=-\frac{8}{15}\pi R^6,$$

故 $\bar{x}=-\frac{R}{4}$,因此,球体 Ω 的重心坐标为 $\left(-\frac{R}{4},0,0\right)$.

4. 记 V 为雪堆体积,S 为雪堆的侧面积,则 $\left(D_1:x^2+y^2\leqslant\frac{1}{2}[h^2(t)-h(t)\cdot z]\right)$

$$V=\int_0^{h(t)}\mathrm{d}z\iint_{D_1}\mathrm{d}x\mathrm{d}y=\int_0^{h(t)}\frac{1}{2}\pi[h^2(t)-h(t)\cdot z]\mathrm{d}z=\frac{\pi}{4}h^3(t),$$

$$S=\iint_{D_2}\sqrt{1+\frac{16(x^2+y^2)}{h^2(t)}}\mathrm{d}x\mathrm{d}y\quad\left(D_2:x^2+y^2\leqslant\frac{h^2(t)}{2}\right)$$

$$=\int_0^{2\pi}\mathrm{d}\theta\int_0^{\frac{h(t)}{\sqrt{2}}}\frac{1}{h(t)}[h^2(t)+16r^2]^{\frac{1}{2}}r\mathrm{d}r=\frac{13\pi}{12}h^2(t).$$

由题意知 $\frac{\mathrm{d}v}{\mathrm{d}t}=-0.9s$, 所以 $\frac{\mathrm{d}h(t)}{\mathrm{d}t}=-\frac{13}{10}$,因此 $h(t)=-\frac{13}{10}t+C$. 由 $h(0)=130$ 得 $h(t)=-\frac{13}{10}t+130$,令 $h(t)\to 0$,得 $t=100(\mathrm{h})$. 因此,高度为 130m 的雪堆全部融化所需时间为 100h.

习题 8.1

1. $2ka^2$,$(0,\ \pi a/4)$.
2. (1) $(5\sqrt{5}-1)/12$; (2) $\sqrt{2}$; (3) $2(4-\sqrt{2})/3$; (4) $2ka^2\sqrt{1+k^2}/(1+4k)$.

习题 8.2

1. (1) $-4a^3/3$; (2) 0.
2. $1/3$.
3. $\int_L\frac{P+2xQ+3yR}{\sqrt{1+4x^2+9y^2}}\mathrm{d}s$.
4. $mg(y_0-y_1)$.

习题 8.3

1. $\frac{1}{2}(1-\mathrm{e}^{-1})$.

2. $\dfrac{3\pi a^2}{8}$.

3. $e^2-\dfrac{7}{2}$.

4. $\pi+1$.

5. (1) 是,通解为$-\dfrac{1}{xy}+\ln\dfrac{x}{y}=C$,$C$为任意常数;

(2) 是,通解为 $x^2+3x^2y^2+\dfrac{4}{3}y^3=C$,$C$为任意常数;

(3) 是,通解为 $xe^y-y^2=C$,C为任意常数;

(4) 是,通解为 $\sin(x+y^2)+3xy=C$,C为任意常数;

(5) 不是.

6. 积分因子为$\dfrac{1}{y^2}$,通解为$\dfrac{x^2}{2}-3xy-\dfrac{1}{y}=C$,$C$为任意常数.

习题 8.4

1. $(\sqrt{3}-1)\ln 2+\dfrac{3-\sqrt{3}}{2}$.

2. $2\pi a\ln\dfrac{a}{h}$.

3. $4\sqrt{61}$.

4. $\dfrac{2\pi}{15}(6\sqrt{3}+1)$.

习题 8.5

1. $2\pi a^3$.

2. $-\dfrac{\pi}{4}h^4$.

3. $2\pi(e-e^2)$.

4. 2π.

5. $\dfrac{2\pi R^7}{105}$.

习题 8.6

1. $-\dfrac{\pi h^4}{4}$.

2. $-\frac{9\pi}{2}$.

3. $-\sqrt{3}\pi a^2$.

4. -20π.

习 题 8.7

1. 4π.

2. (1) 2π (2) 12π.

复习题 8

A

1. $\frac{3}{2}\pi$.

2. $\frac{4}{3}\pi R^3$.

3. $-\frac{1000\pi}{3}$.

4. C.

5. D.

6. C.

7. (1) 略； (2) $\varphi(y)=-y^2$.

8. $-\pi$

9. $2\pi R^2$.

10. $\frac{2}{3}\pi a^3$.

11. $\frac{124}{5}\pi$.

12. $\frac{5}{4}\pi a^4 b$.

13. $4\pi R^4$.

14. $\frac{4\pi}{3}a$.

B

1. $2(\pi-1)$.

2. 2π.

习题 9.1

1. (1) 不是； (2) 是,三阶； (3) 是,一阶； (4) 是,四阶； (5) 是,一阶； (6) 是,二阶.
2. 略.
3. $y=\cos x+2\sin x+x$.
4. (1) $\frac{\mathrm{d}y}{\mathrm{d}x}=-\frac{x}{y}$； (2) $\frac{\mathrm{d}^2x}{\mathrm{d}t^2}+\frac{k}{m}\frac{\mathrm{d}x}{\mathrm{d}t}=g,x(0)=0,x'(0)=0$.

习题 9.2

1. (1)$\arcsin y=\arcsin x+C$,C 为任意常数； (2) $y=\mathrm{e}^{Cx}$,C 为任意常数；
   (3) $\mathrm{e}^{2y}=\frac{2}{5}\mathrm{e}^{5x}+\frac{3}{5}$； (4) $y=a(\sin x-1)$； (5) $y=x\mathrm{e}^{1+Cx}$；
   (6)$y+\sqrt{y^2-x^2}=Cx^2$,C 为任意常数； (7)$x^2+y^2=x+y$；
   (8) $y^2=2x^2(\ln x+2)$.
2. (1) $y=(C+x)\mathrm{e}^{-\sin x}$,$C$ 为任意常数； (2) $2x\ln y=\ln^2 y+C$,C 为任意常数； (3) $y=\frac{1}{x}\mathrm{e}^x$； (4)$y=\frac{1}{2}x^3\left(1-\mathrm{e}^{\frac{1}{x^2}-1}\right)$； (5) $\frac{1}{y}=-\sin x+C\mathrm{e}^x$,$C$ 为任意常数； (6) $\frac{x^2}{y^2}=C-\frac{2}{3}x^2\left(\ln x+\frac{2}{3}\right)$,$C$ 为任意常数；
   (7) $y^{-3}=\frac{1}{4x}-\frac{3}{2}x\ln x+\frac{3}{4}x$； (8) $\frac{x^6}{y}-\frac{x^8}{8}=\frac{7}{8}$.
3. (1)$(x-y)^2=-2x+C$,C 为任意常数； (2)$y=\frac{1}{x}\mathrm{e}^{Cx}$,$C$ 为任意常数,C 为任意常数； (3)$y=\ln\left|\frac{x^3}{C-\frac{1}{2}x^2}\right|$,$C$ 为任意常数； (4)$\cos y=\frac{\ln x}{C+x}$,
   C 为任意常数,此外 $y=n\pi+\frac{\pi}{2}$(n 为整数)也是原方程的解.
4. $f(x)=2\mathrm{e}^{-\sin x}+\sin x-1$.
5. $v=\sqrt{72500}\approx269.3\mathrm{cm/s}$.
6. $i=\mathrm{e}^{-5t}+\sqrt{2}\sin\left(5t-\frac{\pi}{4}\right)$.
7. 提示:设 AOB 坐标系中的曲线$\begin{cases}x=x(t)\\y=y(t)\end{cases}$$(0\leqslant t\leqslant100)$表示小船的航行路线,其中 x,y 分别表示小船 OB,OA 的位移. 易知 $x=5t$,且 $y(0)=0$,y'

(x)表示小船在 $P(x,y)$处沿 OA 方向的瞬时速度(即水流速度),有 $y'=0.02(5t+y)$,整理得 $y'-0.02y=0.1t$.

习题 9.3

1. (1) $y=\frac{1}{6}x^3-\sin x+C_1x+C_2$,$C_1$,$C_2$ 为任意常数;

   (2) $y=-\ln|\cos(x+C_1)|+C_2$,C_1,C_2 为任意常数;

   (3) $y=C_1\ln|x|+C_2$,C_1,C_2 为任意常数;

   (4) $y=-\frac{1}{a}\ln(ax+1)$.

2. $s=\frac{m}{c^2}\ln ch\left(\sqrt{\frac{g}{m}}ct\right)$.

习题 9.4

1. (1) $y=C_1+C_2e^{4x}$,C_1,C_2 为任意常数; (2) $y=C_1e^x+C_2e^{-2x}$,C_1,C_2 为任意常数; (3) $y=e^{2x}(C_1\cos x+C_2\sin x)$,$C_1$,$C_2$ 为任意常数; (4) $y=7e^x-5e^{2x}$; (5) $y=-12e^{-2(x-2)}+8xe^{-2(x-2)}$.

2. 提示:设任意时刻 t 时,重物的位置为 $x=x(t)$,由题意可知,物体所受的力为 $mg-k(a+x)$,当 $t=0$ 时,$x=a$,由牛顿第二定律知 $m\frac{d^2x}{dt^2}=mg-\frac{mg}{a}(a+x)$,即

$$\begin{cases}\frac{d^2x}{dt^2}+\frac{g}{a}x=0,\\ x(0)=a,\\ x'(0)=0.\end{cases}$$

习题 9.5

1. (1) $y=C_1\cos 2x+C_2\sin 2x+2$,$C_1$,$C_2$ 为任意常数;

   (2) $y=C_1\cos x+C_2\sin x+\frac{1}{2}(x+1)e^{-x}$,$C_1$,$C_2$ 为任意常数;

   (3) $y=(C_1+C_2x)e^{3x}+\frac{x^2}{2}\left(\frac{1}{3}x+1\right)e^{3x}$,$C_1$,$C_2$ 为任意常数;

   (4) $y=e^x(C_1\cos 2x+C_2\sin 2x)-\frac{1}{4}xe^x\cos 2x$,$C_1$,$C_2$ 为任意常数;

(5) $y=C_1\cos x+C_2\sin x+\frac{e^x}{2}+\frac{x}{2}\sin x$，$C_1$，$C_2$ 为任意常数；

(6) $y=C_1e^x+C_2e^{-x}-\frac{1}{2}+\frac{1}{10}\cos 2x$，$C_1$，$C_2$ 为任意常数，提示：$\sin^2x=\frac{1}{2}(1-\cos 2x)$；

(7) $y=-5e^x+\frac{7}{2}e^{2x}+\frac{5}{2}$；

(8) $y=\cos 2x+\frac{7}{5}\sin 2x+\frac{3}{5}\sin 3x$.

2. $f(x)=\frac{1}{2}\cos x+\sin x+\frac{1}{2}e^x+\frac{1}{2}x\cos x$.

3. (1)$t=\sqrt{\frac{10}{g}}\ln(5+2\sqrt{6})$s；　(2)$t=\sqrt{\frac{10}{g}}\ln\left(\frac{19+4\sqrt{22}}{3}\right)$s.

习题 9.6

1. 1.05km.

2. $x\frac{d^2y}{dx^2}=-\frac{1}{2}\sqrt{1+\left(\frac{dy}{dx}\right)^2}$，初始条件为 $y(-1)=0$，$y'(-1)=1$.

复习题 9

A

1. (1) 3；　(2) $\sqrt{y}=Cx^2+\frac{1}{2}x^2\ln x$，$C$ 为任意常数；　(3) $x=Ce^{2y}+\frac{1}{2}y^2+\frac{1}{2}y+\frac{1}{4}$，$C$ 为任意常数；　(4) $Axe^x+x(Bx+C)e^{-x}$，C 为任意常数.

2. (1) $y^2-x^2+2(e^y-e^{-x})=C$，C 为任意常数；

(2) $y=Ce^{\frac{y}{x}}$，C 为任意常数；　(3) $y=\frac{1}{x}\left(C+\frac{x^4}{4}\right)$，$C$ 为任意常数；

(4) $y=\left(\frac{1}{Ce^x-2x-1}\right)^{\frac{1}{3}}$ 和 $y=0$，C 为任意常数；　(5) $y=x\cot(C-x)-x^2$，C 为任意常数；

(6) $y=-\frac{1}{C_1x+C_2}$，C 为任意常数；　(7) $y=e^{-3x}(C_1\cos 2x+C_2\sin 2x)$，$C$ 为任意常数；

(8) $y=C_1\cos 2x+C_2\sin 2x+\frac{1}{3}x\cos x+\frac{2}{9}\sin x$,$C$ 为任意常数.

3. (1)$y=1$； (2) $y=x\mathrm{e}^{1-x}$； (3) $y=\frac{x}{\cos x}$； (4) $y=\frac{1}{2}(\mathrm{e}^{9x}+\mathrm{e}^{x})-\frac{1}{7}\mathrm{e}^{2x}$.

4. $f(x)=\cos x+\sin x$.

5. $y=\mathrm{e}^{x}-x^{2}-x-1$.

B

$x=\frac{2g\sin 30t-60\sqrt{g}\sin\sqrt{g}t}{g-900}$.

习 题 10.1

1. (1) $u_n=(-1)^{n-1}\frac{n}{n+1}$； (2) $u_n=(-1)^{n-1}\frac{1}{n^2}$；

(3) $u_n=\frac{x^{\frac{n}{2}}}{2\cdot 4\cdot 6\cdot\cdots\cdot 2n}$； (4) $u_n=(-1)^n\frac{a^n}{2n-1}$.

2. (1)$1+\frac{3}{5}+\frac{4}{10}+\frac{5}{17}+\frac{6}{26}+\cdots$； (2)$1+\frac{2!}{2^2}+\frac{3!}{3^3}+\frac{4!}{4^4}+\frac{5!}{5^5}+\cdots$.

3. $u_2=\frac{1}{3}$； $u_n=\frac{2}{n(n+1)}$.

4. (1) $S_n=\frac{1}{2}\left(1+\frac{1}{2}-\frac{1}{n+1}-\frac{1}{n+2}\right)$,收敛； (2) $S_n=\frac{1}{5}\left(1-\frac{1}{5n+1}\right)$,收敛.

5. (1) 发散； (2) 发散； (3) 收敛； (4) 收敛； (5) 发散； (6) 收敛.

6. (1) $\sum_{n=1}^{\infty}u_{n+100}$ 收敛,$\sum_{n=1}^{\infty}\frac{1}{u_n}$ 发散；

(2) $\sum_{n=1}^{\infty}u_{n+100}$ 发散,$\sum_{n=1}^{\infty}\frac{1}{u_n}$ 可能收敛,也可能发散.

7. 发散.

8. 原级数发散,因为发散的级数没有和,所以不能设 $\sum_{n-1}^{\infty}2^{n-1}=S$.

习 题 10.2

1. (1) 发散； (2) 收敛； (3) 收敛； (4) 发散； (5) 收敛； (6) 收敛.

2. (1) 收敛； (2) 收敛； (3) 收敛； (4) 收敛； (5) $a<1$ 时收敛,$a\geqslant 1$ 时发散； (6) 收敛(提示分 $x=1$,$0<x<1$ 及 $x>1$ 三种情形讨论

$\lim\limits_{n\to\infty}\dfrac{u_{n+1}}{u_n}$).

3. (1) 收敛; (2) 收敛; (3) $a<1$ 时收敛,$a\geqslant 1$ 时发散; (4) $a>b$ 时收敛,$a<b$ 时发散,$a=b$ 时不能确定.
4. (1) 发散; (2) 收敛; (3) 发散; (4) 收敛.
5. 略.

习 题 10.3

1. (1) 条件收敛;(2) 条件收敛;(3) 绝对收敛;(4) 绝对收敛;(5) 发散;(6)发散.
2. 提示:先证明绝对值级数发散,然后对 $u_n=\dfrac{(-1)^{n-1}}{\sqrt{n}+(-1)^n}$分子分母同时乘以 $\sqrt{n}-(-1)^n$,将原级数分成两个级数,由于其中一个收敛,一个发散,故原级数发散.
3. 提示:利用不等式当 a,b 均大于 0 时,$ab\leqslant\dfrac{a^2+b^2}{2}$.
4. 提示:将级数化为交错级数,然后应用莱布尼兹判别法.
5. 当$-4<a<2$ 时,级数绝对收敛;当 $a=-4$ 时,条件收敛;当 $a\geqslant 2$ 或$a<-4$ 时发散.

习 题 10.4

1. (1) $R=1,(-1,1)$; (2) $R=\dfrac{1}{2},\left(-\dfrac{1}{2},\dfrac{1}{2}\right)$;

   (3) $R=\sqrt{2},(-\sqrt{2},\sqrt{2})$; (4) $R=4,(-4,4)$;

   (5) $R=1,[-1,1)$; (6) $R=1,4\leqslant x<6$.

2. (1)$S(x)=\dfrac{1}{(1-x)^2},-1<x<1$;

   (2)$S(x)=\begin{cases}(1-x)\ln(1-x)+x, & -1\leqslant x<1,\\ 1, & x=1;\end{cases}$

   (3)$S(x)=\dfrac{2}{(2-x)^2},-2<x<2$;

   (4)$S(x)=-\dfrac{x}{(1+x)^2},-1<x<1$;

   (5)$S(x)=\dfrac{3x-x^2}{(1-x)^2}-1<x<1$;

(6) $S(x)=\frac{1}{(1-x)^3}, -1<x<1.$

3. $S(x)=\frac{1}{2}\ln\frac{1+x}{1-x}; x\in(-1,1); \frac{1}{2}\ln 3.$

习 题 10.5

1. (1) $\ln(1-x)=-x-\frac{1}{2}x^2-\frac{1}{3}x^3-\cdots, -1\leqslant x<1;$

(2) $\sin\frac{x}{2}=\sum_{n=1}^{\infty}(-1)^{n-1}\frac{x^{2n-1}}{(2n-1)!2^{2n-1}}, |x|<+\infty;$

(3) $\cos^2 x=1+\sum_{n=1}^{\infty}(-1)^n\frac{1}{2(2n)!}(2x)^{2n}, |x|<+\infty;$

(4) $\frac{1}{(1-x)^2}=\sum_{n=0}^{\infty}nx^{n-1}, |x|<1;$

(5) $\frac{1}{(1-x)(1-2x)}=\sum_{n=0}^{\infty}(2^{n+1}-1)x^n;$

(6) $x\arctan x-\ln\sqrt{1+x^2}=\sum_{n=1}^{\infty}\frac{(-1)^n}{(2n+1)(2n+2)}x^{2n+1}, x\in[-1,1].$

2. $\ln x=\sum_{n=1}^{\infty}(-1)^{n-1}\frac{(x-1)^n}{n}, 0<x\leqslant 2.$

3. $\frac{1}{x}=\frac{1}{3}\sum_{n=1}^{\infty}(-1)^n\left(\frac{x-3}{3}\right)^n, 0<x<6.$

4. $\frac{1}{x^2+3x+2}=\sum_{n=0}^{\infty}\left(\frac{1}{2^{n+1}}-\frac{1}{3^{n+1}}\right)(x+4)^n, -6<x<-2.$

5. $\frac{\mathrm{d}}{\mathrm{d}x}\left(\frac{\mathrm{e}^x-\mathrm{e}}{x-1}\right)=\mathrm{e}\sum_{n=1}^{\infty}\frac{n}{(n+1)!}(x-1)^{n-1}, x\neq 1.$

6. $\Phi(x)=\frac{1}{\sqrt{2\pi}}\sum_{n=0}^{\infty}\frac{(-1)^n x^{2n+1}}{n!2^n(2n+1)}, x\in(-\infty,\infty).$

习 题 10.6

1. $S(x)=\begin{cases}-1, & -\pi<x<0,\\ 1, & 0<x<\pi,\\ 0, & x=0,\pm\pi.\end{cases}$

2. $f(x)=\frac{\pi^2}{3}+4\sum_{n=1}^{\infty}\frac{(-1)^n}{n^2}\cos nx -\infty<x<+\infty.$

3. $f(x)=\frac{e^{\pi}-e^{-\pi}}{\pi}\left[\frac{1}{2}+\sum_{n=1}^{\infty}\frac{(-1)^n}{n^2+1}(\cos nx-n\sin nx)\right], x\neq(2n+1)\pi,$

$n=0,\pm 1,\pm 2,\cdots.$

4. $f(x)=\frac{2}{\pi}\sum_{n=1}^{\infty}\frac{1}{n}\left[\frac{1}{n}\sin\frac{n\pi}{2}-(-1)^n\frac{\pi}{2}\right]\sin nx, x\in(-\pi,\pi).$

5. $\cos\frac{x}{2}=\frac{2}{\pi}+\frac{4}{\pi}\sum_{n=1}^{\infty}\frac{(-1)^{n-1}}{4n^2-1}\cos nx, x\in[-\pi,\pi].$

6. $2x^2=\frac{2}{3}\pi^2+8\sum_{n=1}^{\infty}\frac{(-1)^n}{n^2}\cos nx, x\in[0,\pi].$

7. $x+1=\frac{2}{\pi}\left[(\pi+2)\sin x-\frac{\pi}{2}\sin 2x+\frac{1}{3}(\pi+2)\sin 3x-\frac{\pi}{4}\sin 4x+\cdots\right], x\in(0,\pi),$

在$x=0,x=\pi$处级数均收敛于0.

8. $f(x)=\frac{1}{3}+\sum_{n=1}^{\infty}\frac{4(-1)^n}{\pi^2}\frac{1}{n^2}\cos n\pi x, x\in(-\infty,+\infty).$

9. $f(x)=\frac{1}{2}-\frac{4}{\pi^2}\sum_{n=1}^{\infty}\frac{1}{(2n-1)^2}\cos(2n-1)\pi x, x\in(-\infty,+\infty);$

$\frac{1}{1^2}+\frac{1}{3^2}+\cdots+\frac{1}{(2k-1)^2}+\cdots=\frac{\pi^2}{8}.$

10. $b_{2n}=0.$

11. $x^2=\frac{\pi^2}{3}+4\sum_{n=1}^{\infty}\frac{(-1)^n}{n^2}\cos nx, x\in[0,\pi).$

习 题 10.7

1. 分针要追上时针需要时间 5 分 27 秒 27,分针与时针重合的时间为下午 1 点 5 分 27 秒 27.

2. $a_n=0\,(n=0,1,2,\cdots), b_n=\frac{1}{2n}[1-(-1)^n]\,(n=1,2,\cdots), f(x)=\sin x+$

$\frac{\sin 3x}{3}+\frac{\sin 5x}{5}+\cdots+\frac{\sin(2n-1)x}{2n-1}+\cdots, x\in(-\pi,0)\cup(0,\pi).$

函数$f(x)$的傅里叶级数的部分和$S_1,S_3,S_5,\cdots$的图象如下页图.由此可见,随着n的增加$(n=1,3,5,7,\cdots)$,$S_n(x)$就越接近$f(x)$.

复习题 10

A

1. 略.

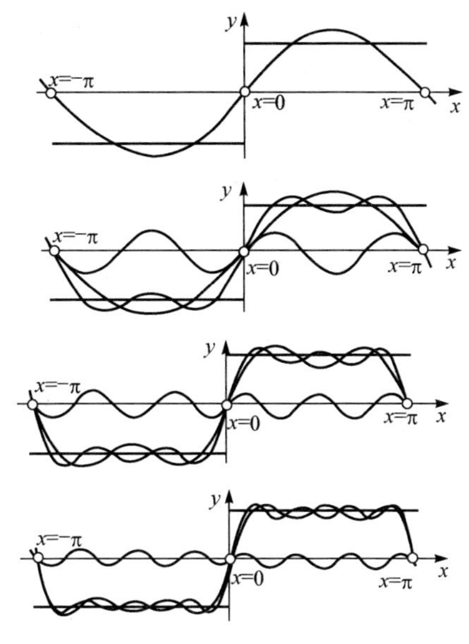

2. (1) $\alpha>\frac{3}{2}$； (2) $1<a\leqslant 3$；

(3) $s(x)=\begin{cases}\frac{e^x-1}{x}, & x\neq 0,\\ 1, & x=0;\end{cases}$ (4) $|a|<1$；

(5) $S(x)=\begin{cases}\frac{1}{\pi}(x+2\pi)^2, & -2\pi<x<-\pi,\\ \frac{1}{\pi}(x+\pi)^2, & -\pi<x<0,\\ \frac{1}{\pi}x^2, & 0<x<\pi,\\ \frac{\pi}{2}, & x=0,\pm\pi,-2\pi.\end{cases}$

3. (1) D； (2) B； (3) D； (4) B； (5) B.

4. (1) 收敛；

(2) 发散；

(3) 发散；

(4) $s(x)=2x\arctan x-\ln(1+x^2), x\in[-1,1]$；

(5) $\frac{18\sqrt{3}}{\pi}\sum_{n=1}^{\infty}(-1)^{n-1}\frac{n\sin(nx)}{9n^2-1}, (-\pi,\pi)$.

5. (1) 由于 $a_n\leqslant b_n\leqslant c_n$ 所以 $0\leqslant b_n-a_n\leqslant c_n-a_n$，即 $\sum(b_n-a_n)$，

$\sum(c_n - a_n)$均为正项级数. 由$\sum_{n=1}^{\infty} a_n$与$\sum_{n=1}^{\infty} c_n$收敛,知$\sum_{n=1}^{\infty}(c_n - a_n)$收敛,从而$\sum_{n=1}^{\infty}(b_n - a_n)$收敛,而$b_n = (b_n - a_n) + a_n$,所以$\sum_{n=1}^{\infty} b_n$收敛.

(2) 由已知$\forall n, a_n > 0, \{a_n\}$单调递减,所以$\lim_{n\to\infty} a_n = a \geqslant 0$. 但$\lim_{n\to\infty} a_n = a \neq 0$,因为若$\lim_{n\to\infty} a_n = 0$,则由于$\{a_n\}$单调递减,根据莱布尼兹定理知$\sum_{n=1}^{\infty}(-1)^n a_n$收敛,此与已知$\sum_{n=1}^{\infty}(-1)^n a_n$发散矛盾. 所以$\lim_{n\to\infty} a_n = a > 0$.

由根值判别法$\lim_{n\to\infty}\sqrt[n]{\left(\frac{1}{a_n+1}\right)^n} = \frac{1}{a+1} < 1$,所以$\sum_{n=1}^{\infty}\left(\frac{1}{a_n+1}\right)^n$收敛.

6. (1) ① 先求$\sum_{n=1}^{\infty}\frac{1}{n}(a_n + a_{n+2})$,

$$a_n + a_{n+2} = \int_0^{\frac{\pi}{4}} \tan^n x\,dx + \int_0^{\frac{\pi}{4}} \tan^{n+2} x\,dx = \cdots = \frac{1}{n+1},$$

$$S_n = \sum_{k=1}^{n}\frac{1}{k}(a_k + a_{k+2}) = \sum_{k=1}^{n}\frac{1}{k(k+1)} = \sum_{k=1}^{n}\left(\frac{1}{k} - \frac{1}{k+1}\right) = 1 - \frac{1}{n+1}$$

$$\xrightarrow{n\to\infty} 1.$$

故$\sum_{n=1}^{\infty}\frac{1}{n}(a_n + a_{n+2}) = 1$.

② $a_n = \int_0^{\frac{\pi}{4}} \tan^n x\,dx$,令$\tan x = t$,则$a_n = \int_0^1 t^n \frac{1}{1+t^2}dt \leqslant \int_0^1 t^n dt = \left.\frac{t^{n+1}}{n+1}\right|_0^1$

$= \frac{1}{n+1}$,故$u_n = \frac{a_n}{n^\lambda} \leqslant \frac{1}{n^\lambda(n+1)} = \frac{1}{n^{\lambda+1}+n^\lambda} < \frac{1}{n^{\lambda+1}}$.

因为$\sum_{n=1}^{\infty}\frac{1}{n^{\lambda+1}}$收敛,所以$\sum_{n=1}^{\infty}\frac{a_n}{n^\lambda}$收敛.

(2) 将$f(x)=x^2$在$(-\infty,\infty)$上作周期延拓. 由$f(-x)=f(x)$可知

$$b_n = 0, n = 1,2,\cdots.$$

$$a_0 = \frac{2}{\pi}\int_0^{\pi} x^2 dx = \frac{2}{3}\pi^2,$$

$$a_n = \frac{2}{\pi}\int_0^{\pi} x^2 \cos nx\,dx = \frac{4(-1)^n}{n^2}, \quad n = 1,2,\cdots.$$

由收敛定理得

$$x^2 = f(x) = \frac{\pi^2}{3} + 4\sum_{n=1}^{\infty}\frac{(-1)^n}{n^2}\cos nx, \quad x \in [-\pi,\pi].$$

根据恒等式得

$$左端=\frac{1}{\pi}\int_{-\pi}^{\pi}f^2(x)\mathrm{d}x=\frac{1}{\pi}\int_{-\pi}^{\pi}x^4\mathrm{d}x=\frac{2}{5}x^4,$$

$$右端=\frac{1}{2}\left(\frac{2}{3}\pi^2\right)^2+\sum_{n=1}^{\infty}\left[\frac{4(-1)^n}{n^2}\right]^2=\frac{4}{18}\pi^4+\sum_{n=1}^{\infty}\frac{16}{n^4},$$

即$\frac{2}{5}\pi^4=\frac{2}{9}\pi^4+16\sum_{n=1}^{\infty}\frac{1}{n^4}$. 解得$\sum_{n=1}^{\infty}\frac{1}{n^4}=\frac{\pi^4}{90}$.

B

1. 事先需要存入的本金为 3980 万元.

参考文献

傅英定,彭年斌. 2005. 微积分学习指导教程. 北京:高等教育出版社

傅英定,谢芸荪. 2009. 微积分. 2版. 北京:高等教育出版社

傅英定,钟守铭. 2008. 高等数学. 成都:电子科技大学出版社

贾晓峰,王希云. 2008. 微积分与数学模型(下册). 2版. 北京:高等教育出版社

姜启源,谢金星,叶俊. 2011. 数学建模. 4版. 北京:高等教育出版社

刘春风. 2010. 应用微积分. 北京:科学出版社

刘深泉等译. 2013. 微积分. 北京:机械工业出版社

彭年斌,胡清林. 2011. 微积分(下册). 北京:高等教育出版社

清华大学数学科学系《微积分》编写组. 2004. 微积分(Ⅱ). 北京:清华大学出版社

同济大学数学系. 2002. 高等数学. 5版. 北京:高等教育出版社

王宝福,钮海. 2004. 多元函数微积分. 北京:高等教育出版社

王树禾. 2008. 数学模型选讲. 北京:科学出版社

王宪杰,候仁民,赵旭强. 2005. 高等数学典型应用实例与模型. 北京:科学出版社

严文勇. 2011. 数学建模. 北京:高等教育出版社

杨启帆,康旭升,赵雅囡. 2005. 数学建模. 北京:高等教育出版社

Barnett R A, Ziegler M R, Byleen K E. 2005. Calculus for Businee, Economics, Life Sciences, and Social Sciences(影印版). 北京:高等教育出版社